方健 匯編校證

中國茶書全集校證

3

中編 明代茶書

中州古籍出版社

茶董補

〔明〕陳繼儒輯

〔提要〕

《茶董補》，明代茶書。陳繼儒輯。二卷。其書今存。繼儒另有《茶話》一種，已被喻政收入《茶書全集》。其生平事略詳見《茶話》提要。

陳繼儒既爲夏樹芳《茶董》作序，復病其所輯闕略，遂有補輯之舉。《茶董補》凡上下二卷，卷上分爲嗜尚、産植、製造、焙瀹等門，凡四十三則。卷下則補録前人涉茶詩文（文僅《茶述》一篇），多已見前此茶書所録，偶有溢出，凡三十七首。似爲未完之本。其卷上雖多注所出書名，但卻多轉録自明代類書《天中記》，又失注卷數；卷下則僅著篇名。是書原似與《茶董》合刻而行，但明刊合刻本及日本和刻合刊本皆未見。今以據民國《古今説部叢書》本影印的《叢書集成·初編》本作底本，據所引原書略作校勘，改正一些誤字譌詞，仍按校勘法處理，並重作標點。即仍以他校爲主。

是書卷上，除末六條外，其餘三十七條，幾乎全抄自於稍前成書之明·陳耀文《天中記》卷四四。《四庫提要》稱其人『學問該博』，但所引有關唐宋茶事之書，無論取捨，文字删改等已有許多問題，尤其出現了一些不應有的因乏考據之功而比較離奇的錯誤。陳繼儒之《補》全部照抄，不僅無一訂正，反而增加了許多錯誤，有些則令人匪夷所思。本擬將《天中記》是卷茶事作爲一種茶書，收入本書中編，鑒於上述情況及是卷數十條，幾被此後之明清茶書『全盤繼承』殆盡，遂打消此念，而改在相關條目溯源時逐條考訂。公允而言，《天中記》所録茶事，遠較明代茶書爲勝，無論其内容抉擇及文字增删，均然。其引文多注明出處，尤合著書之體。較之明代茶書割裂餖飣，轉相稗販，不可同日而語，等閑視之。

茶董補卷上

茸城眉公陳繼儒采輯

造法爲神

以下十八則，補敍嗜尚。

景陵僧於水濱得嬰兒，育爲弟子。稍長，自筮遇『蹇』之『漸』。繇曰：「鴻漸于陸，其羽可用爲儀。」乃姓陸氏，字鴻漸，名羽。始造煎茶法，至今鬻茶之家陶其像，置於煬器之間，祀爲茶神云。《因話録》〔一〕

漸兒所爲

有積師者，嗜茶久，非漸兒（偕）〔供〕侍不鄉口。羽出遊江湖，師絶於茶味。代宗召入〔内〕供奉，命宫人善茶者〔以〕餉師，一啜而罷。訪羽召入，賜師齋，俾羽煎茗，一舉而盡。曰：『〔此茶〕有若漸兒所爲也』。於是出羽見之。《紀異録》〔二〕

奠茗工詩

胡生者，失其名，以釘鉸爲業，居霅溪，近白蘋洲。旁有古墳，生每茶，必奠之。嘗夢一人謂之曰：『吾姓柳，平生善爲詩而嗜茗。葬室子居之側，常銜子惠，欲教子爲詩。』生辭不能，柳曰：『但率子言之，當有致，既寤，試構思，』果有〔如〕冥助者，厥後遂工焉。《南部新書》〔三〕

縛奴投火

陸鴻漸採越江茶，使小奴子看焙。奴失睡，茶燋爍。鴻漸怒，以鐵繩縛奴，投火中。《蠻甌志》〔四〕

爲荈爲茗

任瞻，字育長。少時有令名，自過江失志。既下飲，問人云：『此爲（荈）〔茶〕爲茗？』覺人有怪色，乃自分明曰：『向問飲爲熱爲冷。』《世説》〔五〕

祀墓獲錢

剡縣陳務妻，少寡，好茶茗。宅中有古塚，每飲，輒先祀之。夜夢一人曰：『吾塚賴相保護，又享吾佳茗，豈忘翳桑之報？』及曉，于庭中獲錢十萬。從是，禱祀愈切。《異苑》〔六〕

鬻茗姥飛

晉元帝時，有老姥每日〔獨〕提一器茗，往市鬻之。一市競買，自旦至夕，其器不減。得錢，散乞人，〔人〕或異之。州法曹縶之獄，至夜，老姥執〔所〕鬻茗器，從獄牖中飛出。《廣陵志傳》〔七〕

讌飲茶果

桓温爲揚州牧，性儉，每讌飲，唯下（匕）〔七〕奠柈茶果而已。《晉書》〔八〕

日賜茶果

金鑾故例：翰林當直學士，春晚困，則日賜成象殿茶果。《金鑾密記》〔九〕

館閣湯飲

元和時，館閣湯飲待學士者，煎麒麟草。《鳳翔退耕傳》〔一〇〕

緑葉紫莖

同昌公主，上每賜饌，其茶有緑葉紫莖之號。《杜陽雜編》〔一一〕

慕好水厄

晉時給事中劉縞，慕王肅之風，專習茗飲。彭城王謂縞曰：『卿不慕王侯八珍，好蒼頭水厄，海上有逐臭之夫，里内有學顰之婦，卿即是也』。《伽藍記》〔一二〕

白蛇銜子

義興南岳寺有真珠泉，稠錫禪師嘗飲之。曰：『此泉烹桐廬茶，不亦（可）〔稱〕乎！』未幾，有白蛇銜〔茶〕子墜寺前，由此滋蔓，茶味倍佳。土人重之，爭先餉遺。官司需索不絶，寺僧苦之。《義興舊志》〔一三〕

瞿唐自潑

杜豳公悰，位極人臣。嘗與同列言，平生不稱意有三：其一爲澧州刺史，其二貶司農卿，其三，自西川移鎮廣陵舟次瞿唐，爲駭浪所驚。左右呼喚不至，渴甚，自潑湯茶喫也。《南部新書》〔一四〕

山號大恩

藩鎮（潘）〔劉〕仁恭，禁南方茶，自擷山爲茶，號山曰『大恩』，以邀利。《國史補》〔一五〕

驛官茶庫

江南有驛官，以幹事自任。白太守曰：『驛中已理，請一閱之。』乃往。初至一室，爲酒庫，諸醞皆熟，其外畫神。問：『何〔神〕也？』曰：『杜康。』太守曰：『功有餘也。』又一室，曰茶庫，諸茗畢，備復有神。問：『何〔神〕也？』曰：『陸鴻漸。』太守益喜。又一室曰葅庫，諸葅畢具，復有神。問：『〔何神〕也？』曰：『蔡伯喈。』太守大笑曰：『不必置此。』《茶録》〔一六〕

士人作事

宋大小龍團，始於丁晉公，成於蔡君謨。歐陽公聞而歎曰：『君謨士人也，何至作此事！』《茗溪詩話》〔一七〕

前丁後蔡

陸羽《茶經》、裴汶《茶述》，皆不載建品，唐末然後北苑出焉。（宋）〔本〕朝開寶間，始命造龍團，以別庶品。後丁晉公漕閩，乃載之《茶録》。蔡忠惠又造小龍團以進。東坡詩云：『武夷溪邊粟粒芽，前丁後蔡相籠加。』吾君所乏，豈此物致養口體？何陋耶。茶之爲物，滌昏雪滯，於務學勤政，未必無助。其與進荔枝、桃花者不同。然充類至義，則亦宦官、宮妾之愛君也。忠惠直道高名，與范、歐相亞，而進茶一事，乃儕晉公。君子之舉措，可不謹哉！《鶴林玉露》〔一八〕

僊家雷鳴

蜀雅州蒙山中頂有茶園。一僧病冷且久，嘗遇老父詢其病，僧具告之。父曰：『何不飲茶？』僧曰：『本以茶冷，豈能止此？』父曰：『仙家有雷鳴茶，亦聞乎？蒙之中頂，以春分先後，俟雷發聲，多構人力採摘，三日乃止。若獲一兩，以本處水煎服，能祛宿疾；二兩，眼前無疾；三兩，換骨；四兩，成地仙。』僧因之中頂，築室以俟。及期，獲一兩，服未竟而病瘥。至八十餘，時到城市，貌若年三十餘，眉髮紺緑。後入青城山，不知所終。原闕〔一九〕

陸羽別號

羽於江湖稱竟陵子，南越稱桑苧翁。少事竟陵禪師智積，異日，羽在他處，聞師亡，哭之甚哀。作詩寄懷，其略曰：『不羡黄金罍，不羡白玉杯，不羡朝入省，不羡暮入臺，千羡萬羡西江水，曾向竟陵城下來！』羽貞元末卒。《鴻漸小傳》〔二〇〕

南方嘉木

以下十則，補敍産植。

茶者，南方之嘉木也。樹如瓜蘆，葉如梔子，花如白薔薇，實如栟櫚，蒂如丁香，根如胡桃。其名：一曰茶，二曰檟，三曰蔎，四曰茗，五曰荈。《茶經》〔二一〕

早茶晚茗

早采者爲茶，晚取者爲茗，〔或〕一名荈〔耳〕。蜀人名之苦茶。《爾雅》〔二二〕按：二則，正集太略，補其未備。

山川異産

劍南有蒙頂石花，或小方，或散芽，號爲第一。湖州有顧渚之紫筍，東川有神泉、小團、昌明、獸目，峽州有碧澗、明月、芳蕊、茱萸簝，福州有方山之生芽，夔州有香山，江陵有楠木，湖南有衡山，岳州有灉湖之含膏，常州有義興之紫筍，婺州有東白，睦州有鳩坑，洪州有西山之白露，壽州有霍山之黄芽，蘄州有蘄門團黄，而浮梁〔之〕商貨不在焉。《國史補》

又

建州之北苑、先春、龍焙，東川之獸目，綿州之松嶺，福州之柏巖，雅州之露芽，南康之雲居，婺州之舉巖碧乳，宣城之陽坡、横紋，饒、池之仙芝、福合、禄合、運合、慶合，蜀州之雀舌、鳥觜、麥顆、片甲、蟬翼，潭州之獨行、靈草，彭州之仙崖、石花，臨江之玉津，袁州之金片、〔緑英〕，龍安之騎火，涪州之賓化，建安之青鳳髓，岳州之〔生〕黄、翎毛，建安之石巖白，岳陽之含膏〔冷〕。見《茶論》、《臆乘》及《茶譜》、《通考》〔二三〕

又

湖州茶，生長城縣顧渚山中〔者〕，與峽州、光州同。生白茅〔山〕懸腳嶺〔者〕，與襄州、荆南、義陽郡同。生鳳亭山、伏翼澗、飛雲、曲水二寺、啄木嶺〔者〕，與壽州、常州同。〔生〕安吉、武康二縣山谷〔者〕，與金州、梁州同。《天中記》〔二四〕

又

杭州寶雲山産者，名寶雲茶。下天竺香林洞者，名香林茶。上天竺白雲峰者，名白雲茶。《天中記》〔二五〕

又

會稽有日鑄嶺，産茶。歐陽修云：『兩浙産茶，日鑄第一』。《方輿勝覽》〔二六〕

茗之别名

西平縣出皋蘆，茗之别名。葉大而澀，南人以爲飲。《廣州記》〔二七〕

茶之别種

茶之别者：有枳殼芽、枸杞芽、枇杷芽，皆治風疾。又有皂莢芽、槐芽、柳芽，乃上春摘其芽和茶作之。故今南人輸官茶，往往雜以衆葉，惟茅蘆、竹箬之類不可入，自餘山中草木芽葉，皆可和合，椿柿尤奇。真茶性極冷，惟雅州蒙山出者，性温而主疾。《本草》〔二八〕

至性不移

凡種茶樹，必下子，移植則不復生。故俗聘婦，必以茶爲禮，義固有所取也。《天中記》〔二九〕

片散二類　以下八則　補敘製造。

凡茶有二類：曰片，曰散。片茶蒸造，實捲模中串之。惟劍、建則既蒸而研，編竹爲格，置焙室中，最爲精潔，他處不能造。其名有龍、鳳、石乳、的乳、白乳、頭金、蠟面、頭骨、次骨、末骨、粗骨、山鋌十二等，以充(國)〔歲〕貢及邦國之用，洎本路食茶。餘州片茶：有進寶、雙勝、寶山、兩府，出興國軍；仙芝、嫩蕋、福合、禄合、運合、慶合、指合，出饒、池州；泥片，出虔州；緑英、金片，出袁州；玉津，出臨江軍；靈川〔出〕福州；先春、早春、華英、來泉、勝金，出歙州；獨行、靈草、緑芽、片金、金茗，出潭州；大柘枕，出江陵；大小(已)〔巴〕陵、開勝、開捲、小捲、生黄、翎毛，出岳州；雙上、緑芽、大小方，出岳、辰、澧州，東首、淺山、簿側，出光州；總(二)〔三〕十六名。〔其〕兩浙及宣、江等州，以上中下或第一至第五爲號。散茶：有太湖、龍溪、次號、末號，出淮南；岳麓、草子、楊樹、雨前、雨後，出荆湖；(青)〔清〕口，出歸州；茗子，出江南；總十一名。《文獻通考》〔三〇〕

御用茗目 凡十八品

上林第一，乙夜供清，承平雅玩，宜年寶玉，萬春銀葉，延(年)〔平〕石乳，瓊林毓瑞，浴雪呈祥，清白可鑑，風韻甚高，晹谷先春，價倍南金，雪英，雲葉，金錢，玉華，玉葉長春，蜀葵，寸金。並宣和時。政和曰太平嘉瑞，紹聖曰南山應瑞。《北苑貢茶録》〔三一〕

製茶之病

(土肥而)芽擇〔肥〕乳，則甘香而粥面着盞而不散；土瘠而芽短，則雲腳渙亂去盞而易散。葉梗半，則受水鮮白；葉梗短，則色黄而泛。烏蔕、白合，茶之大病。不去烏蔕，則色黄黑而惡；不去白合，則味苦澀。蒸芽必熟，去膏必盡。蒸芽未熟，則草木氣存；去膏未盡，則色濁而味重。受煙則香奪，壓黄則味失，此皆茶病也。《茶録》〔三二〕

製法沿革

唐時製茶，不第建(安)品。五代之季，建屬南唐，諸縣採茶，北苑初造研膏，繼造蠟面，既而又製佳者，曰京鋌。宋太平興國二年，始置龍鳳模，遣使即北苑團龍鳳茶，以別庶飲。又一種〔茶〕，叢生石崖，枝葉尤茂。至道初，有詔造之，別號石乳。又一種號的乳，又一種號白乳。此四種出，而臘面斯下矣。真宗咸平中，丁謂爲福建漕，監〔造〕御茶，進龍鳳團，始載之《茶録》。仁宗慶曆中，蔡襄爲漕，始改造小龍團以進，旨令歲貢，而龍鳳遂爲次矣。神宗元豐間，有旨造密云龍，其品又加于小團之上，哲宗紹聖中，又改爲瑞云翔龍。至徽宗大觀初，親製《茶論》二十篇，以白茶自爲一種，與他茶不同，其條敷闡，其葉瑩薄，崖林之間，偶然生出，非人力可致。正焙之有者，不過四五家，家不過四五株，所造止于一二銙而已，淺焙亦有之，但品格不及。於是白茶遂爲第一。既而又製三色細芽及試新銙、貢新銙，自三色細芽出，而瑞雲翔龍又下矣。宣和庚子〔歲〕，漕臣鄭可(間)〔簡〕始創爲(根)〔銀〕絲(冰)〔水〕芽，蓋將已揀熟芽，再令剔去，止取其心一縷，用珍器貯清泉漬之，光瑩如銀絲。然又製方寸新銙，有小龍蜿蜒其上，號龍團勝雪，又廢白、的、石三乳，鼎造(化)〔花〕銙，二十餘色。初，貢茶皆入龍腦，至是慮奪其味，始不用焉。蓋茶之妙，至勝雪極矣，合爲首冠。然在白茶之下者，白茶，上所好也。其茶，歲分十餘綱，惟白茶與勝雪，驚蟄後興役，浹日乃成，飛騎仲春至京師，號爲頭綱玉芽。《負暄雜録》〔三三〕

如針如乳

龍焙泉，即御泉也。北苑造貢茶，社前(茶)〔芽〕細如針，用御〔泉〕水研造，每片計工直四萬錢。(文)〔分〕試，其色如乳，乃最精也。《天中記》〔三四〕

不逆物性

太和七年正月，吴蜀貢新茶，皆於冬中作法爲之。上務恭儉，不欲逆其物性，詔所貢新茶，宜于立春後(作)〔造〕。《唐史》〔三五〕

靈泉供造

湖州長(洲)〔城〕縣啄木嶺金沙泉，每歲造茶之所也。湖長二(縣)〔郡〕，接界於此，厥土有境會亭。每茶〔節〕時，二牧畢至。斯泉也，處沙之中，居常無水。將造茶，太守具儀注，拜勑祭泉，頃之，發源，其夕清溢。〔造〕供御者畢，水即微減；供堂者畢，水已半之；太守造畢，水即涸矣。太守或還旆稽(留)〔期〕，則示風雷之變，或見鷙獸、毒蛇、木魅之類。商旅即以顧渚〔水〕造之，無(沽)〔沾〕金沙者。呂《茶録》〔三六〕

湖常爲冠

浙西湖州爲上，常州次之。湖州出長城顧渚山中，常州出義興君山懸腳嶺北崖下。《唐重修茶舍記·貢茶》：御史大夫李栖筠典郡日，陸羽以爲冠於他境，栖筠始進。故事：湖州紫笋，以清明日到，先薦宗廟，後分賜近臣。紫笋生顧渚，在湖常間。當茶時，兩郡太守畢至，爲盛集。又，玉川子《謝孟諫議寄新茶》詩有云：『天子須嘗陽羨茶。』則孟所寄，乃陽羨(者)〔茶也〕。呂《雲麓漫抄》〔三七〕

畏香宜温

以下六則，補敘焙瀹。

（藏）茶宜蒻葉而畏香藥，喜温燥而忌濕冷。故收藏之家以蒻葉封裹入焙〔中〕，兩三日一次用火，常如人體温温（然），以禦濕潤。若火多，則茶焦不可食。蔡襄《茶録》〔三八〕

焙籠法式

茶焙，編竹爲之，裹以蒻葉。蓋其上，以收火也；隔其中，以有容也。納火其下，去茶尺許，常温温然，所以養茶色香味也。茶不入焙〔者〕，宜密封，裹以蒻，籠盛之，置高處。同上〔三九〕

瓶鑊湯候

《茶經》以魚目、湧泉連珠爲煮水之節。然近世瀹茶，鮮以鼎鑊，用瓶煮水，難以候視。則當以聲辨一沸、二沸、三沸之（説）〔節〕。又，陸氏之法以末就茶鑊，故以第二沸爲合量而下末。若以今湯就茶甌瀹之，當用背二涉三之際爲合量。《鶴林玉露》〔四〇〕

酌盌湯華

凡酌（茶），置諸盌，令沫餑均。沫餑，湯之華也。華之薄者曰沫，厚者曰餑，輕細者曰花。《茶經》〔四一〕

味辨浮沉

候湯最難，未熟則（味）〔沫〕浮，過熟則（味）〔茶〕沉，前世謂之蟹眼者，過熟湯也。（況）〔沉〕瓶中煮之不可辨，故曰候湯最難。蔡襄《茶録》〔四二〕

點匀多少

凡欲點茶，先須熁盞令熱，冷則茶不浮。若茶少湯多，則雲脚散；湯少茶多，則粥面聚。同上〔四三〕

茶董補卷下　全卷補敍詩文

玉泉仙人掌茶〔四四〕　答族僧中孚贈　唐　李　白

常聞玉泉山，山洞多乳窟。仙鼠如白鴉，倒懸深谿月。茗生此中石，玉泉流不歇。根柯灑芳津，採服（洞）〔潤〕肌骨。（叢）〔楚〕老捲緑葉，枝枝相接連。曝成仙人掌，似拍洪崖肩。舉世未見之，其名定誰傳。宗英乃禪伯，投贈有佳篇。清鏡燭無鹽，顧慙西子妍。朝坐有餘興，長吟播諸天。正集止收序，詩不可遺。

竹間自採茶〔四五〕　酬巽上人見贈　唐　柳宗元

芳叢翳湘竹，零露凝清華。復此雪山客，晨朝掇靈芽。蒸煙俯石瀨，咫尺凌丹崖。圓方麗奇色，圭璧無纖瑕。呼兒爨金鼎，餘馥延幽遐。滌慮發真照，還源蕩昏邪。猶同甘露飯，佛事薰毗耶。咄彼蓬瀛侶，無乃貴流霞。

茶山〔四六〕　在今宜興

禹貢通遠俗，所圖在安人。後王失其本，職吏不敢陳。亦有奸佞者，因兹欲求伸。動生千金費，日使萬姓貧。我來顧渚源，得與茶事親。氓輟農桑業，採採實苦辛。一夫但當役，盡室皆同臻。捫葛上欹壁，蓬頭入荒榛。終朝不盈掬，手足皆鱗皴。悲嗟遍空山，草木爲不春。陰嶺芽未吐，使者牒已頻。心爭造化力，先走銀臺均。選納無晝夜，搗聲昏繼晨。衆工何枯槁，俯視彌傷神。皇帝尚巡狩，東郊路多堙。周迴繞天涯，所獻愈艱勤。未知供御餘，誰合分此珍？

茶山〔四七〕　唐　杜牧

山實東吴秀，茶稱瑞草魁。剖符雖俗吏，修貢亦仙才。溪盡停蠻棹，旗張卓翠苔。柳村穿窈窕，松〔徑〕〔澗〕度喧豗。等級云峰峻，寬平洞府開。拂天聞笑語，特地見樓臺。泉嫩黄金湧，金沙泉在此山中，詳見上卷。

芽香紫璧裁。拜章期沃日，輕騎（若）〔疾〕奔雷。舞袖嵐侵潤，歌聲谷答迴。磬音藏葉鳥，雪豔照潭梅。好是全家到，兼爲奉詔來。樹陰香作帳，花徑落成堆。景物殘三月，登臨愴一盃。重游難自尅，俛首入塵埃。

喜園中茶生〔四八〕　唐　韋應物

潔性不可汙，爲飲滌塵煩。此物信靈味，本自出山原。聊因理羣餘，率爾植荒園。喜隨衆草長，得與幽人言。

送陸鴻漸棲霞寺採茶〔四九〕

採茶非採菉，遠遠上層崖。布葉春風暖，盈筐白日斜。舊知山寺路，時宿野人家。借問王孫草，何（如）〔時〕泛椀花？

送陸鴻漸採茶相過〔五〇〕　唐　皇甫曾

千峰待逋客，香茗復叢生。採摘知深處，煙霞羨獨行。幽期山寺遠，野飯石泉清。寂寂然燈夜，相思一磬聲。

過長孫宅與郎上人茶會〔五一〕　唐　錢起

偶與息心侶，忘歸才子家。玄談兼藻思，緑茗代榴花。岸幘看雲卷，含毫任景斜。松喬若逢此，不復醉流霞。

茶中雜詠〔五二〕　皮陸倡和各十首

茶塢　唐　皮日休

閑尋堯氏山，遂入深深塢。種荈已成園，栽葭寧記畝，石窪泉似掬，岩罅雲如縷。好是夏初時，白花滿煙雨。

和　唐　陸龜蒙

茗地曲隈同，野行多繚繞。向陽就中密，背澗差還少。遥盤雲髻慢，亂簇香篝小。何處好幽期，滿岩春露曉。

茶人　皮

生於顧渚山，老在漫石塢。語氣是茶荈，衣香是煙霧。庭從𣝗子遮，果任獳師虜。日晚相笑歸，腰間佩輕簍。

和　陸

天賦識靈草，自然鐘野姿。閑來北山下，似與東風期。雨後探芳去，雲間幽路危。唯應報春鳥，得共斯人知。

茶筍　皮

裒然三五寸，生必依岩洞。寒恐結紅鉛，暖疑銷紫汞。圓如玉軸光，脆似瓊英凍。每爲遇之疏，南山挂幽夢。

和　陸

所孕和氣深，時抽玉茗短。輕煙漸結花，嫩蕊初成管。尋來青靄曙，欲去紅雲暖。秀色自難逢，傾筐不曾滿。

茶籯　皮

筤篣曉攜去，驀（過）〔箇〕山桑塢。開時送紫茗，負處沾清露。歇把傍雲泉，歸將挂煙樹。滿此是生涯，黄金何足數。

和　陸

金刀劈翠筠，織似波紋斜。製作自野老，攜持伴山娃。昨日鬥煙粒，今朝貯緑華。爭歌調笑曲，日暮方還家。

茶舍　皮

陽崖枕白屋，幾口嬉嬉活。棚上汲紅泉，焙前蒸紫蕨。乃翁研茗後，中婦拍茶歇。相向掩柴扉，清香滿山月。

和　陸

旋取山上材，架爲山（上）〔下〕屋。門因水勢斜，壁任巖隈曲。朝隨鳥俱散，暮與雲同宿。不憚採掇勞，衹憂官未足。

茶竈　皮

南山茶事動，竈起岩根傍。水煮石發氣，薪然杉脂香。青瓊蒸後凝，緑髓炊來光。如何重辛苦，一一輸膏粱。

和　陸

無突抱輕嵐，有煙應初旭。盈鍋玉泉沸，滿甑雲芽熟。奇香籠春桂，嫩色凌秋菊。煬者若吾徒，年年看不足。

茶焙　皮

鑿彼碧巖下，都應深二尺。泥易帶雲根，燒難礙石脈。初能燥金餅，漸見乾瓊液。九里共杉（松）〔林〕，相望在山側。

和　陸

左右擣凝膏，朝昏布煙縷。方圓隨樣拍，次第依層取。山謡縱高下，火候還文武。見説焙前人，時時炙花脯。

茶鼎　皮

龍舒有良匠，鑄此佳樣成。立作菌蠢勢，煎爲潺湲聲。草堂暮雲陰，松窗殘雪明。此時勺複茗，野語知逾清。

和　陸

新泉氣味良，古鐵形狀醜。那堪風雪夜，更值煙霞友。曾過頳石下，又住清谿口。且共薦皐盧，何（勢）〔勞〕傾斗酒。

茶甌　皮

邢客與越人，皆能造磁器。圓似月魂墮，輕如雲魄起。棗花勢旋眼，蘋沫香沾齒。松下時一看，支公亦如此。

和　陸

昔人謝塸埞，徒爲妍詞飾。豈如珪璧姿，又有煙嵐色。光參筠席上，韻雅金罍側。直使於闐君，從來未嘗識。

煮茶　皮

香泉一合乳，煎作連珠（涕）〔沸〕。時看蟹目濺，乍見魚鱗起。聲疑帶松雨，餑恐生煙翠。儻把瀝中山，必無千日醉。

和　陸

閒來松間坐，看煮松上雪。時於浪花裏，併下藍英末。傾餘精爽健，忽似氛埃滅。不合別觀書，但宜窺玉札。

茶嶺〔五三〕　唐　韋處厚

顧渚吴商絶，蒙山蜀信稀。千叢因此始，含露紫茸肥。

詠茶〔五四〕　宋　丁　謂

建水正寒清，茶民已夙興。萌芽先社雨，採掇帶春冰。碾細香塵起，烹新玉乳凝。煩襟時一啜，寧羡酒如澠。

詠茶〔五五〕

嫩芽香且靈，吾謂草中英。夜臼和燈一作煙。搗，寒爐捧一作對。雪烹。（羅）〔惟〕憂碧（柳）〔粉〕散，（煎覺）〔常見〕緑花生。最是堪憐一作珍重。處，能令睡思清。

謝孟諫議寄新茶〔五六〕　唐　盧　仝

日高丈五睡正濃，軍將叩門驚周公。口云諫議送書信，白絹斜封三道印。開緘宛見諫議面，手閲月團三百片。聞道新年入山裏，蟄蟲驚動春風起。天子未嘗陽羡茶，百草不敢先開花。仁風暗結珠琲瓃，先春抽出黄金芽。摘鮮焙芳旋封裹，至精至好且不奢。至尊之餘合王公，何事便到山人家？柴門反關無俗客，紗帽籠頭自煎喫。碧雲引風吹不斷，白花浮光凝碗面。一碗喉吻潤，二碗破孤悶，三碗搜枯腸，唯有文字五千卷；四碗發輕汗，平生不平事，盡向毛孔散。五碗肌膚清，六碗通仙靈。七碗喫不得也，唯覺兩腋習習清風生。蓬萊山，在何處？玉川子，乘此清風欲歸去。山上羣仙司下土，地位清高隔風雨。安得知，百萬億蒼生命，墮在巔崖受辛苦！便從諫議問蒼生，到頭還得蘇息否？此詩豪放，不讓李翰林。終篇規諷，不忘憂民，如杜工部。詩之上乘者，且談茶事津津有味。正集寥寥收數句，真稱缺典。

謝僧寄茶〔五七〕

唐　李咸用

空門少年初行堅，摘芳爲藥除睡眠。匡山茗樹朝陽偏，暖萌如爪拏飛鳶。枝枝膏露凝滴圓，參差失向兜羅綿。傾筐短甑蒸新鮮，白紵眼細勻於研。甎排古砌春苔乾，殷勤寄我清明前。金槽無聲飛碧煙，赤獸呵冰急鐵喧。林風夕和真珠泉，半匙青粉攪潺湲。綠雲輕綰湘娥鬟，嘗來縱使重支枕，胡蝶寂寥空掩關。

西山蘭若試茶歌〔五八〕

唐　劉禹錫

山僧後檐茶數叢，春來映竹抽新茸。宛然爲客振衣起，自傍芳叢摘鷹嘴。斯須炒成滿室香，便酌砌下金沙水。驟雨松聲入鼎來，白雲滿盌花徘徊。悠揚噴鼻宿酲散，清峭徹骨煩襟開。陽崖陰嶺各殊氣，未若竹下莓苔地。炎帝雖嘗未解煎，桐君有籙那知味。新芽連拳半未舒，自摘至煎俄頃餘。木蘭沾露香微似，瑤草臨波色不如。僧言靈味宜幽寂，采采翹英爲嘉客。不辭緘封寄郡齋，甎井銅爐損標格。何況蒙山顧渚春，白泥赤印走風塵。可知花蘂清泠味，須是眠雲跂石人。嗜茶十九吾輩，此詩親切有味。熟讀可當盧仝七碗，不妨全收，觀者勿疑重複。

煎茶歌〔五九〕

宋　蘇軾

蟹眼已過魚眼生，颼颼欲作松風鳴。蒙茸出磨細珠落，眩轉遶甌飛雪輕。銀瓶瀉湯誇第二，未識古人煎水意，君不見昔時李生好客手自煎，貴從活火發新泉。又不見今時潞公煎茶學西蜀，定州花甆琢紅玉。我今貧病常苦饑，分無玉碗捧蛾眉。且學公家作茗飲，塼鑪石銚行相隨。不用撑腸拄腹文字五千卷，但願常及睡足日高時。

謝木舍人送講筵茶〔六〇〕

宋　楊萬里

吴綾縫囊染菊水，蠻砂塗印題進字。淳熙錫貢新水芽，天珍誤落黄茅地。故人鸞渚紫微郎，金華講徹花草香。宣賜龍焙第一綱，殿上走趨明月璫。御前啜罷三危露，滿袖香煙懷璧去。歸來拈出兩蜿蜒，雷電晦暝驚破柱。北苑龍芽内樣新，銅圍銀範鑄瓊塵。九天寶月霏五雲，玉龍雙舞黄金鱗。老夫平生愛煮茗，十年燒穿折腳鼎。山下汲泉得甘冷，山上摘芽得苦梗。何曾夢到龍游窠，何曾夢喫龍芽茶。故人分送玉川子，春風來自玉皇家。鍛圭椎璧調冰水，烹龍炮鳳搜肝髓。石花紫笋可衙官，赤印白泥牛走耳。故人氣味茶共清，故人肝膽茶共明。開緘不但似見面，叩之咳唾金玉聲。麴生勸人墮巾幘，睡魔遣我抛書册。老夫七碗病未能，一啜猶堪坐秋夕。

茶述〔六二〕

唐　裴汶

茶起於東晉，盛於今朝。其性精清，其味淡潔。其用滌煩，其功致和。參百品而不混，越衆飲而獨高。烹之鼎水，和以虎形，人人服之，永永不厭。得之則安，不得則病。彼芝术黄精，徒云上藥，致效在數十年後，且多禁忌，非此倫也。或曰：多飲，令人體虚病風。余曰不然，夫物能祛邪，必能輔正，安有蠲逐衆病，而靡保太和哉？今宇内爲土貢實衆。以下原闕。

〔校證〕

〔一〕因話録　方案：本條陳氏全據《天中記》卷四四録文。《因話録》三字也爲《天中記》原注，實已據《因話録》卷三作大幅改寫，已面目全非。此則又據《天中記》略有删削。

〔二〕紀異録　方案：本則實因據《天中記》卷四四略削而成，據改一字，補二字。《紀異録》乃《天中記》原注，注又云：『見《廣川畫跋》。』則其事當乃始見於宋·董逌《廣川畫跋》，是書原爲五卷，今四庫本爲六卷。其事當爲對《陸羽點茶圖》的考證之文，《四庫提要》稱其『引據皆極精核』（《四庫全書總目》卷一一二）。又，董逌，北宋末人，宣和（一一一九—一一二五）中，與黄伯思均以考據賞鑒擅名。今據《廣川畫跋》卷二《書陸羽點茶圖後》引《紀異録》校改一字，補四字。王觀國《學林》卷八云：余再忠有《紀異録》，此書一名《浴中紀異録》，十卷。《類記》卷一二今存是書三十四則，無此條。今僅見於《廣川畫跋》。又，據《長編》卷二二，秦再思，宋太宗時人。

〔三〕南部新書　方案：本則據是書卷九删潤而成。但其始出者，乃毛文錫《茶譜》，參見拙輯本第四十二條。

〔四〕蠻甌志　方案：本條見《雲仙雜記》卷四引是書，文全同。

〔五〕世説　方案：此則據《茶經·七之事》引《世説》録文。據改一字：『荈』，諸本皆作『茶』。

〔六〕異苑　此據《茶經》卷下《七之事》引《異苑》録文。今傳本劉敬叔《異苑》卷七有此條，此文字已大加删削。

〔七〕廣陵志傳　方案：陳氏此據《天中記》卷四四録文，但《天中記》末注出《廣陵老傳》，此已譌『老』爲『志』也。又《茶經·七之事》則云出《廣陵耆老傳》，則又脱一『耆』字。應從上校改補。

〔八〕晉書　此據《茶經》卷下《七之事》録文，『七』又譌作『匕』，據改。

〔九〕金鑾密記　此據《雲仙雜記》卷六轉引。文全同。

〔一〇〕鳳翔退耕録　此據《雲仙雜記》卷五轉引，文全同。

〔一一〕杜陽雜編　方案：是條見《萬花谷》後集卷三五、《記纂淵海》卷九〇、《天中記》卷四四等書轉引，諸書皆作『緑華紫英』，據改。原譌作『緑葉紫莖』。

〔一二〕伽藍記　方案：此據《洛陽伽藍記》卷三删潤而成。

〔一三〕義興舊志　方案：此據《天中記》卷四四轉録，略有删潤。

〔一四〕南部新書　本則見是書卷八，亦見《北夢瑣言》卷三。略有删潤。

〔一五〕國史補　方案：本條誤注出處。此見《新唐書》卷二一二《藩鎮列傳·劉仁恭》，陳氏又譌作「潘仁恭」。此乃據《天中記》卷四四録文，但《天中記》作「劉仁恭」不誤。是書此條原失注出處，但上條「常魯使蕃」注引作出《國史補》，陳氏遂想當然，亦以爲出《國史補》而誤，不知何以不檢核出處？此乃明人治學不嚴謹之流弊。

〔一六〕茶録　方案：此據彭大翼《山堂肆考》卷一九三録文。原注出《茶録》，但檢今傳宋·蔡襄，明·張源、馮時可、程用賓四種《茶録》皆無此條，或彭氏别有所據，抑或誤注出處歟？又，《山堂肆考》原文「白太守曰」，「太守」已誤。應從後三處作「刺史」，此所述似唐事，唐代無太守之稱，作「刺史」是。而陳氏竟四處全改作「太守」，誤甚。「太守」之稱，宋代始有，明代爲普遍，此以「今」律古，非是。

〔一七〕苕溪詩話　方案：此陳氏據《天中記》卷四四録文，始見於《苕溪漁隱叢話》前集卷四六。

〔一八〕鶴林玉露　本條出是書卷一三，文與四庫本全同。羅大經，宋人，不可能稱「宋朝」，此必後人臆改，今回改作「本朝」。又，原稱宋初「開寶間，始命造龍團」，誤。熊蕃《宣和北苑録》汪注引《建安志》云太平興國二年（九七七）始創，其説是。

〔一九〕原闕　方案：此原出毛文錫《茶譜》，參閲本書上編抽輯本。明代類書如《天中記》卷四四、《山堂肆考》卷一九三等皆載之。陳氏不知所據爲何書，竟不知所出，而注「原闕」。其文字已有大幅删削。

互倒。

〔二〇〕鴻漸小傳　方案：此據唐・李肇《國史補》卷中删潤而成。其詩『不羨黄金罍』與『白玉盞』句已

〔二一〕茶經　此據《茶經・一之源》録文。

〔二二〕爾雅　方案：此亦據同右引書轉引郭璞《爾雅注》，見《茶經》卷下《七之事》。『按』下，乃陳氏自注，云以上二條，雖《茶董》已有，但太略，故補其未備。

〔二三〕茶論臆乘及茶譜通考　方案：此標目作『又』，乃承上爲《山川異産》，爲與上條區別，或可別之爲（一）（二）。又，本條所録各地名茶，乃見之於宋以前人四部書而撮述之。此四書全名及作者爲趙佶《大觀茶論》、楊伯嵒《臆乘》（見《説郛》）、毛文錫《茶譜》、馬端臨《文獻通考》。最早合而總之爲一則者似爲明・王世貞，見其《弇州四部稿》卷一七一。其末有云：『此唐宋時産茶地及名也。』實乃點睛之筆，但其亦未明著出處，正是這句話啓迪筆者從這四種書中一一找到了對應的産地和茶名。並校補、訂正了其中的一些舛誤。如『碧乳』譌作『碧貌』，『宣城』，譌作『宜城』；『金片』下脱『緑英』一名，『黄翎毛』乃『生黄、翎毛』之奪誤，而『含膏』下又誤衍一『冷』字。今一一徑行改正。而王世貞之誤僅爲個別，餘則均爲傳抄過程中所産生。從標目、奪誤及所注出處看，陳氏此條多與程百二《品茶要録補》雷同，似即抄自程書。除原書刊誤外，又增加了一形近而譌之字，即『宣』訛作『宜』。拙考請參閲本編《品茶要録補》校釋〔九〕，文本校訂則並見是書校注〔五〕至〔八〕。明人，即使享有『大名士』之譽者，亦治學粗疏若此，令人扼腕嘆息。

〔二四〕天中記　方案：此陳氏據《天中記》卷四四録文。其始出者，乃見陸羽《茶經·八之出》。當然，這段見於明本《茶經》注文的内容已經嚴重竄亂，筆者據宋代文獻中所引南宋中期以前之《茶經》文本作基本復原。請參閲本書上編《茶經·八之出》及拙釋〔三二一〕至〔三二四〕。

〔二五〕天中記　方案：是條見於《天中記》卷四四，但田汝成《西湖遊覽志餘》卷二四已載。

〔二六〕方輿勝覽　方案：此則陳氏據《天中記》卷四四。如其注，實出《勝覽》卷六，但祝穆之文與此大相徑庭，已被改寫。

〔二七〕廣州記　方案：此陳氏亦據《天中記》卷四四録文，但實乃始見於《太平御覽》卷八六七引《廣州記》，亦見《政和證類本草》卷一二。此又『西平縣』譌作『西平』，據改。

〔二八〕本草　方案：本條陳氏亦録自《天中記》卷四四，據其末注云出《本草》而言之。但其『茶之别者』至『和茶作之』數句，實出毛文錫《茶譜》，《政和本草》卷一三引之，其下『故今南人輸官茶』起至末，則又《本草》編者之語。

〔二九〕天中記　是條據《天中記》卷四四録文，但其説實乃本自許次紓《茶疏·考本》。而早在北宋中期，黄儒《品茶要録》就已指出：茶是可以『移栽植之』的。明人附會之臆説可休矣！

〔三〇〕文獻通考　方案：陳氏此則仍據《天中記》卷四四録文，但確始出於《通考》卷一八《征榷考·榷茶》。《通考·榷茶》本書已收入《補編》，請參閲相關各條校記。此僅略據以改、補數字而已。

〔三一〕北苑貢茶録　方案：此亦據《天中記》卷四四録文，其任意胡亂抽取徽宗時數十品貢茶中之二十一品，將其中之六品，二字命名者，誤合爲四字一品貢茶，故稱『凡十八品』，其誤一也；將宣和四年（一一二二）造進的『南山應瑞』，誤稱爲『紹聖』時造，誤之二也；『乙夜供清』，譌倒爲『清供』，誤之三也；『延平石乳』，譌作『延年』，『雪英雲葉』，誤作『雲英雪葉』，其誤四也。《貢茶録》有圖有文，有注明其製造之年，抄書尚且誤作如此，嘆息而已！並據《宣和北苑貢茶録》一一訂正，餘詳本書上編熊蕃是書拙校。

〔三二〕茶録　方案：本則出宋·宋子安《東溪試茶録》，其簡稱作《茶録》未允。另，未知所據從何本轉録？如首句就已誤衍三字，脱一字，誤一字。據本書上編已收之《試茶録》校改，又本條之注已全删。此亦轉録於《天中記》卷四四，原注出《試茶録》。

〔三三〕負暄雜録　方案：此節録於《天中記》卷四四，其末注云出《雜録》，但實乃始出於熊蕃《宣和北苑貢茶録》，《雜録》已有删略改寫，尚不失原意；此又經兩次轉録删改，則尤失其旨。今僅略據原書及《天中記》引文改、補數字而已。又，『乳鼎』譌倒作『鼎乳』，『頭綱』譌倒作『綱頭』，皆據《貢茶録》乙。

〔三四〕天中記　方案：本條見《天中記》卷四四，但實乃始出於《漁隱叢話》前集卷四六，其原文爲：『苕溪漁隱曰：壬午（方案：即紹興三十二年，一一六二）之春，余赴官閩中漕幕，遂得至北苑觀造貢茶。其最精，即水芽，細如針，用御泉水研造，社前已嘗貢餘。每片計工直四萬錢，分試，其色如乳。平生未嘗或啜此好茶，亦未嘗嚐茶如此之蚤也。』書此，可見明人是如何删改原文，致其面目全非之一斑。

〔三五〕唐史　方案：本條亦引自《天中記》卷四四，實乃始出於《舊唐書》卷一七下《文宗紀下》。據改一字。

〔三六〕茶録　方案：此亦録文於《天中記》卷四四，又誤注出處，乃出毛文錫《茶譜》。詳本書上編拙輯本及其校釋，此僅據以訂、補數字。

〔三七〕雲麓漫抄　方案：此亦引自《天中記》卷四四，始見於趙彦衛《雲麓漫抄》卷四，轉引時譌『麓』作『録』，並據原書改二字，補一字。

〔三八〕蔡襄茶録　方案：此據《茶録·藏茶》。據本書上編《茶録》删二字，補一字，互乙二字。

〔三九〕同上　是條亦出《茶録》，但以下篇《茶焙》、《茶籠》兩條合而録之。據補一字；又，其所録删『不近濕氣』末四字。

〔四〇〕鶴林玉露　方案：此節引自是書卷三，據改一字。

〔四一〕茶經　方案：此據《茶經·五之煮》，據删所補之一字。

〔四二〕茶録　此據《茶録·候湯》，據改三字。

〔四三〕同上　方案：本則又捏合《茶録》上篇《熁盞》條和《點茶》前二句而成。所擬標目亦令人不得要領。

〔四四〕玉泉仙人掌茶　詩見《李太白文集》卷一六《答族侄僧中孚贈玉泉仙人掌茶》，又見《文苑英華》卷二一九、《全唐詩》卷一七八。據以改二字。

〔四五〕竹間自採茶　詩見《柳河東集》卷四二《巽上人以竹間自採新茶見贈酬之以詩》，又見《柳河東集注》卷四二，《全唐詩》卷三五一等。

〔四六〕茶山　方案：此詩原題作《茶山作》，有石刻在湖州貢焙，乃云建中二年（七八一），袁高刺郡時所作。則陳氏題注所謂『在今宜興』云云實大誤。詩見《唐詩紀事》卷三五，《唐文粹》卷一六下，《全唐詩》卷三一四，文字頗有異同。惟『先走銀臺均』句，諸書皆作『走挺麋鹿均』，是，當從改。

〔四七〕茶山　方案：杜牧詩原題作《題茶山》（原注：在宜興）。見《樊川詩集注》卷三、《廣羣芳譜》卷二〇、《全唐詩》卷五二二等。據改二字。

〔四八〕喜園中茶生　詩見《韋蘇州集》卷八、明・王志慶《古儷府》卷一二、《廣羣芳譜》卷一九、《全唐詩》卷一九三。首句『潔性』，此譌倒作『性潔』，據上引諸本乙正。

〔四九〕送陸鴻漸棲霞寺採茶　詩見《二皇甫集》卷三、《廣羣芳譜》卷二〇、《詠物詩選》卷二四四、《全唐詩》二四九。據改一字。

〔五〇〕送陸鴻漸採茶相過　方案：詩題中『送』字原脱或删，據諸本補；『相過』，僅《唐詩紀事》同，餘本多作『回』，也有改題《送陸羽》者。詩見《二皇甫集》卷八、《文苑英華》卷二三一、《唐詩紀事》卷四〇、宋・周弼《三體唐詩》卷五、《瀛奎律髓》卷一八、《吴都文粹續集》卷四八、明・高棅編《唐詩品彙》卷六五、《古儷府》卷五、《全唐詩》卷二一〇等，作主皆作皇甫曾，是。陳氏署作『前人』，承上仍爲『皇甫冉』，誤。清初編《廣羣芳譜》卷二〇沿譌踵謬亦作皇甫冉。而元修《無錫縣志》卷四上更譌作主爲顧況，誤甚。

〔五一〕過長孫宅與郎上人茶會　詩見《錢仲文集》卷四、《廣羣芳譜》卷二〇、《全唐詩》卷二三七。詩題據補一字，詩中據改一字。

〔五二〕茶中雜詠　方案：《松陵集》卷四載皮、陸唱和詩各十首。集本先刊皮詩十首，題作《茶中雜詠并序》，陸和詩十首題作《奉和茶具十詠》，疑『具』或爲『中』字之譌。此十首載於卷末。而陳氏似即據《松陵集》録文，不過改動編排順序，將皮陸詩一唱一酬按題排序而已。二十首詩，僅據改九字，互乙二字。算是差錯極少，頗爲難得。詩又見《廣羣芳譜》卷一九、《詠物詩選》二四四、《全唐詩》卷六一一等。

〔五三〕茶嶺　方案：此詩爲宋・魏仲舉編《五百家注昌黎文集》卷二一所附收之韋處厚《盛山十二詩》之八，因韓愈作卷首詩序而收入集注本，故名公和者甚多，聯爲長卷，亦詩壇盛事。又見《唐詩紀事》卷三一、《蜀中廣記》卷二三、《詠物詩選》卷二四四、《全唐詩》卷四七九。『紫茸』，除《詩選》外，餘書皆引作『紫英』。

〔五四〕詠茶　方案：此丁謂佚詩，暫未檢得出處，俟更考。丁謂詩二卷，《全宋詩》已收入卷一〇一至一〇二，無此詩。由此可見，丁謂因詩文集散佚，其佚詩文尚頗有搜輯之餘地。

〔五五〕詠茶　方案此詩似始見於《漁隱叢話》前集卷四六引《三山老人語録》，作五代時鄭遨茶詩。此既誤作主爲鄭遇，亦改題作詠茶，且文本差異較大，疑別有所據，今補出校四處，其文字與《茶乘》所録略同。餘詳《茶乘》拙釋〔一三四〕。

〔五六〕走筆謝孟諫議寄新茶　詩見署王安石編《唐百家詩選》卷一五、《漁隱叢話》後集卷一一、《全唐詩録》

卷五二、《全唐詩》卷三八八等。餘詳《茶乘》拙釋〔一〇二〕。此譌倒『丈五』作『五丈』，據改。

〔五七〕謝僧寄茶　詩又見《廣羣芳譜》卷二〇、《全唐詩》卷六四四。餘詳《茶乘》拙釋〔一〇三〕，此文字全同《茶乘》所録。

〔五八〕西山蘭若試茶歌　詩見《劉賓客文集》卷二五、《全唐詩》卷三五六。餘詳《茶乘》拙釋〔一〇一〕。

〔五九〕煎茶歌　方案：此詩原題作《試院煎茶》，見《東坡全集》卷三、《東坡詩集注》卷七、《施注蘇詩》卷五、《蘇詩補注》卷八等。

〔六〇〕謝木舍人送講筵茶　方案：此詩原題作《謝木韞之舍人分送講筵賜茶》，見《誠齋集》卷一七。『山下』、『山上』，原作『下山』、『上山』；『茶共清』、『茶共明』，原作『茶樣清』（《茶乘》又引作『茶操』）、『茶樣明』。餘全同。關於此詩的箋疏，請參閲《茶乘》拙釋〔一二三〕。

〔六一〕茶述　方案：此唐·裴汶之作，而陳氏誤題其爲宋人。關於《茶述》及其作主，請參閲本書上編所收裴氏書之提要，此勿贅及。僅與拙校本二字不同，『淡潔』，謝維新《備要》引作『浩潔』；『千人』，此作『人人』，同《續茶經》所引。又，此爲未完之本，下闕八十一字，參見拙校本《茶述》。《茶董補》至此戛然而止，有兩種可能：一是陳繼儒未及完成；二是原有完本，刊刻時佚去。因未見與《茶董》之合刻本，尚難作出判斷。姑仍其舊。

茗史

〔明〕萬邦寧

〔提要〕

《茗史》，明代茶書。二卷。萬邦寧撰。萬邦寧，字惟咸，號鬚頭陀。奉節（今屬重慶）人。天啓二年（一六二二）進士。其書僅見《千頃堂書目》卷九著録。其事略見乾隆《四川通志》卷三六等。《四庫全書總目》卷一一六《子部·譜録類存目》提要云：『是書不載焙造煎試諸法，惟雜採古今茗事，多從類書撮録而成，未爲博奥。』其説是。今惟存《四庫存目叢書》（據南京圖書館藏清鈔本影印）、《續修四庫全書》（據另一清鈔本影印）兩本，兩本幾完全相同，今以前者爲底本，校以後者，酌校其所『撮録』之原書，加以標點整理。

是書據其卷首自序，撰成於天啓元年（一六二一）閏二月，則成書於其進士及第之前一年。卷首還附録有其友人所撰《茗史評》數首，除董大晟等人外，餘多不可考。末附《贅言》九則，相當於自跋，述其編寫旨趣及本書價值。然編者則未免自視甚高。無論搜輯之廣度，編寫之嚴謹程度，其於稍前之《茶乘》，皆略遜一籌。又，本書的許多條内容，多同《茶乘》卷二《志林》，高氏書似成書略早於本書，或即據《茶乘》抄録或參考。但有些條目則録自《山堂肆考》卷一九三。參見本書各條相關校證，此不一一辨析。

茗史小引

鬚頭陀邦寧，諦觀陸季疵《茶經》，蔡君謨《茶録》，而采擇收製之法，品泉嗜水之方咸備矣。後之高人韻士相繼而説茗者，更加詳焉。蘇子瞻云『從來佳茗似佳人』，言其媚也。程宣子云：『香唧雪尺〔一〕，秀起雷車。』美其清也。蘇廙著《十六湯》，造其玄也。然媚不如清，清不如玄，而茗之旨亦大矣哉。黄庭堅云『不慣腐儒湯餅腸』，則又不可與學究語也。余癖嗜茗，嘗艤舟接它泉，或抱甕貯梅水，二三朋儕，羽客緇流，剥擊竹户，聚話無生。余必躬治茗盌，以佐幽韻，固有『煙起茶鐺我自炊』之句。時辛酉春，積雨凝寒，偃然無事，偶讀架上殘編一二，品凡及茗事而有奇致者輒采焉，題曰《茗史》，以紀異也。此亦一種閒情，固成一種閒書。若令世間忙人見之，必攢眉俯首，擲地而去矣。誰知清涼散止點得熱腸漢子，醍醐汁止灌得有緑頂門，豈能盡恒河衆而皆度耶。但願蔡陸兩先生千載有知，起而曰：此子能閒，此子知茗，或授我以博士錢三十文，未可知也。復願世間好心人共證茗史，并下三十棒喝，使鬚頭陀無媿。

天啓元年閏二月望日，萬邦寧惟咸譔。

惟咸著《茗史》，羽翼陸經，鼓吹蔡録，發揚幽韻，流播異聞，可謂善得水交茗戰之趣矣。浸假而鴻漸再來，必稱千古知己；君謨重遘，詎非一代陽秋乎？

點茶僧圓後識

茗史評

惟咸有茗好，纔涉荈蔎嘉話，輒裒綴成編，腹中無塵，吻中有味，腕中能采，遂足情致。置一部几上，取佐清談，不待乳浮鐺沸，已兩腋習習生風，何復須縹醪酒水晶鹽。

崙海董大晟題〔二〕

茗，仙品也。品品者亦自有品。固雲林市朝，品殊不齊，醲鮮清苦，品品政自有別。惟咸鍾傲煙蘿，寄情篇什，饒度世，輕舉志，深知茗理，精於點瀹，世外品也。爰製《茗史》，摭其奇而抉其奥，用爲枕石漱流者肋。余謂即等鴻漸之經，君謨之録，奚其軒輊。

社弟李德述評〔三〕

《茗史》之作，千古餘清。不第爲鴻漸功臣已也。且韻語正不在多，可無求備，佳敍閒情逸韻，飃然雲霞間。想使史中諸公讀一過，沁發茶腸，當不第七甌而止。

全天駿

茗品代不乏人，茗書家自有製。吾友惟咸，既文既博，亦玄亦史，常令茶煙遶竹，龍團泛甌。一啜，清淡以肋玄賞，深得茗中三昧者也。因築古之諸茗家，或精或幻，或癖或奇，彙成一編。俾風人韻士，了然寓目，不逮于今俱濫觴也。君其泠泠仙骨，翩翩俊雅，非品之高，烏爲書之潔也哉！屠豳叟著《茗芨》，更不可無《茗史》，披閱並陳，允矣雙璧。

友弟蔡起白

夫史以紀載寔事，補綴缺遺，茗何以有史也？蓋惟咸嗜好幽潔，尤愛煮茗，故彙集茗話，靡事不載，靡缺不補，寔寫自己沖襟，表前人逸韻耳。名之曰史，有以哉！昔仙人掌茶一事，述自青蓮居士，發自中孚衲子，以故得傳。今惟咸著史，于兹鼎足矣。

社弟李桐封若甫

茗史卷上

收茶三等

覺林院志崇，收茶三等：待客以『驚雷莢』，自奉以『萱草帶』，供佛以『紫茸香』，蓋最上以供佛，而最下以自奉也。客赴茶者，皆以油囊盛餘瀝而歸〔四〕。

换茶醒酒

樂天方入関，劉禹錫正病酒。禹錫乃餽菊苗虀、蘆菔鮓，取樂天六班茶二囊，炙以醒酒〔五〕。

縛奴投火

陸鴻漸採越江茶，使小奴子看焙。奴失睡，茶焦爍，鴻漸怒以鐵繩縛奴，投火中〔六〕。

都統籠

陸鴻漸嘗爲《茶論》，説茶之功效并煎炙之法，造茶具二十四事，以都統籠貯之。遠近傾慕，好事者家藏一副〔七〕。

漏卮

王肅初入魏，不食羊肉、酪漿，常飯鯽魚羹，渴飲（茶）〔茗〕汁。京師士子見肅一飲一斗，號爲〔漏卮〕。後與高祖〔殿〕會，食羊肉酪粥〔甚多〕，高祖怪問之。對曰：羊是陸産之最，魚是水族之長，所好不同，並各稱珍。羊比齊魯大邦，魚比邾莒小國，惟茗與酪作奴。高祖大笑。因此，號茗飲爲酪奴〔八〕。

載茗一車

隋文帝微時，夢神人易其腦骨，自爾腦痛。忽遇一僧，云：山中有茗草，煮而飲之，當愈。服之有效。由是人競採掇，《〔茗〕讚》其略曰：窮春秋，演河圖，不如載茗一車〔九〕。

湯社

五代時，魯公和凝字成績。率同列遞日以茶相飲，味劣者有罰，號爲湯社〔一〇〕。

石巖白

蔡襄善別茶。建安能仁院有茶生石縫間，僧採造得茶八餅，號石巖白。以四餅遺蔡，以四餅密遣人走京師遺王內翰禹玉。歲餘，蔡被召還闕，訪禹玉。禹玉命子弟於茶笥中選〔茶之〕精品者，以待蔡。蔡捧甌未嘗，輒曰：此極似能仁石巖白，公何以得之？禹玉未信，索貼驗之，乃服〔一一〕。

斛茗瘕

桓宣武〔時〕，有一督將，因時行病後虚熱，便能飲複茗，必一斛二斗乃飽，裁減升合，便以爲大不足。後有客造之，〔令〕更進五升，乃大吐。有一物出，如斗大，有口形，質縮縐狀似牛肚。客乃令置之于盆中，以〔一〕斛二斗複茗澆之，此物噏之都盡，而止覺小脹。又增五升，便悉混然從口中涌出，既吐此物，〔其〕病遂瘥。或問之：『此何病？』荅曰：『此病名斛茗瘕〔一二〕。』

老姥鬻茗

晉元帝時有老姥，每(日)〔旦〕擎一器茗，往市鬻之。市人競買，自旦至暮，其器不減。所得錢，散路傍孤貧乞人。人或〔異之〕，〔州法曹〕執而繫之於獄。夜，〔老姥〕擎所賣茗器，自〔獄〕牖飛出〔一三〕。

漁童樵青

唐肅宗賜高士張志和奴婢各一人，志和配爲夫婦，名之曰漁童樵青。人問其故，答曰：『漁童使捧釣收綸，蘆中鼓枻；樵青使蘇蘭薪桂，竹裏煎茶〔一四〕。』

胡釘鉸

胡生者，以釘鉸爲業。居近白蘋洲，傍有古墳。每因茶飲，必奠酹之。忽夢一人謂之曰：『吾姓柳，平生善爲詩而嗜茗，感子茶茗之惠，無以爲報，欲教子爲詩。』胡生辭以不能。柳强之曰：『但率子意言之，當有致矣。』生後遂工詩焉，時人謂之『胡釘鉸詩』。柳當是柳惲也〔一五〕。

茶茗甘露〔一六〕

新安王子鸞、豫章王子尚，詣曇濟上人于八公山。濟設茶茗，〔子〕尚味之曰：此甘露也，何言茶茗！

三弋五卯〔一七〕

《晏子春秋》：嬰相齊景公，時食脱粟之飯，炙三弋五卯，茗菜而已。

景仁茶器〔一八〕

司馬温公偕范蜀公遊嵩山，各攜茶往。温公以紙爲貼，蜀公盛以小黑合。温公見之，驚曰：『景仁乃有茶器。』蜀公（間）〔聞〕其言，遂留合于寺僧。

真茶〔一九〕

劉琨，字越石，與兄子（南）《兗州刺史演書》云：『吾體中（潰）〔憒〕悶，常仰真茶，汝可致之。』

大茗〔二〇〕

餘姚人虞洪，入山採茗。遇一道士，牽三青牛，引洪至瀑布山。曰：『吾丹丘子也，聞子善具飲，常思見惠，山中有大茗，可以相給。祈子他日有甌（犧）〔檥〕之餘，乞相遺也。』洪因祀之，獲大茗焉。

療風〔二一〕

瀘州有茶樹，夷獠常攜瓢寘側。登樹採摘芽葉，必先啣於口中，其味極佳。辛而性熱，彼人云：飲之療風。

益蠶〔二二〕

江浙間養蠶，皆以塩藏其繭而繰絲，恐蠶蛾之生也。每繰〔絲〕畢，煎茶葉爲汁，搗米粉，（搜）〔溲〕之篩，于茶汁中煮爲粥，謂之『洗甌粥』。聚族以啜之，謂益明年之蠶。

入山採茗〔二三〕

晉孝武世，宣城人秦精常入武昌山採茗。忽見一人，身長一丈，遍體生毛，牽其（腰）〔臂〕，至山曲（聚）〔叢〕茗處，放之便去。須臾復來，乃探懷中橘與精，〔精〕甚怖，負茗而歸。

趙贊（典）〔興〕税〔二四〕

唐貞元〔初〕，趙贊（典）〔興〕茶税，而張滂繼之。長慶初，王播又增其數。大中〔中〕，裴休立十二條之利。

張滂請税〔二五〕

貞元中，先是鹽鐵〔使〕張滂奏請税茶，以待水旱之闕賦。詔曰可，是歲得錢四十萬。

鄭注榷法〔二六〕

鄭注爲榷茶法，詔王涯爲榷茶使。益變茶法，益其税。以濟用度，〔而〕下益困。

甌蟻之費〔二七〕

陸龜蒙魯望嗜茶荈，置小（苑）〔園〕於顧渚山下。歲入茶租十許，薄爲甌（犧）〔蟻〕之費。自爲《品第書》一篇，繼《茶經》、《茶訣》〔之後〕。

雪水烹茶〔二八〕

陶穀買得党太尉〔家〕故妓。取雪水烹團茶，謂妓曰：『党家應不識此？』妓曰：『彼粗人，安得有此〔景〕！但能銷金帳中淺斟低唱，飲羊羔兒酒。』陶愧其言。

榷茶〔二九〕

張詠令崇陽，民以茶爲業。公曰：茶利厚，官將榷之，命拔茶以植桑，民以爲苦。其後榷茶，他縣皆失業，而崇陽之桑已成。其爲政，知所先後如此。

七奠〔柈〕〔三〇〕

桓温爲揚州牧，性儉。每讌飲，唯下七奠柈茶果而已。

好慕水厄〔三一〕

晉時，給事中劉縞慕王肅之風，專習茗飲。彭城王謂縞曰：『卿不慕王侯八珎，好蒼頭水厄，海上有逐臭之夫，里内有學顰之婦，〔以〕卿〔言之〕，即是也。』

靈泉供造〔三二〕

湖州長（洲）〔城〕縣啄木嶺金沙泉，每歲造茶之所也。湖（長）〔常〕二（縣）〔郡〕，接界於此，厥土有境會亭。每茶〔節〕時，二牧畢至。斯泉處沙中，居常無水。將造茶，太守具儀注拜勅祭泉。頃之，發源，其夕清溢。〔造〕供御者畢，水即微減；供堂者畢，水已半之；太守造畢，水即涸矣。太守或還旆稽（留）〔期〕，則示風雷之變，或見鷙獸、毒蛇、木魅之類。商旅即以顧渚造之，無沾金沙者。

官焙香〔三三〕

黃魯直一日以小龍團半鋌題詩贈（趙）〔晁〕無咎：『曲几團蒲聽煮湯，煎成車聲繞羊腸。雞蘇胡麻留渴羌，不應亂我官焙香。』東坡見之，曰：『黃九怎得不窮？』

蘇蔡鬥茶〔三四〕

蘓才翁與蔡君謨鬥茶。蔡〔茶精〕，用惠山泉；蘓茶（小）〔少〕劣，用竹瀝水煎，遂能取勝。竹瀝水，天台泉名。

品題風味〔三五〕

杭妓周韶，有詩名。好畜奇茗，嘗與蔡君謨鬥勝，品題風味，君謨屈焉。

嗽茗孤吟〔三六〕

宋僧文瑩，博學攻詩，多與達人墨士相賓主。堂前種竹數竿，畜鶴一隻，遇月明風清，則倚竹調鶴，嗽茗孤〔吟〕。

吾與點也〔三七〕

劉曄嘗與劉筠飲茶。問左右云：『湯滾也未？』衆曰：『已滾。』筠曰：『僉曰鯀哉。』曄應聲曰：『吾與點也。』

清泉白石〔三八〕

倪元鎮性好潔，閣前置梧石，日令人洗拭。又好飲茶，在惠山中用核桃、松子肉和真粉成小塊，如石狀，置茶中，名曰清泉白石茶。

茶庵〔三九〕

盧廷璧嗜茶成癖，號曰茶庵。嘗畜元僧詎可庭茶具十事，時具衣冠拜之。

香茶〔四〇〕

江参字貫道，江南人。形貌清癯，嗜香茶，以爲生。

殺風景〔四一〕

唐李義（府）〔山〕以對花啜茶爲殺風景。

陽侯難〔四二〕

侍中元義爲蕭正德設茗。先問：『卿於水厄多少？』正德不曉義意，荅：『下官雖生水鄉，立身以來，未遭陽侯之難。』舉座大笑。

清香滑熱〔四三〕

李白云：荊州玉泉寺近（青）〔清〕溪諸山，山洞往往有乳窟，窟中多玉泉交流。其水邊，處處有茗草羅生，枝葉如碧玉。惟玉泉真公常采而飲之，年八十餘歲，顏色如桃花。而此茗清香滑熱，異於他（所）〔者〕，所以能還童振枯，〔人〕〔扶〕人壽也。

仙人掌茶〔四四〕

李白遊金陵，見宗僧中孚。示以茶數十片，狀如手掌，號仙人掌茶。

敲水煮茶〔四五〕

逸人王休，居太白山下，日與僧道異人往還。每至冬時，取溪水，敲其精瑩者煮建茗，共賓客飲之。

鋌子茶〔四六〕

顯德初，大理徐恪嘗以龍團鋌子茶貽陶穀。茶面印文曰：『玉蟬膏』，又一種曰『清風使』。

他人煎炒〔四七〕

熙寧中，賈青字春卿，爲福建轉運使。取小龍團之精者，爲『密雲龍』。自玉食外，戚里貴近，丐賜尤繁。宣仁一日慨嘆曰：〔令〕建州今後不得造密雲龍，受他人之煎炒不得也。此語頗傳播縉紳〔間〕。

茗史卷下

滌煩療渴〔四八〕

常魯使西蕃，烹茶帳中。謂蕃人曰：『滌煩療渴，所謂茶也。』蕃人曰：『我此亦有。』命取以出，指曰：『此壽州者，此顧渚者，此蘄門者。』

水厄〔四九〕

晉王濛好飲茶，人至輒命飲之。士大夫皆患之，每欲往〔候〕必云：今日有『水厄』。

伯熊善茶〔五〇〕

陸羽著《茶經》，常伯熊復著論而推廣之。李季卿宣（尉）〔慰〕江南，至臨淮。知伯熊善茶，乃請伯熊。伯熊著黃帔衫，烏紗幘，手執茶器，口通茶名，區分指點，左右刮目。茶熟，李爲歠兩杯。既到江外，復請鴻漸。鴻漸衣野服，隨茶具而入，如伯熊故事。茶畢，季卿命取錢三十文，酬〔煎茶〕博士。鴻漸夙遊江介，通狎勝流。遂收茶錢、茶具，雀躍而出，旁若無人。

玩茗〔五一〕

茶可於口，墨可於目。蔡君謨老病不能飲，則烹而玩之。

素業〔五二〕

陸納爲吴興太守，時衛將軍謝安嘗欲詣納。納兄子俶，怪納無所備，不敢問〔之〕，乃私爲具。安既至，納所設唯茶果而已。俶遂陳盛饌，珎羞畢具。及安去，納杖俶四十，云：『汝既不能光益叔父，奈何穢吾素業！』

密賜茶茗〔五三〕

孫皓每宴席，飲無能否，每率以七升爲限。雖不悉入口，〔皆〕澆灌取盡。韋曜飲酒不過二升，初見禮異，密賜茶（茗）〔荈〕以當酒。至於寵衰，更見逼强，輒以爲罪。

獲錢十萬〔五四〕

剡縣陳務妻少寡，與二子同居。好飲茶，家有古塚。每飲，必先祀之。二子欲掘之，母止之。但夢人致感云：『吾雖潛朽壤，豈忘翳桑之報！』及曉，於庭中獲錢十萬，似久埋者，惟貫新耳。

南零水〔五五〕

御史李李卿刺湖州，至維揚，逢陸處士。李素熟陸名，即有傾蓋之雅。因之赴郡，抵揚子驛，將飲，李曰：「陸君善於茶，蓋天下聞名矣。況揚子南零水又殊絶，可命軍士深詣南零取水。」俄而水至，陸曰：「非南零者。」既而傾諸盆，至半，遽止曰：「〔自此〕是南零矣。」使者大駭，曰：「某自南零齎至岸，舟蕩覆半，挹岸水增之，處士神鑒，其敢隱焉！」李與賓從皆大駭愕。李因問歷處之水，陸曰：「楚水第一，晉水最下。」因命筆，口授而次第之。

德宗煎茶〔五六〕

唐德宗好煎茶，加酥椒之類。

金地茶〔五七〕

西域僧金地藏，所植名金地茶。出煙霞雲霧之中，與地上産者其味夐絶。

殿茶〔五八〕

翰林學士春晚人困，則日賜成象殿茶。

大小龍茶〔五九〕

大小龍茶，始於丁晉公而成於蔡君謨。歐陽永叔聞君謨進龍團，驚歎曰：『君謨士人也，何至作此事！』今年閩中監司乞進鬥茶，許之。故其詩云：『武夷谿邊粟粒芽，前丁後蔡相籠加。爭新買寵各出意，今年鬥品充官茶。』則知始作俑者，大可罪也。

茶神〔六〇〕

鬻茶者陶羽形，置煬突間，祀爲茶神。沽茗不利，輒灌注之。

爲熱爲冷〔六一〕

任瞻字育長，少時有令名，自過江失志。既下飲，問人云：『此爲茶爲茗？』覺人有怪色，乃自申明曰：『向問飲爲熱爲冷耳。』

卍字〔六二〕

東坡以茶供五百羅漢，每甌現一卍字。

乳妖〔六三〕

吴僧文了善烹茶，遊荆南，高季興延置紫雲菴，日試其藝。奏授『華亭水大師〔上人〕』，目曰『乳妖』。

李約嗜茶〔六四〕

李約性嗜茶，客至不限甌數，竟日爇火執器不倦。曾奉使至陝州硤石縣東，爱渠水清流，旬日忘發。

玉茸〔六五〕

僞唐徐履掌建陽茶局，弟復治海陵鹽政。（鹽）〔監〕檢烹煉之亭，榜曰『金鹵』。履聞之，潔敞焙舍，命曰『玉茸』。

茗戰〔六六〕

孫樵可之，送茶與焦刑部〔書〕：『建陽丹山碧水之鄉，月（瀾）〔澗〕雲龕之品，慎勿賤用之。』時以鬥茶爲茗戰。

茶會〔六七〕

錢起，字仲文，與趙莒茶宴；又嘗過長孫宅，與郎上人作茶會。

龍坡山子〔茶〕〔六八〕

開寶初，竇儀以新茶餉客。奩面標曰『龍坡山子茶』。

苦口師〔六九〕

皮光業，字文通，最耽茗飲。中表請嘗新柑，筵具甚豐，簪紱叢集。纔至，未顧樽罍而呼茶甚急。〔竟〕〔徑〕進一巨觥，題詩曰：『未見甘心氏，先迎苦口師。』衆噱曰：『此師固清高，難以療饑也。』

龍鳳團〔七〇〕

歐陽永叔云：茶之品，莫貴於龍鳳團。仁宗尤所珍惜，雖輔臣未嘗輒賜。惟南郊大禮致齋之夕，中書、樞密院各四人，共賜一餅。宫人剪金爲龍鳳花草，綴其上。嘉祐七年親享明堂，始人各賜一餅。余亦恭與，至今藏之。

甘草癖〔七一〕

宣城何子華，〔邀〕客于剖金堂。酒半，出嘉陽嚴峻畫陸羽像。子華因言：前代惑駿逸者爲『馬癖』，泥貫索者爲『錢癖』，愛子者有『譽兒癖』，耽書者有『《左傳》癖』。若此叟〔者〕溺於茗事，何以名其癖？楊粹仲曰：『茶雖〔至〕珍，未離草也，宜追目陸氏爲「甘草癖」。』一座稱佳。

結菴種茶〔七二〕

雙林大士自往蒙頂結菴種茶。凡三年，得絶佳者號『聖陽花』、『吉祥蕋』，各五斤，持歸供獻。

攬破菜園〔七三〕

楊誠齋《謝傅尚書茶》：『遠餉新茗，當自攜大瓢，走汲溪泉。束澗底之散薪，燃折腳之石鼎，烹玉塵，啜(香)〔雲〕乳，以享天上故人之意。媿無胸中之書傳，但一味攬破菜園耳。』

御史茶瓶〔七四〕

會昌初，監察御史鄭路有兵察廳掌茶。茶必市蜀之佳者，貯於陶器，以防暑濕。御史躬親監啓，謂之御史茶瓶。

湯戲〔七五〕

饌茶而幻出物像於湯面者，茶匠通神之藝也。沙門福全，長於茶海，能注湯幻茶，成將詩一句，並點四甌，共一絶句，泛乎湯表。檀越日造其門，求觀湯戲。

百碗不厭〔七六〕

唐大中三年，東都進一僧，年一百三十歲。宣宗問：『服何藥致〔此〕？』伏對曰：『臣少也賤，不知藥，性本好茶。至處惟茶是求，或飲百碗不厭。』因賜茶五十斤，令居保壽寺。

恨帝未嘗〔七七〕

杜鴻漸字子巽，《與楊祭酒書》云：『顧渚山中紫筍茶兩片，一片上太夫人，一片充昆弟同歡。此物但恨帝未得嘗，寔所嘆息。』

天柱峰茶〔七八〕

有人授舒州牧。李德裕遺書曰：到郡日，天柱峰茶可與數角。其人獻數十觔，李不受。明年罷郡，用意精，求獲數角。投李，李（閔）〔閱〕而受之，曰：此茶可以消酒肉。因命烹一甌，沃於肉食内，以銀合閉之。詰旦，視其肉已化爲水矣。衆服其廣識。

進茶萬兩〔七九〕

御史大夫李栖筠，字貞一。按義興，山僧有獻佳茗者，會客嘗之，芬香甘辣，冠於他境。以爲可薦於上，始進茶萬兩。

練囊〔八〇〕

韓晉公滉，字太沖，聞奉天之難，以夾練囊緘〔盛〕茶末，遣使健步以進。

漸兒所爲〔八一〕

竟陵大師積公嗜茶，非羽供事，不鄉口。羽出遊江湖四五載，師絕於茶味。代宗聞之，召入供奉，命宮人善茶者餉師，師一啜而罷。帝疑其詐，私訪羽召入。翼日，賜師齋，密令羽煎茶。師捧甌，喜動顏色，且賞且啜，曰：『有若漸兒所爲也。』帝由是歎師知茶，出羽見之。

麒麟草〔八二〕

元和時，館閣湯飲待學士〔者〕，煎麒麟草。

白蛇啣子〔八三〕

義興南岳寺有真珠泉，稠錫禪師嘗飲之，曰：『此泉烹桐廬茶，不亦（可）〔稱〕乎？』未幾，有白蛇銜子（墮）〔墜〕寺前，由此滋蔓，茶味倍佳，土人重之。

山號大恩〔八四〕

藩鎮劉仁恭禁南方茶，自擷山爲茶，號山曰『大恩』，以邀利。

自潑湯茶〔八五〕

杜豳公悰，位極人臣。嘗與同列言，平生不稱意有三：其一，爲澧州刺史；其二，貶司農卿；其三，自西川移鎮廣陵，舟次瞿唐，爲駭浪所驚；左右呼喚不至，渴甚，自潑湯茶喫也。

止受一串〔八六〕

陸宣公贄，字敬輿。張鎰餉錢百萬，止受茶一串，曰：『敢不承公之賜。』

緑華紫英〔八七〕

同昌公主，上每賜饌，其茶有緑華紫英之號。

三昧〔八八〕

蘇廙作《仙芽傳》，載《作湯十六法》：以老嫩言者凡三品，〔注〕以緩急言者凡三品，以器標者共五品，以薪論者共五品。陶穀謂：湯者，茶之司命。此言最得三昧。

茗史贅言

須頭陀曰：展卷須明窗淨几，心神怡曠，與史中名士宛然相對，勿生怠我慢心，則清趣自饒。得趣

代枕挾刺、覆瓿粘窗、指痕、汗迹、墨瘢，最是惡趣。昔司馬温公讀書獨樂園中，翻閱未竟，雖有急務，必待卷束整齊，然後得起。其愛護如此，千亟萬軸，至老皆新，若未觸手者。愛護

聞前人平生有三願，以讀盡世間好書爲第二願。然此固不敢以好書自居，而游藝之暇，亦可以當鼓吹。靜對

朱紫陽云：漢吴恢欲殺青以寫《漢書》；晁以道欲得《公穀傳》，遍求無之，後獲一本，方得寫傳。余竊慕之，不敢秘焉。廣傳

奇正幻癖，凡可省目者悉載。鮮韻致者，亦不盡録。削蔓

客有問于余曰：『云何不入詩詞？』恐傷濫也。客又問：『云何不紀點瀹？』懼難盡也。客曰：『然。』客辯

獨坐竹窗，寒如剥膚。眠食之餘，偶於架上殘編寸楮信手拈來，觸目輒書，因記代無次。隨喜

印必精簾，裝必嚴麗。精嚴

文人韻士，泛賞登眺，必具清供。願以是編，共作藥籠之備。資遊

贅言凡九品，題於竹林書屋。

甬上萬邦寧惟咸氏。

附録

《茗史》二卷　江蘇巡撫採進本

明萬邦寧撰。邦寧，奉節人，天啓壬戌進士。是書不載焙造煎試諸法，惟雜採古今茗事。多從類書撮録而成，未爲博奥。（《四庫全書總目》卷一一六）

〔校證〕

〔一〕香啣雪尺　此見程宣子《茶銘》，原作『馨含雪尺』，見《淵鑑類函》卷三九〇引文。

〔二〕崙海董大晟題　董大晟，字揚明，鄞縣（治今浙江寧波）人，博學工文。撰有《海曙樓賦》、《雪月風花賦》等，爲時所稱。事略見《浙江通志》卷一八〇引《鄞縣志》。

〔三〕社弟李德述評　李德，字克明，號梅檐。鄞縣人。或即其人。又明代另有一李德，字仲修，號易庵、采真子。番禺人。不能排除亦有可能爲此人。於此亦可見明末結社風氣之盛一斑。

〔四〕皆以油囊盛餘瀝而歸　方案：此出毛文錫《茶譜》。參閲本書上編筆者輯佚本。

〔五〕炙以醒酒　方案：本則出《雲仙雜記》卷二引《蠻甌志》，今又見於《百菊集譜》卷三引。原無『炙』字。

〔六〕投火中　方案：本則見僞托唐·馮贄撰，實乃宋佚名撰《雲仙雜記》（一名《散録》）卷四引《蠻甌志》。

乃小説家言，無稽之談。

〔七〕好事者家藏一副　本則見《封氏聞見記》卷六《飲茶》。『傾慕』，原誤作『領慕』，據改。

〔八〕號茗飲爲酪奴　本則據《洛陽伽藍記》卷三刪潤。除改補外，『不食』，原譌作『好食』，據改。

〔九〕不如載茗一車　本條據《天中記》卷四四。《茗讚》，『茗』原脱。據《海録碎事》卷下、《緯略》卷七補。又兩書均稱權紓撰。

〔一〇〕號爲湯社　本條出《清異録》卷下，此似轉引自焦竑《焦氏類林》。

〔一一〕乃服　本條始見於《墨客揮犀》卷四。『蔡襄』，原作『蔡君謨』；『蔡』原作『君謨』。

〔一二〕此病名斛茗瘕　本條始見於《搜神後記》卷三，略有刪節。『茗』一作『二』。又，據補四字，方文意完足。此書一名《續搜神記》。

〔一三〕自獄牖飛出　本條出《茶經·七之事》引《廣陵耆老傳》，據補八字，改一字。餘詳《茶經》拙校〔二三〇〕至〔二三七〕。

〔一四〕竹裹煎茶　本條始見於《顔魯公集》卷九《浪跡先生玄真子張志和碑》。録文似據毛文錫《茶譜》或錢易《南部新書》卷九，已有刪潤改寫。

〔一五〕柳當是柳惲也　本則始見於《茶譜》，詳拙輯本及拙校〔七五〕。又，本條三處『釘鉸』，皆倒作『鉸釘』，據乙。

〔一六〕茶茗甘露　方案：本條始見於《茶經·七之事》引《宋録》。據補一字，餘詳拙校〔二五〇〕至〔二五三〕。

〔一七〕三弋五卯　方案：　本條亦録自《茶經·七之事》引《晏子春秋》。『弋』原譌作『戈』，『卯』又譌作『卬』。據拙校本改。又，請參閲拙釋〔一四三〕。因《晏子》文本嚴重竄亂，『茗菜』云云，殆大誤。

〔一八〕景仁茶器　本條據《清波雜志》卷四，又見《曲洧舊聞》卷三。據改一字。

〔一九〕真茶　方案：　此節引自《茶經·七之事》，『憒』，原譌作『潰』，實應作『煩』。餘詳本書拙校〔一六〇〕至〔一六五〕。

〔二〇〕大茗　本條録自《茶經·七之事》引《神異記》，略有刪潤。餘詳拙校〔一七一〕至〔一七六〕。

〔二一〕療風　方案：　本條節引自《茶譜》，《茶譜》已佚，此條輯自《太平寰宇記》卷八八，然文字多舛。本則首二句，文字極是，與拙輯不謀而合。不知其是否有文本依據或據文意而改，均不失爲余之茶中知已也。參閲本《全集》上編拙輯本《茶譜》該條及校釋〔一五〕至〔一七〕。

〔二二〕益竈　方案：　本條又見《格致鏡原》卷二二，謂出《合璧事類》，但檢此書則未見，或誤引出處歟？　此亦見《續茶經》卷下之三，然未注出處。據改、補各一字。

〔二三〕入山採茗　方案：　本則出《搜神後記》卷七，又見《太平御覽》卷八六七、《太平寰宇記》卷一一二引《續搜神記》（與《後記》同書異名）。《茶經·七之事》引文略有不同，詳拙校〔二〇八〕至〔二一二〕。據改二字，補一字。

〔二四〕趙贊興茶　方案：　本條似始見於曾鞏《元豐類稿》卷四九《本朝政要策·茶》。又見《黄氏日抄》卷

六三、《萬花谷》前集卷一五、《全芳備祖》後集卷二八轉引。諸書末句均作『立十二條之利』，疑『利』似應作『制』。又，本則兩處『興税』，皆誤作『典税』，據改；又據補二字。

〔二五〕張滂請税　方案：此則之本事，始見於《舊唐書》卷四九，又見《太平御覽》卷八六七，《册府元龜》卷四九三等。唐宋之史料中所引甚多，但文字已爲本書編者以己意改寫。從『貞元』避宋諱作『正元』看，似據宋人之書改寫，今據改、補各一字。

〔二六〕鄭注榷法　方案：本條似據《山堂肆考》卷一九三録文。文幾全同，補一字。

〔二七〕甌蟻之費　方案：本條出《甫里先生傳》，見《甫里集》卷一六及《笠澤叢書》卷一。又見《文苑英華》卷七九六。據改、補各二字，此外，『歲入茶租十許』（諸本皆同），又譌作『歲嗜茶入』，據改。

〔二八〕雪水烹茶　此似始見於《詩話總龜》卷三九引《玉局遺文》，又見《漁隱叢話》前集卷四七、《古今事文類聚》前集卷四、《歲時廣記》卷四等。據補二字。

〔二九〕榷茶　本則事見《後山談叢》卷三，又見《後山集》卷二〇，《乖崖集》附録、《宋名臣言行録前集》卷三等。

〔三〇〕七奠柈　本條録自《茶經·七之事》引《晉書》，參閲《茶經》拙校〔一五七〕、〔一五八〕。

〔三一〕好慕水厄　本條見《洛陽伽藍記》卷三，又見《太平御覽》卷八六七。

〔三二〕靈泉供造　方案：本條出毛文錫《茶譜》，拙輯轉引自《事類賦注》卷一七。據改四字，補二字。餘參閲《茶譜》拙校〔六五〕至〔七〇〕。

〔三三〕官焙香　方案：本則見《古今事文類聚》續集卷一二。詩見《山谷集》卷三、《山谷内集詩注》卷二等，詩題作《以小團龍及半鋌贈無咎并詩用前韻爲戲》。「曲几」，原作「曲兀」，「團蒲」，原倒，今據改、乙。蘇軾評語又見《漁隱叢話》前集卷四七、《詩人玉屑》卷一八《奇語》等。

〔三四〕蘇蔡鬥茶　方案：本條似始見於江鄰幾《嘉祐雜志》，此轉引自周煇《清波雜志》卷四。據改一字，補二字。又，末注，實乃蛇足。其云：「竹瀝水，天台泉名」，大誤。《清波雜志》云：「竹瀝水」，乃取天台山竹，「斷竹稍屈而取之」，故「泉名」應改作「山竹中之水」，庶幾無誤。

〔三五〕品題風味　方案：本則見田汝成《西湖遊覽志餘》卷一六、《山堂肆考》卷一一一等。據《續茶經》卷下之三，則引自陳詩教《灌園史》。

〔三六〕嗽茗孤吟　方案：本條暫未檢得出處，俟更考。脱末字「吟」，據本篇篇目補。

〔三七〕吾與點也　本則出《青箱雜記》卷一，又見《類説》卷四等。

〔三八〕清泉白石　方案：本則見《雲林遺事》，又見元·倪瓚《清閟閣全集》卷一一。

〔三九〕茶庵　本則見明·都穆《寓意編》，又見汪珂玉《珊瑚網》卷四七。

〔四〇〕香茶　方案：本條似應擬題作「嗜香茶」。又，似始見於宋·鄧椿《畫繼》卷三，又見於明·朱謀垔《畫史會要》卷三等。

〔四一〕殺風景　方案：本則始見於《漁隱叢話》卷二二引《三山老人語録》，謂出李義山《雜纂》，似爲托名李商隱。然此語宋時已廣爲流傳。

〔四二〕陽侯難　方案：本條出《洛陽伽藍記》卷三，已有删潤。又見《太平御覽》卷八六七等。

〔四三〕清香滑熱　本則節引自《李太白文集》卷一六《答族侄僧中孚贈玉泉仙人掌茶并序》，此爲詩序中語，已大幅删節，據改三字。

〔四四〕仙人掌茶　本條亦節引自同右引詩序。僅改『余』爲『李白』。

〔四五〕敲冰煮茶　本條見《開元天寶遺事》卷一《敲冰煮茗》。除篇題『茗』作『茶』外，餘全同。又見《類説》卷二一、《緯略》卷七等。

〔四六〕鋌子茶　方案：此據《清異録》卷下《荈茗·玉蟬膏》删潤而成。原書末有『恪，建人也』四字，已删。

〔四七〕他人煎炒　方案：本則以《石林燕語》卷八及《清波雜志》卷四捏合而成。『自玉食外』之上見前書。又，『熙寧中』，實乃應作『元豐中』，但原書已誤。又，末字『間』脱，據補。

〔四八〕滌煩療渴　本條始見於李肇《國史補》卷下，但録文似據《太平御覽》卷八六七。較之原書，已頗有删改。

〔四九〕水厄　本條出《太平御覽》卷八六七引《世説》，據補一字。

〔五〇〕伯熊善茶　方案：此則本事出《封氏聞見記》卷六《飲茶》，已據《類説》卷三二改寫之文録入，據補二字。又，『通狎勝流』下，原作：『至此（《聞見記》作『及此』）羞愧，復著《毁茶論》。』此乃僅據其意而改寫之，已非原文。

〔五一〕玩茗　方案：本條前八字，乃編者之論。『蔡君謨』云云兩句，則據《仇池筆記》卷上及《類説》卷九。

〔五二〕素業　本條據《茶經·七之事》引《晉中興書》録文，《太平御覽》卷八六七同。惟此「乃私爲具」，原書作「乃私蓄十數人饌」；又，據補一「之」字。餘全同。

〔五三〕密賜茶茗　方案：此據《茶經·七之事》引《吴志·韋曜傳》。已略有删潤，據改、補各一字。餘詳《茶經》拙釋〔一四八〕至〔一五四〕。末「至於」以下十二字，爲《茶經》所無，據《三國志·吴書》卷二〇《韋曜傳》補録。

〔五四〕獲錢十萬　方案：事見《異苑》卷七，又見《茶經》卷下、《藝文類聚》卷八二、《太平御覽》卷八三六引，惟文字詳略殊異，各不相同。此又與上舉諸書皆不同，已删略改寫。餘詳《茶經》拙釋〔二一四〕至〔二二九〕。

〔五五〕南零水　方案：此據張又新《煎茶水記》删改而成。據互乙、補各二字。餘詳拙校本《水記》校釋〔八〕至〔二七〕。

〔五六〕德宗煎茶　方案：本則似據《類説》卷二。「唐德宗」，原作「皇孫奉節王」，乃其未稱帝時事。又，「好」字原無。又見《紺珠集》卷二等，文字頗有異同。

〔五七〕金地茶　方案：本則《天中記》卷四四引作出《九華山志》，但文字頗有不同。此與《茶董》所述略同，疑即據以録文。

〔五八〕殿茶　方案：本則似宜擬題作「賜茶」或「成象殿茶」。本條始見韓偓《金鑾密記》，當據《白孔六帖》卷一五所引録文。又見《雲仙雜記》卷六、《玉海》卷九〇、《萬花谷》後集卷三五引，文頗有異同。

〔五九〕大小龍茶　本條《詩話總龜》後集卷三〇云出《高齋詩話》，又見《漁隱叢話》前集卷四六。文幾全同。唯所引詩前，稱『故其詩云』，蒙上，則當爲歐陽修詩。《高齋詩話》實誤，此乃蘇軾詩，見《東坡全集》卷二三《荔支嘆》。又，『爭新買寵』，此譌作『爭買龍團』，據改。

〔六〇〕茶神　方案：本條捏合唐·趙璘《因話録》卷三及李肇《國史補》卷下而成。後半又見《唐語林》卷四及《太平廣記》卷八三等。

〔六一〕爲熱爲冷　本則據《茶經》卷下《七之事》引《世説》録文，幾全同。又見《御覽》卷八六七。

〔六二〕卍字　方案：此條未檢得出處，疑出於《大藏經》。

〔六三〕乳妖　此則見《清異録》卷下，據補二字。

〔六四〕李約嗜茶　本條出《因話録》卷二，略有删潤。又見《唐語林》卷六、《太平廣記》卷二〇一。

〔六五〕玉茸　本則見《清異録》卷上《地理·玉茸金鹵》，據改一字。

〔六六〕茗戰　本條出《清異録》卷下《荈茗·茗戰》。末句爲編者所增。又，據改、補各一字。

〔六七〕茶會　方案：本條實捏合錢起之二詩詩題而成。見《錢仲文集》卷一〇《與趙莒茶宴》及同書卷四《過長孫宅與郎上人茶會》，組合成條，似始於《茶事拾遺》，見《廣羣芳譜》卷一八。

〔六八〕龍坡山子茶　方案：本則據《清異録》卷下删改而成。惟標目及文末原作『仙子』，實乃『山子』之形譌。《吴興備志》卷二六、《山堂肆考》卷一九三、《格致鏡原》卷二一所引皆作『山子』，是。惟《廣羣芳譜》卷一八引文亦譌作『仙子』。今據改，標目並補『茶』字。又，『餉客』，原書作『飲余』。此已改。

〔六九〕苦口師　本則據《清異録》卷下删潤而成，據改一字。

〔七〇〕龍鳳團　方案：本則録自《山堂肆考》卷一九三《飲食·綴金》，實據歐陽修《歸田録》卷下和《龍茶録後序》（刊《文忠集》卷六五）之文組合、删潤而成。

〔七一〕甘草癖　本條見《清異録》卷下。據補三字。已頗有删節改寫。如『愛子』，原書作『耽於子息』；『耽書』，原作『耽於褒貶』；『一座稱佳』，原作：『座客曰：允矣哉！』似皆不及原書之生動傳神。

〔七二〕結菴種茶　方案：本則事出《清異録》卷下《荈茗·聖揚花》。但明人删節有誤，竟將宋代吴僧梵川誓願燃燈供養雙林傅大士而往蒙頂結庵種茶事，誤作『傅大士』之事。餘詳《品茶要録補》拙釋〔一七〕，此勿贅。

〔七三〕攪破菜園　方案：本則據楊萬里（號誠齋）《誠齋集》卷一〇七《答傅尚書書》删節而成。據改一字。

〔七四〕御史茶瓶　方案：此則本事見《因話録》卷五，《唐語林》卷八已有删節。此似據《山堂肆考》卷一九三删改而成，然因删削失宜而致大誤，《肆考》承《唐語林》而不誤。餘詳本《全集》中編《茶乘》拙釋〔三六〕。以成書而論，或《茶乘》略早，但仍無法斷言，始誤者爲高元濬抑或本書編者萬邦寧？

〔七五〕湯戲　本則據《清異録》卷下《荈茗·生成盞》删節而成。

〔七六〕百碗不厭　本條據《南部新書》卷八删潤而成。據補一字。

〔七七〕恨帝未嘗　方案：本則據同右引書卷五。惟末二句，即『此物』起凡十二字，原在『紫筍茶兩片』句下。此似譌倒。《唐詩紀事》卷三五同《新書》，不誤。《六研齋筆記》二筆卷二、《天中記》卷四四皆同而不誤。《格致鏡原》卷二一引文已删此十二字，或本書編者據此録文而補之，遂導致謌倒歟？

〔七八〕天柱峰茶　本條據《中朝故事》卷上删潤，又見《玉泉子》、《太平廣記》卷四一二等。

〔七九〕進茶萬兩　方案：本條據《金石録》卷二九《唐義興縣重修茶舍記》删節而成。然不無小誤。如原書作李栖筠『實典是邦』，即爲常州刺史，而此云『按義興』。

〔八〇〕練囊　本條出《國史補》卷上，又見《太平御覽》卷八六七引。據補一字。

〔八一〕漸兒所爲　方案：本則始見於宋・董逌《廣川畫跋》卷二《書陸羽點茶圖後》引《紀異録》。略有删潤。

〔八二〕麒麟草　本則出《雲仙雜記》卷五引《鳳翔退耕録》。據補一字。

〔八三〕白蛇啣子　方案：此據《天中記》卷四四引義興舊志删改而成，據改二字。

〔八四〕山號大恩　方案：本條事見《新唐書》卷二一二《劉仁恭傳》，『劉』，此謌作『潘』，據改。

〔八五〕自潑湯茶　方案：此似始見於《北夢瑣言》卷三《杜邠公不恤親戚》。『左右』，原書在『瞿唐』下，是；今謌倒至『呼喚』上，應乙正。此似據《南部新書》卷八録文，二字已倒，非是。

〔八六〕止受一串　方案：本則事見《新唐書》卷一五七《陸贄傳》。略有删潤。

〔八七〕緑華紫英　方案：本條出《記纂淵海》卷九〇引《杜陽編》。又見《天中記》卷四四等。『緑華紫英』，原謌作『緑葉紫莖』，據改。

〔八八〕三昧　方案：本條見《清異録》卷下《茗荈・十六湯》。據補一字，又，『湯者，茶之司命』云云，原書在『作湯十六法』下，蒙上，顯爲僞托之蘇廙之言。但自明·湯顯祖《題飲茶録》倡爲謬説『陶學士謂「湯者，茶之司命」，此言最得三昧』（據《續茶經》卷下之三轉引）以來，明人沿譌踵謬者不一而足。但《清異録》又爲宋·佚名所編，其作者今已不可考，無論唐·蘇廙或宋初陶穀均爲僞托之『子虛烏有』先生。説詳本《全集》上編《茗荈録》提要拙考。

茶乘

〔明〕高元濬

〔提要〕

《茶乘》，明代茶書。六卷。高元濬撰。其書今存。高元濬，字君鼎，號黄如居士。福建漳州龍溪人。《千頃堂書目》卷九著録其有《茶乘》四卷（方案：疑卷數誤），《花疏》六卷。生平事蹟不詳，俟考。從其交遊考察，似未出仕。

是書卷首雖有自序，但僅殘存末三十二字。所幸署『癸亥菊月』撰序，參考卷首《品藻》所載之張燮等五序作者生平，可以確定此撰序之『癸亥』爲天啓三年（一六二三）。《茶乘》之成書，約在是年或稍前，據其跋，此乃刊行之時，『時在殘菊花際』句可證。卷首《品藻》五首，實乃友人之序，其交遊除王志道外，多爲隱居鄉里的飽學之士。作序者生平事歷，略見校證所考，此勿贅及。

《茶乘》凡六卷，卷一分立十四目，述茶之産地、採製、收貯、烹煮、品水、擇器、茶具、禁、效等；卷二題作《志林》，凡八十則，仿《茶經》卷下《七之事》述茶事；卷三至六題作《文苑》，收録前人茶詩、詞、文。其後，有《拾遺》上下篇，共五十六則，大抵爲卷一、卷二拾遺補闕而已。也頗多作者個人的心得體會。卷末則爲作者跋。大致多輯自前人之論著，極少本人之創見，此爲明代之風尚。其收輯茶詩之多，在明代茶書中堪稱後來居上。全書約爲三萬餘字，是明清茶書中篇幅較多的一種。今存世者僅明天啓年間原刻本，藏南京大學圖書館，《續修四庫全書·子部·譜録類》已據南大藏本影印收入，今據此本收入本書。因無别本可校，所收内容又多見之於本書上編，筆者又對《續茶經》作過較詳盡的校勘，是書一般的衍誤倒脱，僅按凡例校勘法處理，一般不改動原文，以存原書『孤本』之真。必要時出校記。偶有不見於他書的茶詩，乃至有《全宋詩》等失收之詩，或爲此書的資料價值所在。但文本譌誤的情況也比較嚴重，這是明末刻書的通病，不必苛責。客觀而言，在明代的茶書中，甚至還稱得上是上乘之作。其《拾遺》上下篇中，還不乏作者據親身茶事體驗而作出的申論。爲免繁瑣，凡引文中見於本書諸校本者，均據以校改，一般不出校記。凡引録的詩詞，也儘量查明出處，文字則從校點本或四庫本，一般只校是非而不校異同。

此書『久藏深閨人未識』，僅見萬國鼎先生著録於存目，多年前已從友人處覓得複印本，即試爲校點，今《續修四庫》影印本已收録，點校本亦如願行世，快慰何似！其中雖多雜録他書，一般多爲可信資料，轉引的文字處理也較恰當。亦間有作者真知灼見，益知本書之不可廢也。其文字也遠勝後出的清·劉源長《茶史》，劉氏所輯乃至無法卒讀，更無從校理。有此書及《續茶經》傳世，劉書可廢矣。

自序

（以上原闕）圖按經。庶竟陵之湯勳，不泯北苑之緒芬，具在云爾。癸亥菊月露中，高元濬君鼎撰。

《茶乘》品藻

品一　張燮〔一〕

嗜茶非自茶博士始也，王仲祖不先登乎？彼日與賓朋窮吸啜之致，但無復撰述以行。故陸氏之『甘草癖』獨顯，當是以《經》得名耳。宋以茶著者，無如吾閩蔡君謨。今龍鳳團法且永廢，而《茶録》尚播傳誦。信乎！文之行遠也。余向見友人屠田叔作《茗笈》而樂之。高君鼎復合諸家，删纂而作《茶乘》，古來茗竈間之點綴，可謂備嘗矣。每讀一過，使人滌盡塵土腸胃。後世有嗜茶者，尊經爲茶素，王録爲素臣。君鼎是編，尚未甘向鄭康成車後也。

品二　王志道〔二〕

茗之初興，魯比于酪。邾莒之盟，猶有異議。其後，乃隱然與醉鄉敵國云。精于唐，侈于宋，然其制莫不輾之，範之，膏之，蠟之。單焙之法，起自明時，可謂竟陵、建安後無作者哉，君鼎見之矣。今之好事，湯社粬部，事事中分，藝苑抑有一焉！敍記之，可以伯倫無功作對者；近體之，可與葡萄美酒、飲中八仙作對者，尚覺寥寥。有明以來，鼓吹唐風，得無有頗可採者乎！君鼎暇日將廣搜之。

品三　陳正學〔三〕

予園居以茶爲諫友，君鼎道岸，先登其竟陵之法，胤茗溪之石交乎？誌公懼《法乘》銷毁，刻石而硲之，君鼎爲乘之意良然。

品四　章載道〔四〕

余嘗謂：嗜茶而不窮其致，僅與玉川角勝於椀杓間，此陸、蔡諸君所竊笑也。君鼎嗜茶，直肩隨陸、蔡，故所著《茶乘》，雖述倍于創要，於疏原引類各極其致，不翅三昧入矣。因戲謂君鼎，相與定交於茶臼間如何？君鼎笑曰：『子能出龍鳳團相餉不？』余曰：『《乘》中唯不詳此，差勝耳！』君鼎曰：『味長與此言，嗜廼更進。』

品五　黄以陞〔五〕

春雨中烹新芽，讀君鼎《茶乘》，肺腑皆香，恍如惠川對啜時也。《茶經》、《茶述》至矣，昔人猶病其略；建安迨蔡《録》始備。今得君鼎撰述，而嘉木名泉點綴無憾，是亦皋盧之大成，吾閩之赤幟也。予好麴部，恐污湯神，然知己過從，頻罄驚雷之筴，以爲麈尾，藉其玄液，鼠鬚干焉。膏潤種種，幽韻惟可與君鼎道耳。若品與法，迸（併？）事與詞該，尤經、録所尠。渴以當飲，不知世間有仙掌醍醐也。

茶乘卷一

茶原

茶者，南方之嘉木也。一尺、二尺，廼至數十尺。其巴山峽川有兩人合抱者，伐而掇之。其樹如瓜蘆，葉如梔子，花如白薔薇，實如栟櫚，（莖）〔蒂〕如丁香，根如胡桃。其字：或從草，或從木，或草木并。其名：一曰茶，二曰檟，三曰蔎，四曰茗，五曰荈。其地：上者生爛石，中者生礫壤，下者生黄土。凡藝而不（實）〔植〕，植而罕茂，法如種瓜，三歲可採。野者上，園者次。陽崖陰林，紫者上，緑者次；筍者上，芽者次；葉卷上，葉舒次。陰川坡谷，不堪采掇。《茶經》

茶産

茶之産於天下多矣：若劍南有蒙頂石花，湖州有顧渚紫筍，峽（川）〔州〕有碧澗、明月，邛州有火井、思安，渠江有薄片，巴東有真香，福州有柏巖，洪州有白露；常之陽羡，婺之舉巖，丫山之陽坡，龍安之騎火，黔陽之都濡高株，瀘（川）〔州〕之納溪梅嶺，之（此？）數者，其名皆著。品第之，則石花最上，紫筍次之，又次則碧澗、明月之類是也。惜皆不可致耳。顧元慶《茶譜》

近時所尚者，爲長興之羅岕，疑即古顧渚紫筍。然岕故有數處，今惟洞山最佳。若歙之松羅，吴之虎丘，杭之龍井，並可與岕頡頏。又有極稱黄山者，黄山亦在歙，去松羅遠甚。虎丘山窄，歲採不能十斤，極爲難得。龍井之山，不過十數畝，外此有茶皆不及也。即杭人識龍井味者亦少，以亂真多耳。往時士人，皆重天池，然飲之略多，令人脹滿。浙之産曰雁宕、大盤、金華、日鑄，皆與武夷相伯仲。武夷之外，有泉州之清源，漳州之龍山，倘以好手製之，亦是武夷亞匹。蜀之産曰蒙山，楚之産曰寶慶，滇之産曰五華，廬之産曰六安，及靈山、高霞、太寧、鳩坑、朱溪、青鸞、鶴嶺、石門、龍泉之類，但有都佳。其他山靈所鍾，在處有之，直以未經品題，終不入品。遂使草木有炎涼之感，良可惜也〔六〕。

藝法

秋社後，摘茶子，水浮，取沉者。略曬，去濕潤，沙拌，藏竹簍子，勿令凍損，俟春旺時種之。茶喜叢生，先治地平正，行間疎密，縱横各二尺許。每一坑下子一掬，覆以焦土，次年分植，三年便可摘取。凡種茶地，宜高燥沃土斜坡，得早陽者産茶自佳，聚水向陰之處遂劣。故一山之中，美惡相懸。茶根土實，草木雜生，則不茂。春時薙草，秋夏間鋤掘三四遍。茶地覺力薄，每根傍掘小坑，培焦土升許，用米泔澆之，次年別培。最忌與菜畦相逼，穢汙滲漉，滓厥清真。

采法

歲多暖，則先驚蟄十日即芽；歲多寒，則後驚蟄始發。故《茶經》云：采茶，在二月、三月、四月之間。今閩人以清明前後，吴越乃以穀雨前後時，以地異也。凡茶，不必太細，細則芽初萌而味欠足；不必太青，青則葉已老而味欠嫩。須擇其中枝穎拔，葉微梗，色微緑而團且厚曰中芽，乃一芽帶一葉者，號一鎗一旗；次曰紫芽，乃一芽帶兩葉者，號一鎗二旗；其帶三葉、四葉者，不堪矣〔七〕。

凡採茶，以晨興，不以日出。日出露晞，爲陽所薄，則使茶之膏腴消耗於内，茶至受水而不鮮明，故以早爲最〔八〕。若閩、廣、嶺南，多瘴癘之氣，必待日出，山霽霧散，嵐氣收淨，采之可也。

凌露無雲，採候之上；霽日融和，採候之次；積雨重陰，不知其可。邢士襄《茶説》

斷（茶）〔芽〕，以甲不以指。以甲，則速斷不柔；以指，則多（濕）〔温〕易損。（朱）〔宋〕子安《東溪試茶録》

往時無秋日摘者，近乃有之。〔秋〕七八月重摘一番，謂之『早春』，其品甚佳，不嫌少薄。許次紓《茶疏》

製法

茶新採時，膏液具足，初用武火急妙，以發其香。候鐺微炙，手置茶鐺中，札札有聲，急手炒匀。炒時須一人從旁扇之，以袪熱氣。凡炒，只可一握，多取入鐺，則手力不匀。又以半熱爲度，微候香發，即出之箕上，薄攤，用扇搧冷，以手揉挼，入文火鐺焙乾，扇冷收藏色如翡翠。鐺，最宜炊飯，無取他用者；薪，僅可樹枝，不用幹葉。

火烈香清，鐺寒神倦，火猛生焦，柴疎失翠。久延，則過熟犯黄；速起，卻還生著黑。帶白點者無妨，絶焦點者最勝。張源《茶録》

欲全香味與色，妙在扇之與炒，此不易之準繩。惟羅岕宜焙，雖古有此法，未可概施他茗。田子蓺以茶生曬、不炒不揉者爲佳，亦未之試耳。

藏法

藏茶，宜箬葉而畏香藥，〔茶〕喜温燥而忌冷濕。收藏時，先用青箬，以竹絲編之，置罌四週。焙茶俟冷，貯器中；以生炭火煅過，烈日中曝之令滅。亂插茶中，封固罌口，覆以新磚，置高爽近人處。霉天雨候，切忌發覆；〔取用〕，須於晴明〔時〕，取少許別貯小瓶。空缺處，即以箬填滿，封置如故，方爲可久。或夏至後一焙，或秋分後一焙。熊明遇《岕茶記》

又法，以新瓶盛茶，不拘大小，燒稻草灰入於大桶，將茶瓶座桶中，以灰四面築實。用時，撥灰取瓶，餘瓶再無蒸壞，次年換灰。

藏茶，莫美於沙瓶。若用饒器，恐易生潤。

凡貯茶之器，始終貯茶，不得移爲他用。羅廩《茶解》

茶性淫，易於染着，無論腥穢及有氣息之物，不（宜）〔得與之〕近。即名香，亦不宜（近）〔相雜〕。《茶解》

煮法

茶有三美：色欲其白，種愈佳則愈皙；香欲其烈，製愈工則愈歆；味欲其雋，水愈高則愈發，而摠其成於煮。煮須活火，最忌煙薰，非炭不可。凡經燔炙，爲膻膩所及及膏木敗器，俱不用之。火績已成，水性乃定。始則魚目散布，微微有聲爲一沸；中則四邊泉湧，纍纍連珠爲二沸；終則騰波鼓浪，水氣全消爲三沸。然後引瓶啓蓋，離火投茶，如水石相搏，喧豗震棹者，以所出水止之，而育其華也。少〔頃〕，則如空潭度溜，竹篠鳴風者，葉以舒而湯猶旋也；又頃，如澄潭之下，水波不驚，行藻交橫，色香味俱足而茶成矣。若薪火方交，水釜纔熾，急取旋傾，水氣未盡，謂之嫩湯。品中，謂之嬰湯。若人過百息，水踰十沸，或以話阻事廢，始取用之，湯已失性，謂之老湯。品中謂之百壽湯，老與嫩皆非也。茶少湯多，則雲腳散；湯少茶多則乳面聚。

蔡《録》曬，不宜蚤，蚤則茶神未發；飲，不宜遲，遲則妙馥先消。張《録》

投茶有序，無失其宜。先茶後湯，曰下投；湯半下茶，（伏）〔復〕以湯滿，曰中投；先湯後茶，曰上投。春秋中投，夏上投，冬下投。《茶録》〔九〕

凡酌（茶），置諸盌，令沫餑均。沫餑，湯之華也。華之薄者曰沫，厚者曰餑，輕細者曰花。《茶經》

凡烹茶，先以熱湯洗茶葉，去其塵垢、冷氣，烹之則美。《茶譜》

品水

雨者，陰陽之和，天地之施，水從雲下，輔時生養者也。秋水爲上，梅水次之。秋水白而冽，梅水白而甘，甘則茶味稍奪，冽則茶味獨全，故秋水較勝。春冬二水，春勝於冬，皆以和風明雲，得天地之正施者爲妙。惟夏月暴雨，或因風雷所致，實天之流怒也，食之，令人霍亂。其龍行之水，暴而霆者，旱而凍者，腥而墨者，及檐溜者，皆不可食。

山下出泉，爲《蒙》，〔蒙〕穉也。物穉則天全，水穉則味全。故鴻漸曰山水上。其曰『乳泉，石池慢流者』，《蒙》之謂也。一取清寒，泉不難于清而難于寒。石少土多，沙膩泥凝者，必不清寒。或瀨峻流駛而清巖奥陰，積而寒者，亦非佳品。一取香甘味美者，曰甘泉；氣芳者，曰香泉。泉惟甘香，故能養人。然甘易而香難，未有香而不甘者也。一取石流，石，山骨也；流，水行也。《博物志》曰：『石者，金之（精）〔根〕甲，石流精以生水。』又曰：『山泉者，引地氣也。』泉非石出者，必不佳。一取山脉逶迤，山不停處，水必不停；若停則無源者矣，旱必易涸。大率山頂泉清而輕，山下泉清而重。石中泉清而甘，沙中泉清而冽，土中泉清而厚。有下生硫黄，發爲温泉者；　有同出一壑，半温半冷者，皆非食品。有流遠者，遠則味薄，取深潭停蓄，其味乃復。有不流者，食之有害。《博物志》曰：『山居之民，多瘦腫〔疾〕〔瘿〕，由於飲泉不流者。』若泉上有惡木，則葉滋根潤，能損甘香；　甚者能釀毒液，尤宜去之。

江，公也，衆水共入其中也。水共則味雜，故曰江水次之。　其取去人遠者，蓋去人遠，則澄（深）〔清〕而無蕩漾之漓耳。田（崇衡）〔藝蘅〕《煮泉小品》

谿水，春夏泛漫，不宜用；　秋最上，冬次之。必須汲貯，俟其澄徹可食。

井水脉暗而性滯，味鹹而色濁，有妨茗氣。故鴻漸曰井水下。　其曰『汲多者可食』，蓋汲多則氣通而流活耳，終非佳品。或平地偶穿一井，適通泉穴，味甘而澹，大旱不涸，與山泉無異，非可以井水例觀也。若海濱之井，必無佳泉，蓋潮汐近，地斥鹵故耳。

貯水甕須置陰庭，覆以紗帛，使承星露，則英華不散，靈氣常存。　假令壓以木石，封以紙箬，暴於日中，則外耗其神，内閉其氣，水神敝矣。《茶解》

劉伯芻品：　揚子江南零水第一，無錫惠山泉水第二，蘇州虎丘寺石泉水第三，丹陽縣觀音寺水第四，揚州大明寺水第五，吴淞江水第六，淮水最下。

陸鴻漸品：　廬山康王谷水第一，無錫（縣）惠山寺石泉水第二，蕲州蘭溪石下水第三，峽州扇子峽蝦蟆口水第四，蘇州虎丘寺石泉水第五，廬山招賢寺方橋潭下水第六，揚子江南零水第七，洪（山）〔州〕西山瀑布水第八，唐州〔桐柏〕淮水源第九，廬州龍池山頂水第十，丹陽縣觀音寺水第十一，揚州大明寺水第十二，漢江金州上游中零水第十三，歸州玉虛洞香溪水第十四，商州武關西洛橋水第十五，吴淞江水第十六，天台山西南峰千丈瀑布水第十七，郴州圓泉水第十八，桐(江)〔廬〕巖陵灘水第十九，雪水〔第〕二十。

擇器

烹煮之瓶宜小，入火水氣易盡，投茶香味不散。若瓶大，啜存停久，味過則不佳矣。茶瓶，金銀爲上，磁瓶次之。磁不奪茶氣，幽人逸士，品色尤宜。近義興茶罐制雅料佳，大爲人所重，蓋是粗砂，正取砂無土氣耳。茶甌，亦取料精式雅，質厚難冷，瑩白如玉者，可試茶色。越州爲上，杜毓《荈賦》所謂『器擇陶揀，出自東甌』，是也。蔡君謨取建盞，其色紺黑，似不宜用。

金乃水母，錫備剛柔，味不鹹澀，作銚最良。製必穿心，令火氣易透。《茶録》

滌器

湯瓶茶甌，每日晨興，必須洗潔。以竹編架，覆而庋之燥處，俟烹時取用。兩壺後，又用冷水蕩滌，使壺涼潔。飲畢，湯瓶盡去其餘瀝殘葉，以需次用。甌中殘瀋，必傾去之，以俟再斟。如或存之，奪香敗味。

茶具滌畢，覆於竹架，俟其自乾爲佳。其拭巾，只宜拭外，切忌拭内。蓋布巾雖潔，一經人手，極易作氣。縱器不乾，亦無大害。聞龍《茶箋》

茶宜

茶候，宜涼臺静室，明窗曲几，僧寮道院；松風竹月，花時雪夜，晏坐行吟，清譚把卷。茶侶，宜翰卿墨客，緇流羽士，逸老散人；或軒冕之徒，超軼世味，俱有雲霞泉石磊塊胸次間者。飲茶，宜客少爲貴，客衆則喧，喧則雅趣之矣。獨啜曰幽，二客曰勝，三四曰趣，五六曰泛，七八曰施。

茶飲防濫，厥戒惟嚴。其或客乍傾蓋，朋偶消煩，賓待解醒，則玄賞之外，别有攸施矣。屠本畯《茗笈》

茶禁

茶有九難：一曰造，二曰别，三曰器，四曰火，五曰水，六曰炙，七曰末，八曰煮，九曰飲。陰採夜焙，非造也；嚼味嗅香，非别也；膻鼎腥甌，非器也；膏薪庖炭，非火也；飛湍壅潦，非水也；外熟内生，非炙也；碧粉（漂）〔縹〕塵，非末也；操艱（擾）〔攪〕遽，非煮也；夏興冬廢，非飲也。《茶經》

茶有真香，有佳味，有正色。烹點之際，不宜以珍果、香草雜之。《茶譜》

夫茶中着料，碗中着果，譬如玉貌加脂，蛾眉着黛，翻累本色。《茶説》

茶効

人飲真茶，能止渴消食，除痰少睡，利水道，明目，益思。《本草拾遺》除煩去膩，人固不可一日無茶，然或有忌而不飲。每食已，輒以濃茶漱口，煩膩既去，而脾胃不損。凡肉之在齒間者，得茶漱滌之，乃盡消縮，不覺脱去，不煩刺挑也。而齒性便（苦）〔若〕緣此漸堅密，蠹毒自已矣，然率用中下茶。《蘇文》

茶具

審安老人載十二先生姓名字號

韋鴻臚　文鼎　景暘　四窗閒叟

木待制　利濟　忘機　隔竹居人

金法曹　研古　元鍇　雍之舊民

　　　　轢古　仲鑑　和琴先生

石轉運　鑿齒　遄行　香屋隱君

胡員外　惟一　宗許　貯月仙翁

羅樞密　若藥　傅師　思隱寮長

宗從事　子弗　不遺　掃雲溪友

漆雕秘閣　承之　易持　古臺老人

陶寶文　去越　自厚　兔園上客

湯提點　發新　一鳴　温谷遺老

竺副帥　善調　希點　雪濤公子

司職方　成式　如素　潔齋居士

顧元慶《茶譜》分封七具〔一〇〕

苦節君　煮茶竹爐也，用以煎茶，更有行省收藏。

建城　以篛爲籠，封茶以貯高閣。

雲屯　磁瓶，用以杓泉，以供煮水。

烏府　以竹爲籃，用以盛炭，爲煎茶之資。

水曹　即磁缸瓦缶，用以貯泉，以供火鼎。

器局　竹編爲方箱，用以收茶具者。

品司　竹編圓撞提合，用以收貯各品茶葉，以待烹品者也。

又十六具收貯於器局以供役苦節君

商象　古石鼎也，用以煎茶。

歸潔　竹筅箒也，用以滌壺。

分盈　杓也，用以量水斤兩。

遞火　銅火斗也，用以搬火。

降紅　銅火筯也，用以簇火。

執權　準茶秤也，每杓水二〔斤〕〔升〕，用茶一兩。

團風　素竹扇也，用以發火。

漉塵　茶洗也，用以洗茶。

靜沸　竹架，即《〔竹〕〔茶〕經》支腹也。

注春　磁瓦壺也，用以注茶。

運鋒　劖果刀也，用以切果。

甘鈍　木碪墩也。

啜香　磁瓦甌也，用以啜茶。

撩雲　竹茶匙也，用以取〔果〕〔茶〕。

納敬　竹茶槖也，用以放盞。

受污　拭抹布也，用以潔甌。

茶乘卷二

志林〔一〕

《神農食經》：茶茗〔宜〕久服，〔令〕人有力悅志。

周公《爾雅》：檟，苦茶。《廣雅》云：荆巴間採葉作餅，葉老者餅〔既〕成，以米膏出之。欲煮茗飲，先炙（泠）〔令〕色赤，擣末置瓷器中，以湯澆覆之，用葱、薑、橘子芼之。其飲醒酒，令人不眠。

《晏子春秋》：嬰相齊景公，時食脱粟之飯，炙三（戈）〔弋〕、五（卵）〔卯〕，茗菜而已。

洞庭中西盡處，有『仙人茶』，乃樹上之苔蘚也，四皓采以爲茶〔一二〕。

有客過茅君，時當大暑，茅君於手巾内解茶，人與一葉。客食之，五内清涼。詰所從來，茅君曰：此蓬萊山穆陀樹葉，衆仙食之，以當飲〔一三〕。

揚雄《方言》：蜀西南人謂茶曰蔎。

華陀《食論》：苦茶久食益意思。

孫皓每饗宴，坐席無能否，每率以七升爲限，雖不悉入口，皆澆灌取盡。韋曜飲酒不過二升，初見禮異，時常爲裁減，或密賜茶茗以當酒。《吴志》

劉燁字耀卿〔一四〕，嘗與劉筠飲茶。問左右：『湯滚也未？』衆曰：『已滚。』筠曰：『僉曰鯀哉。』燁應聲曰：『吾與點也。』

晉武帝時，宣城人秦精，嘗入武昌山〔中〕採茗。遇一毛人，長丈餘，引精至山下，示以叢茗而去。俄而復還，乃探懷中橘以遺精。精怖，負茗而歸。《續搜神記》

惠帝蒙塵，還洛陽，黄門以瓦盆盛茶，上至尊。《晉四王起事》

晉元帝時，有老姥每旦擎一器茗，入市鬻之，市人競買。自旦至夕，其器不減。所得錢，散給路旁孤寡乞

人，人或異之。州法曹縶之獄中，夜執所鬻茗器，從獄牖中飛出。《廣陵耆老傳》

傅巽《七誨》：蒲桃宛柰，齊柿燕栗，峘陽黄梨，巫山朱橘，南中茶子，西極石蜜。

弘君舉《食檄》：寒温既畢，應下霜華之茗；三爵而終，應下諸蔗、木瓜、元李、楊梅、五味、橄欖、懸豹、葵羹，各一杯。郭璞《爾雅》注云：茶，樹小似梔子，冬生葉，可煮〔作〕羹飲。今呼早取爲茶，晚取爲茗，或一曰荈，蜀人名之苦茶。

任瞻，字育長。〔年〕少時有令名，自過江失志。既下飲，問人云：『此爲荈，爲茗？』覺人有怪色，乃自申明云：『向問飲爲熱爲冷耳。』《世説》

温嶠表〔一五〕：遣取供御之調，條列真上茶千片，茗三百大薄。《晉書》

桓温爲揚州牧，性儉，每讌飲，唯下七奠（拌）〔柈〕茶果而已。《晉書》

桓宣武有一督將，喜飲茶，至一斛二斗。一日過量，吐如牛肺一物，以茗澆之，容一斛二斗。客云：此名『斛二瘕〔一六〕』。《續搜神記》

陸納爲吴興太守，時謝安欲詣納。納兄子俶怪納無所備，不敢（請）〔問之〕，乃私爲具。〔安〕既至，納所設惟茶果而已。俶遂陳盛饌，珍饈畢具。〔及〕安去，納杖俶四十云：『汝不能光益叔父，柰何穢吾素業！』《晉中興書》

夏侯愷因疾死，宗人（字）〔兒〕苟奴，察見鬼神。見愷來（牧）〔收〕馬并病其妻。著平上幘、單衣，入坐生時西壁大牀，就人覓茶飲。《搜神記》

餘姚人虞洪，入山採茗。遇一道士，牽三青牛，引洪至瀑布山，曰：『予丹丘子也，聞子善具飲，常思見惠，山中有大茗，可以相給。祈子他日有甌犧之餘，乞相遺也。』因立奠祀，後（常）〔嘗〕令家人入山，獲大茗焉。《神異記》

剡縣陳務妻，少與二子寡居。好飲茶茗，以宅中有古塚，每飲，輒先祀之。二子患之，曰：『古塚何知？徒以勞意。』欲掘去，母苦禁而止。其夜，夢一人云：『吾止此塚三百餘年，卿二子恒欲見毀，賴相保護，又享吾佳茗。雖潛壤朽骨，豈忘翳桑之報！』及曉，於庭中獲錢十萬，似久埋者，但貫新耳。母告二子，〔二子〕慚之。從是，禱饋愈甚。《異苑》

燉煌人單道開，不畏寒暑，常服小石子。所服藥有（松蜜薑）松、桂、〔蜜〕、茯苓之氣，所（餘）〔飲〕茶蘇而已。《〔晉書〕·藝術傳》

晉司徒長史王濛好飲茶，客至，輒飲之。士大夫甚以爲苦，每欲候濛，必云：『今日有水厄。』《世説》

王肅初入魏，不食羊肉、酪漿，（嘗）〔常〕飯鯽魚羹，渴飲茗汁。京師士子（見）〔謂〕肅一飯一斗，號爲『漏巵』。後與孝文會食羊肉、酪粥，文帝怪問之。對曰：『羊是陸產之最，魚是水族之長，所好不同，並各稱珍。羊比齊魯大邦，魚比邾莒小國，惟茗不中與酪作奴。』彭城王勰顧謂曰：『明日爲卿設邾莒之會，亦有酪奴。』《後魏録》〔一七〕

劉縞慕王肅之風，專習茗飲。彭城王謂縞曰：『卿不慕王侯八珍，好蒼頭水厄。海上有逐臭之夫，里內有學顰之婦。』卿即是也〔一八〕。《伽藍記》

宋新安王子鸞，豫章王子尚，詣曇濟道人於八公山。道人設〔茶〕茗，子尚味之曰：『此甘露也，何言茶茗！』《宋録》

蕭衍子西豐侯蕭正德歸降，時元義欲爲〔之〕設茗。先問：『卿於水厄多少？』正德不曉義意，答曰：『下官〔雖〕生於水鄉，立身以來，未遭陽侯之難。』坐客大笑。《伽藍記》

陶弘景《襍録》：苦茶，輕身换骨，昔丹丘子、黄山君〔嘗〕服之。

山謙之《吴興記》：烏程縣西二十里有温山，出御荈。隋文帝微時〔一九〕，夢神人易其腦骨，自爾腦痛。忽遇一僧云：『山中有茗草，服之當愈。』

肅宗嘗賜張志和奴、婢各一人，志和配爲夫婦，名曰漁童、樵青。人問其故，答曰：『漁童使捧釣收綸，蘆中鼓枻；樵青使蘇蘭薪桂，竹裏煎茶〔二〇〕。』

竟陵龍蓋寺僧，於水濱得嬰兒，育爲弟子。稍長，自筮遇《蹇》之《漸》，繇曰：『鴻漸于陸，其羽可用爲儀。』乃姓陸氏，字鴻漸，名羽。博學多能，性嗜茶。著《茶經》三篇，言茶之源、之法，造茶具二十四事，以都統籠貯之，遠近傾慕，好事者家藏一副。至今鬻茶之家陶其像，置於煬器之間，祀爲茶神。《因話録》〔二一〕

有積禪師者，嗜茶久，非羽供（事）〔侍〕不鄉口。會羽出遊江湖四五載，師絶於茶味。代宗召入内供奉，命宫人善茶者烹以餉師，師一啜而罷。上疑其詐，私訪羽召入。（翼）〔翌〕日，賜師齋，俾羽煎茗。師捧甌喜動顔色，且啜且賞，曰：『此茶有若漸兒所爲也。』帝由是嘆師知茶，出羽見之。《紀異録》〔二二〕

御史大夫李栖筠〔守常州〕，（按）義興山僧有獻佳茗者，會客嘗之。陸羽以爲芬香甘辣，冠于他境，可薦于上。栖筠從之〔二三〕。

李季卿宣慰江南，至臨淮。知常伯熊善茶，乃詣伯熊。伯熊著黄帔衫，烏紗幘，手執茶器，口通茶名，區分指點，左右刮目。茶熟，李爲啜兩杯。《語林》〔二四〕

錢起，字文仲。與趙莒茶宴，又嘗過長孫宅，與郎上人作茶會〔二五〕。

李約雅度簡遠，有山林之致，一生不近粉黛。性嗜茶，謂人曰：『茶須緩火炙，活火煎。』客至，不限椀數，竟日執持茶具不倦。曾奉使至陝州硤石縣東，愛渠水清流，旬日忘發。《因話録》

陸宣公贄，張鎰餉錢百萬，止受茶一串。曰：『敢不承公之賜。』〔二六〕

金鑾故例，翰林當直學士春晚困，則日賜成象殿茶果。《金鑾密記》〔二七〕

元和時，館閣湯飲待學士者，煎麒麟草。《鳳翔退耕傳》〔二八〕

韓晉公滉聞奉天之難，以夾練囊緘〔盛〕茶末，遣（使）健步以進〔二九〕。《國史補》

同昌公主，上每賜饌，其茶有緑華、紫英之號。《杜陽雜編》〔三〇〕

吴僧梵川〔三一〕，誓願然頂，供養雙林傅大士。自往蒙山頂，結菴種茶。凡三年，味方全美，得絶佳者名爲聖楊花、吉祥蕊，共不踰五斤，持歸供獻。

白樂天方齋〔三二〕，劉禹錫正病酒。乃饋菊苗虀、蘆菔鮓，換取樂天六班茶二囊，以醒酒。

有人授舒州牧，以茶數十觔獻李德裕，李悉不受。明年罷郡，用意精求天柱峰數角，投李。李（閔）〔閲〕而受之曰：此茶可以消酒肉〔毒〕。因命烹一甌，沃於肉食内，以銀合閉之。詰旦，視其肉，已化爲水矣。衆服

其廣識。《中朝故事》〔三三〕

太和七年正月，吴蜀貢新茶，皆於冬中作法爲之。上務恭儉，不欲逆其物性。詔所貢新茶，宜于立春後(作)〔造〕。《唐史》〔三四〕

湖州長(洲)〔城〕縣啄木嶺金沙泉，〔即〕每歲造茶之所也。湖(長)〔常〕二(縣)〔郡〕接界於此，厥土有境會亭。每茶(時)〔節〕，二牧畢至。斯泉也，處沙之中，居常無水。將造茶，太守具儀注拜敕祭泉。頃之，發源，其夕清溢。〔造〕供御者畢，水即微減；供堂者畢，水已半之；太守造畢，水即涸矣。太守或還旆稽(留)〔期〕，則示風雷之變，或見鷙獸、毒蛇、木魅之類。商旅即以顧渚造之，無沾金沙者。《茶譜》〔三五〕

會昌初，監察御史鄭路，有兵察廳事茶〔三六〕。茶必市蜀之佳者，貯於陶器，以防暑濕，御史躬親(監)〔緘〕啓，謂之御史茶瓶。

大中三年，東都進一僧，年一百三十歲。宣宗問：『服何藥致然？』對曰：『臣少也賤，〔素〕不知藥性，本好茶，至處惟茶是求，或飲百碗不厭。』因賜〔茶〕五十觔，令居保壽寺。《南部新書》〔三七〕

柳惲墳在吴興白蘋洲。有胡生以釘鉸爲業，所居與墳近。每飲，必奠以茶。忽夢惲告之曰：『吾姓柳，平生善爲詩而嗜茗。感子茶茗之惠，無以爲報，願教子爲詩。』胡生辭以不能，柳强之曰：『但率子意言之，當有致矣。』生後遂工詩焉。《南部新書》〔三八〕

陸龜蒙嗜茶〔荈〕，置園顧渚山(中)〔下〕，歲取茶租。自(判)〔爲〕《品第書》〔一篇〕，繼《茶經》、《茶訣》之後〔三九〕。

皮光業最耽茗飲。一日，中表請嘗新柑，筵具甚豐，簪紱叢集。纔至，未顧尊罍而呼茶甚急，徑進一巨觥。題詩曰：『未見甘心氏，先迎苦口師。』衆(噓)〔噱〕曰：『此師固清高，而難以療饑也〔四〇〕。』

趙州禪師問新到：『曾到此間麽？』曰：『曾到。』師曰：『喫茶去！』又問僧，僧曰：『不曾到。』師曰：『喫茶去！』後院主問曰：『爲甚麽曾到也云喫茶去，不曾到也云喫茶去？』師召院主，主應諾。師曰：『喫茶去〔四一〕！』

蜀雅州蒙山中頂有茶園。一僧病冷且久，嘗遇老父，詢其病，僧具告之。父曰：『何不飲茶？』僧曰：『本以茶冷，豈能止(此)〔乎〕？』父曰：『仙家有雷鳴茶，亦聞乎？蒙之中頂〔茶〕，以春分先後，俟雷發聲，多搆人力，採摘三日乃止。若獲一兩，以本處水煎服，〔即〕能祛宿疾；二兩〔當〕眼前無疾；三兩換骨；四兩成地仙。』僧因之中頂，築室以俟，及期，獲一兩〔餘〕，服未竟而病瘥。至八十餘，時到城市，貌若年三十餘，眉髮紺緑。後入青城山，不知所終。《茶譜》〔四二〕

義興南嶽寺有真珠泉，稠錫禪師嘗飲之，清甘可口。曰：『得此泉烹桐廬茶，不亦稱乎！』未幾，有白蛇啣茶子墮寺前，由此滋蔓，茶〔味〕倍佳。《義興舊志》〔四三〕

唐(党)〔常〕魯〔公〕使西番，烹茶帳中，魯〔公〕曰：『滌煩療渴，所謂茶也。』番人曰：『我亦有之。』乃出數品，曰：『此壽(春)〔州〕者，此顧渚者，此蘄門者。』《唐書》〔四四〕

覺林院僧志崇，收茶爲三等：待客以驚雷莢，自奉以萱(華)〔草〕帶，供佛以紫茸香。蓋最(工)〔上〕以供佛，而最下以自奉也。客赴茶者，皆以油囊盛餘瀝而歸〔四五〕。

〔吴〕僧文了善烹茶，遊荆南，高保勉〔白〕子季興，延置紫雲菴。日試其茶，呼爲湯神，奏授『華亭水大師〔上人〕，』目曰乳妖〔四六〕。

饌茶而幻出物象於湯面者，茶匠通神之藝也。沙門福全，長於茶〔法〕〔海〕，能注湯幻茶，成〔將〕詩一句；並點四甌，共一絶句，泛乎湯表。檀越日造其門，求觀湯戲。全自詠詩曰：『生成盞裏水丹青，巧畫工夫學不成。卻笑當年陸鴻漸，煎茶贏得好名聲〔四七〕。』

岳陽灉湖舊出茶，李肇所謂灉湖之含膏也。今惟白鶴僧園有千餘本，一歲不過一二十兩，土人謂之白鶴茶，味極甘香。《岳陽風土記》〔四八〕

西域僧金地藏所植，名金地茶。出煙霞云霧之中，與地上産者其味夐絶。《九華山志》〔四九〕

五代時，魯公和凝在朝，率同列遞日以茶相飲，味劣者有罰，號爲湯社〔五〇〕。

〔世傳〕陶穀買得党太尉故妓，命取雪水烹團茶。謂妓曰：『党家應不識此。』妓曰：『彼麄人，安得有此〔景〕？但能銷金帳〔中〕〔下〕淺斟低唱，飲羊羔〔美〕〔兒〕酒耳。』陶愧其言。《類苑》〔五一〕

開寶〔初〕〔中〕，竇儀以新茶〔餉客〕〔飲余〕。奩面標曰：龍陂山子茶〔五二〕。

建安能仁院，有茶生石縫間。〔寺〕僧採造得〔茶〕八餅，號『石巖白』。以四餅遺蔡襄，以四餅遺王内翰禹玉。歲餘，襄被召還闕，過禹玉，禹玉命子弟於茶〔筒〕〔笥〕中選精品碾餉蔡。蔡捧茶〔甌〕未嘗，即曰：『此〔茶〕極似能仁石巖白，公何以得之？』禹玉未信，索帖驗之，果然。〔乃服〕。〔五三〕

盧廷璧〔見〕〔嘗蓄〕〔元〕僧詎可庭茶具十事，〔時〕具衣冠拜之〔五四〕。

蘇廙作《仙芽傳》，載作湯十六法。〔煎〕以老嫩言者凡三品，〔注〕以緩急言者凡三品，以器標者共五品，以薪論者共五品。陶穀謂：湯者，茶之司命。此言最得三昧〔五五〕。

宣城何子華，邀客於剖金堂。酒半，出嘉陽嚴峻畫陸羽像，子華因言：前（代）〔世〕惑駿逸者爲〔馬癖〕，泥貫索者爲〔錢癖〕，（愛子）〔耽於子息〕者有『譽兒癖』，耽（書）〔於褒貶〕者有《左傳》癖。若此叟〔者〕，溺於茗事，何以名其癖？』楊粹仲曰：『茶（雖）〔至〕珍未離〔乎〕草也，宜追目陸氏爲甘草癖。』一坐稱佳〔五六〕。

宋大小龍（團）〔茶〕，始於丁晉公，〔而〕成於蔡君謨。歐陽公聞而歎曰：『君謨，士人也，何至作此事！』《茗溪詩話》〔五七〕

熙寧中，賈青爲福建轉運使。取小龍團之精者爲『密雲龍』，自〔奉〕玉食外，戚里貴近，丐賜尤繁。宣仁一日慨歎曰：『建州今後不得造密雲龍，受他人煎炒不得也。』此語頗傳播縉紳間〔五八〕。

蘇才翁嘗與蔡君謨鬥茶。蔡茶〔精〕，用惠山泉；蘇茶少劣，改用竹瀝水煎，遂能取勝。江隣幾《雜志》〔五九〕

杭州營籍周韶，（常）〔多〕蓄奇茗，與君謨鬥勝，題品風味，君謨屈焉〔六〇〕。

蔡君謨〔嗜茶〕，老病不能（啜）〔飲〕，但烹而玩之〔六一〕。

黃寔爲發運使，大暑，泊清淮樓。見米元章衣幘鼻，自滌研于淮口。索篋中，無所有，獨得小龍團二餅。亟遣人送入〔六二〕。

司馬溫公偕范蜀公遊嵩山，各攜茶往。溫公以紙爲貼，蜀公盛以小黑合，溫公見之，驚曰：『景仁乃有茶器。』蜀公聞其言，遂留合與寺僧〔六三〕。

蘇長公愛玉女（河）〔洞中〕水，烹茶，破竹爲（券）〔契〕，使寺僧藏其一，以爲往來之信，〔戲〕謂之『調水符』〔六四〕。

廖明略晚登蘇門，子瞻大奇之。時黄、秦、晁、張號『蘇門四學士』，子瞻待之厚。每來，必令朝雲取『密雲龍』。一日，又命取，家人謂是四學士，窺之，乃明略也〔六五〕。

李易安，趙明誠妻也。〔性偶强記〕，與趙每飯罷坐歸來堂，烹茶，指堆積書史，言某事在某書〔某〕卷第幾葉第幾行，以中否〔角〕勝負〔爲〕飲茶先後。中則舉杯大笑，或至茶〔傾〕覆懷中，〔反〕不得飲而起〔六六〕。

王休居太白山下，每至冬時，取溪水敲其晶瑩者，煮建茗待客〔六七〕。

茶乘卷三

文苑

賦

荈賦　杜育

靈山惟嶽，奇産所鍾。厥生荈草，彌谷被岡。承豐壤之滋潤，受甘靈之霄降。月維初秋，農功少休，結偶同旅，是采是求。水則岷方之注，挹彼清流，器擇陶揀，出自東（甌）〔隅〕。酌之以匏，取式公劉。惟兹初成，沫沉華浮，煥如積雪，燁若春藪。

此《賦》載《藝文類聚》〔六八〕，僅作如是觀。存他書者有：『調神和内，倦（懈康）〔解慵〕除』二句，惜不獲覩其全篇。然斷珪殘璧，猶堪賞玩，惟曹令暉《香茗賦》有遺珠之恨云。

茶賦〔六九〕　顧况

稽天地之不平兮，蘭何爲乎早秀，菊何爲乎遲榮。皇天既孕此靈物兮，厚地復糅之而萌。惜下國之偏多，嗟上林之不至。如羅玳筵，展瑤席，凝藻思，開靈液，賜名臣，留上客。谷鶯囀，宮女嚬，汎濃華，漱芳津，出恒品，先衆珍。君門九重，聖壽萬春，此茶上達於天子也。滋飯蔬之精素，攻肉食之羶膩，發當暑之清吟，滌通宵之昏寐。杏樹桃花之深洞，竹林草堂之古寺，乘槎海上來，飛錫雲中至，此茶下被於幽人也。雅曰：不知我者，謂我何求。可憐翠澗陰中有泉流，舒鐵如金之鼎，越泥如玉之甌，輕煙細珠靄然浮，爽氣淡煙風雨秋。夢裏還錢，懷中贈橘，雖神秘而焉求。

茶賦〔七〇〕　吴淑

夫其滌煩療渴，换骨輕身，茶荈之利，其功若神。則有渠江薄片，西山白露，雲垂緑腳，香浮碧乳。挹此霜華，卻兹煩暑。清文既傳於杜育，精思亦聞於陸羽。若夫擷此臯廬，烹兹苦茶，〔品之紫録，第其卷舒。〕桐君之録尤重，仙人之掌難踰。豫章之嘉甘露，王肅之（號漏巵）〔貪酪奴〕。待鎗旗而採摘，對鼎鑪以吹噓，則有療彼斛瘕，困兹水厄。擢彼陰林，得於爛石，先火而造，乘雷以摘。吴主之憂韋曜，初沐殊恩；陸納之待謝安，誠彰儉德。別有産於玉壘，造（乎）〔彼〕金沙，三等爲號，五出成花。早春之來賓化，橫紋之出陽坡，復聞灉湖含膏之作，龍安騎火之名，柏巖兮鶴嶺，鳩阬兮鳳亭。嘉雀舌之纖嫩，翫蟬翼之輕盈。冬牙早秀，麥顆先成。或重西園之價，或侔團月之形。並明目而益思，豈瘠氣而侵精。又有蜀岡牛嶺，洪雅烏程，碧澗紀號，紫筍爲稱。陟仙崖而花墜，服丹丘而翼生。至于飛自獄中，煎於竹裏，效在不眠，功存悦志。或言詩爲報，或以錢見遺。復云葉如梔子，花若薔薇，輕飈浮雲之美，霜筍竹籜之差。唯芳茗之爲用，蓋飲食之所資。

南有嘉茗賦〔七一〕

梅堯臣

南有山原兮，不鑿不營。乃産嘉茗兮，囂此衆氓。土膏脉動兮，雷始發聲。萬木之氣未通兮，此已吐乎纖萌。一之日，雀舌露，掇而製之以奉乎王庭。二之日，鳥喙長，擷而焙之以備乎公卿。三之日，槍旗聳，搴而炕之將求乎利贏。四之日，嫩莖茂，團而範之來充乎賦征。當此時也，女廢蠶織，男廢農耕，夜不得息，晝不得停。取之，由一葉而至一掬；輸之，若百谷之赴巨溟。華夷蠻貊，固日飲而無厭，富貴貧賤，不時啜而不寧。所以小民冒險而競鬻，孰謂峻法之與嚴刑。嗚呼！古者聖人爲之絲枲絺綌而民始衣，播之禾麰菽粟而民不饑，畜之牛羊犬豕而甘脆不遺，調之辛酸鹹苦而五味適宜，造之酒醴而宴饗之，樹之果蔬而薦羞之，於兹可謂備矣，何彼茗無一勝焉而競進於今之時？抑非近世之人，體惰不勤，飽食粱肉，坐以生疾，藉以靈荈而消腑胃之宿陳。若然，則斯茗也，不得不謂之無益於爾身，無功於爾民也哉！

煎茶賦〔七二〕

黄庭堅

洶洶乎如澗松之發清吹，皓皓乎如春空之行白雲。賓主欲眠而同味，水茗相投而不渾。苦口利病，解膠滌昏，未嘗一日不放箸而策茗椀之勳者也。余嘗爲嗣直瀹茗，因録其滌煩破睡之功，爲之甲乙：建溪如割，雙井如（霆）〔靆〕，日鑄如勢；其餘苦則辛螫，甘則底滯。嘔酸寒胃，令人失睡，亦未足與議。或曰：『無甚高論，敢問其次。』涪翁曰：『味江之羅山，嚴道之蒙頂，黔陽之都濡高株，瀘川之納溪梅嶺，夷陵之壓塼，〔臨〕邛之火井，不得已而去于三，則六者亦可酌兔褐之甌，瀹魚眼之鼎者也。』或者又曰：『寒中瘠氣，莫甚於茶。或濟之鹽，勾賊破家。滑竅走水，又况雞蘇之與胡麻。』涪翁於是酌岐雷之醪醴，參伊聖之湯液。斮附子如博投，以熬葛仙之堊。去藙而用鹽，去橘而用薑，不奪茗味而佐以草石之良，所以固太倉而堅作强。于是有胡桃、松實、庵摩、鴨腳、勃賀、蘼蕪、水蘇、甘菊，既加臭味，亦厚賓客，前四後四，各用其一。少則美，多則惡，發揮其精神，又益於咀嚼。蓋大匠無可棄之材，太平非一士之略。厥初貪味雋永，速化湯餅，乃至中夜，不眠耿耿，既作温齊，殊可屢歃。如以六經，濟三尺法，雖有除治，與人安樂。賓至則煎，去則就榻，不游軒后之華胥，則化莊周之蝴蝶。

五言古詩

嬌女詩〔七三〕

左思

吾家有嬌女，皎皎頗白皙。小字爲紈素，口齒自清歷。有姊字惠芳，眉目燦如（晝）〔畫〕。馳騖翔園林，果下皆生摘。貪華風雨中，倏忽數百適。心爲茶荈劇，吹噓對鼎䥶。

登成都〔白菟〕樓詩

張載

借問楊子（宅）〔舍〕，想見長卿廬。程卓累千金，驕侈擬五侯。門有連騎客，翠帶腰吳鈎。鼎食隨時進，百味和且殊〔七四〕。披林（摘）〔採〕秋橘，臨江釣春魚。黑子過龍醢，果饌踰蟹蝑。芳茶冠六（情）〔清〕，溢味播九區。人生苟安樂，兹土聊可娱。

雜詩 王微

寂寂掩空閣，廖廖空廣廈。待君竟不歸，收領今就檟。

答族侄〔僧中孚〕贈玉泉仙人掌茶〔七五〕 李白

常聞玉泉山，山洞多乳窟。仙鼠如白鴉，倒懸深谿月。茗生此中石，玉泉流不歇。根柯灑芳津，采服潤肌骨。叢老卷緑葉，枝枝相接連。曝成仙人掌，似拍洪崖肩。舉世未見之，其名定誰傳。宗英乃禪伯，投贈有佳篇。清鏡燭無鹽，顧慚西子妍。朝坐有餘興，長吟播諸天。

洛陽尉劉晏與府〔椽〕〔縣〕諸公茶集天宫寺岸道人房〔七六〕 王昌齡

良友呼我宿，月明懸天宫。道安風塵外，洒掃青林中。削去府縣理，豁然神機空。自從三湘還，始得今夕同。舊居太行北，遠宦滄溟東。各有四方事，白雲處處通。

六羨歌〔七七〕 陸羽

不羨黄金罍，不羨白玉盃，不羨朝入省，不羨暮入臺，千羨萬羨西江水，曾向竟陵山下來。

喫茗粥作〔七八〕 儲光羲

當晝暑氣盛，鳥雀静不飛。念君高梧陰，復解山中衣。數片遠雲度，曾不蔽炎暉。淹留膳茶粥，共我飯蕨薇。敝廬既不遠，日暮徐徐歸。

茶山〔詩〕〔七九〕 袁高

禹貢通遠俗，所圖在安人〔八〇〕。後王失其本，職吏不敢陳。亦有奸佞者，因兹欲求伸。動生千金費，日使萬姓貧。我來顧渚源，得與茶事親。甿輟農桑業〔八一〕，採採實苦辛。一夫但當役〔八二〕，盡室皆同臻。捫葛上欹壁，蓬頭入荒榛。終朝不盈掬，手足皆鱗皴〔八三〕。悲嗟遍空山，草木爲不春。陰嶺芽未吐，使者牒已頻〔八四〕。心爭造化力，先走麋鹿均〔八五〕。選納無晝夜，搗聲昏繼晨。衆工何枯槁，俯視彌傷神。皇帝尚巡狩，東郊路多堙。周迴繞天涯，所獻愈艱勤。況減兵革困，重茲固疲民〔八六〕。未知供御餘，誰合分此珍？顧省忝邦守，有慚復因循。茫茫蒼海間，丹憤何由申〔八七〕！

澄秀上座院〔八八〕　韋應物

繚繞西南隅，鳥聲轉幽靜。秀公今不在，獨禮高僧影。林下器未收，何人適煮茗。

酬巽上人竹間新茶詩〔八九〕　柳宗元

芳叢翳湘竹，零露凝清華。復此雪山客，晨朝掇靈芽。蒸煙俯石瀨，咫尺凌丹崖。圓方麗奇色，圭璧無纖瑕。呼(童)〔兒〕爨金鼎，餘馥延幽遐。滌慮發真照，還源蕩昏邪。猶同甘露飲，佛事薰毗耶。咄此蓬瀛(客)〔侣〕，無(爲)〔乃〕貴流霞。

與孟郊洛北野泉上煎茶〔九〇〕　劉言史

粉細越筍芽，野煎寒溪濱。恐乖靈草性，觸事皆手親。敲石取鮮火，撇泉避腥鱗。熒熒爨風鐺，拾得墜巢薪。潔色既爽别，浮氣亦殷勤。以兹委曲靜，求得正味真。宛如摘山時，自歠指下春。湘瓷泛輕花，滌盡昏渴神。此游愜醒趣，可以話高人。

北苑〔九一〕　蔡襄

蒼山走千里，斗落分兩臂。靈泉出(池)〔地〕清，嘉卉得天味。入門脱世氛，官曹真傲吏。

茶壠

造化曾無私，亦有意所嘉。夜雨作春力，朝雲護日（車）〔華〕。千萬碧（天）〔玉〕枝，戢戢抽靈芽。

采茶

春衫逐紅旗，散入青林下。陰崖喜先至，新苗漸盈把。競携筠籠歸，更帶山雲寫。

造茶

（磨）〔屑〕玉寸陰間，摶金新範裏。規呈月正圓，（蟄）〔勢〕動龍初起。出焙香色全，爭誇火候是。

試茶

兔毫紫甌新，蟹眼清泉煮。雪凍作成花，雲閑未垂縷。願爾池中波，去作人間雨。

種茶〔九二〕　蘇軾

松間旅生茶，已與松俱瘦。茨棘尚未容，蒙翳爭交構。天公所遺棄，百歲仍稺幼。紫筍雖不長，孤根乃獨壽。移栽白鶴嶺，土軟春雨後。彌旬得連陰，似許晚遂茂。能忘流轉苦，戢戢出鳥咮。未任供（白）〔臼〕磨，且可資摘嗅。千團輸大官，百餅衒私鬥。何如此一啜，有味出吾囿。

問大冶長老乞桃花茶栽東坡〔九三〕

周時記苦茶，茗飲出近世。初緣厭粱肉，假此雪昏滯。嗟我五畝園，桑麥苦蒙翳。不令寸地閑，更乞茶子藝。飢寒未知免，已作大飽計。庶將通有無，農末不相戾。春來凍地裂，紫筍森已鋭。牛羊煩訶叱，筐筥未敢睨。江南老道人，齒髪日夜逝。他年雪堂品，尚記桃花裔。

寄周安孺茶〔九四〕

大哉天宇内，植物知幾族？靈品獨標奇，迥超凡草木。名從姬旦始，漸播《桐君録》。賦詠誰最先？厥傳惟杜育。唐人未知好，論著始於陸。常李亦清流，當年慕高躅。遂使天下士，嗜此偶於俗。豈但中土珍，兼之異邦鬻。鹿門有佳士，博覽無不矚。邂逅天隨翁，篇章互賡續。開園頤山下，屏跡松江曲。有興即揮毫，燦然存簡牘。伊予素寡愛，嗜好本不篤。粤自少年時，低徊客京轂。雖非曳裾者，庇蔭或華屋。頗見綺紈中，齒牙厭粱肉。小龍得屢試，糞土視珠玉。團鳳與葵花，碔砆雜魚目。貴人自矜惜，捧玩且緘櫝。未數日注卑，定知雙井辱。於兹自研討，至味識五六。自爾入江湖，尋僧訪幽獨。高人固多暇，探究亦頗熟。聞道早春時，携籯赴初旭。驚雷未破蕾，采采不盈掬。旋洗玉泉蒸，芳馨豈停宿。須臾布輕縷，火候謹盈縮。不憚頃間勞，經時廢藏蓄。髹筒淨無染，箬籠匀且複。苦畏梅潤侵，暖須人氣燠。有如剛耿性，不受纖芥觸。又若廉夫心，難將微穢瀆。晴天敞虚府，石碾破輕緑。永日遇閑賓，乳泉發新馥。香濃奪蘭露，色嫩欺秋菊。閩俗競傳誇，豐腴面如粥。自云葉家白，頗勝中山醁。好是一杯深，午窗春睡足。清風擊兩腋，去欲凌鴻鵠。嗟我樂何深，《水經》亦屢讀。子咤中冷泉，次乃康王谷。蟆培頃曾嘗，瓶罌走僮僕。如今老且懶，細事百不欲。美惡兩俱忘，誰能强追逐。薑鹽拌白土，稍稍從吾蜀。尚欲外形體，安能徇心腹。由來薄滋味，日飯止脱粟。外慕既已矣，胡爲此羈束？昨日散幽步，偶上天峰麓。山圃正春風，蒙茸萬旗簇。呼兒爲佳客，採製聊亦復。地僻誰我從，包藏置厨簏。何嘗較優劣，但喜破睡速。況此夏日長，人間正炎毒。

求惠山泉〔九五〕

故人憐我病，篛籠寄新馥。欠伸北窗下，晝睡美方熟。精品厭凡泉，願子致一斛。

和向和卿嘗茶〔九六〕　陳淵

俗子醉紅裙，羶葷敗人意。花瓷烹月團，此樂天不畀。諸公各英姿，淡薄得真味。聊爲下季隱，不替江湖思。輕雲落杯醆，飛雪灑腸胃。笑談出冰玉，毫末視鼎貴。我作月旦評，全勝家置喙。傳聞茶後詩，便得古人配。誰能三百餅，一洗玉川睡。御風歸蓬萊，高論驚兒輩。

茗飲〔九七〕　謝薖

汲澗供煮茗，浣我雞黍腸。蕭然緑陰下，復此甘露嘗。慨彼俗中士，嚩嚐聲利場。高情屬吾黨，茗飲安可忘。

春夜汲同樂泉烹黄蘗新茶〔九八〕　謝薖

尋山擬三飡，放箸欣一飽。汲泉泣銅瓶，落磑碎鷹爪。長爲山中遊，頗與世路拗。矧此好古胸，茗椀得搜攪。風生覺泠泠，祛滯亦稍稍。夜深可無睡，澄潭數參昴。

茶乘卷四

文苑

七言古詩

飲茶歌誚崔石使君〔九九〕　僧皎然

越人遺我剡溪茗，采得金芽爨金鼎。素瓷雪色飄沫香，何似諸仙瓊蕊漿。一飲滌昏寐，情思爽朗滿天地。再飲清我神，忽如飛雨洒輕塵。三飲便得道，何須苦心破煩惱？此物清高世莫知，世人飲酒徒自欺。好看畢卓甕間夜，笑向陶潛籬下時。崔侯啜之意不已，狂歌一曲驚人耳。孰知茶道全爾真，唯有丹丘得如此。

飲茶歌送鄭容〔一〇〇〕

丹丘羽人輕玉食，採茶飲之生羽翼。名藏仙府世莫知，骨化雲宫人不識。雪山童子調金鐺，楚人《茶經》虚得名。霜天半夜芳草折，爛漫緗花啜又生。常說此茶祛我疾，使人胸中蕩憂慄。日上香爐情未畢，亂踏虎溪雲，高歌送君出。

西山蘭若試茶歌〔一〇一〕　劉禹錫

山僧後檐茶數叢，春來映竹抽新茸。宛然爲客振衣起，自傍芳叢摘鷹嘴。斯須炒成滿室香，便酌砌下金沙水。驟雨新聲入鼎來，白雲滿盌花徘徊。悠揚噴鼻宿酲散，清峭澈骨煩襟開。陽崖陰嶺各殊氣，未若竹下莓苔地。炎帝雖嘗未解煎，桐君有籙那知味。新芽連拳半未舒，自摘至煎俄頃餘。木蘭墜露香微似，瑶草臨波色不如。僧言靈味宜幽寂，采采翹英爲嘉客。不辭緘封寄郡齋，甎井銅爐損標格。何況蒙山顧渚春，白泥赤印走風塵。可知花乳清泠味，須是眠雲跂石人。

走筆謝孟諫議寄新茶歌〔一〇二〕　盧仝

日高丈五睡正濃，軍將扣門驚周公，口傳諫議送書信，白絹斜封三道印。開緘宛見諫議面，手閲月團三百片。聞道新年入山裏，蟄蟲驚動春風起。天子須嘗陽羡茶，百草不敢先開花。仁風暗結珠琲瓃，先春抽出黄金芽，摘鮮焙芳旋封裹，至精至好且不奢。至尊之餘合王公，何事便到山人家？柴門反關無俗客，紗帽籠頭自煎喫。碧雲引風吹不斷，白花浮光凝碗面。一碗喉吻潤，二碗破孤悶，三碗搜枯腸，惟有文字五千卷；四碗發輕汗，平生不平事，盡從毛孔散；五碗肌骨清，六碗通仙靈，七碗吃不得也，唯覺兩腋習習清風生。蓬萊山，在何處？玉川子，乘此清風欲歸去。山上羣仙司下土，地位清高隔風雨。安得知：百萬億蒼生，命墮顛崖受辛苦！便從諫議問，蒼生到頭還得蘇息否？

謝僧寄茶〔一〇三〕　李咸用

空門少年初行堅，摘芳爲藥除睡眠。匡山茗樹朝陽偏，暖萌如爪拏飛鳶。枝枝膏露凝滴圓，參差失向兜羅綿。傾筐短甑蒸新鮮，白紵眼細匀於研。磚排古砌春苔乾，殷勤寄我清明前。金槽無聲飛碧煙，赤獸呵冰急鐵喧。林風夕和真珠泉，半匙青粉攪潺湲。緑雲輕綰湘娥鬟，嘗來縱使重支枕，蝴蝶寂寥空掩關。

采茶歌〔一〇四〕　秦韜玉

天柱香芽露香發，爛研瑟瑟穿荻篾。太守憐才寄野人，山童碾破團圓月。倚雲便酌泉聲煮，獸炭潛然蚌珠吐。看著晴天早日明，鼎中颯颯篩風雨。老翠香塵下纔熟，攪時繞筯天雲緑。耽書病酒兩多情，坐對閩甌睡先足。洗我胸中幽思清，鬼神應愁歌欲成。

美人嘗茶行〔一〇五〕　崔珏

雲鬟枕落困泥春，玉郎爲碾瑟瑟塵。閑教鸚鵡啄窗請，和嬌扶起濃睡人。銀瓶貯泉水一掬，松雨聲來乳花熟。朱唇啜破緑雲時，咽入香喉爽紅玉。明眸漸開横秋水，手撥絲篁醉心起。（移）〔臺〕時卻坐推金箏，不語思量夢中事。

西嶺道士茶歌〔一〇六〕　温庭筠

乳（泉）〔竇〕濺濺通石脉，緑塵（秋）〔愁〕草春江色。澗花入井水味香，山月當人松影直。仙翁白扇霜鳥翎，拂壇夜讀《黄庭經》。疏香皓齒有餘味，更覺鶴心通杳冥。

和章岷從事鬥茶歌〔一〇七〕　范仲淹

年年春自東南來，建溪先暖冰微開。溪邊奇茗冠天下，武夷仙人從古栽。新雷昨夜發何處，家家嬉笑穿雲去。露牙錯落一番榮，綴玉含珠散嘉樹。終朝採掇未盈襜，惟求精粹不敢貪。研膏焙乳有雅製，方中圭兮圓中蟾。北苑將期獻天子，林下雄豪先鬥美。鼎磨雲外首山銅，瓶携江上中零水。黄金碾畔緑塵飛，碧玉甌（中）〔心〕翠濤起。鬥茶味兮輕醍醐，鬥茶香兮薄蘭芷〔一〇八〕。其間品第胡能欺，十目視而十手指。勝若登仙不可攀，輸同降將無窮恥。吁嗟天産石上英，論功不媿階前蓂。衆人之濁我獨清，千日之醉我可醒。屈原試與招魂魄，劉伶卻得聞雷霆。盧仝敢不歌，陸羽須作經，森然萬象中，焉知無茶星。商山老人休茹芝，首陽先生休采薇，長安酒價減千萬，成都藥市無光輝。不如仙山一啜好，（冷）〔泠〕然便欲乘風飛。君莫羨花間女郎只鬥草，贏得珠璣滿斗歸。

古靈山試茶歌〔一〇九〕 陳襄

乳源淺淺交寒石，松花墜粉愁無色。明星玉女跨神雲，鬥剪輕羅縷殘碧。我聞巒山二月春方歸，苦霧迷天新雪飛。仙鼠潭邊蘭草齊，露芽吸盡香龍脂。轆轤繩細井花暖，香塵散碧琉璃碗。玉川冰骨照人寒，瑟瑟祥風滿眼前。紫屏冷落沉水煙，山月（當）〔堂〕軒金鴨眠。麻姑癡煮丹巒泉，不識人間有地仙。

送龍茶與許道人〔一一〇〕 歐陽脩

潁陽道士青霞客，來似浮雲去無迹。夜朝北斗太清壇，不道姓名人不識。我有龍團古蒼璧，九龍泉深一百尺。憑君汲井試烹之，不是人間香味色。

嘗新茶（歌）呈聖俞〔一一一〕

建安三千五百里，京師三月嘗新茶。人情好先務取勝，百物貴早相矜誇。年窮臘盡春欲動，蟄雷未起驚龍蛇。夜聞擊鼓滿山谷，千人助叫聲喊呀。萬木寒癡睡不醒，惟有此樹先萌芽。乃知此爲最靈物，宜其獨得天地之英華。終朝採摘不盈掬，通犀銙小圓復窊。鄙哉穀雨鎗與旗，多不足貴如刈麻。建安太守急寄我，香篛包裹封題斜。泉甘氣潔天（然）〔色〕好，坐中揀擇客亦嘉。新香潤色如始造，不似來遠從天涯。停匙側盞試水路，拭目向空看乳花。可笑俗夫把金錠，猛火炙背如蝦蟆。由來真物有真賞，坐逢詩老頻咨嗟。須臾共起索酒飲，何異奏樂終淫哇。

龍鳳茶寄照覺禪師〔一一二〕　黄　裳

有物吞食月輪盡，鳳翥龍驤紫光隱。雨前已見纖雲從，雪意猶在渾淪中。忽帶天香墮吾篋，自有同幹欣相逢。寄向仙廬引飛瀑，一簇蠅聲急須腹。禪翁初起宴坐間，接見陶公方解顔。頤指長鬚運金碾，未白眉毛且須轉。爲我對啜延高談，亦使氣味超塵凡。破悶通靈此何取，兩腋風生豈須御。昔云木馬能嘶風，今看茶龍解行雨。

和蔣夔寄茶〔一一三〕　蘇　軾

我生百事常隨緣，四方水陸無不便。扁舟渡江適吴越，三年飲食窮芳鮮。金虀玉鱠飯炊雪，海螯江柱初脱泉。臨風飽食甘寢罷，一甌花乳浮輕圓。自從捨舟入東武，沃野便到桑麻川。翦毛胡羊大如馬，誰記鹿角腥盤筵。廚中蒸粟埋飯甕，大杓更取酸生涎。拓羅銅碾棄不用，脂麻白土須盆研。故人猶作舊眼看，謂我好尚如當年。沙溪北苑强分別，水腳一線爭誰先。清詩兩幅寄千里，紫金百餅費萬錢。吟哦烹噍兩奇絶，只恐偷乞煩封纏。老妻稚子不知愛，一半已入薑鹽煎。人生所遇無不可，南北嗜好知誰賢。死生禍福久不擇，更論甘苦爭蚩妍。知君窮旅不自釋，因詩寄謝聊相鐫。

（黄）魯直以詩饋雙井茶次韻爲謝〔一一四〕

江夏無雙種奇茗，汝陰六一誇新書。磨成不敢付僮僕，自看雪湯生珠璣。列仙之儒瘠不腴，只有病渴同相如。明年我欲東南去，(盡)〔畫〕舫何妨宿太湖。

荅錢顗茶詩〔一一五〕

我官于南今幾時，嘗盡溪茶與山茗。胸中似記古人面，口不能言心自省。(雲)〔雪〕花雨脚何足道，啜過始知真味永。縱復苦硬終可録，汲黯少戇寬饒猛。草茶無賴空有名，高者妖邪次(顛)〔頑〕獷。體輕雖復强浮泛，性滯偏工嘔酸冷。其間絶品豈不佳，張禹縱賢非骨鯁。葵花玉銙不易致，道路幽險隔雲嶺。誰知使者來自西，開緘磊落收百餅。嗅香嚼味本非别，透紙自覺(先)〔光〕炯炯。粃糠團鳳(及)〔友〕小龍，奴隸日注臣雙井。收藏愛惜待佳客，不敢包裹鑽權倖。此詩有味君勿傳，空使(其)〔時〕人怒生癭。

試院煎茶〔一一六〕

蟹眼已過魚眼生，颼颼欲作松風鳴。蒙茸出磨細珠落，眩轉遶甌飛雪輕。銀瓶瀉湯誇第(一)〔二〕，未試古人煎水意。君不見昔時李生好客手自煎，貴從活火發新泉。又不見今時潞公煎茶學西蜀，定州花瓷琢紅玉。我今貧病苦渴饑，分無玉碗奉蛾眉。且學公家作茗飲，磚爐石銚行相隨。不用撑腸拄腹文字五千卷，但願一甌常及睡足日高時。

和子瞻煎茶〔一一七〕

蘇轍

年來病懶百不堪，未廢飲食求芳甘。煎茶舊法出西蜀，水聲火候猶能諳。相傳煎茶只煎水，茶性仍存偏有味。君不見閩中茶品天下高，傾身事茶不知勞。又不見北方俚人茗飲無不有，鹽酪椒薑誇滿口。我今倦遊思故鄉，不學南方與北方，銅鐺得火蚯蚓叫，匙脚旋轉秋螢光。何時茅簷歸去炙背讀文字，遣兒折取枯竹女煎湯。

以小龍團及半挺贈無咎并詩用前韻爲戲〔一一八〕　黄庭堅

我持玄圭與蒼璧，以暗投人渠不識。城南窮巷有佳人，不索賓郎常晏食。赤銅茗碗（兩）〔雨〕班班，銀粟翻（花）〔光〕解破顔。上有龍文下棋局，探囊贈君諾已宿。此物已是元豐春，先皇聖功調玉燭。晁子胸中（閑）〔開〕典禮，平生自期莘與渭。故用澆君磊塊胸，莫令鬢毛雪相似。曲几團蒲聽煮湯，煎成車聲繞羊腸。雞蘇胡麻留渴羌，不應亂我官焙香。（肌）〔肥〕如瓠壺鼻雷吼，幸君飲此（莫）〔勿〕飲酒。

雙井茶送子瞻〔一一九〕

人間風日不到處，太上玉皇森寶書。想見東坡舊居士，揮毫百斛瀉明珠。我家江南摘雲腴，落磑（紛紛）〔霏霏〕雪不如。爲君喚起黄州夢，（歸）〔獨〕載扁舟向五湖。

詠茶〔一二〇〕

春深養芽鍼鋒芒，沆瀣養膏冰雪香。玉斧運風寶月滿，密雲候雨蒼龍翔。惠山寒泉第二品，定武烏瓷紅錦囊。（浮）〔乳〕花元屬三昧手，竹齋自試魚眼湯。

乞錢穆父新賜龍團〔一二一〕　張耒

閩侯貢璧琢蒼玉，中有掉尾寒潭龍。驚雷作春山不覺，走馬獻入明光宫。瑶池侍臣最先賜，惠山乳（香）〔泉〕新破封。可得作詩酬孟簡，不須載酒過揚雄。

謝道原惠茗〔一二二〕　鄧肅

太丘官清百物無，青衫半作蕉葉枯。尚念故人家四壁，郝原春雪隨雙魚。榴火雨餘烘滿院，宿酒攻人劇刀箭。李白起觀仙人掌，盧仝欣覩諫議面。瓶笙已作魚眼從，楊花傍碾輕隨風。擊拂共看三昧手，白雲洞中騰玉龍。堆胸磊（落）〔塊〕一澆散，乘風便欲款天漢。卻憐世士不偕來，爲借干將誅趙贊。

謝木舍人韞之送講筵茶〔一二三〕

楊萬里

吴綾縫囊染菊水，蠻砂涂印題進字。淳熙錫貢新水芽，天珍誤落黄茅地。故人鸞渚紫微郎，金華講徹花草香。宣賜龍焙第一綱，殿上走趨明月璫。御前啜罷三危露，滿袖香煙懷璧去。歸來拈出兩蜿蜒，雷霆晦冥驚破（樹）〔柱〕。北苑龍芽内樣新，銅圍銀範鑄瓊塵。九天寶月霏五雲，玉龍雙舞黄金鱗。老夫平生愛煮茗，十年燒穿（新）〔折〕脚鼎。下山汲泉得甘冷，上山摘芽得苦梗。何曾夢到龍游窠，何曾夢喫龍芽茶。故人分送玉川子，春風來自玉皇家。鍛圭炙璧調冰水，烹龍炰鳳搜肝髓。石花紫筍可衙官，赤印白泥牛走耳。故人氣味茶（操）〔樣〕清，故人風骨茶樣明。開緘不但似見面，叩之咳唾金玉聲。麯生勸人墜巾幘，睡魔遣我抛書册。老夫七碗病未能，一啜猶堪坐秋夕。

茶歌〔一二四〕

白玉蟾

柳眼偷看梅花飛，百花頭上春風吹。壑源春到不知時，霹靂一聲驚曉枝。枝頭未敢展鎗旗，吐玉綴金先獻奇。雀舌含（香）〔春〕不解語，隻有曉露晨煙知。帶露和煙摘歸去，蒸來細擣幾千杵。捏作月團三百片，火候調匀文與武。碾邊飛絮捲玉塵，磨下細珠散金縷。首山（紅）〔黄〕銅鑄小鐺，活火新泉自烹煮。蟹眼已没魚眼浮，颼颼松聲送風雨。定州紅（石）〔玉〕琢花磁，瑞雪滿甌浮白乳。緑雲入口生香風，滿口蘭芷香無窮。兩腋颼颼毛竅通，洗盡枯腸萬事空。君不見孟諫議送茶驚起盧仝睡，又不見白居易餽茶唤醒禹錫醉。陸羽作《茶經》，曹暉作《茶銘》。文正范公對客笑，紗帽籠頭煎石銚。素虛見雨如丹砂，點作滿盞菖蒲花。東坡深得煎水法，酒闌往往覓一呷。趙州夢裏見南泉，愛結焚香瀹茗緣。吾儕烹茶有滋味，華池神水先調試。丹田一畝自栽培，金翁姹女采歸來。天爐地鼎依時節，煉作黄芽烹白雪。味如甘露勝醍醐，服之頓覺沉疴甦。（自）〔身〕輕便欲登天衢，不知天上有茶無？

夏日陪楊邦基彭思禹訪德莊烹茶分韻得嘉字〔一二五〕　釋德洪

炎炎三伏過中伏，秋光先到幽人家。閉門積雨蘚封徑，寒塘白藕晴開花。吾儕酷愛真樂妙，笑談相對興無涯。山童解烹蟹眼湯，先生自試鷹爪芽。清香玉乳沃詩脾，抨紙落筆驚龍蛇。源長浩與春漲（謝）〔激〕，力健清將秋炁嘉。須臾（踏）〔沓〕幅亂書几，環觀朗誦交驚誇。一聲漁笛意不盡，夕陽歸去還西斜。

茶乘卷五

文苑

五言律詩

送陸鴻漸棲霞寺采茶〔一二六〕　皇甫冉

采茶非采菉，遠遠上層崖。布葉春風暖，盈筐白日斜。舊知山寺路，時宿野人家。借問王孫草，何時泛碗花。

送陸鴻漸采茶相過〔一二七〕　皇甫曾

千峰待逋客，香茗復叢生。采摘知深處，煙霞羨獨行。幽期山寺遠，野飯石泉清。寂寂然燈夜，相思一磬聲。

暮秋會嚴京兆後廳竹齋〔一二八〕　岑參

京尹小齋寬，公庭半藥欄。甌香茶色嫩，窗冷竹聲乾。盛德中朝貴，清風晝省寒。能將吏部鏡，照取寸心看。

晦夜李侍御萼宅集招潘述湯衡海上人飲茶賦〔一二九〕　僧皎然

晦夜不生月，琴軒猶爲開。墻東隱者在，淇上逸僧來。茗愛傳花飲，詩看卷素裁。風流高此會，曉景屢徘徊。

喜園中茶生〔一三〇〕　韋應物

潔性不可汙，爲飲滌塵煩。此物信靈味，本自出山原。聊因理郡餘，率爾植荒園。喜隨衆草長，得與幽人言。

過長孫宅與郎上人茶會〔一三一〕　錢起

偶與息心侶，忘歸才子家。玄談兼藻思，緑茗代榴花。岸幘看雲卷，含毫任景斜。松喬若逢此，不復醉流霞。

茶塢〔一三二〕　皮日休

閑尋堯氏山，遂入深深塢。種荈已成園，栽葭寧記畝。石窪泉似掬，巖罅雲如縷。好是夏初時，白花滿煙雨。

茶人

生於顧渚山，老在漫石塢。語氣爲茶荈，衣香是煙霧。庭從𪾔子遮，果任獳師虜。日晚相笑歸，腰間佩輕簍。

茶筍

裒然三五寸，生必依巖洞。寒恐結紅鉛，暖疑銷紫汞。圓如玉軸光，脆似瓊英凍。每爲遇之疏，南山掛幽夢。

茶籝

筤篣曉攜去，驀箇山桑塢。開時送紫茗，負處沾清露。歇把傍雲泉，歸將掛煙樹。滿此是生涯，黃金何足數。

茶舍

陽崖枕白屋，幾口嬉嬉活。棚上汲紅泉，焙前蒸紫蕨。乃翁研茗後，中婦拍茶歇。相向掩柴扉，清香滿山月。

茶竈

南山茶事動，竈起傍巖根。水煮石髮氣，薪然松脂香。青璚蒸後凝，綠髓炊來光。如何重辛苦，一一輸膏粱。

茶焙

鑿彼碧巖下，卻應深二尺。泥易帶雲根，燒難礙石脉。初能燥金餅，漸見乾璚液，九里共杉林，相望在山側。

茶鼎

龍舒有良匠，鑄此佳樣成。立見菌蠢勢，煎爲潺湲聲。草堂暮雲陰，松窗殘雪明。此時勺複茗，野語知逾清。

茶甌

邢客與越人，皆能造磁器。圓似月魂墮，輕如雲魄起。棗花勢旋眼，蘋沫香沾齒。松下時一看，支公亦如此。

煮茶

香泉一合乳，煎作連珠沸。時看蟹目濺，乍見魚鱗起。聲疑帶松雨，餑恐生煙翠。倘把瀝中山，必無千日醉。

茶塢〔一三三〕　　陸龜蒙

茗地曲隈回，野行多繚繞。向陽就中密，背澗差還少。遙盤雲髻漫，亂簇香篝小。何處好幽期，滿巖春露曉。

茶人

天賦識靈草，自然鍾野姿。閑來北窗下，似與東風期。雨後探芳去，雲間幽路危。唯應報春鳥，得共斯人知。

茶筍

所孕和氣深，時抽玉苕短。輕煙漸結華，嫩蕊初成管。尋來青靄曙，欲去紅雲暖。秀色自難逢，傾筐不曾滿。

茶籝

金刀劈翠筠，織似羅文斜。製作自野老，攜持伴山娃。昨日鬥煙粒，今朝貯綠華。爭歌調笑曲，日暮方還家。

茶舍

旋取山上材，架爲山下屋。門因水勢斜，壁任巖隈曲。朝隨鳥俱散，暮與雲同宿。不憚采掇勞，只憂官未足。

茶竈

無突抱輕嵐，有煙應初旭。盈鍋玉泉沸，滿甑雲芽熟。奇香籠春桂，嫩色凌秋菊。煬者若吾徒，年年看不足。

茶焙

左右擣凝膏，朝昏布煙縷。方圓隨樣拍，次第依層取。山謠縱高下，火候還文武。見説焙前人，時時炙花脯。

茶鼎

新泉氣味良，古鐵形狀醜。那堪風雪夜，更值煙霞友。曾過赬石下，又住清谿口。且供薦皐盧，何勞傾斗酒。

茶甌

昔人謝塸埞，徒爲妍詞飾。豈如圭璧姿，又有煙嵐色。光參筠席上，韻雅金罍側。直使于闐君，從來未嘗識。

煮茶

閒來松間坐，看煮松上雪。時於浪花裡，併下藍英末。傾餘精爽健，忽似氛埃滅。不合別觀書，但宜窺玉札。

茶詠〔一三四〕　鄭　愚

嫩芽香且靈，吾謂草中英。夜臼和煙搗，寒罏對雪烹。羅憂碧柳散，煎覺緑花生。最是堪憐處，能令睡思清。

建溪嘗茶〔一三五〕　丁　謂

建水正寒清，茶民已夙興。萌芽元社雨，採掇帶春水。碾細香塵起，烹鮮玉乳凝。煩襟時一啜，寧羨酒如澠。

答建州沈屯田寄新茶〔一三六〕　梅堯臣

春芽研白膏，夜火焙紫餅。價與黄金齊，包開青箬整。碾爲玉色塵，遠汲蘆底井。一啜同醉翁，思君聊引領。

怡然以垂雲新茶見餉報以大龍團仍戲作小詩〔一三七〕　蘇　軾

妙供來香積，珍烹具大官。揀芽分雀舌，賜茗出龍團。曉日雲菴暖，春風浴殿寒。聊將試道眼，莫作兩般看。

茶竈〔一三八〕　袁　樞

摘茗蜕仙巖，汲水潛虬穴。旋然石上竈，輕泛甌中雪。清風已生腋，芳味猶在舌。何時掉孤舟，來此分餘啜。

七言律詩

峽中嘗茶〔一三九〕　鄭谷

簇簇新英帶露光，小江園裏火前嘗。吴僧謾説（雅）〔鴉〕山好，蜀叟休誇鳥嘴香。入座半甌輕泛緑，開緘數片淺含黄。鹿門病客不歸去，酒渴更知春味長。

許少卿寄卧龍山茶〔一四〇〕　趙抃

越芽遠寄入都時，酬倡珍誇互見詩。紫玉叢中觀雨脚，翠峰頂上摘雲旗。啜多思爽都忘寐，吟苦更長了不知。想到明年公進用，卧龍春色自遲遲。

嘗茶和公儀〔一四一〕　梅堯臣

都籃携具向都堂，碾破雲團北焙香。湯嫩水輕花不散，口甘神爽味偏長。莫誇李白仙人掌，且作盧仝走筆章。亦欲清風生兩腋，從教吹去月輪傍。

汲江煎茶〔一四二〕　蘇軾

活水仍須活火烹，自臨釣石取深清。大瓢貯月歸春甕，小杓分江入夜瓶。雪乳已翻煎處脚，松風忽作瀉時聲。枯腸未易禁三椀，卧聽山城長短更。

謝曹子方惠新茶〔一四三〕

陳植文華斗石高，景公詩句復稱豪。數奇不得封龍額，禄仕何妨有馬曹。囊簡久藏科斗字，銛鋒新瑩鸊鵜膏。南州山水能爲助，更有英辭勝廣騷。

建守送小春茶〔一四四〕　王十朋

建安分送建溪春，驚起松堂午夢人。盧老書中才見面，范公碾畔忽飛塵。十篇北苑詩無敵，兩腋清風思有神。日鑄卧龍非不美，賢如張禹想非真。

謝吴帥惠乃弟所寄廬山茶〔一四五〕　林希逸

五老峰前草自靈，若爲封裹入南閩。錦囊有句知難弟，玉帳多情寄野人。雲腳似浮廬瀑雪，水痕堪鬥建溪春。龍團拜賜前身夢，得此烹嘗勝食珍。

謝性之惠茶〔一四六〕　釋德洪

午窗石碾哀怨語，活火銀瓶暗浪翻。射眼色隨雲腳亂，上眉甘作乳花繁。味香已覺臣雙井，聲價從來友壑源。卻憶高人不同識，暮山空翠共無言。

五言排律

對陸迅飲天目山茶因寄元居士晟〔一四七〕　僧皎然

喜見幽人會，初開野客茶。日成東井葉，露采北山芽。文火香偏勝，寒泉味轉嘉。投鐺湧作沫，着椀聚生花。稍與禪經近，聊將睡網賒。知君在天目，此意日無涯。

睡後煎茶〔一四八〕　白居易

婆娑緑陰樹，斑駁青苔地。此處置繩牀，旁邊洗茶器。白甆甌甚潔，紅鑪炭方熾。末下麴塵香，花浮魚眼沸。盛來有佳色，嚥罷餘芳氣，不見楊慕巢，誰人知此味。

茶山〔一四九〕　杜牧

山實東吴秀，茶稱瑞草魁。剖符雖俗吏，修貢亦仙才。溪盡停蠻棹，旗張卓翠苔。柳村穿窈窕，松徑渡喧豗。等級雲峰峻，寬平洞府開。拂天聞笑語，特地見樓臺。泉嫩黄金湧，牙香紫璧裁。拜章期沃日，輕騎(若)〔疾〕奔雷。舞袖嵐侵澗，歌聲谷答迴。磬音藏葉鳥，雪豔照潭梅。好是全家到，兼爲奉詔來。樹陰香作帳，花徑落成堆。景物殘三月，登臨愴一盃，重遊難自剋，俛首入塵埃。

謝故人寄新茶〔一五〇〕　曹鄴

劍外九華英，緘題上玉京。開時微月上，碾處亂泉聲。半夜招僧至，孤吟對月烹。碧沉(雲)〔霞〕腳碎，香泛乳花輕。六腑睡神去，數朝詩思清。月餘不敢費，留伴肘書行。

茶園〔一五一〕　王禹偁

勤王修歲貢，晚駕過郊原。蔽芾餘千本，青葱共一園。芽新撑老葉，土軟迸深根。舌小侔黄雀，毛獰摘緑猿。出蒸香更別，入焙火微温。採近桐華節，生無穀雨痕。緘縢防遠道，進獻趁頭番。待破華胥夢，先經閶闔門。汲泉鳴玉甃，開宴壓瑶樽。茂育知天意，甄收荷主恩。沃心同直諫，苦口類嘉言。未復金鑾召，年年奉至尊。

謝人寄蒙頂新茶〔一五二〕　〔文同〕

蜀土茶稱盛，蒙山味獨珍。靈根托高頂，勝地發先春。幾樹初驚暖，羣籃競摘新。蒼條尋暗粒，紫萼落輕鱗。的皪香瓊碎，(藍)髿緑蕾勻。慢烘防熾炭，重碾敵輕塵。無錫泉來蜀，乾崤盞自秦。十分調雪粉，一啜嚥雲津。沃睡迷無鬼，清吟健有神。冰霜疑入骨，羽翼要騰身。磊磊真賢宰，堂堂作主人。玉川喉吻澀，莫惜寄來頻。

五言絕句

九日與陸處士羽飲茶〔一五三〕　僧皎然

九日山僧院，東籬菊也黃。俗人唯泛酒，誰解助茶香。

茶嶺〔一五四〕　張籍

紫芽連白蘂，初白嶺頭生。自看家人摘，尋常觸露行。

又　韋處厚

顧渚吴商絶，蒙山蜀信稀。千叢因此始，含露紫茸肥。

山泉煎茶有感〔一五五〕　白居易

坐酌泠泠水，看煎瑟瑟塵。無由持一椀，寄與愛茶人。

斫茶磨〔一五六〕　梅堯臣

吐雪誇新茗，堆雲憶舊溪。北歸惟此急，藥臼不須齎。

茶詠〔一五七〕　張舜民

玉尺鋒稜取，銀槽樣度窊。月中忘桂實，雲外得天葩。

山居〔一五八〕　龍牙和尚

覺倦燒爐火，安鐺便煮茶。就中無一事，唯有野僧家。

武夷茶〔一五九〕　趙若槸

石乳沾餘潤，雲根石髓流。玉甌浮動處，神入洞天遊。

茶竈〔一六〇〕　朱熹

仙翁遺石竈，宛在水中央。飲罷方舟去，茶煙裊細香。

雲谷茶坂〔一六一〕

擕籯北嶺西，采擷供茗飲。一啜夜窗寒，跏趺謝衾枕。

七言絶句

與趙莒茶讌〔一六二〕　錢起

竹下忘言對紫茶，全勝羽客對流霞。塵心洗盡興難盡，一樹蟬聲片影斜。

新茶詠〔一六三〕　盧綸

三獻蓬萊始一嘗，自調金鼎閲芳香。貯之玉合纔半餅，寄與（惠）〔阿〕連題數行。

嘗茶〔一六四〕　劉禹錫

（坐）〔生〕拍芳叢鷹嘴芽，老郎封寄謫仙家。今宵更有湘江月，照出霏霏滿椀花。

蕭員外寄新蜀茶〔一六五〕　白居易

蜀茶寄到但驚新，渭水煎來始覺珍。滿甌似乳堪持玩，况是春深酒渴人。

寄茶〔一六六〕

紅紙一封書後信，緑芽十片火前春。湯添勺水煎魚眼，末下刀圭攪麴塵

冬景〔一六七〕回文　薛濤

天凍雨寒朝閉户，雪飛風冷夜關城。鮮紅炭火爐圍煖，淺碧茶甌注茗清。

蜀茗〔一六八〕　施肩吾

越椀初盛蜀茗新，薄煙輕處攪來勻。山僧問我將何比，欲道瓊漿卻畏嗔。

答友寄新茶〔一六九〕　李羣玉

滿火芳香碾麴塵，吴甌湘水緑花新。媿君千里分滋味，寄與春風酒渴人。

謝朱常侍寄貺蜀茶〔一七〇〕　崔道融

瑟瑟香塵瑟瑟泉，驚風驟雨起爐煙。一甌解卻山中醉，便覺身輕欲上天。

煎茶〔一七一〕　成文幹

嶽寺春深睡起時，虎絶泉畔思遲遲。蜀茶倩箇雲僧碾，自拾枯松三四枝。

謝寄新茶〔一七二〕　楊嗣復

石上生芽二月中，蒙山顧渚莫爭雄。封題寄與楊司馬，應爲前銜是相公。

即事〔一七三〕　陸龜蒙

泱泱春泉出洞霞，石壜封寄野人家。草堂盡日留僧坐，自向前溪摘茗芽。

過陸羽茶井〔一七四〕　王禹偁

甃石苔封百尺深，試令嘗味少知音。惟餘半夜泉中月，留得先生一片心。

對茶有懷〔一七五〕　林逋

石碾輕飛瑟瑟塵，乳花烹出建溪春。人間絶品應難識，閑對《茶經》憶故人。

寒夜〔一七六〕　杜耒

寒夜客來茶當酒，竹爐湯沸火初紅。尋常一樣窗前月，纔有梅花便不同。

即事〔一七七〕

坐來石榻水雲清，何事空山有獨醒。滿地落花人跡少，閉門終日註《茶經》。

錦屏山下〔一七八〕　邵雍

山似抹藍波似染，遊心一向難拘檢。仍攜二友所分茶，每到煙嵐深處點。

雙井茶寄景仁〔一七九〕　司馬光

春睡無端巧逐人，驅訶不去苦相親。欲憑洪井真茶力，試遣刀圭報谷神。

嘗茶詩〔一八〇〕　沈括

誰把嫩香名雀舌，定來北客未曾嘗。不知靈草天然異，一夜風吹一寸長。

寄茶與（王）平甫〔一八一〕　王安石

綵絳縫囊海上舟，月團蒼潤紫煙浮。集英殿裏春風晚，分到并門想麥秋。

送茶與東坡〔一八二〕　僧了元

穿雲摘盡岫前春，（半）〔一〕兩平分半與君。遇客不須求異品，點茶還是喫茶人。

飲釅茶七椀〔一八三〕　蘇軾

示病維摩元不病，在家靈運已忘家。何須魏帝一丸藥，且盡盧仝七椀茶。

奉同六舅尚書詠茶碾煎烹〔一八四〕　黄庭堅

風爐小鼎不須催，魚眼常隨蟹眼來。深注寒潭收第一，亦防枵腹爆乾雷。

茶巖〔一八五〕　羅願

巖下纔經昨夜雷，風爐瓦鼎一時來。便將槐火煎巖溜，聽作松風萬壑迴。

禁直〔一八六〕　周必大

緑（陰）〔槐〕夾道集昏鴉，勑賜傳宣坐賜茶。歸到玉堂清不寐，月鈎初上紫薇花。

武夷六曲〔一八七〕　白玉蟾

仙掌峰前仙子家，客來活水煮新茶。主人遥指青煙裏，瀑布懸崖剪雪花。

茶瓶候湯〔一八八〕　李南金

砌蟲唧唧萬蟬催，忽有千車捆載來。聽得松風并澗水，急呼縹色緑瓷盃。

又　羅大經

松風檜雨到來初，急引銅瓶離竹爐。待得聲聞俱寂後，一甌春雪勝醍醐。

詞

問大冶長老乞桃花茶　水調歌頭〔一八九〕　蘇軾

已過幾番雨，前夜一聲雷。鎗旗爭戰建溪，春色占先魁。採取枝頭雀舌，帶露和煙擣碎，結就紫雲堆。輕動黄金碾，飛起緑塵埃。　老龍團，真鳳髓，點將來。兔毫盞裏，霎時滋味舌頭回。喚醒青州從事，戰退睡魔百萬，夢不到陽臺。兩腋清風起，我欲上蓬萊。

詠茶　阮郎歸〔一九〇〕　黄庭堅

歌停檀板舞停鸞，高陽飲興闌。獸煙噴盡玉壺乾，香分小鳳團。　（雲）〔雪〕浪淺，露（珠）〔花〕圓。捧甌春筍寒，絳紗籠下躍金鞍，歸時人倚欄。

詠煎茶　同前

烹茶留客駐（金）〔彫〕鞍，月斜窗外山。見郎容易别郎難，有人愁遠山。　歸去後，憶前歡。畫屏金（轉）〔博〕山，一盃春露莫留殘，與郎扶玉山。

詠茶　好事近〔一九一〕　蔡松年

天上賜金奩，不減壑源三月。午椀春風纖手，看一時如雪。　幽人只慣茂林前，松風聽清絶。無奈十年黄卷，向枯腸搜徹。

和蔡伯堅詠茶　同前　高士談

誰扣玉川門，白絹斜封團月。晴日小窗活火，響一壺春雪。　可憐桑苧一生顛，文字更清絶。直擬駕風歸去，把三山登徹。

詠茶　青玉案〔一九二〕　党懷英

紅莎緑蒻春風餅，趁梅驛，來雲嶺。紫柱崖空瓊竇冷，佳人却恨，等閒分破，縹緲雙鸞影。　一甌月露心魂醒，更送清歌助幽興。痛飲休辭今夕永。與君洗盡，滿襟煩暑，別作高寒境。

茶乘卷六

銘

茶夾銘〔一九三〕　程宣子

石筋山脉，鍾異於茶。馨含雪尺，秀啓雷車。采之擷之，收英斂華。蘇蘭薪桂，雲液露芽。清風兩腋，玄圃盈涯。

頌

森伯頌〔一九四〕　湯　說

方飲而森然粘乎齒牙，馥郁既久，四肢森然聳異。

贊

茗贊（略）〔一九五〕　權　紓

窮春秋，演河圖，不如載茗一車。

論

茶論〔一九六〕　謝　宗

此丹丘之仙茶，勝烏程之御荈。不止味同露液，白比霜華。豈可爲酪蒼頭，便應代酒從事。

書

與兄子演書〔一九七〕　劉琨

前得安豐乾薑一觔，桂一觔，黄芩一觔，皆所須也。吾體中憒悶，常仰真茶，汝可置之。

與楊祭酒書〔一九八〕　杜鴻漸

顧渚山中紫筍茶兩片，此物但恨帝未得嘗，寔所歎息。一片上太夫人，一片充昆弟同歠。

遺舒州牧書〔一九九〕　李德裕

到〔彼〕郡日，天柱峰茶可惠三數角。

送茶與焦刑部書〔二〇〇〕　孫樵

晚甘侯十五人，遣侍齋閣。此徒皆乘雷而摘，拜水而和，蓋建陽丹山碧水之鄉，月澗雲龕之品，慎勿賤用之。

餽茶書〔二〇一〕　蔡襄

襄啓：暑熱不及通謁，所苦想已平復。日夕風日酷煩，無處可避，人生韁鎖如此。可嘆可嘆！精茶數片，不一一。襄上公謹左右。

與友人書〔二〇二〕　黄庭堅

雙井雖品在建溪之亞，煮新湯嘗之，味極佳。乃草木之英也，當求名士同烹耳。

與客書〔二〇三〕　蘇軾

已取天慶觀乳泉潑建茶之精者，念非君莫與共之。

謝傅尚書茶〔二〇四〕　楊萬里

遠餉新（茗）〔茶〕，當自攜大瓢，走汲谿泉，束澗底之散薪，燃折腳之石鼎，烹玉塵，啜（香）〔雲〕乳，以享天上故人之意。愧無胸中之書傳，但一味攪破菜園耳。

表

代武中丞謝賜茶表〔二〇五〕　劉禹錫

伏以方隅入貢，采擷至珍，自遠貢來，以新爲貴。捧而觀妙，飲以滌煩。顧蘭露而慚芳，豈柘漿而齊味。既榮凡口，倍切丹心。

謝賜新茶表〔二〇六〕　柳宗元

臣以無能，謬司邦憲。大明首出，得親仰於雲霄，渥澤遂〔行〕，忽先沾（恩）於草木。況茲靈味，成自遐方，照臨而甲拆惟新，煦嫗而芬芳可襲。調六（味）〔氣〕而成美，扶萬壽以效珍，豈臣微賤，膺此殊錫。銜恩敢同於（膏）〔嘗〕酒，滌慮方切於飲冰。

進新茶表〔二〇七〕　丁謂

右件物產，異金沙名；非紫筍。江邊地暖，方呈彼茁之形；闕下春寒，已發其甘之味。有以少爲貴者，焉敢韞而藏諸，見謂新茶，蓋遵舊例。

序

茶中雜詠序〔二〇八〕

皮日休

按《周禮》：酒正之職，辨四飲之物，（乃）其三曰『漿』。又漿人之職，供王之六飲，水、漿、醴、涼、（醬）〔醫〕、馳，入於酒府。鄭司農云：『以水和酒也。』蓋當時人率以酒醴爲飲，謂乎六漿，酒之醨者也，何得姬公製？《爾雅》云：『檟，苦茶。』即不擷而飲之。豈聖人純於用乎！抑草木之濟人，取舍有時也。

自周已降，及於國朝，茶事竟陵子陸季疵言之詳矣。然季疵以前，稱茗飲者必渾以烹之，與〔夫〕瀹蔬而啜者無異也。季疵始爲《經》三卷，由是分其源，制其具，教其造，設其器，命其煮，俾飲之者，除痟而去癘，雖疾（醫）〔毉〕之不若也。其爲利也，於人豈（少）〔小〕哉！余始得季疵書，以爲備矣。後又獲其《顧渚山記》二篇，其中多茶事。後又太原温從雲、武威段碣之各補茶事十數節，並存於方册。茶之事，由周至於今，竟無纖遺矣。昔晉杜毓有《荈賦》，季疵有《茶歌》，余缺然於懷者，謂有其具而不形於詩，亦季疵之遺恨也。遂爲《十詠》寄天隨子。

煮茶泉品序〔二〇九〕

葉清臣

夫渭黍汾麻，泉源之異禀；江橘淮枳，土地之或遷，誠物類之有宜，亦臭味之相感也。若乃擷華掇秀，多識草木之名；激濁揚清，能辨淄澠之品，斯固好事之嘉尚，博識之精鑒。自非嘯傲塵表，逍遥林下，樂追王（蒙）〔濛〕之約，不敗陸納之風，其孰能與於斯乎！吴楚山谷間，氣清地靈，（巖碩）〔草木〕穎梃，多孕茶荈，爲人採拾。大率右於武夷者，爲白乳；甲於吴興者，爲紫筍；産禹穴者，以天章顯；茂錢塘者，以（吴）〔徑〕山稀。至於(續)〔桐〕廬之巖，雲衡之麓，鴉山著於徽歙，蒙頂傳於岷蜀，角立差勝，毛舉實繁。然而天賦尤異，性靡受和。苟制非其妙，烹失於術，雖先雷而籯，未雨而檜，蒸焙以圖，造作以經，而泉不香、水不甘，爨之揚之，若淤若滓。予少得(陸)〔温〕氏所著《茶説》，嘗識其水泉之目有二十焉。會西走巴峽，經蝦蟆窟，北憩蕪城，汲蜀岡井，東游故(鄉)〔都〕，絶揚子江；留丹陽，酌觀音泉；過無錫，㪺惠山水。粉槍朱旗，蘇蘭薪桂，且鼎且缶，以飲以歠。莫不瀹氣滌慮，蠲病折(醒)〔酲〕，祛鄙吝之生心，招神明而還觀。信乎物類之得宜，臭味之所感，幽人之雅尚，前賢之精鑒，不可及已。噫！紫華緑英均一草也，清瀾素波均一水也，皆忘情於庶彙，或來伸於知己。不然者，蘩薄之莽，溝(澮)〔瀆〕之流，亦奚以異哉！游鹿故宫，依蓮盛府，一命受職，再期服勞。而虎丘之觱沸，松江之清泚，復在封畛。居然挹注，是嘗所得於鴻漸之目二十而七也。昔酈元善於《水經》，而未嘗知茶，王肅癖於茗飲，而不言及水，表是二美，吾無愧焉。凡泉品二十，列於右幅。且使盡神力之四兩，遂成其功；代酒限於七升，無忘玄賞云爾。

進茶録序〔二一〇〕 蔡襄

臣前因奏事，伏蒙陛下諭臣：先任福建運使日所進上品龍茶，最爲精好。臣退念草木之微，首辱陛下知鑒。若處之得地，則能盡其材。昔陸羽《茶經》不第建安之品，丁謂茶圖獨論采造之本，至烹(煎)〔試〕，曾未有聞。臣輒條數事，簡而易明，勒成二篇，名曰《茶録》。伏惟清閒之宴，或賜觀采，臣不勝(惶懼)〔榮幸〕之至！

後序〔二一一〕 歐陽脩

茶爲物之至精，而小團又其精者，《録·序》所謂上品龍茶者是也。蓋自君謨始造而歲貢焉，仁宗尤所珍惜，雖輔相之臣，未嘗輒賜，惟南郊大禮致齋之夕，中書、樞密院各四人，共賜一餅。宮人剪金爲龍鳳、花草貼其上，兩府八家分割以歸，不敢碾試。宰相家藏以爲寶，時有佳客出而傳玩爾。〔至〕嘉祐七年，親饗明堂，齋夕，始人賜一餅，余亦(恭)〔忝〕(與)〔預〕，至今藏之。余自以諫官供奉仗内至登二府，二十餘年纔一獲賜，而丹成龍駕，舐鼎莫及，每一捧玩，清血交零而已。因君謨著《録》輒附於後，庶知小團自君謨始而可貴如此。

品茶要録序〔二一二〕

黄儒

説者常怪陸羽《茶經》不第建安之品，蓋前此茶事未甚興，靈芽真筍，往往委翳消腐而〔人〕不知惜。自國初已來，士大夫沐浴膏澤，咏歌昇平之日久矣。惟兹茗飲爲可喜，園林亦相與摘英誇異，製棬鬻新而趨時之好。故殊絶之品始得自出於蓁蕪之間，而其名遂冠天下。借使陸羽復起，閲其金餅，味其雲腴，當爽然自失矣。因念草木之材，一有負瑰瓌絶特者，未嘗不遇時而後興，况於人乎！然士大夫間爲珍藏精試之具，非會雅好，真未嘗輒出。其好事者，又嘗論其采製之出入，器用之宜否，較試之湯火，圖於縑素，傳翫於(是)〔時〕，獨未有補於賞鑒之明耳。蓋園民射利，膏油其面，〔香〕色品味，易辨而難評。予因收閲之暇，爲原采造之得失，較試之低昂，次爲十説，以中其病。名曰《品茶要録》云。

大觀茶論序〔二一三〕

宋徽宗

茶之爲物，擅甌閩之秀氣，鐘山川之靈禀，祛襟滌滯，致清道和，則非庸人孺子可得而知矣。本朝之興，歲修建溪之貢，龍團鳳餅，名冠天下，而壑源之品亦自此而盛。延及於今，百廢畢舉，海内晏然，垂拱密勿，(俱)〔幸〕致無爲。縉紳之士，韋布之流，沐浴膏澤，熏陶德化，咸〔以〕雅尚相〔推〕，從事茗飲。故近歲以來，採擇之精，製作之工，品第之勝，烹點之妙，莫不咸造其極。且物之興廢，固自有時，然亦係乎時之汙隆。時或（荒）〔惶〕遽，人懷勞悴，則向所謂常須而日用，猶且汲汲營求，惟恐不獲，飲茶何暇議哉！世既累洽，人恬物熙，競爲閒暇修索之玩，莫不碎玉鏘金，啜英咀華，較（箱篋）〔篋笥〕之精粗，爭鑒裁之當否。士於此時，以不蓄茶爲羞，可謂盛世之精尚矣。嗚呼！（治世）〔至治〕之（士）〔世〕，豈惟人得以盡其材，而草木之靈者亦得以盡其用〔矣〕！偶因暇日，研究精微，所得之妙，爲二十篇，〔號曰〕《茶論》。

記

煎茶水記〔二一四〕

張又新

元和九年春，余初成名。與同年生期於薦福寺，余與李德垂先至，憩西廂玄鑒室。會適有楚僧至，置囊有數編書，余偶抽一通覽焉。文細密，皆雜記，卷末又一題云《煮茶記》。云：代宗朝，李季卿刺湖州。至維揚，逢陸處士鴻漸，李素熟陸名，有傾蓋之懽。因之赴郡，抵（洋）〔揚〕子驛。將食，李曰：『陸君善於〔別〕茶，蓋天下聞名矣。況揚子南零水又殊絶，今日二妙千載一遇，可曠之乎？』命軍士謹信者，挈瓶操舟，〔深〕詣南零，陸利器以俟之。俄水至，陸以杓揚其水曰：『江則江矣，非南零者，似臨岸之水。』使曰：『某擢舟深入，見者累百，敢虚紿乎？』陸不言，既而傾諸盆，至半，陸遽止之。又以杓揚之，曰：『自此南零者矣！』使蹶然大駭，馳下曰：『某自南零齎至岸，舟蕩覆半，懼其尠，挹岸水增之。處士之鑒神鑒也，其敢隱焉！』李與賓從數十人，皆大駭愕。李因問陸：『既如是，所經歷處之水，優劣精可判矣。』陸曰：『楚水第一，晉水最下。』李因命筆口授而次第之，凡二十水。且曰：『此皆余嘗試之，非係茶之精粗，過此不之知也。』夫茶烹於所産處，無不佳也。蓋水土之宜，離其處水功其半，然善煮、潔器全其功也。』李置諸笥焉，遇有言茶者即示之。

傳

葉嘉傳〔二一五〕

蘇軾

葉嘉，閩人也。其先處上谷。曾祖茂先，養高不仕，好游名山，至武夷，悦之，遂家焉。嘗曰：『吾植功種德，不爲時采，然遺香後世，吾子孫必盛於中土，當飲其惠矣。』茂先葬郝源，子孫遂爲郝源民。至嘉，少植節操。或勸之業武。曰：『吾當爲天下英武之精，一槍一旗，豈吾事哉！』因而游見陸先生，先生奇之，爲著其行録，〔傳〕於時。

方漢帝嗜閱經史，時建安人爲謁者侍上，上讀其行録而善之，曰：『吾獨不得與此人同時哉。』曰：『臣邑人葉嘉，風味恬淡，清白可愛，頗負其名，有濟世之才，雖羽知猶未詳也。』上驚，敕建安太守召嘉，給傳，遣詣京師。郡守始令採訪嘉所在，命齎書示之。嘉未就，遣使臣督促。郡守曰：『葉先生方閉門制作，（守）〔研〕味經史，志圖挺立，必不屑進，未可促之。』親至山中，爲之勸駕，始行。登車，遇相者揖之曰：『先生容質異常，嬌然有龍鳳之姿，後當大貴。』

嘉以皂囊上封事，天子見之曰：『吾久飫卿名，但未知其實耳。我其試哉！』因顧謂侍臣曰：『視嘉容貌如鐵，資質剛勁，難以遽用，必槌提頓挫之，乃可。』遂以言恐嘉曰：『碪斧在前，鼎鑊在後，將以烹子，子視之如何？』嘉勃然吐氣，曰：『臣山藪猥士，幸惟陛下采擇，至此可以利生，雖粉身碎骨，臣不辭也。』上笑命以名曹處之，又加樞要之務焉。因誡小黃門監之。有頃，報曰：『嘉之所爲，猶若粗疎。』然上曰：『吾知其才，第以獨學，未經師耳。』嘉爲〔之〕屑屑就師，頃刻就事，已精熟矣。上乃敕御史歐陽高、金紫光禄大夫鄭當時、甘泉侯陳平三人，與之同事。歐陽嫉嘉初進有寵，曰：『吾屬且爲之下矣。』計欲傾之。會天子御延英，促召四人，歐但熱中而已，當時以足擊嘉，而平亦以口侵陵之。嘉雖見侮，爲之起立，顔色不變。歐陽悔曰：『陛下以葉嘉見託吾輩，亦不可忽之也。』因同見帝，陽稱嘉美而陰以輕浮訿之。嘉亦訴於上，上爲責歐陽，憐嘉，視其顔色，久之，曰：『葉嘉真清白〔之〕士也，其氣飄然若浮云矣。』遂引而宴之。少〔選〕間，上鼓舌欣然曰：『始吾見嘉未甚好也；久味其言，令人愛之。朕之精魄不覺洒然而醒。《書》曰：「啓乃心，沃朕心。」嘉之謂也。』于是，封嘉鉅合侯，位尚書。曰：『尚書，朕喉舌之任也。』由是寵愛日加，朝廷賓客遇會宴享，未始不推於嘉。上日引對，至于再三。

後因侍宴苑中，上飲踰度。嘉輒苦諫，上不悦曰：『卿司朕喉舌，而以苦辭逆我，余豈堪哉！』遂唾之，命左右仆于地。嘉正色曰：『陛下必欲甘辭利口，然后愛耶？臣雖言苦，久（聞）〔則〕有效，陛下〔亦〕嘗試之，豈不知乎！』上顧左右曰：『始吾言嘉剛勁難用，今果見矣！』因含容之，然亦以是疎嘉。嘉既不得志，退去閩中。既而曰：『吾末如之何也，已矣。』

上以不見嘉月餘，勞於萬幾，神薾思困，頗思嘉。因命召，至，喜甚。以手撫嘉，曰：『吾渴欲見卿久矣。』遂恩遇如故。上方欲南誅兩越，東擊朝鮮，北逐匈奴，西伐大宛，以兵革爲事，而大司農奏，計國用不足，上深患之。以問嘉，嘉爲進三策。其一，曰榷天下之利，山海之資，一切籍於縣官。行之一年，財用豐贍，上大悦。兵興，有功而還，上利其財，故榷法不罷。管山海之利，自嘉始也。

居一年，嘉告老。上曰：『鉅合侯，其忠可謂盡矣。』遂得爵其子。又令郡守擇其宗支之良者，每歲貢焉。嘉子二人：長曰摶，有父風，故以襲爵；次曰挺，抱黄白之術，比於摶，其志尤淡泊也。嘗散其資，拯鄉閭之困，人皆德之。故鄉人以春伐鼓，大會山中，求之以爲常。

贊曰：今葉氏散居天下，皆不喜城邑，惟樂山居。氏於閩中者，蓋嘉之苗裔也。天下葉氏雖多，然風味德馨，爲世所貴，皆不及閩。閩之居者又多，而郝源之族爲甲。嘉以布衣遇天子，爵徹侯，位八座，可謂榮矣。然其正色苦諫，竭力許國，不爲身計，蓋有以取之。夫先王用於國有節，取於民有制，至於山林川澤之利，一切與民。嘉爲策以榷之，雖救一時之急，非先王之舉也，君子譏之。或云：管山海之利，始於鹽鐵丞孔僅、桑弘羊之謀也。嘉之策未行於時，至唐趙贊，始舉而用之。

清苦先生傳〔二一六〕

楊維禎

先生名槚，字荈之，姓賈氏，别號茗仙。其先陽羨人也。世系綿遠，散處之中州者不一。先生幼而穎異，於諸眷族中最具風致。卜居隱於姑蘇之虎丘，與陸羽、盧仝輩相友善，號勾吴三儁。每二人遊，必挾先生隨之，以故情誼日殷，衆咸目之爲死生交。然先生之爲人芬馥而爽朗，磊落而疏豁，不媚於世，不阿於俗。凡有請求，則必攝緘縢固扃鐍，假人提携而往。四方之士，多親炙之。雖窮檐蔀屋，足跡未嘗少絶。偶乘月大江泛舟，取金山中泠之水而瀹之，因品爲第一泉，遂遨遊不輟。尤喜僧室、道院，貪愛其花竹繁茂，水石清奇，徜徉容與，逌然不忍去。搆小軒一所，扁曰松風深處，中設鼎彝玩好之物，壚燒榾柮，煨芋栗而食之。因賦詩有『松風乍響匙翻雪，梅影初横月到窗』之句。或琴（奕）〔弈〕之間，樽俎之上，先生無不价焉。又性惡旨酒，每對醉客，必攘袂而剖析之，客醉亦因之而少解。少嗜詩書百家之學，誦至夜分，終不告倦。所至高其風味，樂其真率，而無詆評之者。而世之枯吻者仰之如甘露，昏暝者飫之若醍醐。或譽之以嘉名，而先生亦不以爲華；或咈之〔以〕非義，而先生亦不與之較。其清苦狷介之操，類如此。或者比倫之以爲伯夷之亞，其標格具於黄太史魯直之賦，其顛末詳諸蔡司諫君謨之（譜）〔録〕，茲故弗及贅也。

太史公曰：賈氏有二出，其一，晉文公舅子犯之子狐射姑食采於賈，後世因以爲姓。至漢文時，洛陽少年誼挾經濟之才，上治安之策；帝以其深達國體，欲位之以卿相。絳灌之徒扼之，遂疎，出之爲梁王太傅，弗伸厥志。雖其子孫蕃衍，終亦不振，有僭擬龍鳳團爲號者。又其疎，逖之屬，各以驕貴夸侈，日思競以旗鎗。宗人咸相戒曰：『彼稔惡不悛，懼就烹於鼎鑊，盍逃之。』或隱於蒙山，或遁於建溪，居無何而禍作，後竟泯泯無聞。惟先生以清風苦節高之，故没齒而無怨言，其亦庶幾乎篤志君子矣。

述

茶述〔二一七〕

李白

余聞荆州玉泉寺近清溪諸山，山洞往往有乳窟，窟中多玉泉交流。其水邊，處處有茗草羅生，枝葉如碧玉。惟玉泉真公常采而飲之，年八十餘歲，顏色如桃花。而此茗清香滑熟，異於他所，所以能還童振枯，扶人壽也。余遊金陵，見宗僧中孚，示余茶數十片，拳然重叠，其狀如手，（掌）號〔爲〕仙人掌茶。〔因持之見遺〕，兼贈以詩，要余答之。後之高僧大隱，知仙人掌茶發於中孚（衲）〔禪〕子，及青蓮居士李白也。

鬥茶說〔二一八〕

唐庚

茶不問團銙，要之貴新；水不問江井，要之貴活。唐相李衛公，好飲惠山泉，置驛傳送，不遠數千里。近世歐陽少師，得内賜小龍團，更閲三朝，賜茶（尚）〔猶〕在，此豈復有茶也哉！今吾提汲走龍塘，無數（千）〔十〕步，此水宜茶，昔人以爲不減清遠峽，而海道趨建安，茶〔不〕數日可至。故每歲新茶，不過三月〔至矣〕。頗得其勝。

茶乘拾遺

龍溪高元濬君鼎輯

上篇

《經》云：茶有千〔類〕萬狀，鹵莽而言，如胡人鞾者蹙縮然，犎牛臆者廉襜然，浮雲出山者輪囷然，輕飆拂水者涵澹然。有如陶家之子，羅膏土以水澄泚之。又如新治地者，遇暴雨流潦之所經。此皆茶之精腴〔者也〕。有如竹籜者，枝幹堅實，艱於蒸搗，故其形籭簁然。有如霜荷者，莖葉凋沮，易其狀貌，故厥狀委瘁然。此皆茶之瘠老者也〔二一九〕。

茶初巡爲停停嫋嫋十三餘，再巡爲碧玉破瓜年，三巡以來，緑陰成矣〔二二〇〕。

湯有三大辨，十五小辨。一曰形辨，二曰聲辨，三曰氣辨；形爲内辨，聲爲外辨，氣爲捷辨。如蝦眼、蟹眼、魚眼連珠，皆爲萌湯；直至湧沸，如澄波鼓浪，水氣全消，方是純熟。如初聲、轉聲、振聲、驟聲，皆爲萌湯；直至無聲，方是純熟。如浮氣一縷、二縷、三四縷，及縷亂不分，氤氳亂繞，皆爲萌湯；直至氣直沖貫，方是純熟〔二二一〕。

蔡君謨湯，用嫩而不用老。蓋因古人製茶，造則必碾，碾則必磨，磨則必羅，〔羅〕則茶爲飄塵飛粉矣。于是和劑印作龍鳳團，則見湯而茶神便浮，此用嫩而不用老也。今時製茶，不假羅磨，全具元體，此湯須純熟，元神始發也。故曰湯須五沸，茶奏三奇〔二二二〕。

或柴中之麩火，或焚餘之虛炭，（本）〔木〕體盡而性且浮，浮則〔湯〕有終嫩之嫌。炭則不然，寔湯之友〔二二三〕。

北方多石炭，南方多木炭，而蜀又有竹炭，燒巨竹爲之。易燃，無煙，耐久，亦奇物〔二二四〕。

探湯純熟，便取起，先注少許壺中，袪蕩冷氣，傾出，然後投茶，亦烹法之一也〔二二五〕。

空閣中懸架，將茶瓶口朝下，以絶蒸氣。其説近是，但覺多事耳〔二二六〕。

人但知箬葉可以藏茶，而不知多用能奪茶香氣。且箬性峭勁，不甚帖伏，能無滲罅？一經滲罅，便中風濕，從前諸事廢矣〔二二七〕。

陸處士論煮茶法，初沸，〔則〕水合量調之以鹽味。是又『厄水』也〔二二八〕。

用水洗茶，以卻塵垢，亦爲藏久設耳。如新制則不然。人但知湯候，而不知火候，火然則水，乾是試火，先於試水也。《吕氏春秋》：伊尹説湯，『五味〔三材〕，九沸九變，火爲之紀〔二二九〕』。

烏蒂白合，茶之大病。不去烏蒂，則色黄黑〔而惡〕；不去白合，則味苦澀[一三〇]。

茶始造則青翠，收藏不法，一變至緑，再變至黄，三變至黑，四變至白。食之則寒胃，甚至瘠氣成積[一三一]。

多置器以藏梅水，投伏龍肝兩許，月餘取用，至益人。龍肝，竈心乾土也，或云乘熱投之[一三二]。

種茶易，採茶難；採茶易，焙茶難；焙茶易，藏茶難；藏茶易，烹茶難。稍失法律，便減茶勳[一三三]。

蔡君謨謂范文正曰：公《採茶歌》云：『黄金碾畔緑塵飛，碧玉甌中翠濤起。』今茶絶品，其色甚白，翠緑迺其下者耳。欲改『玉塵飛』、『素濤起』，如何？希文曰：『善[一三四]。』

東坡云：茶欲其白，常患其黑。墨則反是。然墨磨隔宿則色暗，茶碾過日則香減，頗相似也。茶以新爲貴，墨以古爲佳，又相反也。茶可於口，墨可於目。蔡君謨老病不能飲，則烹而玩之。吕行甫好藏墨而不能書，則時磨而小啜之。此又可〔以〕發來者〔之〕一笑也[一三五]。

茶色貴白，古今同。然白而味覺甘鮮，香氣撲鼻，乃爲精品。蓋茶之精者，淡固白，濃亦白，初潑白，久貯亦白。味足而色白，其香自溢。三者得，則俱得也[一三六]。

茶味以甘潤上，苦澀下。羅景綸山静日長一篇，膾炙人口。至兩用烹苦茗，不能無累[一三七]。

茶有真香，有蘭香，有清香，有純香。表裏如一，曰純香；不生不熟，曰清香；火候均停，曰蘭香；雨前神具，曰真香。

色味香俱全，而飲非其人，猶汲泉以灌蒿萊，罪莫大焉。有其人而未識其趣，一吸而盡，不暇擇味，俗莫甚焉！

鴻漸有云：烹茶於所産處，無不佳，蓋水土之宜也。此誠妙論。況旋摘旋瀹，兩及其新耶。《茶譜》云：蒙之中頂茶，若獲一兩，以本處水烹服，即能祛宿疾，是耶！

北苑連屬諸山茶最勝。北苑前枕溪流，北涉數里，茶皆氣弇然色濁，味尤薄惡，況其遠者乎！亦猶橘過淮爲枳也〔二三八〕。

每歲六月興工，虚其本，(焙)〔培其土〕，去其滋蔓之草，遏鬱之木，令本樹暢茂。一以遵生長之氣，一以糝雨露之澤，名曰開畬。唯桐木留焉，桐木之性，與茶相宜〔二三九〕。

松蘿山以松多得名〔二四〇〕，無種茶者。《休志》云：遠麓有地名榔源，産茶。山僧偶得製法，托松蘿之名，大噪一時。茶因涌貴，僧既還俗，客索茗於松蘿，司牧無以應，往往贋售。然世之所傳松蘿，豈皆榔源産歟？世所稱蒙茶，是山東蒙陰縣山所生石蘚，亦爲世珍。但形非茶，不可烹。蒙頂茶乃蜀雅(川)〔州〕即古蒙山郡〔所出〕。《圖經》云：蒙頂有茶，受陽氣之全，故茶芳香。《方輿》、《一統志·土産》俱載之。

茶至今日稱精備哉！唐宋研膏、蠟面、京(挺)〔鋌〕、龍團，把握纖微，直錢數萬，珍重極矣。而碾造愈工，茶性愈失，矧雜以香物乎？曾不如今人，止精於炒焙，不損本真，故桑苧翁第可想其風致，奉爲開山。其舂、碾、羅，則諸法，存而不論可也。

讀《蠻甌志》〔二四一〕：陸羽採越江茶，使小奴子看焙。奴失睡，茶燋爍不可食，怒以鐵索縛奴而投火中。蓋其專致此道，故殘忍有不恤耳。

李德裕奢侈過求，在中書時，不飲京城水，悉用惠山泉，時謂之『水遞』。清致可嘉，有損盛德。

貢茶一事，當時頗以爲病。蘇長公有『前丁後蔡』之語，殊不知理欲同行異情，蔡主敬君，丁主媚上，不可一概論也。

下篇

小齋之外，別構一寮，兩椽蕭疏，取明爽高燥而已。中置茶爐，傍列茶器。興到時，活火新泉，隨意烹啜。幽人首務，不可少廢。

品茶最是清事，若無好香在爐，遂乏一段幽趣。焚香雅有逸韻，若無名茶浮碗，終少一番勝緣。是故茶香兩相爲用，缺一不可。

山堂夜坐，手烹香茗，至水火相戰，儼聽松濤傾瀉入甌，雲光縹緲，一段幽趣，故難與俗人言。

山谷云〔二四二〕：相茶瓢與相邛竹同法。不欲肥而欲瘦，但須飽（風霜）〔霜露〕耳。

箕踞斑竹林中，徙倚青石几上，所有道笈、梵書，或校讎四五字，或參諷一兩章。茶不甚精，壺亦不燥，香不甚良，灰亦不死。短琴無曲而有絃，長歌無腔而有音，激氣發於林樾，好風送之水崖。若非羲皇以上，定亦嵇阮兄弟之間。

三月茶筍初肥，梅風未困；九月蓴鱸正美，秫酒新香。勝客晴窗，出古人法書、名畫，焚香評賞，無過此時。吴人于十月采小春茶，此時不獨逗漏花枝，而尤喜月光晴暖。從此蹉過霜淒雁凍，不復可堪。

茶如佳人，此論雖妙，但恐不宜山林間耳。昔蘇子瞻詩：『從來佳茗似佳人』，曾茶山詩：『移人尤物衆談誇』，是也。若欲稱之山林，當如毛女麻姑，自然仙風道骨，不浼煙霞可也。必若桃臉柳腰，宜亟屏之銷金帳中，無俗我泉石。

搆一室，中祀桑苧翁，左右以盧玉川、蔡君謨配饗，春秋祭用奇茗。是日，約通茗事數人，爲鬥茗會，畏水厄者不與焉。

取諸花和茶藏之，奪味殊甚。或以茉莉之屬浸水瀹茶，雖一時香氣浮碗，然於茶理終舛。但斟酌時移建蘭、素馨、薔薇、越橘諸花於几案前，茶香與花香相襍，差助清況。唐人以對花啜茶爲殺風致，未爲佳論。

《茶記》言：養水置石子於甕，不惟益水，而白石清泉，會心不遠。夫石子須取其水中，表裏瑩徹者佳。白如截肪，赤如雞冠，藍如螺黛，黄如蒸栗，黑如玄漆，錦紋五色，輝映甕中。徙倚其側，應接不暇，非但益水，亦且娱神。

陸處士品水，據其所嘗試者二十水耳，非謂天下佳泉水盡于此也。

陸處士能辨近岸水非南零，非無旨也。南零洄洑淵停，清激重厚，臨岸故常流水耳。且混濁迥異，嘗以二器貯之自見。昔人能辨建業城下水，况臨岸。故清濁易辨，此非妄也。

昔時之南零，即今之中泠。往時金山屬之南岸，江中惟二泠，蓋指石簰山南流、北流也。自金山淪入江中，則有三流水。故昔之南泠，乃列爲中泠爾。中泠有石骨，能停水不流，澄凝而味厚。今山僧憚汲險，鑿西麓一井代之，輒指爲中泠水，非也。

山厚者泉厚，山奇者泉奇，山清者泉清，山幽者泉幽，皆佳品也。不厚則薄，不奇則蠢，不清則濁，不幽則喧，必無佳泉〔二四三〕。

八功德水，在鍾山靈谷寺。八功德者：一清，二冷，三香，四柔，五甘，六淨，七不噎，八除痾。昔山僧法喜，以所居乏泉，精心求西域阿耨池水，七日掘地得之。後有西僧至云：本域八池，已失其一。國初遷寶誌塔，水自從之而舊池遂涸，人以爲靈異，謂之靈谷者。自琵琶街鼓掌相應，若彈絲聲，且志其徙水之靈也。陸處士足跡未至，此水尚遺品録。

鍾山故有靈氣，鍾陰有梅花水，手掬弄之，滴下，皆成梅花。此石乳重厚之故，又一異景也。

《括地圖》曰：負丘之山上有赤泉，飲之不老。神宫有英泉，飲之，眠三百歲乃覺，不知死。

梁景泰禪師，居惠州寶積寺，無水，師卓錫於地，泉湧數尺，名卓錫泉。東坡至羅浮，入寺飲之，品其味，出江水遠甚。

柳州融縣靈巖上有白石，巍然如列仙靈。壽溪貫□巖下，清響作環佩聲。

武夷御茶園中有喊山泉。仲春，縣官詣茶場致祭，水漸滿；造茶畢，水遂涸。此與金沙泉事相類。名泉有難殫述，上數條偶舉靈異耳。

山木固欲其秀而蔭，若叢惡則傷泉。今雖未能使瑤草瓊花，披拂其上，而脩竹幽蘭，自不可少也。

山居接竹，引水承之，以奇石貯之以淨缸，其聲尤琮琮可愛，真清課事也。駱賓王詩：『刳木取泉遥』，亦接竹之意。

雪爲五穀之精，故宜茗飲。陶穀嘗取雪水烹團茶。又，丁謂詩：『痛惜藏書篋，堅留待雪天。』李虚己詩：『試將梁苑雪，煎動建溪雲。』是古人煮茶多用雪也。但其色不甚白，故處士置諸末品。

泉中有鰕蟹孑蟲，極能腥味，亟宜淘淨之。僧家以羅濾水而飲，雖恐傷生，亦取其潔也。包幼嗣詩：『濾水澆新長』，馬戴詩：『濾泉侵月起』，僧簡長詩：『花壺濾水添』，是也。

山居之人，水不難致，但佳泉尤當愛惜，亦作福（？）事。章孝標《松泉》詩：『注瓶雲母滑，漱齒茯苓香。野客偷煎茗，山僧惜淨牀。』夫言偷、言惜，皆爲泉重也。安得斯客、斯僧而與之爲鄰耶！

徐獻忠《水品》一書，窮究天下源泉。載福州南臺山泉清泠可愛，而不知東山聖泉、鼓山喝水巖泉、北龍腰泉尤佳。龍腰泉在北郊城隅，無沙石氣。端明爲郡日，試茶必汲此泉，側有『苔泉』二字，爲公手書。

吾郡四陲，惟東南稍通朝汐，餘皆依山，無斥鹵之患。天寶以來，諸峰蒼蔚，林木與石溜交加，在處清越。郡内泉佳者曰東井，其源深厚而紺洌。在紫芝峰麓，其下禪宇奠焉。出叢林稍拆而西，又有泉曰巖壇，郡人多汲取，甘鮮温美，似勝東井。余謂得此以佐龍山新茗，足稱雙絶。

夫達人朗士，其襟期恒寄諸詩酒，而時或闌入焚香、煮茗場中。詩近憤，酒近豪，香近幽而總於茶，事有合。余性懶，不能效蘇子美之豪舉，讀《漢書》以斗酒爲率。間置一小齋，粗足容香爐、茶鐺二事而□爲市煙奪去。惟是七碗成癖，在處足舒其逸。既成（？）茶乘以行，復搜其緒義，以完此一段公案。時在殘菊花際，霏霜雁候。夜靜閑吟，視鼎鑩中雪濤浪翻，乳花正熟，且覺香風馥馥起四座間矣。黄如居士高元濬識。

〔校證〕

〔一〕張燮　張燮，字紹和。福建漳州龍溪人。齋室之名曰羣玉樓、霏雲居、藏真館、萬石山房等，别號海濱逸史、霏雲主人。廷榜子。萬曆二十二年（一五九四）舉人，終身未仕。然其『志尚高雅，博學多通』，與華亭布衣陳繼儒並稱，黄道周曾自愧不如（《明史》卷二五五《黄道周傳》）。張燮著述頗富，撰有《羣玉樓集》八十四卷。崇禎中，編集唐・王勃《王子安集》十六卷，即《四庫全書》本底本。輯《漢魏六朝七十二家集》三百五十一卷。後張溥即本其書編爲《漢魏六朝一百三家集》一一八卷，有四庫全書本傳世。據《千頃堂書目》著録，張氏還撰有《東西洋考》十二卷（《千頃目・卷八》），《偶記》十卷（同上卷一二），與徐鑾合纂《漳州府新志》三十八卷（同上卷七）。不失爲明末巨擘。事具乾隆《福建通志》卷五一、卷三八及《四庫全書總目》卷七一、卷一四九、卷一八九等。

〔二〕王志道　王志道，字東里，號漳東居士。福建漳州漳浦人。萬曆四十一年（一六一三）進士。天啓年間，官給事中。議三案，爲高攀龍所駁。謝病歸，後附魏忠賢，爲士論所薄。崇禎初，累官副都御史。六年，以忤中官而削籍罷歸。事具《明史》卷二五六《李長庚傳・附王志道》，孫承澤《春明夢餘録》卷四八，《福建通志》卷三六，《千頃堂書目》卷二六等。

〔三〕陳正學　陳正學，福建漳州龍溪人。萬曆三十一年（一六〇三）舉人。撰有《灌園草木識》六卷等。事略見乾隆《福建通志》卷三八，《千頃堂書目》卷九等。

〔四〕章載道　生平不詳，俟考。

〔五〕黄以陛　黄以陛，字孝義（一作孝翼），漳州龍溪人。有《蟫巢集》二十卷，《史説萱蘇》一卷，《遊名山記》六卷等。事見《四庫總目提要》卷一三八，《明史》卷九七《藝文二》，《千頃堂書目》卷八等。

〔六〕良可惜也　方案：本則多據許次紓《茶疏·産茶》删節改寫而成。自『廬之産曰六安』至此，似作者所增補。

〔七〕中芽……不堪矣　方案：此疑作者據宋人熊蕃《宣和北苑貢茶録》改寫。但内容與原書已大不相符。宋人尚龍團鳳餅，芽以細小爲尚。故熊書所論，乃以小芽爲一槍一旗，以中芽爲一槍兩旗，三葉、四葉爲老葉而不可用。明代已普遍推行撮泡法，改飲葉茶而非末茶。故作者以己意改寫前人之書，稱中芽乃一槍一旗，紫芽爲一槍二旗，其未審趙汝礪《北苑别録·揀茶》早已指出：『紫芽，葉之紫者，是也。』又云：『紫芽、白合、烏蒂皆在所不取。』宋人將『紫芽』作爲『盗葉』而棄之不取。當然，今有誤本《貢茶録》已將『紫芽』混同於『中芽』，則似高氏或又據誤本而傳譌歟？

〔八〕凡採茶……以早爲最　方案：此據宋子安《東溪試茶録·採茶》，失注出處。其下，則似作者之論。

〔九〕茶録　方案：原作『《茶疏》』，此誤引出處。三投之法，實見之於張源《茶録·投茶》此述名茶碧螺春不同季節煮湯飲用之法，今仍相沿用之。

〔一〇〕顧元慶茶譜分封七具　方案：《續茶經》卷上之二立目作『王友石譜竹爐并分封六事』，其説是。今考王紱（一三六二——一四一六）有《竹爐并分封六事》（又名《竹爐新詠故事》），紱字孟端，號友石生，明初無錫（今屬江蘇）人。陸廷燦乃稱其號。王紱博學多才，擅詩工書，善繪山水竹石，世稱有王蒙筆意。紱仿南宋《茶具圖贊》，將明代茶具十六器畫成圖，戲題擬人化官職名，由無錫人盛顒撰寫贊銘，號茶仙的盛虞撰寫題記，成爲圖文並茂之書。後被趙之履改題爲《茶譜續編》，附於錢椿年《茶譜》，遂被顧元慶删校錢氏《茶譜》時一併攘爲己有。由於顧氏《茶譜》流傳較廣，又因屠龍、高濂將此題銘圖贊相繼編入《考槃餘事》和《遵生八牋》，遂致後世不知其始出也。清朝乾隆下江南，對竹爐奉若病狂，多次題詠，卻也不知其顛末源委，附庸風雅而已。餘詳拙校《竹爐新詠故事》提要及校釋。又，『苦節君』下注文『竹爐』，《遵生八牋》卷一一音謁云『作爐』，《續茶經》卷上之二作『湘竹風爐』；『品司』下之注文『圓橦』，原作『圓撞』，據上引高濂書改。

〔一一〕志林　本卷凡不注出處者，皆出《茶經》。餘則儘可能補注出處。

〔一二〕四皓采以爲茶　是條見陳繼儒《太平清話》。

〔一三〕以當飲　本則，《説郛》卷八〇云出佚名《謝氏詩源》。又，清・仇兆鰲《杜詩詳注・補注》卷上注稱：『元人伊世珍《瑯環記》引《謝氏詩源》二句』，則其書乃元或以前人撰也。

〔一四〕劉燁字耀卿　方案：是條始見於宋・吴處厚《青箱雜記》卷一，南宋初曾慥録入《類説》後，明清茶書多有引録，然幾無一準確，文字也已竄亂。劉燁，原作『劉曄』，兩字通，但用作人名，似應作『燁』。又，劉燁字耀卿（方案：從名、字的對應關係看，作『燁』是），不字子儀，子儀，乃劉筠（九七一——一〇三一）之字。劉燁，事蹟附見《宋史》卷二六二《劉温叟傳》。《青箱雜記》和《類説》原不誤。此誤似始於明・夏樹芳《茶董》，其後，《茶乘》、《續茶經》、劉源長《茶史》均沿譌踵謬。今録《青箱雜記》卷一原文，以正本清源。『龍圖劉燁亦滑稽辯捷，嘗與内相劉筠聚會飲茗。問左右曰：「湯滚也未？」左右皆應曰：「已滚。」筠曰：「僉曰鯀哉！」燁應聲曰：「吾與點也。」』明人往往引宋人之文而臆改，遂致不可卒讀。此爲典型一例，故詳考之。今僅改劉燁名、字，餘仍其舊。

〔一五〕温嶠表　方案：晉・温嶠上表貢茶千斤，茗三百斤。乃我國貢茶之始，在我國茶史上具有重要意義。其事始載於北宋・寇宗奭《本草衍義》，今存於《證類本草》卷一三，文即上引十三字。此稱温嶠表見之於《晉書》，今傳本《晉書》已不見於此條。清修《續茶經》卷下之三、《格致鏡原》卷二一、《淵鑑類函》卷三九〇引此條，與《茶乘》文字全同，疑即本於此。則似温嶠原上貢茶之表已不復可見矣。

〔一六〕此名斛二瘕　方案：是條始出《續搜神記》，唐宋小説、類書引之者甚夥，文本差異很大。如《太平御覽》卷七四三引作『斛茗瘕』，文字加多逾倍。本則已經大幅删節並改寫。與程百二《品茶要録補》所引亦不同，但基本上源自始於《事文類聚・續集》卷一二所録的『簡化版』。餘參本《全集》中編所收《品茶要録補》校證第〔八一〕條。

〔一七〕後魏録　方案：此誤引出處，實據《洛陽伽藍記》卷三删節改寫。

〔一八〕卿即是也　方案：本則與其下之『蕭正德歸降』條均見《洛陽伽藍記》卷三，文字基本相同。惟此末句有删節，原作『以卿言之，即是也』，下條亦然。末句原作：『元義與舉坐之客皆笑焉』，此删潤作：『坐客大笑。』雖文字簡化，卻無妨原意。

〔一九〕隋文帝微時　方案：是條請參見《品茶要録補·腦痛服愈》及拙校〔一五〕。權紓《茗讚》云云已删。

〔二〇〕竹裏煎茶　方案：本則當出毛文錫《茶譜》。

〔二一〕因話録　方案：是條由《因話録》卷三、《封氏聞見記》卷六《飲茶》、《新唐書》卷一九六《陸羽傳》三書中有關内容捏合改寫而成。

〔二二〕紀異録　方案：是則文見宋·董逌《廣川畫跋》卷二《書陸羽點茶圖後》引《紀異録》。據《晁志》卷三下著録，宋·秦再思撰《洛中紀異》十卷，乃『記〔唐〕、五代及國初讖應雜事』。《類説》卷一二録存其書二十四條，但無此條記事。《續資治通鑑長編》卷二二稱秦爲太宗時『朝士』，則其宋初人。所載之事，則語涉神異而不可信。

〔二三〕栖筠從之　方案：是則出於宋·胡仔（一一一〇—一一七〇）《苕溪漁隱叢話·後集》卷一一引《唐義興縣重修茶舍記》。原文首句作『李栖筠實典是邦』，今據上下文意改作『守常州』，删『按』字，此字似誤。

〔二四〕語林　方案：本則實出《封氏聞見記》卷六《飲茶》，《唐語林》因之。

〔二五〕與郎上人作茶會　方案：錢起《錢仲文集》卷四有《過長孫宅與郎上人茶會》詩，《全唐詩》卷二三九又有起《與趙莒茶宴》詩，則確有其事。又，據《廣羣芳譜》卷一八，將二首詩名組合成一條茶事的則出《茶事拾遺》。

〔二六〕敢不承公之賜　方案：本條據《新唐書》卷一五七《陸贄傳》删節改寫。如將首兩句互乙，則更文從字順些。即將『陸宣公贄』四字乙至『止受茶一串』之上。

〔二七〕金鑾密記　方案：是書唐·韓偓撰，《玉海》卷五七、《新唐書》卷五八著録爲五卷，《崇文總目》及《晁志》卷二上作一卷，陳氏《解題》又作三卷。或原書五卷，北宋已佚存一卷，南宋本又析爲三卷歟？是書宋代筆記小説、類書多有援引，至南宋末其書猶存，劉克莊《後村集》卷九《讀金鑾密記》詩云：『小窗細讀《金鑾記》，始信香奩屬別人。』是其顯證。又，是條始見托名唐·馮贄的《雲仙散録》。《雲仙散録》今人已考定爲僞書，是指其内容而言。但馮贄實有此書。《四庫提要》認爲乃王銍僞撰，但趙與時已對宋代流傳的僞作説提出反駁。其《賓退録》卷一云：『《雲仙散録》凡『三百六十事，而援引書百餘種，每一書皆録一事，周而復始，如是者三』。又曰：原序稱：『天祐元年金城馮贄取九世典籍，撮其膏髓，别爲一書。』這百餘種唐人所撰書，至宋《崇文總目》所著録者僅《金鑾密記》一二種而已。可見《雲仙散録》唐末確有其書。宋代散佚後，宋人僞托馮贄，遂成僞書。《四庫提要》認定爲王銍，但顯乏力證而不足以定論，愚以爲編者摻入大量宋事，如『建人謂鬥茶曰茗戰』之類，故今人斷言其爲僞書，指宋人改編之本而已。而其書又有可信之内容，如此條引自《金鑾密記》的佚文，其爲茶書廣泛援引，絶非偶然。對於今傳《雲仙散録》，就其内容而言，則真僞參半，無論唐、宋之事，尚有其一定史料價值。又，《散録》，一名《雲仙雜記》。

〔二八〕鳳翔退耕傳　方案：本條始見於《雲仙雜記》卷五引是書。又見《記纂淵海》卷九四引此書本條。

〔二九〕遣健步以進　方案：本條與陳耀文《天中記》卷四四引文全同，疑即轉録自陳書。

〔三〇〕杜陽雜編　方案：是條原見是書卷下，疑轉引自同上《天中記》。『緑華、紫英』，本條誤作『緑葉、紫莖』，原書及轉引之書不誤。餘詳《品茶要補録》拙校〔三七〕。

〔三一〕吴僧梵川　方案：是條出《清異録》卷下，餘詳《品茶要録補》拙校〔一七〕。

〔三二〕白樂天方齋　方案：本則始見於《雲仙雜記》卷二《换茶醒酒》引《蠻甌志》。但其原書作『樂天方入關』，大誤。宋代類書如《萬花谷》後集卷三五、《事文類聚》續集卷一二、《全芳備祖》後集卷二八皆作『方齋』，極是。

〔三三〕中朝故事　是書，五代南唐·尉遲偓撰。二卷，據《宋志》著録。本則引文略有删改，如『有人』，原作『有親知』；『以茶數十斤』之上原有『李謂之曰：「到彼郡日，天柱峰茶可惠三數角。」』凡十六字，已删。

〔三四〕唐史　此則見《舊唐書》卷一七下《文宗下》，略有删節。

〔三五〕茶譜　方案：此據毛文錫《茶譜》節略改寫。錯字據拙編輯本《茶譜》校改，可參閲。

〔三六〕會昌初監察御史鄭路有兵察廳事茶　方案：此因删節失當而大誤。《因話録》卷五原作：『察院南院，會昌初，監察御史鄭路所葺……兵察常主院中茶……』唐制：兵察主茶，『吏察主院中入朝人次第名籍』，其上則館驛使，再上才是監察使。編者失考，將鄭路誤作兵察，主茶事，乃降三級矣。又，末四字『御史茶瓶』，原作『茶瓶廳』，與下之『朝簿廳』（吏察所主）相對應，亦當據改。

〔三七〕南部新書　本條見是書卷八，略有删節。『一百三十歲』，四庫本作『一百二十歲』。

〔三八〕南部新書　方案：本則見是書卷九，但始出之書爲毛文錫《茶譜》。且高氏已經改寫，如首句『柳惲墳在吴興白蘋洲』，諸本皆無；而在『以釘鉸爲業』下，《新書》有『居霅溪而近白蘋洲』，《茶譜》原作：『居近白蘋洲。』類似之删改甚多，不一一列舉。

〔三九〕繼茶經茶訣之後　方案：此據《茶譜》删節而成，今據拙輯本《茶譜》校改，實乃本自《笠澤叢書》卷一《甫里先生傳》。『茶租』，原倒作『租茶』。

〔四〇〕而難以療饑也　方案：是條出《清異録》卷下。

〔四一〕喫茶去　方案：此見《五燈會元》卷四，文全同。『喫茶去』，作爲禪宗『頓悟』機鋒而廣爲流傳的禪門公案，因其創始者爲趙州從諗禪師，故又稱『趙州茶』。這頗具神秘色彩的『喫茶去』，不僅使從諗禪師聲名鵲起，被禪林公認爲趙州禪關，成爲唐代禪宗中的一大典故；而且，超越時空，一直流傳到今天，且其聲名遠播海外，成爲禪宗傳播最廣的公案之一。但實際上，只是對所謂來自尚未自悟的僧徒提出的問題，所作出的答非所問或牛頭不對馬嘴的回答，讓徒衆『頓悟』的禪門修行之法。後來，競起效尤者大有人在。據《五燈會元》所載，慧能開創的南禪兩大系——南岳及青原均將『趙州茶』奉若圭臬。無獨有偶，這南禪兩系的徒衆主要分佈在今江西、福建、浙江三省，自唐至今，均爲我國茶葉的主產地，不僅以品質優良著稱，且產量極多。看來，茶、禪結下不解之緣絶非偶然。『趙州茶』，把日常生活必需品茶，用『喫茶去』的淺顯生活常用語加以概括、提煉，並神秘化且哲理化，這正是禪宗的看家本領，卻充分暴露了其不學無術和空疏荒誕的弊端。『喫茶去』充分體現了『茶禪一味』的真諦。宋·

義青《趙州喫茶頌》闡述其微意云：『見僧便問曾到否（原注：仁義道中，當合如是），有言曾到不曾來（原注：執結是實）。留坐珍重喫茶去（好看千里客，萬里要傳名），青煙暗換緑信苔（原注：惜得自己眉毛，穿過那僧鼻孔）。』其説『趙州茶』『萬里要傳名』，真乃一語中的。歷代用『趙州茶』或『喫茶去』作詩、謁、頌、文者不勝枚舉。如《古尊宿語録》卷二八引宋・清遠《偈頌一一二首》之八五頗别出心裁，其云：『一旦師姑是女兒，大悟堂中喫茶去。』此乃一語雙關，既體現了趙州茶的頓悟家法，又因師姑爲女姓，應了『喫茶去』的另一種含義：即思凡欲嫁人，不無調侃之意。當代的兩位名人趙樸初和啓功先生也分别對『趙州茶』作出了自己的解析，他們爲一九八九年『中國茶文化展示周』相繼題詞云：『七碗受至味，一壺得真趣。空持百千偈，不如喫茶去。』『今古形殊義不差，古稱荼苦近稱茶。趙州法語喫茶去，三字千金百世誇。』弘揚了趙州法語『喫茶去』的茶禪一味真諦。參見拙編《中國茶事大典》頁九四五（華夏出版社二〇〇〇年版）。

〔四二〕茶譜　方案：此據《茶譜》删節而成，今據拙輯本略加校補。

〔四三〕義興舊志　方案：此則似轉引自明・陳燿文《天中記》卷四四，脱一字，餘全同。

〔四四〕唐書　方案：本則始出於唐・李肇《國史補》卷下，據校補。但文字全同《太平御覽》卷八六七，僅『壽州』，作『壽春』而已，疑即據《御覽》録文。

〔四五〕皆以油囊盛餘瀝而歸　方案：本條始出於《蠻甌志》，録文據《雲仙雜記》卷六，惟誤二字，餘全同。

〔四六〕目曰乳妖　是則出《清異録》卷下《茗荈・乳妖》。補四字，餘全同。

〔四七〕煎茶贏得好名聲　本條出《清異録》卷下《茗荈·生成盞》。

〔四八〕岳陽風土記　方案：本則據是書删節而成。

〔四九〕九華山志　方案：疑此條轉引自《天中記》卷四四，略作删潤。又，據《唐詩紀事》卷七三《金地藏》云：金地藏乃「新羅國王子也，〔唐〕至德初落髮航海，隱於池之九華山」。諸書所載略同，則其非「西域僧」明矣。

〔五〇〕號爲湯社　方案：此據《清異録》卷下《荈茗·湯社》録文，首五字「五代時魯公」云云，爲原書所無。

〔五一〕類苑　方案：本則似始見於阮閲《詩話總龜》卷三九，胡仔《苕溪漁隱叢話》前集卷四亦見是條，文字與此幾全同，疑即據胡仔書録文。宋代類書後多據以引録，如《全芳備祖》後集卷二八，《古今事文類聚》前集卷四《雪水烹茶》等。此引書作「《類苑》」，疑即《類聚》之譌。今據胡仔書略作校補。

〔五二〕龍陂山子茶　方案：是條見《清異録》卷下。「飲余」，改寫作「餉客」；其下，原書有「味極美」三字；句末又删「龍陂，是顧渚之别境」八字。

〔五三〕果然乃服　方案：是條據《墨客揮犀》卷四删潤而就，據以略作校補。原書作「君謨」，此作「蔡」、「蔡襄」，襄字君謨，原書文字義勝。

〔五四〕時具衣冠拜之　方案：本則亦見明·汪砢玉《珊瑚網》卷四七，汪亦明末人，書成於崇禎十六年（一六四三），《茶乘》略早些。據《續茶經》卷上之三引文稱出《灌園史》，據《千頃堂書目》卷九、一二著録，陳詩教有《灌園史》四卷，《四庫全書總目》卷一一六云：陳詩教，字四可，明秀水人，還撰有《花里活》三卷。

〔五五〕此言最得三昧　方案：六字爲原書所無，乃作者高元濬之論。是條出《清異録》卷下《荈茗·十六湯》前言。原書所謂「湯者，茶之司命」，蒙上文乃蘇廙之言，但高氏在改寫已誤解成陶穀之説。但蘇廙爲子虚烏有之人，陶穀亦非《清異録》作者，兩失之也。説詳本《全集》上編《荈茗録》提要拙考。

〔五六〕一坐稱佳　四字，原作「坐客曰：允矣哉！」此已經改寫。本條據《清異録》卷下《荈茗·甘草癖》删潤而就。今據原書略作校補。

〔五七〕苕溪詩話　是條據《苕溪漁隱詩話》前集卷四六删節而成。

〔五八〕此語頗傳播縉紳間　方案：此據《石林燕語》卷八及《清波雜誌》卷四删削後捏合而成。後者從「自〔奉〕玉食外」起至末。《清波雜誌》亦據葉石林之語而引之，但已與後者分置兩條。又，「熙寧中」，兩書皆誤，應作「元豐中」，説詳本書上編《宣和北苑貢茶録》拙校。賈青閩漕創制「密雲龍」，實在元豐中。

〔五九〕江鄰幾雜志　方案：是條始見於江氏《嘉祐雜志》，此乃轉引自《清波雜志》卷四。

〔六〇〕君謨屈焉　方案：相傳杭妓周韶與蔡襄鬥茶，似始見於《侯鯖録》卷七，且云得之蘇軾手書之帖。還有哀婉動人的落籍故事。本條明人多有記載，但已改寫。如田汝成《西湖游覽志餘》卷一六、朱廷焕《增補武林舊事》卷八、《山堂肆考》卷一一一等，文字多同本條，疑《茶乘》即據明人之載録文，惟「多蓄奇茗」，明人「多」作「好」，而高氏又改作「常」。

〔六一〕但烹而玩之　方案：此條原見《東坡志林》卷一〇，又見《仇池筆記》卷上，宋代《類説》卷九已引。末句皆作「但把玩而已」，自聞龍《茶箋》始改作「日烹而玩之」。疑據此而録文，但諸書均有「嗜茶」二字；「啜」，皆作「飲」，據改、補。

〔六二〕亟遣人送入　方案：本條似録自《説郛》卷五〇下曾紓《南遊紀舊·二事自慰》，略有删改而已，如「米芾」作「米元章」之類。

〔六三〕遂留合與寺僧　方案：此見《清波雜志》卷四。本則説司馬光的自奉節儉和范鎮聞過則喜、勇於改正的故事，故兩人爲莫逆至交。

〔六四〕戲謂之調水符　本條據《東坡全集》卷二一《愛玉女洞中水，既致兩瓶，恐後復取而爲使者見給，因破竹爲契，使寺僧藏其一，以爲往來之信，戲謂之「調水符」》詩題删潤而就。各種注本詩題相同，今據以改、補。

〔六五〕窺之乃明略也　方案：是則始見於晁公武《郡齋讀書志》卷四下，《茶乘》似據明·楊慎《丹鉛總録》卷一六《密雲龍》或《格致鏡原》卷二一删節改寫。廖正一（？—一一〇六），字明略，號竹林居士。安州（治今湖北安陸）人。元豐二年（一〇七九）進士。元祐初，召試館職，除秘書省正字，蘇軾見其策，大爲贊賞。六年，擢秘閣校理，旋爲杭州通判。紹聖二年（一〇九五），知常州。入元祐黨籍，貶監信州玉山税，雙目失明，卒。撰有《白雲集》、《竹林集》等，已佚。其事具見王稱《東都事略》卷一一六《本傳》及《長編》卷三八〇、四〇六、四〇七等。其卒年據吴則禮《北湖集》卷四《予謫居荆南賦詩百餘篇》詩題考定；　進士及第之年，則據晁補之《雞肋集》卷三三《跋廖明略能賦堂記後》考定。

〔六六〕反不得飲而起　本則見李清照《金石録後序》，今傳本始見於《容齋隨筆·四筆》卷五《趙德甫金石録》。德甫，明誠字。此李清照深情回憶北宋末與夫君以讀書熟記典故角勝負而爲飲茶之先後的故事，極富情趣。據原書校補。

〔六七〕煮建茗待客　方案：　此始出於五代·王仁裕《開元天寶遺事》卷一《敲冰煮茗》。

〔六八〕此賦載藝文類聚　方案：　《荈賦》見《類聚》卷八二，已非完篇。此數句及高氏補録二句，又見《北堂書鈔》卷一四四；　補録八字，又見《太平御覽》卷八六七。並據三書校改。此句及其下文，乃高氏之按語。

〔六九〕茶賦　此賦見《文苑英華》卷八三，明人據以編入《華陽集》卷上，清人又編録於《全唐文》卷五二八。經校核，《茶乘》與此三書文字全同。

〔七〇〕茶賦　此賦見宋·吴淑《事類賦注》卷一七《茶賦》，今據宋本、四庫本、點校本校核，誤四字，脱八字，據以補、改。因《茶乘》乃孤本，故仍録存。明清茶書中録此賦者甚夥，餘皆删作存目。

〔七一〕南有嘉茗賦　此見《宛陵集》卷六〇，經校，文全同。

〔七二〕煎茶賦　方案：　據黄罃《山谷年譜》卷二七，此黄庭堅元符二年（一〇九九）入蜀時所作。賦見《山谷集》卷一，經用四庫本、點校本（四川大學出版社二〇〇一年版《黄庭堅全集》）校核，此脱二字，誤三字，『岐雷』，又倒作『雷岐』，並據以補改、乙正。

〔七三〕嬌女詩　方案：此及以下二詩，均轉録自《茶經》卷下《七之事》，據本書上編《茶經》校，並請參閲是書拙注〔一七七〕至〔一八八〕及〔二五四〕至〔二五六〕。

〔七四〕百味和且殊　方案：拙校本《茶經》作『百和妙且殊』。疑或高氏所據爲筆者未見之明本《茶經》。逯欽立輯校本《先秦漢魏晉南北朝詩·晉詩》卷七所録張載詩則亦作『百和妙且殊』，當是。

〔七五〕答族侄僧中孚贈玉泉仙人掌茶　詩見《李太白文集》卷一六，已删序而存詩。『叢老』，原詩作『楚老』，今從宋·楊齊賢注本《李太白集分類補注》卷一九作『叢』。

〔七六〕洛陽尉劉晏與府縣諸公茶集天宫寺岸道人房　此詩見《文苑英華》卷二三四。『府縣』，原作『府掾』（方案：又形譌作『椽』），詩有『削去府縣理』句，則作『縣』是。又，『道』下，原衍一『上』字，據《英華》删。

〔七七〕六羡歌　陸羽存世無多的詩之一，也是茶詩中最爲膾炙人口的詩之一。詩似始見於趙璘《因話録》卷三，約略同時或稍後，李肇《國史補》卷中亦録此詩，已將一、二兩句互乙，三、四前又各有一『亦』字，餘同，已有文本差異。南宋初類書《紺珠集》卷五及《類説》卷二六分據上述唐人兩書傳録，亦已存在文本差異。而南宋鄭剛中《北山集》卷一九《予自章臺謫廣右荆渚間巡尉督迫良遽竊賦小詩》詩題中即引此詩，且云此乃陸羽『宦遊廣中』之詩，與李肇所説因紀念智積禪師之卒的感傷寄情所作之説全不同。末二句又引作：『千羨萬羨長江水，曾向章華亭下來。』在今存的陸羽是詩中，至少有此三種以上文本。但諸本末句中均作『竟陵城』，高氏『城』譌作『山』，據改。

〔七八〕喫茗粥作　此詩見《儲光羲詩集》卷一。

〔七九〕茶山　方案：此詩見於宋代典籍者甚多，如《唐文粹》卷一六下、《唐詩紀事》卷三五、《苕溪漁隱叢話》後集卷一一等。不僅文本差異很大，且詩題也各不相同，有作《茶山》、《茶山作》、《茶山詩》、《修貢顧渚茶山》等。此詩乃袁高任湖州刺史時所作，爲我國反映人民現實生活及民間疾苦的傑作之一，更是茶詩中不可多得的佳構。宋人胡仔已評：『此詩古雅，得詩人諷諫之體。』今考《金石録》卷九題作《茶山詩》，且其條下注云：『并《詩述》，《詩述》于頔撰，詩袁高撰，徐璹正書。』今從石本，定名爲《茶山詩》。《全唐詩》卷三一四録此詩，後出而轉精，今據以略作校記，原詩已被高氏删去六句，今亦參校上引之書補。新編《全唐五代詩》有匯校本，可參閲。

〔八〇〕所圖在安人　『所』，《漁隱叢話》、《詩話總龜》後集卷二九、《竹莊詩話》卷一二作『始』。

〔八一〕甿輟農桑業　同右引三書作『黎甿輟耕農』，《唐文粹》、《唐詩紀事》作『甿輟耕農耒』，此與諸本又不同，疑高氏别有所據。

〔八二〕一夫但當役　『但』，《唐詩紀事》、《漁隱叢話》、《全唐詩》作『旦』，《唐文粹》、《詩話總龜》、《竹莊詩話》作『且』。

〔八三〕手足皆鱗皴　『鱗皴』，右引六書中，《唐文粹》、《竹莊詩話》二字互倒。

〔八四〕使者牒已頻　『者』，右引六書中，三種詩話皆作『曹』。詩話同出一源，以胡仔書爲早，《總龜》後集乃後人所補，全抄自《叢話》，已非阮閲原書。

〔八五〕先走麞鹿均　『麞鹿』，原譌作『銀臺』，《唐文粹》作『挺塵』，疑亦誤。據同右引五書改。

〔八六〕況滅兵革困重兹固疲民　原删，今據《唐文粹》、《唐詩記事》、《全唐詩》補，三種詩話：『困』作『用』；『固』作『困』。

〔八七〕丹憤何由申　以上四句，高氏已删，今據原詩補，諸本文字皆同。計有功《唐詩紀事》卷三五録此詩，下有按語云：『建中二年，〔表〕高刺郡，進三千六百串，並詩此一章，刻石在貢焙。』此爲詩之本事，今並録之。

〔八八〕澄秀上座院　詩見《韋蘇州集》卷七、《文苑英華》卷二三六、《全唐詩》卷一九二，文皆同。

〔八九〕酬巽上人竹間新茶詩　方案：詩見《柳河東集》卷四二、《柳河東集注》卷四二，又見《全唐詩》卷三五一、明·陸時雍《詩境·唐詩境》卷三七等。諸本皆題作《巽上人以竹間自採新茶見贈酬之以詩》，應從改，此爲高氏之擬題。又，據改三字。

〔九〇〕與孟郊洛北野泉上煎茶　詩見《唐百家詩選》卷一四、《全唐詩》卷四六八，始見於宋·祝穆《古今事文類聚》續集卷一二，文全同。

〔九一〕北苑　方案：此録蔡襄五詩，見《端明集》卷二《北苑十詠》，爲第二至第六首，餘五絶依次題作：《出東門向北苑路》、《御井》、《龍塘》、《鳳池》、《修貢亭》。文字略有異同，據以出校。

〔九二〕種茶　詩見《東坡全集》卷二四、《東坡詩集注》卷八，《施注蘇詩》卷三七。『白』，形譌作『白』，據改。

〔九三〕問大冶長老乞桃花茶栽東坡　詩見《東坡全集》卷一三、《詩集注》卷八、《施注蘇詩》卷一九，『大飽』，

《全集》、《施注》作『太飽』，餘全同。

〔九四〕寄周安孺茶　方案：清人紀昀云：『此東坡第一長篇，一氣滔滔，不冗不雜，亦是難事。』（轉引自王文誥輯注本題下按語。）自視甚高的紀昀不得不對蘇軾的文學才華肅然起敬。這不僅是蘇詩中的第一長篇，也是茶詩中的大手筆，佳構傑作，歷來膾炙人口。惜高氏所録當據明代蘇詩别本，已無最後十二句。應據補。蘇詩，宋代即有百家注本、施顧合注本等流傳。清代亦注家蜂起，以馮應榴《合注》本最精博，王文誥《輯注》本雖搜採頗廣，但往往武斷，且暗取馮注者不勝枚舉。查慎行補注本亦有可取之處，四庫提要譽爲『此本居最』。詩見《合注》點校本（上海古籍出版社，二〇〇一）卷四九，又見孔凡禮點校本《蘇軾詩集》（中華書局一九八二年版）卷二二。文字頗有異同，請參見兩書注文和校記，不再一一出校。惟『篤』，諸本皆作『篤』，乃借字，據《茶經·二之異》改。此詩不失爲簡明茶史，但蘇軾亦偶有失考，如『名從姬旦始』，即附會不實之詞。

〔九五〕求惠山泉　方案：此見《東坡全集》卷三、《東坡詩集注》卷二六、《施注蘇詩》卷五、清·查慎行《蘇詩補注》卷八。詩題原作《焦千之求惠山詩》，高氏所録僅最後六句。

〔九六〕和向和卿嘗茶　『向』，原誤作『尚』，據《默堂集》卷三詩題改。又，『茶後詩』，《集》本『詩』作『思』，餘全同。

〔九七〕茗飲　此詩見《錦繡萬花谷》後集卷三五，四庫本《竹友集》及《全宋詩》失收。

〔九八〕春夜汲同樂泉烹黄檗新茶　方案：詩見《兩宋名賢小集》卷三一，又見《宋百家詩存》卷一二。詩題中『春夜』,原作:『與諸友』;『泠泠』,原譌作『冷冷』;『袪滯』,原誤『袪帶』,據改。

〔九九〕飲茶歌誚崔石使君　方案:詩見《杼山集》卷七、《文苑英華》卷三三七、《全唐詩》卷八二一。文字與《英華》略同,疑即據此録入;《全唐詩》則據《杼山集》,有數字與《英華》互有異同,兩書皆已出注,可參閲。惟高氏録入時詩題中『誚』譌作『請』;『全爾真』,『爾』又改作『汝』;今並據上引三書改。

〔一〇〇〕飲茶歌送鄭容　方案:請見同右引三書,卷同。又見宋·李龏編《唐僧弘秀集》卷一等。此似亦據《英華》録文。《全唐詩》已隨文注出各本異同,勿贅。惟『金鐺』,僅《英華》作『釜鐺』,義長。又,高氏録入時詩題中『鄭容』原譌作『鄭客』,據改。

〔一〇一〕西山蘭若試茶歌　詩見《劉賓客文集》卷二五、《全唐詩》卷三五六,兩者僅一字有異,即『墜露』作『霑露』。又『清泠』,高氏誤作『清冷』,據改。

〔一〇二〕走筆謝孟諫議寄新茶歌　方案:此爲流傳最廣的茶詩之一,有極高的文學欣賞和審美價值,不僅是唐詩中的佳作,也是茶詩中的不朽傑作。盧仝,事見拙編《中國茶事大典》頁五〇一。詩見《唐百家詩選》卷一五、《苕溪漁隱叢話》後集卷一一、《全唐詩》卷三八八等。文本差異很小,見《全唐詩》注,勿贅。高氏録引,僅改『琲瑰』爲『蓓蕾』;又,『命墮顛崖』句,『墮』下,原有『在』字,諸本皆有,高氏已刪,疑是。詩題中『走筆』原脱,據《唐百家詩選》補。

〔一〇三〕謝僧寄茶　詩見《廣羣芳譜》卷二〇、《全唐詩》卷六四四。僅一字有異:首句『初行堅』,『行』,前者作『地』，《全唐詩》作『志』，疑高氏所據乃別本。又，『緑雲』句下，疑有脱文，但今存諸本皆然。

〔一〇四〕采茶歌　詩見《文苑英華》卷三三七、《石倉歷代詩選》卷八八、《全唐詩》卷六七〇。《英華》有題注：『一作《紫筍茶歌》』，則尚有別本流傳。『團圓』，《英華》同，餘兩書作『團團』。『繞筯』，高氏譌作『繞筋』，據上引三書改。『天雲緣』：『天』，《英華》注云：一作『愁』，《廣羣芳譜》卷二〇作『秋』；『緣』，惟《石倉詩選》作『簇』，義勝。

〔一〇五〕美人嘗茶行　詩見《文苑英華》卷三三七、《全唐詩録》卷八九、《全唐詩》卷五九一。文字異同，《英華》等已出注。此疑高氏從《英華》録文，惟『啄窗請』：《英華》『請』作『詩』，疑形譌；而《全唐詩》及《詩録》作『響』。又，『移時』，三本皆作『臺時』。

〔一〇六〕西嶺道士茶歌　見《温飛卿集詩集箋注》卷三、《全唐詩》卷五七七、《廣羣芳譜》卷二〇。詩題中『道士』，《全唐詩》作『道人』，是。二字據上引三書改。

〔一〇七〕和章岷從事鬥茶歌　方案：此范仲淹詩，歷來膾炙人口，堪與盧仝《走筆謝孟諫議寄新茶歌》媲美，爲茶詩中不可多得的扛鼎之作。今據宋本《范文正公文集》卷二校改。

〔一〇八〕鬥茶香兮薄蘭芷　方案：此句中和上句中兩處『鬥茶』，宋本和諸本《范集》多作『鬥余』，《永樂大典》卷八〇四引《詩話總龜》等所録均作『鬥茶』，證諸《苕溪漁隱叢話》後集卷一一也作『鬥茶』，似近真。

〔一〇九〕古靈山試茶歌　詩見《古靈集》卷二二，《石倉詩選》卷一四八。僅譌『堂』作『當』，據改。

〔一一〇〕送龍茶與許道人　『龍』原脱，據《文忠集》卷九原題補，文字全同。

〔一一一〕嘗新茶呈聖俞　詩見《文忠集》卷七，詩題中衍一『歌』字，據删。『驚龍蛇』，『驚』，《文忠集》作『驅』；『天色』，原譌作『天然』，據改。

〔一一二〕龍鳳茶寄照覺禪師　詩見四庫本《演山集》卷一，文字全同。『雪意猶在渾淪中』句，『淪』，此與集本均譌作『淪』，實乃『淪』字，據詩句上下文意改。

〔一一三〕和蔣夔寄茶　方案：此亦蘇軾詠茶詩名作，極富情趣。見《東坡全集》卷七、《東坡詩集注》卷一四、《施注蘇詩》卷一〇。文全同。

〔一一四〕黄魯直以詩饋雙井茶次韻爲謝　方案：詩見同右《全集》卷二六、《集注》卷一四、《施注》續補遺卷上及《蘇詩補注》卷二七。詩題『黄』字，諸本皆無，疑高氏擬補，删。『畫』形譌作『盡』，據改。

〔一一五〕答錢顗茶詩　方案：此詩下列諸本皆題作《和錢安道寄惠建茶》，此疑高氏改題。詩見《全集》卷五、《詩集注》卷一四、《施注》卷八、《補注》卷一一、《宋文鑑》卷二一、《漁隱叢話》前集卷四五等，據諸書訂正六字。似高氏所據爲類書或明人他書或誤本。是詩『口不能言心自省』句下高氏又删去『爲君細説我未暇』等六句，凡四十二字，可參閲上引諸書。

〔一一六〕試院煎茶　詩見《全集》卷三、《詩集注》卷七、《施注》卷五、《補注》卷八等。文字略同，惟『苦渴饑』三字，諸本皆作『常苦饑』。又，『第二』，高氏誤作『第一』，據諸本改。

〔一一七〕和子瞻煎茶　詩見《欒城集》卷四。文字全同，惟首句中『病懶』倒作『懶病』，今據以乙正。

〔一一八〕以小龍團及半挺贈無咎并詩用前韻爲戲　方案：此詩高氏改題作『龍涎半挺贈無咎』，大誤，據下列諸書改、補。詩見《山谷集》卷三、《山谷内集詩注》卷二、《坡門酬唱集》卷二一、《石倉歷代詩選》卷一五二等。高氏引録誤五字，另『團蒲』譌倒作『蒲團』，並據以改、乙。又，此詩亦茶詩中精品傑作，得到蘇軾高度贊賞，稱其『煎成車聲繞羊腸』句妙喻天成，謂『黄九怎得不窮！』

〔一一九〕雙井茶送子瞻　詩見《山谷集》卷三、《山谷内集詩注》卷六、《坡門酬唱集》卷二一。詩題中『送子瞻』，高氏原作『寄東坡』，據改。又據以改詩中三字。

〔一二〇〕詠茶　方案：此高氏所録，未著作主。如承上，當仍爲黄庭堅詩，但顯非黄詩。今檢此乃南宋張擴詩，見《東窗集》卷二，題作《謝人惠團茶》，所録爲前八句，後六句被删節，已非完詩。又，此詩今引半首八句又見《錦繡萬花谷》前集卷三五，稱乃吕本中（字居仁，又譌作『居士』）之作，《續茶經》卷中沿襲之，似非是。爲保存『孤本』原貌，今不改詩題，亦不補作者名而仍其舊。『定武』譌倒作『武定』，據改。

〔一二一〕乞錢穆父新賜龍團　詩見《柯山集》卷一一，原題作《乞錢穆父給事丈新賜龍團》，又，此詩中誤一字，據改。錢勰（一〇三四—一〇九七），字穆父，錢塘（治今浙江杭州）人。以蔭補官，元豐中，擢任中書舍人。元祐元年（一〇八六），以給事中權知開封府。紹聖元年（一〇九四），除翰林學士、知制誥兼侍讀。出知池州、和州，卒。勰以文學知名，撰有《會稽公集》一百卷，已佚。事具李綱撰《張公墓誌銘》（見《梁溪集》卷一六七）。張耒（一〇五四—一一一四），不僅小錢二十歲，且入仕更晚，故呼其爲『丈』，宋人尊稱前輩師友語。

〔一二二〕謝道原惠茗　詩見《栟櫚集》卷四，又見《宋百家詩存》卷一六。詩題原集作《道原惠茗以長句報謝》，此編者高氏改題。又，詩中誤一字，據改。

〔一二三〕謝木舍人韞之送講筵茶　原詩見《誠齋集》卷一七，原題作《謝木韞之舍人分送講筵賜茶》。詩題中所及之『木舍人』，爲木待問（一一四〇—？），字蘊之，永嘉（治今浙江温州）人。隆興元年（一一六三）狀元及第，簽書平江軍節度判官。乾道八年（一一七二），除秘書省校書郎兼國史院編修、實録院檢討。九年，遷著作佐郎、著作郎。淳熙六年（一一七九），除起居舍人，八年擢中書舍人兼侍講。其分送楊萬里極品貢茶即在此際（宋制：例賜講官茶），詩中所云『淳熙錫貢新水芽』即其證，其茶見趙汝礪《北苑别録》。後木待問出知太平州，十三年移吉州，紹熙四年（一一九三），知寧國府。慶元元年（一一九五），徙知福州，四年知婺州。終官禮部尚書。事具《南宋館閣録》卷七、八，《續録》卷八，《三山志》卷二二，《宋會要輯稿》職官七二之四四、七四之四，《宋歷科狀元録》等。高氏録詩中誤三字，『牛走』又倒作『走牛』，據集本改、乙。

〔一二四〕茶歌　方案：詩見《海瓊玉蟾先生文集》卷二、清·陳焯編《宋元詩會》卷五七、《廣羣芳譜》卷二〇等，《石倉詩選》卷二二四節録。據上引四書校改四字。

〔一二五〕夏日陪楊邦基彭思禹訪德莊烹茶分得嘉字　詩見《石門文字禪》卷二、《石倉詩選》卷二二六，據改二字。

〔一二六〕送陸鴻漸棲霞寺采茶　詩見《二皇甫集》卷三、《全唐詩》卷二四九、《廣羣芳譜》卷二〇，文字全同。方案：本卷五律詩，凡可以確定的誤字，直接改正，不再保留錯字。

〔一二七〕送陸鴻漸采茶相過　詩見《文苑英華》卷二三一、《二皇甫集》卷八、《三體唐詩》卷五、《瀛奎律髓》卷一八、《全唐詩》卷二一〇、《唐詩紀事》卷四〇等。諸本題作《送陸鴻漸山人采茶回》，詩中文字全同。

〔一二八〕暮秋會嚴京兆後廳竹齋　詩見《全唐詩》卷二〇〇，文全同。

〔一二九〕晦夜李侍御萼宅集招潘述湯衡海上人飲茶賦　詩見《杼山集》卷三、《全唐詩》卷八一七，全同。

〔一三〇〕喜園中茶生　詩見《韋蘇州集》卷八、明·王志慶《古儷府》卷一二、《全唐詩》卷一九三、《廣羣芳譜》卷一九。諸本首二字均作『潔性』，此倒作『性潔』，據乙正。

〔一三一〕過長孫宅與郎上人茶會　詩見《錢仲文集》卷四、《全唐詩》卷二三七、《廣羣芳譜》卷二〇等。文字全同。

〔一三二〕茶塢　方案：此皮日休《茶中雜詠并序》十首之一，其下依次録餘九首，序及詩中自注已删。詩見《松陵集》卷四、《全唐詩》卷六一一、《廣羣芳譜》卷一九等。僅《茶竈》中有二處異文：『松脂』，上引諸書作『杉脂』；『青璚』，上引諸書作『青瓊』。餘全同。

〔一三三〕茶塢　方案：此陸龜蒙和皮日休《茶中雜詠》十首詩之一，與餘九首，並見同右引三書（《全唐詩》見卷六二〇），此外，又見《甫里集》卷六等。陸詩題作《奉和茶具十詠》，並非恰切，至少《茶人》、

《茶筍》、《煮茶》三首不屬茶具之詠。此總題及詩中自注亦删，僅見一處異文，即《茶籝》詩中『羅文』，同右引三書作『波紋』。

〔一三四〕茶詠　方案：此詩諸本題作《茶詩》，《全唐詩》兩收之：卷五九七作鄭愚詩，卷八五五則作鄭遨詩。今考此詩似始見於胡仔《苕溪漁隱叢話》前集卷四六引《三山老人語録》，稱作主爲鄭遨。其後，宋代類書《萬花谷》前集卷三五、《記纂淵海》卷九、《全芳備祖》後集卷二八皆引作鄭愚詩，故《全唐詩》兩收之。三山老人，乃胡仔父舜陟晚年自號。胡舜陟（一〇八三—一一四三），字汝明。績溪人。大觀三年（一一〇九），上舍及第。調山陰簿，歷會州、秀州教授，由御史台檢法官，遷監察御史。靖康（一一二五—一一二六）初，進殿中，拜侍御史。建炎元年（一一二七），以秘撰知廬州；三年，爲淮西制置使，知建康府兼沿江措置水軍使。因事改兩浙宣撫司參謀官。四年，知臨安府。紹興二年（一一三二），起復知江州，後徙知廬、壽州。五年知靜江府兼廣西經略使，以事罷。十年復爲廣西帥。舜陟出入中外，爲兩宋之際名臣，因反對和議而爲秦檜忌恨。十三年，構其罪而下獄死，檜死，昭雪，贈少師。有《奏議》、《文集》等，均散佚。道光間，其裔孫胡培翬輯有《胡少師集》六卷，包括《年譜》二卷。事具羅願《羅鄂州小集》卷六《胡待制舜陟傳》等。

〔一三五〕建溪嘗茶　方案：是詩暫未檢得出處，如確是丁謂之作，則爲佚詩，《全宋詩·丁謂》失收。

〔一三六〕答建州沈屯田寄新茶　詩見《宛陵集》卷二二。

〔一三七〕怡然以垂雲新茶見餉報以大龍團仍戲作小詩　詩見《東坡全集》卷一八、《東坡詩集注》卷一四、

《施注蘇詩》卷二八等。

〔一三八〕茶竈　方案：　此袁樞《武夷九詠》詩之一，見《宋詩紀事》卷五二引《武夷山志》。

〔一三九〕峽中嘗茶　詩見《雲臺編》卷下、《文苑英華》卷三二七、《全唐詩》卷六七六等。

〔一四〇〕次謝許少卿寄卧龍山茶　詩見《清獻集》卷四，原題有『次』字，據補。以上各詩文全同。

〔一四一〕嘗茶和公儀　方案：　此高氏改題作《嘗茶》，今據《宛陵集》卷五一復原。餘全同。

〔一四二〕汲江煎茶　方案：　此蘇軾名作。高氏既誤詩題作『煮茶』，又將首聯二句譌倒，今據以下各本改、乙正。詩見《東坡全集》卷二五、《東坡詩集注》卷八、《施注蘇詩》卷三八、《蘇詩補注》卷四三等。此詩宋人類書、詩話多有引録，尤爲楊萬里所贊賞，詩評見《誠齋集》卷一一五《詩話》，餘勿贅及。

〔一四三〕謝曹子方惠新茶　方案：　此詩見《東坡全集》卷二九、《東坡詩集注》卷一四、《蘇詩補注》卷三二等。《施注蘇詩》原本不收此詩，極是。邵長蘅等據七集本《東坡集・續集》將是詩補入《施注蘇詩・續補遺》卷下。今考此詩既非蘇詩，更非茶詩。實乃劉攽（一〇二三—一〇八九）之作，見其《彭城集》卷一四《送曹輔奉議福建轉運判官》二首之二。『銛鋒』，原引作『劍鋒』，僅《東坡全集》卷二九作『劍』，上述餘本蘇集及《彭城集》均作『銛』，據改。其第一首首聯爲：『馳傳典州名字高，溪山更不厭勤勞。』顯合。且詩中通篇未有只字及惠茶及謝意，必爲劉作無疑。清人馮應榴《蘇軾詩集合注》卷三二此篇題下按云：『此詩通體無謝新茶意，初疑題必有誤。後閲劉貢父（攽字）《彭城集》……即此詩也。據此則非先生詩也。』此説極是。誠如查慎行《蘇詩補注・例略》所云：　王氏分類本中『贋作極多，要歸於別真贋、去重複，無脱漏而已。』此項工作，今遠未完功。其實蘇軾亦有《送曹輔赴閩漕》詩，見同上《合注》卷三〇。當時，賦詩送行者頗有其人。如孔武仲《送曹子方奉使閩中》（刊《清江三孔集·宗伯集》卷八），張耒《柯山集》卷一九《送曹子方赴福建運判》，晁補之《雞肋集》卷一六《送曹子方福建運判二首》等。曹輔，字子方，號靜常先生，海陵人。嘉祐八年（一〇六三）進士，元祐三年（一〇八八）權發遣福建運判，後遷使。六年召回，官職方員外郎，爲館職。元祐末，出知虢州。紹聖間，除廣西提刑。紹聖、元符間（一〇九八—一一〇〇），知衢州。曹輔歷仕四朝，出入中外近四十年，以文學知名，與蘇軾及蘇門四學士等交遊。又，蘇軾另有一首《次韻曹輔寄壑源試焙新芽》，見《合注》卷三二，各本蘇詩均載。其末句即『從來佳茗似佳人』，傳頌已久。惜高氏卻不載此篇，亟應刪彼而存此，庶幾無誤。關於曹輔生平，可參閲拙文《全宋詩證誤舉例》，刊《學術界》（合肥）二〇〇五年第一期。

〔一四四〕建守分送小春茶　詩見《梅溪集》後集卷一九，原題作：《知宗示提舶贈新茶詩某未及和偶建守送到小春分四餅因次其韻》。高氏改題遠未能概括其意。

〔一四五〕謝吴帥惠乃弟所寄廬山茶　詩見《竹溪鬳齋十一稿·續集》卷一，原題作《用珍字韻謝吴帥分惠乃弟山泉所寄廬山新茗一首》。

〔一四六〕謝性之惠茶　詩見《石門文字禪》卷一〇。

〔一四七〕對陸迅飲天目山茶因寄元居士晟　詩見《文苑英華》卷二五七、《全唐詩》卷八一八。

〔一四八〕睡後煎茶　方案：此節録自白居易《睡後茶興憶楊同州》，已删詩之前八句。全詩見《白氏長慶集》卷三〇、《白香山詩集》卷二四、《全唐詩》卷四五三等。

〔一四九〕茶山　詩見《樊川詩集》卷三（清·馮集梧注本），原題作《題茶山》（自注：在宜興）。又見《全唐詩》卷五二二等。宋代類書亦多有引録其首聯者。據上引兩書改一字。

〔一五〇〕謝古人寄新茶　方案：詩見《曹祠部集》卷一，《才調集》卷三、《瀛奎律髓》卷一八、《石倉詩選》卷八四均作曹鄴詩收入。李德裕《會昌一品集》别集卷三亦收入此詩，文字有異同。故《全唐詩》（分見卷五九二、卷四七五）、《全唐詩録》（分見卷八三、卷七一）均兩收之，但似應爲曹鄴詩，詩題原作《故人寄茶》，據以校改一字。

〔一五一〕茶園　方案：原詩題作《茶園十二韻》（自注：揚州作）。見《小畜集》卷一一。文全同。

〔一五二〕謝人寄蒙頂新茶　方案：此文同詩，失書作者，詩見《丹淵集》卷八，據補作主，否則，易誤認爲承前人，乃王禹偁作。

〔一五三〕九日與陸處士羽飲茶　方案：詩見《杼山集》卷三、《萬首唐人絶句》卷二〇、宋·史鑄《百菊集譜》卷三、《全唐詩》卷八一七等。詩題原脱『羽』字，據補。

〔一五四〕茶嶺　方案：此見《張司業集》卷六、《萬首唐人絶句》卷九、《石倉詩選》卷五九、《全唐詩》卷三八六。原題作《和韋開州盛山十二首》之三《茶嶺》。其下首，高氏所録即韋處厚原唱，詩題爲《盛山十二詩·茶嶺》，故省作『又』。原詩見《唐詩紀事》卷三一、宋·魏仲舉編《五百家注昌黎文集》卷

二一、《全唐詩》卷四七九等。《蜀中廣記》卷二三兩收其詩。

〔一五五〕山泉煎茶有懷　方案：詩見《白氏長慶集》卷二〇、《白香山詩集》卷二〇、《萬首唐人絶句》卷三、《全唐詩》卷四四三等。高氏收録時，改詩題末二字爲『有感』，首句中『泠泠』，又譌作『冷冷』，據上引諸書改。

〔一五六〕斫茶磨　方案：原題爲《茶磨二首》之一，高氏截取此五律後四句録入並改題。見《宛陵集》卷四三、《瀛奎律髓》卷一八。參見拙文《梅堯臣茶詩注析》，刊《農業考古》一九九一年第四期至九二年第二期。

〔一五七〕茶詠　方案：張舜民此詩不見於今傳《畫墁集》，但《全芳備祖》後集卷二八收入，文字與高氏所録頗有異同，疑高氏别有所據。今並録如下：『玉尺鋒稜聳，銀槽樣度窊。月中亡桂實，雨里得天葩。』又，此非全詩，乃五律中截取的散聯佚句。

〔一五八〕龍牙和尚山居　方案：《山居》詩不見於《四庫全書》（電子版），出處待考。作主龍牙（八三五—九二三），係唐僧。俗姓郭，撫州南城人。世稱居遁禪師。十四歲，於吉州滿田寺出家，復於嵩嶽受戒，後雲遊四方。五代時受湖南馬氏之禮請，住持龍牙山妙濟禪苑，號證空大師。其向翠微無學與臨濟義玄請問西來意因緣之禪宗公案，稱『龍牙過板』，又稱『龍牙西來意』。事具《五燈會元》卷一三、《景德傳燈録》卷一七、《禪林僧寶傳》卷九、《祖堂集》卷八等。

〔一五九〕武夷茶　方案：此詩似始見於喻政《茶集》卷下，原題二首之二，其一見《茶集》。趙若槭，宋宗室，宋元之際人。字自木，號霽山。崇安人。咸淳十年（一二七四）進士，撰有《澗邊集》，已佚。事具明嘉靖《建寧府志》卷一八、《宋季忠義録》卷一五。《宋詩紀事》卷八五引自《茶乘》，實已不知其始出所從。

〔一六〇〕茶竈　方案：詩見《晦菴集》卷九《武夷精舍雜詠并序》，凡十二首，《茶竈》乃第十一首。

〔一六一〕雲谷茶坂　詩見《晦庵集》卷九，原題作《茶坂》。

〔一六二〕與趙莒茶宴　詩見《錢仲文集》卷一〇、《萬首唐人絶句》卷七、《全唐詩》卷二三九等。「對流霞」句，「對」，集本及《廣羣芳譜》卷二〇、《詠物詩選》卷二四四作「醉」。義勝。

〔一六三〕新茶詠　原題作《新茶詠寄上西川相公二十三舅大夫二十舅》。洪邁《萬首唐人絶句》卷七五已删原詩題首三字爲題。詩又見《廣羣芳譜》卷二〇、《詠物詩選》卷二四四、《全唐詩》卷二七九等，據改一字。

〔一六四〕嘗茶　詩見《劉賓客文集》外集卷八，《萬首唐人絶句》卷六、《廣羣芳譜》卷二〇、《全唐詩》卷三六五等。據改起句首字。

〔一六五〕蕭員外寄新蜀茶　詩見《白氏長慶集》卷一四、《白香山詩集》卷一四，又見《萬首唐人絶句》卷七〇、《廣羣芳譜》卷二〇、《全唐詩》卷四三七等。題中「新蜀茶」，原倒作「蜀新茶」，據以乙正。

〔一六六〕寄茶　方案：原題作《謝李六郎中寄新蜀茶》。高氏截取中二聯録成七絶分體類。全詩見《白氏長慶集》卷一六、《白香山詩集》卷一六，《全芳備祖》後集卷二八、《廣羣芳譜》卷二〇、《唐音癸籤》

卷二〇及《全唐詩》卷四三九等。首句「紅紙」譌作「紅細」，據上引諸書改。

〔一六七〕冬景　此詩見《石倉詩選》卷一一三。原題作《詠冬》，無題注「回文」。「雨寒」，《詩選》作「雲寒」。

〔一六八〕蜀茗　詩見《萬首唐人絶句》卷三三、《全唐詩》卷四九四、《全唐詩録》卷六九，諸本詩題作《蜀茗詞》。

〔一六九〕答友寄新茶　詩見《萬首唐人絶句》卷二七、《廣羣芳譜》卷二〇、《全唐詩》卷五七〇、《詠物詩選》卷二四四。諸本題中「新茶」皆作「新茗」。

〔一七〇〕謝朱常侍寄貺蜀茶　方案：詩見《萬首唐人絶句》卷四七、《廣羣芳譜》卷二〇、《全唐詩》卷七一四。詩題諸本作《謝朱常侍寄貺蜀茶剡紙二首》之一。洪邁《絶句》有異文：「爐煙」作「寒煙」，餘兩書同《茶乘》。

〔一七一〕煎茶　詩見《萬首唐人絶句》卷七二、《石倉詩選》卷一二三、《全唐詩》卷七五九等。

〔一七二〕謝寄新茶　詩見《萬首唐人絶句》卷三二、《全唐詩》卷四六四。《全唐詩》編者題注云：「嗣復作相後止貶觀察郡守，此稱司馬，疑非嗣復詩。」又，「前銜」，高氏形譌作「前御」，據改。

〔一七三〕即事　方案：諸本題作《謝山泉》。詩見《甫里集》卷一二、《萬首唐人絶句》卷四五、《石倉詩選》卷八〇、《全唐詩》卷六二九、《詠物詩選》卷一〇七。諸本起句首二字皆作「泱泱」，高氏譌作「泱決」，據改。

〔一七四〕過陸羽茶井　詩見《小畜集》卷七，又見《萬花谷》續集卷一〇、《事文類聚》續集卷一二、《記纂淵海》卷一二等。原題作《陸羽泉茶》。此詩膾炙人口，傳頌已久，諸本文字頗有異同，今以集本校之。『苔封』，集本作『封苔』；『試今嘗味』，諸本皆作『試茶餘味』；『惟餘』，集本作『惟留』；『留得』，集本作『嘗得』。但宋代類書皆同高氏作『惟餘』、『留得』。疑或高氏從宋代類書録文。

〔一七五〕對茶有懷　詩見《林和靖集》卷四，原題作《監郡吴殿丞惠以筆墨建茶各吟一絶以謝之·茶》，實乃三首之三，此高氏擬題已全失原旨。又，詩末有自注：『陸羽《茶經》而不載建溪者，意其頗有遺落耳。』高氏原引作『建茶新』，誤，據此注及諸本改作『建溪春』。又，『乳花』，集本作『乳香』。詩又見《全芳備祖》後集卷二八、《廣羣芳譜》卷二〇、《詠物詩選》卷二四四等。

〔一七六〕寒夜　方案：寒夜詩始見於《詩家鼎臠》卷上，又見《全芳備祖》前集卷一。高氏署作主爲杜小山，實乃其號。今考杜耒（？—一二二七），字子野，號小山。南城人。嘗官某縣主簿，戴復古《石屏詩集》卷二《擬峴台杜子野主簿寓居》詩題可證。寶慶三年（一二二七），知楚州姚翀辟爲山陽帥司幕客，爲李全亂兵所殺。有詩集，已佚。劉克莊《後村集》卷六《還杜子野詩卷》可證。其事略具見《鶴林玉露》卷一四、《宋史》卷四七七《李全傳》下。今據改作主爲杜耒。

〔一七七〕即事　方案：此詩作主及出處待考。

〔一七八〕錦屏山下　詩僅見《擊壤集》卷五，原題作《十七日錦屏山下謝城中張孫二君惠茶》。首句『抹藍』，集本作『挼藍』。

〔一七九〕雙井茶寄景仁　詩見《傳家集》卷八。

〔一八〇〕嘗茶詩　見《夢溪筆談》卷二四。詩上有云「予山居有《茶論》」，惜今已佚而失傳。

〔一八一〕寄茶與王平甫　方案：高氏録此詩題有二誤：其一，「平甫」上不應有「王」字，此安石寄茶與弟，不當有姓，刪。其二，此詩實乃《寄茶與和甫》，下一首才是《寄茶與平甫》，詩云：「碧月團團墮九天，封題寄與洛中仙。石樓試水宜頻啜，金谷看花莫漫煎。」並見《臨川文集》卷三二、李壁《王荆公詩注》卷四六、《廣羣芳譜》卷二〇等。

〔一八二〕送茶與東坡　方案：此又見《東坡問答録》（四庫存目叢書本），原題《題茶詩與東坡》，文字亦頗有異同，疑高氏别有所據。如「岫」，《問答録》作「社」；「半兩」，《録》本作「一兩」（當是）；「求異品」，作「容易點」；「還是」作「須是」。又，據《四庫全書總目》卷一四四是書《提要》稱：「舊本題蘇軾撰，所記皆與僧了元往復之語，詼諧謔浪，極爲猥褻。」「亦出委巷小人之所爲，僞書中之至劣者也。」宋釋了元（一〇三二—一〇九八），俗姓林，字覺老，號佛印。饒州浮梁（治今江西景德鎮）人。出家於寶積寺，入廬山開先寺，住歸宗寺，住江州承天寺，淮山斗方、丹陽金山、焦山寺，江西大仰寺等，四住雲居，九歷道場。擅書法，能詩文，善言辯。有語録行世。與蘇軾兄弟、張方平、周敦頤、黄庭堅等交遊，有唱酬詩多首，爲《全宋詩》所失收。

〔一八三〕飲釅茶七椀　詩見《東坡詩集注》卷八、《施注蘇詩》卷七、《蘇詩補注》卷一〇等。原題作《游諸佛舍一日飲釅茶七盞戲書勤師壁》。此高氏用省稱改題。

〔一八四〕奉同六舅尚書詠茶碾煎　烹詩見《山谷集·外集》卷七、《山谷外集詩注》卷一五。詩題：高氏誤删一『奉』字，又將『煎烹』倒作『烹煎』，今據以補、乙。

〔一八五〕茶巖　詩見《羅鄂州小集》卷一、《兩宋名賢小集》卷二〇七、《石倉詩選》卷一七八等。

〔一八六〕禁直　詩見《文忠集》卷五，原題作《入直召對選德殿賜茶而退》，引詩譌一字，據改。

〔一八七〕武夷六曲　詩見《趙氏鐵網珊瑚》卷一一、《石倉詩選》卷二二四。

〔一八八〕茶瓶候湯　方案：此詩及下詩均見羅大經《鶴林玉露》卷三。

〔一八九〕水調歌頭　方案：此詞似始見於夏樹芳《茶董》。此又題作《問大冶長老乞桃花茶》，大誤。蘇軾已有此詩，見《施注蘇詩》卷一九，不應再有同題之詞。且其内容與桃花茶了不相關。此詞不見於《全宋詞》及自宋至今的各種東坡詞，包括近年出版的收蘇詞最多的薛瑞生《東坡詞編年箋證》本（三秦出版社一九九八年版）。在《四庫全書》中也僅見《廣羣芳譜》卷二一收録，是否蘇詞頗可稽疑。筆者多年來留意考其確切出處及作者，迄今無所獲，今特書此以俟博洽。

〔一九〇〕阮郎歸　方案：此及下闋均見《山谷詞》（附集和單行兩種，均收入四庫全書）。黄庭堅是宋人中寫茶詞最多也最好的一位作家。其茶詞歷來膾炙人口。其第一闋改二字；第二闋則原題作《效福唐獨木橋體作茶詞》，文本差異頗大，如『月斜窗外山』，《山谷詞》作『有人愁遠山』；『見郎容易別郎難』，作『别郎容易見郎難』；『有人愁遠山』則作『月斜窗外山』。疑高氏譌倒，當乙。另又譌二字，據改。

〔一九一〕好事近　詞見金·元好問編《中州集·府中州樂》，蔡松年一闋爲首唱，和者有高士談，即《茶乘》所收下一闋，還有元好問之父的和作，亦見《中州樂府》。

〔一九二〕青玉案　此亦見《中州集·中州樂府》，有數字異文。如『紫柱』，集本作『紫桂』；『崖空』作『岩空』，但高氏所録，全同《廣羣芳譜》卷二一，而《詞苑叢談》卷三所收則同集本。

〔一九三〕茶夾銘　方案：此見於明·楊慎《升菴集》卷五三《茶夾書燈二銘》。但《淵鑑類函》卷三九〇、《續茶經》卷下之五、《佩文韻府》卷一四之二均作《茶銘》。

〔一九四〕森伯頌　方案：此見《清異録》卷下《茗荈門·森伯》。『方飲』其上有『湯悦有森伯頌，蓋茶也』九字。『粘』，四庫本作『嚴』；『馥郁』、『聳異』四字，諸本皆有。疑高氏所據之明本《清異録》與今傳諸本文本差異較大。作者亦作『湯説』。又，高氏爲節録，其下尚有『二義一名』云云十五字省略。

〔一九五〕茗贊略　方案：權紓之文題作《茗贊》，高氏似誤讀《天中記》卷四四『其略云』，將『略』字闌入，應刪。諸書所引俱作《茗贊》。此十二字似始見於南宋初《海録碎事》卷六《茶門·茗一車》。高似孫《緯略》卷七引《茗贊》此文十二字後云：『此言漢儒圖緯之書，讀之令人憒憒。』明人《天中記》卷四四則又演化成因茗草治愈隋文帝腦痛而時人又競採之。權紓緣此而大爲感慨。此乃小説家言，但明清茶書、類書廣泛援引此説，愚以爲當以高似孫之説爲可信。是對隋時風行圖緯之書的一種辛辣嘲諷。

〔一九六〕茶論　方案：此見於宛委山堂本《説郛》卷一一上引宋·楊伯嵒《臆乘》。茶論，諸書皆作論茶。從最後兩句已見南宋初類書《紺珠集》卷一〇、《類説》卷一三看，似論者謝宗已爲北宋人。又，『白比』,《説郛》作『白況』。此所署之作主『謝宗』,其下疑脱一字。但久考未得,姑存疑待考。

〔一九七〕與兄子演書　方案：此引自《茶經·七之事》,原作《與兄子兗州刺史演書》。信中作『安豐』,疑近真。幾乎所有《茶經》版本皆作『安州』,但劉琨生活的西晉時代尚無安州之地,説詳《茶經》拙釋〔一六二〕條。此或高氏獨得《茶經》佳本,甚或劉琨書之書法、石刻搨本。餘文字異同,詳同上拙釋〔一六二〕至〔一六五〕。

〔一九八〕與楊祭酒書　方案：此始見於《南部新書》卷五,又見於《唐詩紀事》卷三五、《天中記》卷四四、《格致鏡原》卷二一、《六研齋筆記》二筆卷二等。高氏所録錯簡,將『此物』至『歎息』十二字語録於『同歡』下,今據上述諸書所引乙正。

〔一九九〕遺舒州牧書　方案：此非書,乃李德裕有親知授舒州牧,李面謂之曰云云。事見《中朝故事》卷上,又見《玉泉子》、《太平廣記》卷四一二。脱一字,據補。

〔二〇〇〕送茶與焦刑部書　此見於《清異録》卷下。

〔二〇一〕餽茶書　方案：此即蔡襄《暑熱帖》,其書法真跡今存,藏於臺北故宮博物院。行書,九行,凡六十八字。『左右』下之二十一字已删。集本失收。

〔二〇二〕與友人書　方案：檢寒齋所藏：榮寶齋本《中國書法全集·黄庭堅》、《中國書法墨跡大全》(周倜主編,北京燕山出版社一九九二年版)、啓功主編《中國法帖全集》(湖北美術出版社)及《黄庭堅全集》(四川大學出版社二〇〇一年版)等書,均不見此帖,待考。疑非全帖,當爲節録、改題帖名。

〔二〇三〕與客書　方案：此見《東坡全集》卷七八《尺牘·與姜唐佐秀才》六首之三，乃節引。據附録之《東坡先生年譜》，此簡作於元符二年（一〇九九）。是年閏九月，有瓊州進士（方案：鄉貢進士）姜君弼（字唐佐）來儋耳從先生學。此簡作於是年十月十五日前。

〔二〇四〕謝傅尚書茶　方案：此節引自《誠齋集》卷一〇七《答傅尚書》。『折脚』，高氏誤作『拆足』，另又據改二字。

〔二〇五〕代武中丞謝賜茶表　此表見《劉賓客文集》卷一三，又見《文苑英華》卷五九四。《文集》末署作年爲貞元二十年（八〇四）三月。

〔二〇六〕謝賜新茶表　方案：此表見於《文苑英華》卷五九四、《柳河東集》及《集注》外集卷下、《五百家注柳先生集》新編外集卷二。

〔二〇七〕進新茶表　此表又見於四庫全書本《廣羣芳譜》卷一九、《續茶經》卷上之一。

〔二〇八〕茶中雜詠序　序見於《松陵集》卷六、《全唐詩》卷六一一，原爲《茶中雜詠并序》，乃其十詠詩之詩序，明人以己意改取以作《茶經序》，實乃昧於體例。

〔二〇九〕煮茶泉品序　方案：此序已收入本書上編卷末，題作《煮茶泉品》。文本與此頗有異同，據改十字，兩通之者均未改，以存舊本之原貌，亦可作一校本。

〔二一〇〕進茶録序　方案：此序參見本書上編《茶録》卷首。據改一字，校補三字。文末『謹敘』二字，已爲高氏所删。

〔二一一〕後序　方案：此原題作《龍茶録後序》，見《文忠集》卷六五。據以改二字，補一字。

〔二一二〕品茶要録序　方案：此見本書上編《品茶要録》卷首黄儒自序，據以補、改各二字。『收閲』，高氏引作『閲收』，據乙。又，『惟兹茗飲』上，高氏已删『夫體勢灑落，神觀沖淡』九字。

〔二一三〕大觀茶論序　方案：此節引自是書卷首序，據本書上編收入之校本改七字，補五字。其中有因删節失當而致誤，也有臆改處。但高氏所據似非《説郛》兩本，或其别有所據，其録文亦偶有可取之處。如『較箱篋之精粗』，可據補『粗』字。餘詳是書拙釋〔七〕、〔八〕，勿贅。

〔二一四〕煎茶水記　據本書上編所收之張又新文出校，改、補各二字，高氏爲節録。

〔二一五〕葉嘉傳　文見《東坡全集》卷三五。據以改、補各五字，並酌於分段。又，據《捫蝨新話》稱，此文乃陳元規撰，則其作主尚成問題。

〔二一六〕清苦先生傳　方案：此傳不見於楊維禎《東維子集》及《四庫全書》，俟更考之。又，此傳亦仿蘇軾《葉嘉傳》而作，將茶擬人化而創作的遊戲文字而已。

〔二一七〕茶述　方案：此節録於《李太白文集》卷一六《答族侄僧中孚贈玉泉仙人掌茶》詩序，又見《李太白集分類補注》卷一九、《集注》一九等。高氏爲拼凑各體茶文，竟將李白詩序取來充數，而不知唐·裴汶正有《茶述》一篇可録，文見本書上編，已收入。又，此乃節删詩序而敷衍成篇，今删、補、改各一字，又補一句五字，庶幾文意稍完備之。

〔二一八〕鬥茶説　方案：此又將唐庚《鬥茶記》拉來充數，實牽強附會。高氏引文，已作大幅删削、改寫，且又顛倒次序，而猶署名唐庚，實已面目全非。如將原文『歐陽少師』下『作《龍茶録》〔後〕序稱』云云一段話，概括爲『得内賜小龍團』六字。又據改二字，補三字。令人匪夷所思的是：唐庚有《失茶具圖説》，卻將《鬥茶記》妄改作《鬥茶説》，不亦謬乎！其實今存説茶之文，不一而足。如宋·劉宰《漫塘集》卷一九有《茶説》，邢士襄、屠龍、王復禮均有《茶説》，明·文震孟有《薙茶説》，皆可取而代之。

〔二一九〕此皆茶之瘠老者也　方案：本則録自《茶經》卷上《三之造》，據本書上編校本補三字，改一字。

〔二二〇〕緑陰成矣　本則節引自許次紓《茶疏·飲啜》。原作『緑葉成陰矣』。

〔二二一〕方是純熟　本條見張源《茶録·湯辨》。文全同。

〔二二二〕茶奏三奇　本則見同上《茶録·湯有老嫩》。

〔二二三〕寔湯之友　是條出《清異録》卷下《荈茗·十六湯品》，據拙校本補、改各一字。

〔二二四〕亦奇物　此見陸游《老學庵筆記》卷一。

〔二二五〕亦烹法之一也　是條暫未檢得出處，俟更考。此或爲高氏之論。

〔二二六〕其説近是但覺多事耳　本條首二句凡十二字，見《遵生八牋》卷一一《藏茶》。『其説』之上『以絶蒸氣』四字，乃概括高濂之文。此九字，似高元濬之評論。又據補二字。

〔二二七〕從前諸事廢矣　方案：是條據《茶疏·置頓》復加申論而成。

〔二二八〕是又厄水也　方案：首句七字及此五字，乃高氏之論。中之『初沸』云云十一字，則爲《茶經·五之煮》中之原文直録。

〔二二九〕火爲之紀　方案：自『人但知湯候』起至此，轉引自田藝蘅《煮泉水品·宜茶》，其引《吕氏春秋》語見卷一四《本味》，原已脱二字，據《吕覽》補。

〔二三〇〕則味苦澀　是條見《東溪試茶録·茶病》，脱二字，據補。

〔二三一〕甚至瘠氣生積　此亦暫未檢及出處，疑亦高氏之論。

〔二三二〕乘熱投之　方案：本則據羅廩《茶解》之意改寫申論。

〔二三三〕便減茶勳　疑此爲高氏據自己的茶事實踐總結出的經驗之談。

〔二三四〕希文曰善　方案：是條似始見於《類説》卷四六，高氏似轉引自陳繼儒《珍珠船》，亦見《格致鏡原》卷二一等。類似之説還見於《詩話總龜》卷八等。此未必有其事，乃小説家的好事者言，又誤《鬥茶歌》爲《採茶歌》。

〔二三五〕此又可發來者一笑也　方案：本則不見於四庫本《文忠集》，見於孔凡禮點校本《蘇軾文集》卷七〇《書茶墨相反》，底本乃據明末茅維編《蘇文忠公全集》。據補二字。

〔二三六〕茶色貴白……則俱得也　本條疑亦高元濬之論。但其所謂『茶色貴白，古今同』之論則非是。至少唐至宋初尚緑，宋代中期後始貴白茶，至明，由於烹飲方式的改變，又未盡貴白茶。

〔二三七〕不能無累　方案：是條疑亦高氏之論。但其以『山静日長』一聯爲羅大經（字景綸）之作，則大誤。事見《鶴林玉露》卷四，作者開宗明義即云：唐子西（庚字）詩云：『山静以太古，日長如小年。』其全詩凡十八句，題作《醉眠》，刊明·徐𤊹《筆精》卷四，而唐庚《唐先生文集》卷三僅録前八句，《全宋詩》卷一三二二誤襲之。『兩用烹苦茗』，乃羅大經《玉露》中之語，反映了士大夫的優閑生活和養生觀。其後元明人多引録申論之。勿贅。以下諸條似亦高氏之論，不再一一出校，必要時則出校釋。

〔二三八〕亦猶橘過淮爲枳也　此據《東溪試茶録·自序》。略有删潤。

〔二三九〕與茶相宜　方案：本條據宋·趙汝礪《北苑别録·開畬》删潤改寫，但其所據爲誤本，據改一字，補兩字，參閲本書上編拙校本。

〔二四〇〕松蘿山以松多得名　方案：此及以下諸條皆高氏據前人之論茶之語更加申論發揮之，不再一一注明其出處。文字影響其文意處，則酌予校改。偶有引録前人書者，則出注。

〔二四一〕讀蠻甌志　方案：此小説家荒悖之言，不可信。

〔二四二〕山谷云　方案：此見《山谷集·别集》卷一九《與敦禮秘校帖五首》之二，又見《山谷集》附録《山谷簡尺》卷下。

〔二四三〕必無佳泉　方案：本條出田藝蘅《煮泉小品》。

岕茶牋

〔明〕馮可賓

〔提要〕

《岕茶牋》，明代茶書。一卷。馮可賓撰。馮可賓，字禎卿。齋名石蒲。山東益都（治今山東青州）人。天啓二年（一六二二）進士，授湖州司理推官。四年正旦，盜殺長興知縣，民心大恐，可賓受檄撫定。崇禎十年（一六三七），遷太常少卿。官至給事中。入清不仕，寄情山水。善畫竹石，有名於時。好聲妓，侍妾至數十人，其父啓震，字青方，工畫竹，時號『馮竹子』。父子常聯袂作畫，尤以竹石圖而擅名，當時傳爲佳話。《岕茶牋》當爲其天啓年間官湖州司理時之作。此書使他享有時譽，被稱爲『岕茶平章』、『茶宗鼻祖』。其生平事蹟，見《浙江通志》卷一五一引《長興縣志》、《山東通志》卷一五之一、《太常續考》卷七、《池北偶談》卷六《馮可宗》、《列朝詩集小傳》丁集中等。又，錢謙益（一五八二—一六六四）對馮氏的評價既有欠公允，又自相矛盾。其説云：馮氏『學問尤爲卑靡，踳駁補綴』，卻又『刻集流傳』，『騰湧海内二十餘年』。撇開學問不論，其入清不仕的氣節，即已遠勝錢氏也。

本書分爲岕名、採茶、蒸茶、焙茶、藏茶、辨真贋、烹茶、品泉、茶具、茶壺大小、茶宜、禁忌等十二目，大致涉及岕茶的各個方面，也是作者本人在湖州茶事生涯的體驗，比較切實。全書一千餘字，篇幅無多。版本有《廣百川學海》（癸集）、《重訂欣賞編》、《水邊林下》、《説郛續》（卷三七）、《昭代叢書·辛集別編》等。《廣百川學海》，題馮可賓編。但《四庫全書總目》卷一三二卻云：『是編於正續《百川學海》之外，捃拾説部以廣之。分爲十集，以十干標目。然核其所載，皆《説郛》所有，版亦相同。蓋奸巧書賈於《説郛》印版中抽取此一百三十種，別刊序文目録，改題此名，托言出於可賓也。』此論未免失之於太武斷。首先，《廣百川學海》收書一百三十三種，並非均出於正續《説郛》，如屠隆《考槃餘事》凡十七卷（可分析作十七種），悉被《廣百川學海》收入，前此僅見陳繼儒《寶顔堂秘笈》（萬曆本）收入屠隆是書，但僅合十七種收爲四卷。析作十七卷始於馮可賓，正續《説郛》均未收此書甚明。類似之例還可舉出一些。其次，《説郛續》四十六卷，李際期始刊於清順治三年（一六四六），馮書編成在其之前。最後，就馮可賓之《岕茶牋》而論，《説郛續》本卷首無『汪汝謙校閲』五字；《序岕名》一則中，『南面』，譌作『南而』；《辨真贋》，譌作『真廣』；『開罈』，譌作『聞罈』，『淡黄』，『黄』字漫漶；《論烹茶》一則中，『太滾』，譌作『大滾』；『竹筋』，譌作『竹筯』，『復滌』、『少』三字，作白疔；《茶壺大小》一則中，『不耽閣』，『閣』字漫漶。即使僅上述十處之不同，還能説『版亦相同』，書賈移版盜印嗎？更重要的是：這十處闕誤，餘本承《廣百川學海》本而多不譌，何本在先，不亦昭然若揭嗎？故楊復吉（一七四七—一八二〇）《岕茶牋·跋》斷言馮可賓『嘗刊《廣百川學海》行世』，其言尚矣！

今以《廣百川學海》本爲底本，會校諸本，又將《昭代叢書》本附録的相關資料五則及楊復吉跋一併附録於後，必要時出注説明。馮氏此書不失爲獨自成編之著述，而冒襄之《岕茶彙鈔》，則多半取資於此。

校閲者汪汝謙，字然明，號松溪道人。歙縣人，徙居杭州。深通音律，作爲西湖寓公，有鈎深風雅、編次金石之譽。撰有《春草堂集》十卷，《聽雪軒集》、《夢草》、《遊草》、《閩遊詩紀》、《詠物詩》、《不繫園集》、《隨喜庵集》、《湖山韻事》、《綺詠》及《續集》各一卷。事見《江南通志》卷一六七，《元明事類鈔》卷三〇，《四庫總目》卷一八〇，《千頃目》卷

八、卷二八（方案：『閩遊』，形譌作『閩遂』）等。

岕茶牋

一、序岕名

環長興境産茶者：曰羅嶰，曰白巖，曰烏瞻，曰青東，曰顧渚，曰篠浦，不可指數，獨羅嶰最勝。環嶰境十里而遥，爲嶰者亦不可指數。嶰而曰岕，兩山之介也。羅氏居之，在小秦王廟後，所以稱廟後羅岕也。洞山之岕，南面陽光，朝旭夕暉，云滃霧浡，所以味迥别也。

一、論採茶

雨前則精神未足，夏後則梗葉太粗。然茶以細嫩爲妙。須當交夏時，看風日晴和，月露初收，親自監採入籃。如烈日之下，又防籃内鬱蒸，須傘蓋至舍，速傾淨籩〔一〕，薄攤細揀，枯枝病葉、蛸絲青牛之類，一一剔去，方爲精潔也。

一、論蒸茶

蒸茶，須看葉之老嫩，定蒸之遲速，以皮梗碎而色帶赤爲度。若太熟，則失鮮。其鍋内湯，須頻换新水，蓋熟湯能奪茶味也。

一、**論焙茶**

茶焙每年一修，修時雜以濕土，便有土氣。先將乾柴隔宿熏燒，令焙内外乾透。先用粗茶入焙，次日，然後以上品焙之。焙上之簾，又不可用新竹，恐惹竹氣。又須勻攤，不可厚薄。如焙中用炭有煙者，急剔去。又宜輕摇大扇，使火氣旋轉。竹簾上下更换，若火太烈，恐粘焦氣〔二〕，太緩，色澤不佳。不易簾，又恐乾濕不勻。須要看到茶葉梗骨處俱已乾透，方可併作一簾或兩簾，置在焙中最高處，過一夜，仍將焙中炭火留數莖於灰燼中，微烘之，至明早可收藏矣。

一、**論藏茶**

新淨磁罈，周迴用乾箬葉密砌，將茶漸漸裝進摇實，不可用手指〔三〕。上覆乾箬數層，又以火炙乾炭鋪罈口，紥固。又以火煉、候冷新方磚壓罈口上。如潮濕，宜藏高樓；炎熱，則置涼處；陰雨，不宜開罈。近有以夾口錫器貯茶者，更燥更密。蓋磁罈猶有微罅透風，不如錫者堅固也。

一、**辨真贋**

茶雖均出於岕，有如蘭花香而味甘，過霉歷秋，開罈烹之，其香愈烈，味若新沃，以湯色尚白者，真洞山也。

若他嶰，初時亦有香味，至秋，香氣索然，便覺與真品相去天壤。又一種有香而味澀者，又一種色淡黄而微香者，又一種色青而毫無香味者，又一種極細嫩而香濁味苦者，皆非道地。品茶者，辨色問（聞？）香，更時察味，百不失一矣。

一、**論烹茶**

先以上品泉水滌烹器，務鮮務潔。次以熱水滌茶葉，水不可太滚，滚則一滌無餘味矣。以竹筯夾茶，於滌器中反復滌蕩，去塵土、黄葉、老梗淨，以手搦乾，置滌器内蓋定。少刻開視，色青香烈，急取沸水潑之。夏則先貯水而後入茶，冬則先貯茶而後入水。

一、**品泉水**

錫山惠泉，武林虎跑泉，上矣；　顧渚金沙泉，德清半月泉，長興光竹潭皆可。

一、**論茶具**

茶壺，窑器爲上，錫次之。茶杯，汝、官、哥、定，如未可多得，則適意者爲佳耳。

或問茶壺畢竟宜大宜小

茶壺以小爲貴。每一客，壺一把，任其自斟自飲，方爲得趣。何也？壺小則香不涣散，味不耽閣，况茶中香味不先不後，只有一時。太早則未足，太遲則已過。的見得恰好一瀉而盡，化而裁之，存乎其人。施於他茶，亦無不可。

茶宜

無事，佳客，幽坐，吟詠，揮翰，倘佯，睡起，宿醒，清供，精舍，會心，賞鑒，文僮。

茶忌

不如法，惡具，主客不韻，冠裳苛禮，葷肴雜陳，忙冗，壁間案頭多惡趣。

附録

文震亨《長物志》〔四〕

茶壺以砂者爲上，蓋既不奪香，又無熟湯氣。供春最貴，第形不雅，亦無差小者。時大彬所製，又太小。

若得受水半升而形製古潔者，取以注茶，更爲適用。其提梁、卧瓜、雙桃、扇面、八棱、細花、夾錫、茶替、青花、白地諸俗式者，俱不可用。錫壺，有趙良璧者亦佳，然宜冬月間用。近時吴中歸錫、嘉禾黄錫，價皆最高，然製小而俗，金銀俱不入品。宣（窑）〔廟〕有尖足茶盞，料精式雅，質厚難冷，潔白如玉，可試茶色，盞中第一。（嘉窑）〔世廟〕有壇盞，中有茶湯、果酒，後有金籙、大醮、壇用等字者亦佳。他如白定等窑，藏爲玩器，不宜日用。蓋點茶須熁盞令熱，則茶面聚乳，舊窑器熁熱則易損，不可不知。又有一種名崔公窑，差大可置果實。果亦僅可用榛松、〔新笋〕、雞頭、蓮實不奪香味者，他如柑橙、茉莉、木樨之類，斷不可用。

周亮工《閩小記》〔五〕

閩德化磁茶甌，式亦精好，類宣之填白。余初以瀉茗，黯然無色，責童子不任茗事，更易他手，色如故。謝君語予曰：以注景德甌，則嫩緑有加矣。試之良然。乃知德化窑器不重於時者，不獨嫌其太重，粉色亦足賤也。相傳景鎮窑取土於徽之祁門，而濟以浮梁之水，始可成。乃知德化之陋，劣水土制之，不關人力也。

王士禎《池北偶談》〔六〕

益都馮啓震，字青方，老儒也。工畫竹，有名啓禎間，時號『馮竹子』。有子二人，長可賓，成進士，官給事中，好聲伎，侍妾數十人。其弟可宗，南渡掌錦衣衛事，爲馬、阮牙爪，尤豪侈自恣，居第皆以紫檀爲窗楹，乙酉死於金陵。

潘永因《明稗類鈔》

王震澤曰：吴興逸人吴編，字大本，〔號〕風神散朗。偏嗜茗飲。其出，必陽羡、顧渚，非其地者，輒能辨之。其掇之，必精藏之，必温烹之，必法有《茶經》所不載。其爐竈、鬴鬲、灰承、炭抱、火筴之屬，亦皆精絶古雅，甚自貴重。坐客四五人，勺少許沫餑，紛馥三四啜，已罄，必啜者有餘，思始復進，終不令飫也。近日，推岕茶平章，以大馮君爲宗，此老又作鼻祖。當以入《茶譜》。《福堂寺貝餘》

陳焯《湘管齋寓賞編》

馮青方墨竹、馮可賓寫石綾本立軸，闊一尺四寸，高三尺六寸，畫大筍二株，小筍一株，細竹兩小竿，下以小石補之。大馮跋下用白文竹隱方印，小馮款下用紅白閒馮可賓字正卿方印，右押角紅文朱岷連方印，左押角紅文秋水春飄書畫船印。又，紙本立軸見於東門人家，跋所謂天聖寺東壁者，余少時屢見之。乾隆庚辰四月廿二日，爲風雨所壞，真爲可惜。所賴青方尚有臨本刻石在寺，並有二石在郡治六客堂也。按郡志：馮公可賓，字正卿，山東益都人。天啓進士，授湖州推官。蓋其時迎養乃翁來治，故父子往往多合作云。

岕茶牋跋

右《岕茶牋》十二條〔七〕，雖篇幅無多，而言皆居要。冒巢民《岕茶彙鈔》，蓋大半取材於此也。作者爲前明天啓壬戌進士，曾任湖郡司理。善畫竹石，嘗刊《廣百川學海》行世，入國朝尚無恙云。乙亥仲秋，震澤楊復吉識〔八〕。

孫中梓爰琴校字

〔校證〕

〔一〕速傾淨篇　『篇』，底本原作『籃』，據《欣賞編》、《廣百川》、《續説郛》本及《續茶經》卷上之三改。

〔二〕恐粘焦氣　『粘』，底本及諸本皆然，惟《昭代》本作『枯』。

〔三〕不可用手揩　『揩』，諸本同，惟《昭代》本作『指』。

〔四〕文震亨長物志　方案：附録乃《長物志》卷一二《茶壺》、《茶盞》二則，據原書改三字，補二字。是條僅述明末流行的茶壺、茶盞，意在補原書《茶具》、《茶壺》大小二則。

〔五〕周亮工閩小記　附録本則，亦旨在説明景瓷茶甌之美，在於製作之水、土原料。

〔六〕王士禎池北偶談　本則引自是書卷六《馮可宗》，是關於作者父子兄弟生平事蹟的第一手資料。以下二則亦然。

〔七〕右岕茶牋十二條　『十二』，原作十一，或跋者誤計，或手民誤刊，據原書實爲十二條改。

〔八〕震澤楊復吉識　楊復吉（一七四七—一八二〇），字列歐，又字列侯，號蔓蘭。江蘇吴江人。早從王鳴盛遊，乾隆三十七年（一七七二）進士。博學，富藏書。撰有《遼史拾遺補》五卷、《夢蘭瑣筆》一卷、《鄉學樓學古文》、《史餘備考》、《虞初餘志》、《昭代叢書・五編題跋》等，編有《元文選》、《元稗類鈔》、《昭代叢書・續集》等，事見張士元《楊列侯傳》。參據錢仲聯主編《中國文學家大辭典・清代卷》頁二三七小傳。

茗譜

〔明〕盧之頤

〔提要〕

《茗譜》，明代茶書。不分卷，今存。盧之頤撰。這是筆者從其《本草乘雅半偈》卷七中輯出的茶書，前人從未提到或著録過。

盧之頤，字子繇，別署無恒業。明清之際錢塘人。似未仕。對醫藥學有較深研究，撰有《痎虐論疏》一卷、《本草乘雅半偈》十卷。均已收入《四庫全書》。《提要》論後書寫作體例云：『有覈有參』，『有衍有斷』；又對其書有較高評價，稱是書『考據該洽，辨論亦頗明晰』。確實，這是對本草學有所發明、突破的專著。其事略見《四庫全書總目》卷一〇四等。

據其自序，《本草乘雅半偈》（下简稱《乘雅》）歷時十八載（一六二六——一六四三）而始成，因其書分參、覈、衍、斷四類，分論三百六十五種本草藥名，故名之曰《乘雅》。此書成後，其命運也一波三折。順治元年（一六四四）『方事剞劂』，次年即因兵變而舉家逃難。三年十月歸家，已被洗劫一空，剛成之書版毀於兵火，原稿也僅剩其半，故名之曰《半偈》。就在這樣的動亂歲月，盧之頤又奮力補寫完成，並刊刻行世。在撰寫是書的過程中，他得到許多師友的幫助和支持。如對金匱之學有精湛研究的王紹隆、熟稔薛氏醫案的陳象先、醫術高明的隱士繆仲淳，又如李不忍、嚴忍公、施笠澤、潘方孺、寧比玉，或以道德文章鳴，或爲享譽宇内之名流，皆其過從甚密之交遊（上述諸公，均爲字號）。盧氏因幼耽禪學，還曾從學於聞谷、憨山二禪師。正是這種轉益多師及家學淵源（其父亦懸壺濟世之名醫），使盧之頤有廣洽博聞的學識，有條件進行這兩部醫藥書的寫作。

《茗譜》，則爲附録於《乘雅》卷七末的一種茶書。遺憾的是並非一種獨創性茶書，而是在屠本畯《茗笈》的基礎上加以改頭换面的改編而已。其相當於自序的《茗譜・敘》云：『神農氏前有《食經》，遵之爲首。陸羽《茶經》，例應爲傳。後代諸書，遞相爲疏、爲注矣。傳本不妄去取，餘則採其雋永者。人各爲政，不相沿襲。』又云：『在編凡十有六，而茶事盡矣。』

屠本畯《茗笈》，儘管《四庫提要》對其書譏評甚苛，但仍不失爲採擷明代茶書精華的分類匯編，而且提供了多種茶書的新校本，如張源《茶録》，熊明遇《羅岕茶記》等，均有不少文字可據屠書證謬補闕。而且，屠氏撰寫的贊評之語也是他對明代茶事的獨特體驗。故屠書自有其存在的價值。盧氏《茗譜》不僅分類上全同屠書，亦分十六目，且内容、文字多所相同；而且從各書採録的内容基本上亦轉相照抄自《茗笈》，而並非如其自序所云，乃採自各書，『不相沿襲』。其諱莫如深實在令人費解。筆者曾比對《茗譜》、《茗笈》及所作各書，作過較詳盡的校勘，其結果是：盧、屠二書同而與原出各書異者近八十處之多，所引書名、作者之同樣的漏注或誤凡十三處，兩者合計近百處。這足以證明，《茗譜》完全照録自《茗笈》。明顯照抄的例證見本書拙校〔六三〕、〔九五〕等。

二書不同者有三：其一，《茗譜・品泉》引《芷園日記》、《月樞筆記》等二則乃《茗笈》所無，其餘數百條基本相同。其二，編排體例上，屠書有贊有評，盧書則僅有評語而無贊言。屠書分析爲上下二卷，而盧書不分卷；屠書引

《茶經》冠於每章之首，盧書則以《食經》冠全書之首（本書未録），而以《茶經》改作《茶傳》冠每章之首，乃仿《春秋經》與《左傳》、《公羊》、《穀梁》之例，實在迂腐。而在第十四章《相宜》卷首卻又删《茗笈》所引之《茶經》文三則，尤令人匪夷所思。其三，各章末尾屠氏均有評語，盧書既有原文引録屠評者，多數注明出《茗笈》，少數未注；也有捏合屠氏贊、評爲一，或分作二條者，也分出注或不出注兩種情形；甚至還有分引屠氏贊、評語作二條者，注明出《茗笈》而附章末，十分隨意。盧書各章在屠評或贊後增寫自己的評語，乃全書的精華部分，抒發了其對茶事的理解體驗和對明代茶書的評價，有些見解亦未免失之於迂腐。在少數章節後亦出現不引屠評而僅有盧評的現象。此外，約有三十處是盧書引文與《茗笈》有異的，經與原書校核，盧書的衍誤訛奪多於《茗笈》。上述種種同多異少的情形表明，《半偈》轉抄自《茗笈》無疑，只是略有增損而已。另一種無法排除的可能性是：盧氏在其成於明末的初稿中或許確是自行從各書中輯録的，只是清初的兵火後，《茗譜》及家中藏書喪失殆盡，不得已而只能從《茗笈》中轉録，因成書倉促而未能劃一體例，這從友人《題辭》中亦可窺其一斑。

鑒於這是一種前人從未提到過的序、跋齊全的茶書，又可爲《茗笈》及所引茶書提供新的校本，當然，其中還有新輯的兩條佚文及盧氏撰寫的十餘條評語，就更彌足珍貴，故仍編入本書中編。本書僅有《四庫全書》本傳世，據影印文淵閣本點校，並逐字詳核《茗笈》及其所出茶書，以補《茗笈》未詳出校記之遺憾。更遺憾的是：因條件有限，未能對校今存海内的其餘三部《四庫全書》本，亦不知文瀾閣本等收是書否？

自序

覈曰：茗爲世所稱尚，頤雖未能知，味然亦未能忘情。每讀治茗諸書，不啻數十種，俱各載稿集，卒難彙考。不揣條録，覈左以備博采云。神農氏前有《食經》，遵之爲首。陸羽《茶經》，例應爲傳。後代諸書，遞相爲疏，爲注矣。傳本不妄去取，餘則採其雋永者。人各爲政，不相沿襲。彼創一義，而此釋之；甲送一難，而乙駁之，奇奇正正，靡所不有，政如《春秋》爲經，而案之左氏；公、穀爲傳，而斷之是非；末則間有所評。小子不敏，奚敢多讓矣！然書以筆札，簡當爲工，詞華麗則爲尚。而器用之精良，賞鑒之貴重，我則未之或暇也，蓋有含英吐華，收奇覓秘者。在編凡十有六，而茶事盡矣。

茗譜

一　遡源

茶者，南方之嘉木。其樹如瓜蘆，葉如梔子，花如白薔薇，實如栟櫚，蕊如丁香，根如胡桃。其名：一曰茶，二曰檟，三曰蔎，四曰茗，五曰荈。山南以(陝)〔峽〕州上，襄州、荆州次，衡州下，(全)〔金〕州、梁州又下。淮南以光州上，義陽郡、舒州次，壽州下，蘄州、黄州又下。浙西以湖州上，常州次，宣州又次，歙州下，潤州、蘇州又下〔一〕。劍南以彭州上，綿州、蜀州、邛州次，雅州、瀘州下，眉州、漢州又下。浙東以越州上，明州、婺州次，台州下〔二〕。黔中生恩州、播州、費州、夷州；江南生鄂州、袁州、吉州，嶺南生建州、福州、〔泉州〕、韶州、象州〔三〕。其恩、播、費、夷、鄂、袁、吉、建、福、〔泉〕、韶、象十(一)〔二〕州未詳，往往得之，其味極佳。《茶傳》〔四〕，陸羽字鴻漸，一名疾，字季疵，號桑苧翁著。

按：唐時産茶地，僅僅如季疵所稱。而今之虎邱、羅岕、天池、顧渚、松蘿、龍井、雁宕、武夷、靈山、大盤、日鑄、朱溪諸名茶，無一與焉。乃知靈草在在有之，但培植不嘉，或疏採製耳。《茶解》，羅廩字高君著。

吴楚山谷間，氣清地靈，草木穎挺，多孕茶荈。大率右於武夷者爲白乳；甲於吴興者爲紫筍，産禹穴者以天章顯；茂錢唐者以徑山稀。至於續盧之巖，云衡之麓，（雅）〔鴉〕山著於（無）〔吴〕歙，蒙頂傳於岷蜀，角立差勝，毛舉實繁。《煮茶泉品》，葉清臣著。

唐人首稱陽羨，宋人最重建州，於今貢茶，兩地獨多。陽羨僅有其名，建州亦非上品，唯武夷雨前最勝。近日所尚者，爲長興之羅岕，疑即古顧渚紫笋。然岕有數處，今唯洞山最重。姚伯道云：明月之峽，厥有佳茗，韻致清遠，滋味甘香，足稱仙品。其在顧渚，亦有佳者。今但以水口茶名之，全與岕别矣。若歙之松蘿，吴之虎丘，杭之龍井，並可與岕頡頏。郭次甫極稱黄山，黄山亦在歙，去松蘿遠甚。往時士人，皆重天池，然飲之略多，令人脹滿。浙之産曰雁宕、大盤、金華、日鑄，皆與武夷相伯仲。錢唐諸山，産茶甚多，南山盡佳，北山稍劣。武夷之外，有泉州之清源，倘以好手制之，亦是武夷亞匹，惜多焦枯，令人意盡。楚之産曰寶慶，滇之産曰五華，皆表表有名，在雁茶之上。其他名山所産，當不止此，或余未知，或名未著，故不及論。《茶疏》，許次（杼）〔紓〕字然明著。

評曰：昔人以陸羽飲茶，比於后稷樹穀，然哉。及觀韓翃《謝賜茶啓》云：『吴主禮賢，方聞置茗；晉人愛客，纔有分茶。』則知開創之功，雖不始於桑苧，而製茶自出，至季疵而始備矣。嗣後名山之産，靈草漸繁；人工之巧，佳茗日著。皆以季疵爲墨守，即謂開山之祖可也。其蔡君謨而下，爲傳燈之士。

又曰：茶係生人後天，隨身依報，蓋地靈鍾香，或古之所産，今無取焉者。謂世諦頻遷，山川失怙，靈從何來？秀從何起？生人依報，寧復居恒！人苦不思本耳。以上遡其源也。

二　得地

上者生爛石，中者生礫壤，下者生黄土。野者上，園者次，陰山坡谷者，不堪採啜。《茶傳》

産茶處：山之夕陽勝於朝陽，廟後山西向，故稱佳。總不如洞山南向，受陽氣特專，稱仙品。《羅岕茶記》，熊明遇著〔五〕。

茶地，南向爲佳，向陰者遂劣。故一山之中，美惡相懸。《茶解》

茶産平地，受土氣多，故其質濁。岕茶産於高山〔六〕，渾是風露清虚之氣，故爲可尚〔七〕。《岕山茶記》

茶固不宜雜以惡木，唯桂梅、辛夷、玉蘭、玫瑰、蒼松、翠竹與之間植，足以蔽覆霜雪，掩映秋陽。其下可植芳蘭、幽菊清芳之物，最忌菜畦相逼。不免滲漉，滓厥清真。《茶解》

評曰〔八〕：疆理天下物，其土宜廣谷大川異制，人居其間異形。瘠土民癯，沃土民厚。堅土民剛，坉土民醜。城市民囂，而瀨山鄉民樸而陋。齒居晉而黄，項處齊而癭，皆象其氣，悉效其形。知其利害達其志，欲定其山川，分其圻界，條其物産，辨其貢賦，斯爲得地。人猶如此，奚惟茗乎！

三　乘時

採茶，在二月、三月、四月之間。茶之筍者，生爛石沃土。長四五寸，若薇蕨始抽，凌露採焉。茶之芽者，發於叢薄之上，有三枝、四枝、五枝者，選其中枝穎拔者採焉。《茶傳》

清明太早，（去）〔立〕夏太遲。穀雨前後，其時適中。若再遲一二日〔九〕，待其氣力完足，香烈猶倍〔一〇〕，易於收藏。《茶疏》

茶以初出雨前者佳，唯羅岕立夏開園。吳中所貴，梗觕葉厚〔一一〕，便有蕭箬之氣，還是夏前六七日，如雀舌者佳。岕片亦好〔一二〕。《〔羅〕岕茶記》

岕〔茶〕〔一三〕，非夏前不摘，初試摘者，謂之『開園』。採自正夏，謂之春茶。其地稍寒，故須得此，又不當以太遲病之〔一四〕。往時無秋日摘者，近乃有之。七八月重摘一番，謂之『早春』。其品甚佳，不嫌少薄。他山射利，多摘梅茶。梅茶苦澀〔一五〕，且傷秋摘，佳產戒之。《茶疏》

雙徑兩天目茶，立夏後小滿前僅摘一次，斷不復採。唯滄雨露，絕禁肥壤，故收藏歲久，色香味轉勝。凌露無雲〔一六〕，採候之上；霽日融和，採候之次；積雨重陰，不知其可。《茶說》，邢士襄字三若著。

評曰：時不可違，候不可失。桑苧翁茶中之聖者歟〔一七〕？千載而下，採製之期，無能踰其時日。羅高君少有更變者，更體山川之寒暄，察草木之含吐，待時而興，應時而起，不妄作勞，不傷物力。

四　揆制

其日：有雨不採，晴有雲不採。晴採之，蒸之，擣之，拍之，焙之，穿之，封之，茶之乾矣。《茶傳》

斷茶，以甲不以指〔一八〕。以甲，則速斷不柔；以指，則多温易損〔一九〕。《東溪試茶録》〔二〇〕，宋子安著。

其茶初摘，香氣未透，必借火力，以發其香。然茶性不耐勞，炒不宜久，多取入鐺，則手力不匀，久於鐺中，過熟而香散矣。炒茶之鐺，最嫌新鐵，須預取一鐺〔二一〕，毋得別作他用。炒茶之薪，僅可樹枝，不用幹葉。幹則火力猛熾，葉則易焰易滅。鐺必磨洗瑩潔，旋摘旋炒。一鐺之内，僅用四兩〔二二〕。先用文火炒〔軟〕〔二三〕，次加武火催之。手加木指，急急抄轉，以半熟爲度，微俟香發，是其候也。《茶疏》

茶初摘時，須揀去枝梗老葉，惟取嫩葉。又須去尖與柄與筋〔二四〕，恐其易焦，此松蘿法也。炒時，須一人從旁扇之，以祛熱氣。否則黄色，香味俱減，余所親試。扇者色翠，不扇色黄。炒起出鐺時，置大磁盤中，仍須急扇，令熱氣消退，以手重揉之。再散入鐺，文火炒乾，入焙，蓋揉則其津上浮，點時香味易出。田子藝以生曬不炒不揉者爲佳。偶試之〔二五〕，但作熱湯，并日腥草氣，殊無佳韻也。《茶箋》，聞龍字隱鱗，初字仲達著。

火烈香清，鐺寒神倦。火烈生焦〔二六〕，柴疏失翠。久延則過熟，速起卻還生〔二七〕。熟則犯黄，生則著黑。帶白點者無妨，絶焦點者最勝。《茶録》，張源字伯淵著。

《經》云：焙，鑿地深二尺〔二八〕，闊一尺五寸，長一丈。上作短墻，高二尺，泥之。以木構於焙上，編木兩層，高一尺，以焙茶。茶之半乾，昇下棚，全乾升上棚。愚謂今人不必全用此法。予嘗構小焙，室高不逾尋，方不及丈，縱廣正等。四圍及頂，綿紙密糊，無小罅隙。置三四火缸於中，安新竹篩於缸內，預先洗新麻布一片以襯之。散所炒茶於篩上，闔户而焙。上向不可覆蓋，蓋茶葉尚潤，一覆則氣悶罨黄。須焙二三時，俟潤氣盡，方覆以竹箕，焙極乾，出缸，待冷，入器收藏。後再焙，亦用此法。色香與味，不致太減〔二九〕。《茶箋》

茶之妙，在乎始造之精，藏之得法，點之得宜。優劣定乎始鐺，清濁係乎末火。《茶録》

諸名茶法，多用炒，唯羅岕專於蒸焙〔三〇〕。味真藴藉，世競珍之。即顧渚、陽羨密邇洞山，不復倣此，想此法偏宜於岕，未可槩施他茗。而《經》已云蒸之，焙之，則所從來遠矣。《茶箋》

必得色全，唯須用扇。必全香味，當時焙炒。此製茶之準繩，傳茶之衣鉢。《茗芨》〔三一〕

評曰：遡源、得地、乘時，盡物之性矣。揆制失節，仍同草芥。能盡人之性，則能盡物之性。

五　藏茗

育，以木制之，以竹編之，以紙糊之。中有槅，上有覆，下有床，傍有門，掩一扇。〔中置〕一器〔三二〕，貯煻煨火，令煴煴然。江南梅雨〔時〕焚之以火〔三三〕。《茶傳》

藏茶，宜箬葉而畏香藥〔三四〕，喜温燥而忌冷濕。收藏時，先用青箬，以竹絲編之，置罌四週。焙茶俟冷，貯器中，以生炭火煅過，烈日中曝之，令滅，亂插茶中。封固罌口，覆以新磚，置高爽近人處。霉天雨候，切忌發覆，取用〔三五〕。須於晴明時取少許〔三六〕，別貯小瓶。空缺處，即以箬填滿，封置如故，方爲可久。或夏至後一焙，或秋分後一焙。切勿臨風近火，臨風易冷，近火先黄。《茶録》

凡貯茶之器，始終貯茶，不得移爲他用。《茶解》

吴人絶重岕茶，往往雜以黄黑箬，大是缺事。余每藏茶，必令樵青入山採竹箭箬，拭淨烘乾，護罌四週；半用剪碎，拌入茶中。經年發覆，青翠如新。《茶箋》

置頓之所，須在時時坐卧之處，逼近人氣，則常温不寒。必在板房，不宜土室。板房熅燥〔三七〕，土室易蒸。又要透風，勿置幽隱之處。尤易蒸濕。《茶疏》〔三八〕

羅生言茶酒二事，至今日可稱精絶，前無古人。止可與深知者道耳〔三九〕。夫茶酒，超前代希有之精品，羅生創前人未發之玄談。吾尤詫：夫卮談名酒者十九，清談佳茗者十一。《茗笈》

評曰：治茗如創業，藏茗如守業，創業易，守業難。守之難，又不如用之者更難。如保赤子，幾微是防。

六　品泉

山水上，江水中〔四〇〕，井水下。山水，擇乳泉石池漫流者上〔四一〕，其瀑涌湍漱勿食。久食，令人有頸疾。又多别流於山谷者，澄浸不洩。自火天至霜郊以前，或潛龍蓄毒於其間，飲者可決之，以流其惡，使新泉涓涓然，酌之。其江水，取去人遠者。《茶傳》

山宣氣，以養萬物〔四二〕。氣宣則脈長，故曰山水上。泉不難於清而難於寒，其瀨峻流駛而清嵓奥積。陰而寒者，亦非佳品。《煮泉小品》，田藝蘅字子藝著〔四三〕。

江，公也，衆水共入其中也。水共，則味雜，故曰江水次之。其水，取去人遠者，蓋去人遠，則澄深而無蕩

漾之漓耳。《小品》

余少得温氏所著《茶説》，嘗試其水泉之目有二十焉。會西走巴峽，經蝦蟆窟，北憩蕪城，汲蜀岡井，東遊故都，絶揚子江；留丹陽，酌觀音泉；過無錫，斢惠山泉水。粉槍末旗，蘇蘭薪桂，且鼎且缶，以飲以啜，莫不瀹氣滌慮，蠲病折酲〔四四〕。祛鄙吝之生心，招神明而還觀，信乎物類之得宜，臭味之所感，幽人之嘉尚，前賢之精鑒，不可及矣。《〔述〕煮茶泉品》，〔葉清臣字道卿著〕〔四五〕。

山頂泉清而輕，山下泉清而重，石中泉清而甘，砂中泉清而洌，土中泉清而白〔四六〕。流於黄石、紫石爲佳，瀉出青石、黑石無用〔四七〕，流動愈於安静，負陰勝於向陽〔四八〕。《茶録》

山厚者泉厚，山奇者泉奇，山清者泉清，山幽者泉幽，皆佳品也。不厚則薄，不奇則蠢，不清則濁，不幽則喧，必無用矣〔四九〕。《小品》

泉不甘，則損茶味〔五〇〕。前代之論水品者〔五一〕，以此。《茶録》〔五二〕，蔡襄字君謨著。

吾鄉四陲皆山，泉水在在有之，然皆淡而不甘。獨所謂它泉者，其源出自四明潺湲洞，歷大蘭、小皎諸名岫，迴溪百折，幽澗千支，沿洄漫衍，不舍晝夜。唐鄞令王公元偉築埭它山，以分注江河，自洞抵埭，不下三數〔百〕里〔五三〕。水色蔚藍，素砂白石，粼粼見底。清寒甘滑，甲於郡中。余愧不能爲浮家泛宅，送老於斯。每一臨泛，浹旬忘返，攜茗就烹，珍鮮特甚。洵源泉之最勝，甌犧之上味矣。以僻在海陬，《圖經》是漏，故又新之記罔聞，季疵之杓莫及，遂不得與谷簾諸泉齒。譬猶飛遁吉人，滅影貞士，直將逃名世外，亦且永托知稀矣。《茶箋》

山泉稍遠，接竹引之。承之以奇石，貯之以淨缸。其聲〔尤〕琤琮可愛〔五四〕，移水取石子，雖養其味，亦可澄水。《小品》

甘泉，旋汲用之斯良。丙舍在城，夫豈易得！故宜多汲，貯以大甕〔五五〕，但忌新器，爲其火氣未退，易於敗水，亦易生蟲。久用則善，最嫌他用。水性忌木，松杉爲甚。木桶貯水，其害滋甚，挈瓶爲佳耳〔五六〕。《茶疏》

烹茶須甘泉〔五七〕，次梅水。梅雨如膏，萬物賴以滋養〔五八〕，其味獨甘，梅後便不堪飲〔五九〕。大甕滿貯〔六〇〕，投『伏龍肝』一塊〔六一〕，即竈中心赤土也〔六二〕，乘熱收之〔六三〕。《茶解》

烹茶，水之功居六。無泉則用天水，秋雨爲上，梅雨次之。秋雨冽而白，梅雨醇而白。雪水，五穀之精也，但色不能白〔六四〕。養水，須置石子於瓮，不唯益水，而白石清泉，會心亦不在遠。〔《岕山茶記》〔六五〕〕

壬寅臘八，過南屏僧碧婆。煮茶不拘老嫩，皆可人口，又不在茶具，雖飯鑊中亦稱其旨。時與之遊，遂成茶癖。每令長鬚遠汲虎跑泉、葛仙翁井，或索友人攜來惠山泉水，以茶之妙，在水發也。每值梅雨，托布承接，或荷葉，或磁盤，或以錫作板，溜積甕中，試烹，都有霧氣，遠不及泉水之清且潔也。一日，偶取所蓄梅雨，見孑孑烏蟲數十百，跳躍盌內，遂棄之，擬傾未果。月餘後，好水喫盡，奴子誤取前水就烹，色味俱全，氣香特盛，乃知天水都好，但未可就用，須置器日久，俟其色變蟲去，色香味始妙。不似山泉，但可留數日，久即味變也。此後，不煩遠役奴子，亦不顧取梅雨，唯待久雨時，向急溜中大缸承貯。月餘後，另移甕內，百日始佳，半年更妙。四時皆用此法，春雨味更鮮厚，雪色尤爲潔白。居鹵斥之地，闤闠之東，日日天泉作供，不但自受用，亦不但供賓客，併及其妻孥，真無量快活也。《芷園日記》〔六六〕

天氣，上爲云；　地氣，下爲雨。　雨出天氣，雲出地氣，色變蟲生，正所以攘地濁以現天清也。　諸泉日久作變，變則化，化則去泥。　純水本色本味，和盤托出，毋自傾棄，以失性真。《月樞筆記》

貯水甕，須置陰庭，覆以紗帛，使承星露，則英華不散，靈氣常存。　假令壓以木石，封以紙箬，暴以日中，則外耗其神，內閉其氣，水神敝矣。《茶録》〔六七〕

《茶記》言：　養水，置石子於甕，不惟益水，而白石清泉，會心不遠。　然石子須取深溪水中〔六八〕，表裏瑩澈者佳〔六九〕。　要白如截肪〔七〇〕，赤如雞冠〔七一〕，青如螺黛〔七二〕，黃如蒸栗，黑如玄漆〔七三〕，錦紋五彩〔七四〕，輝映甕中。　徙倚其側，應接不暇，非但益水，亦且娛神。《茗笈》

仁智者性〔七五〕，山水樂深。　載斞清泚，以滌煩襟。《茗笈》

評曰：　得泉尋茗，得茗尋泉，如選儔覓偶，事主相夫。　兩家仔細，萬一失所，此身已矣。

七　候火

其火用炭，曾經燔炙，爲膩脂所及，及膏木敗器不用。　古人識勞薪之味，信哉！《茶傳》

火，必以堅木炭爲上。　然木性未盡〔七六〕，尚有餘煙，煙氣入湯，湯必無用。　故先燒令紅，去其煙焰，兼取性力猛熾，水乃易沸。　既紅之後，方授水器，乃急扇之，愈速愈妙，毋令手停。　停過之湯，寧棄而再烹也。《茶疏》

爐火通紅，茶銚始上〔七七〕。　扇起要輕疾，待湯有聲〔七八〕，稍稍疾重〔七九〕，斯則文武火候也〔八〇〕。　若過乎文，則水性柔，柔則水爲茶降；　若過於武，則水性烈，烈則茶爲水制。　皆不足於中和，非茶家之要旨。《茶録》

蘇廙《仙芽傳》載湯十六云〔八一〕：調茶，在湯之淑慝而湯最忌煙。燃柴一枝，濃煙滿室，安有湯耶？又安有茶耶？可謂確論。田子蓺以松實、松枝爲雅者，乃一時興到之語〔八二〕，不知大謬茶政〔八三〕。《茗笈》

評曰：好茶好水，固不容易，火候一着，更是煩難。如媒妁一般，謀合二姓，濟則皆同其利，敗則咸受其害。《李陵傳》云〔八四〕：媒蘖其短。孟康曰：媒，酒酵也；蘖，酒麴也。謂釀成其罪也。師古曰：齊人名麴餅，亦曰媒妁。君子司火，有要有倫，得心應手，存乎其人。

八　定湯

其沸：如魚目微有聲爲一沸，緣邊如涌泉連珠爲二沸，騰波鼓浪爲三沸。已上水老，不可食也。凡酌置諸碗，令沫餑〔均〕〔八五〕。沫餑，湯之華也。華之薄者爲沫，厚者爲餑，細輕者爲華。如棗花漂漂然於環池之上，又如迴潭曲渚青萍之始生，又如晴天爽朗有浮雲鱗〔鱗〕然〔八六〕。其沫者，若綠錢浮於渭水，又如菊英墮於尊俎之中。餑者，以滓煮之及沸，則重華累沫，皤皤然若積雪耳。《茶傳》

水〔一〕入銚〔八七〕，便須急煮。候有松聲，即去蓋，以消息其老嫩。蟹眼之后，水有微濤，是爲當時。大濤鼎沸，旋至無聲，是爲過時。過時老湯〔八八〕，決不堪用。《茶疏》

沸速，則鮮嫩風逸；沸遲，即老熟昏鈍。《茶疏》

湯有三大辨：一曰形辨，二曰聲辨，三曰氣辨〔八九〕。形爲内辨，聲爲外辨，氣爲捷辨。如蝦眼、蟹眼、魚目連珠，皆爲萌湯；直至涌沸，如騰波鼓浪，水氣全消，方是純熟。如初聲、轉聲、振聲、駭聲〔九〇〕，皆爲萌湯；直至無聲，方爲純熟。如氣浮一縷、二縷、三縷〔九一〕，及縷亂不分，氤氳亂繞，皆爲萌湯；直至氣直沖貫，方是純熟。蔡君謨因古人製茶，碾磨作餅〔九二〕，則見沸而茶神便發〔九三〕，此用嫩而不用老也。今時製茶，不暇羅碾，仍俱全體〔九四〕，湯須純熟，元神始發也〔九五〕。《茶録》

余友李南金云〔九六〕：《茶經》以魚目涌泉連珠爲煮水之節。然近世瀹茶，鮮以鼎鍑〔九七〕，用瓶煮水，難以候視，則當以聲辨一沸、二沸、三沸之節。又，陸氏之法以末就茶鍑，故以第二沸爲合量而下，未若以今湯就茶甌瀹之〔九八〕，則當用背二涉三之際爲合量。乃爲聲辨之詩云：『砌蟲唧唧萬蟬催，忽有千車捆載來。聽得松風并澗水，急呼縹色緑磁杯。』其論固已精矣。然瀹茶之法，湯欲嫩而不欲老，蓋湯嫩則茶味甘，老則過苦矣。若聲如松風澗水而遽瀹之，豈不過於老而苦哉！惟移瓶去火，少待其沸止而瀹之，然後湯適中而茶味甘。此南金之所以未講者也。因補一詩云：松風桂雨到來初〔九九〕，急引銅瓶離竹爐。待得聲聞俱寂後，一瓶春雪勝醍醐〔一〇〇〕。《鶴林玉露》，羅碩字大經著〔一〇一〕。

李南金謂：當用背二涉三之際爲合量，此真賞鑒家言。而羅鶴林懼湯老〔一〇二〕，欲於松風澗水後移瓶去火〔一〇三〕，少待沸止而瀹之，此語亦未中窾（竅？）。殊不知：湯既老矣，去火何救哉〔一〇四〕？《茶解》

評曰〔一〇五〕：《茶經》定湯三沸，《茶録》酌沸三辨，通人尚嫩。伯淵貴老，鶴林別出手眼，高君因以駁之，各有同異，各取當機，三沸而往，三辨隨之，老去嫩來，無有終時。

又評：定湯談説似易，措制便難。急即鼎沸，怠則瓦解。須具燮陰陽，調鼎鼐，山中宰相始得三至七教；待湯建勛，誰其秉衡跂石眠雲？

九　點瀹

未曾汲水〔一〇六〕，先備茶具，必潔必燥。瀹時，壺蓋必仰置，磁盂勿覆案上。漆氣食氣，皆能敗茶。《茶疏》

茶注宜小不宜大，小則香氣氤氲，大則易於散漫〔一〇七〕。若自斟酌，愈小愈佳。容水半升者，量投茶五分，其餘以是增減。《茶疏》

投茶有序〔一〇八〕，無失其宜。先茶後湯，曰下投；湯半下茶，復以湯滿，曰中投；先湯後茶，曰上投。春秋中投，夏上投，冬下投。《茶録》

握茶手中，俟湯入壺，隨手投茶〔一〇九〕，定其浮沉〔一一〇〕。然後瀉以供客〔一一一〕，則乳嫩清滑，馥郁鼻端。病可令起，疲可令爽〔一一二〕。《茶疏》

釃不宜早，飲不宜遲。釃早，則茶神未發；飲遲，則妙馥先消。《茶録》

一壺之茶，只堪再巡。初巡鮮美，再巡甘醇，三巡意欲盡矣。余嘗與客戲論〔一一三〕：初巡爲婷婷嫋嫋十三餘，再巡爲碧玉破瓜年，三巡以來，緑葉成陰矣。所以茶注宜小，小則再巡已終。寧使餘芬剩馥尚留葉中，猶堪飯後供啜嗽之用。《茶疏》〔一一四〕

終南僧亮公從天池來，餉余佳茗，授余烹點法甚細。余嘗受法於陽羨士人，大率先火候，次湯候，所謂蟹眼魚目參沸，沫浮沉法皆同。而僧所烹點絶味清乳〔一一五〕，是具入清淨味中三昧者。要之，此一味非眠雲跂石人未易領略。余方避俗，雅意棲禪，安知不因是悟入趙州耶？《茶寮記》，陸樹聲字與吉著。

凡事俱可委人，第責成效而已。惟瀹茗須躬自執勞，瀹茗而不躬執，欲湯之良，無有是處。《茗笈》

評曰：　法四氣三投，度衆寡器宇，此點瀹之常則。因人以節緩急，隨時而制適宜，此又點瀹之變通。還得具有獨聞之聰，獨見之斷，乃可以盡人之性，盡茗之性，盡水火之性。正不在守已陳之蹟，而膠不變之柱。

十　辨器

鍑，以生鐵爲之。洪州以磁，萊州以石，瓷與石皆雅器也。性非堅實，難可持久。用銀爲之至潔，但涉於侈麗，雅則雅矣，潔亦潔矣，若用之恒，而卒歸於鐵也〔一一六〕。《茶傳》

山林逸士〔一一七〕，水銚用銀尚不易得，何況鍑乎！若用之恒，而卒歸於鐵也。《茶箋》

貴則金銀，賤惡銅鐵，則磁瓶有足取焉。幽人逸士，品色尤宜。然慎勿與誇珍衒豪者道。《仙牙傳》，蘇廙。

金乃水母，錫備剛柔。味不鹹濇，作銚最良。製必穿心，令火〔氣〕易透。《茶疏》〔一一八〕

茶壺，往時尚龔春。近日，時大彬所製，大爲世人所重〔一一九〕。蓋是牏砂，正取砂無土氣耳。《茶疏》

茶注、茶銚、茶甌〔一二〇〕，最宜蕩滌燥潔。修事甫畢，餘瀝殘葉，必盡去之。如或少存，奪香敗味。每日晨興，必以沸湯滌過，用極熱麻布向内拭乾。以竹編架，覆而庋之燥處，烹時取用。《茶疏》

茶具滌畢，覆於竹架，俟其自乾爲佳。其拭巾，只宜拭外，切忌拭内。蓋布帨雖潔，一經人手，極易作氣。縱器不乾，亦無大害。《茶箋》〔一二一〕

茶甌，以白磁爲上，藍者次之。《茶録》〔一二二〕

人各手執一甌〔一二三〕，毋勞傳送〔一二四〕，再巡之後，清水滌之〔一二五〕。《茶疏》

茶盒以貯茶〔一二六〕，用錫爲之。從大罎中分出，若用盡時再取。《茶録》

茶爐，或瓦或竹，大小與湯銚稱〔一二七〕。《茶解》

鍑宜鐵，爐宜銅，瓦竹易壞。湯銚，宜錫與砂。甌則但取圓潔白磁而已，然宜小。必用柴汝宣成，貧士何所取辦哉？《茗笈》〔一二八〕

評曰：付授當器，區別得宜，各稱其用，各適其性而已。亦不必强以務飾，亦不必矯以異俗。

十一　申忌

採茶制茶〔一二九〕，最忌手汗、羶氣、口臭、涕唾及婦女月信，癡蠢、酒徒。蓋酒與茶性不相入，故製茶時少有沾染，便無用矣。《茶解》

茶之性淫，易於染著。無論腥穢及有氣息之物，不宜近。即名花異香，亦不宜近。《茶解》〔一三〇〕

茶性畏紙，紙於水中成，受水氣多。紙裹一夕，隨紙作氣盡矣。雖再焙之，少頃即潤，雁宕諸山，首坐此病。紙帖貽遠〔一三一〕，安得復佳。《茶疏》

吴興姚叔度言〔一三二〕：茶葉多焙一次，則香味隨減一次，余驗之良然。但於始焙極燥，多用炭箬，如法封固，即梅雨連旬，燥固自若。唯開罎頻取，所以生潤，不得不再焙耳。自四五月至八月，極宜致謹。九月以後，天氣漸肅，便可解嚴矣。雖然，能不弛懈，尤妙尤妙。《茶箋》

不宜用：惡木、敝器、銅匙、銅銚、木桶、柴薪、麩炭，粗童、惡婢，不潔巾帨及各色果實、香藥。《茶疏》〔一三三〕

不宜近：陰室、厨房、市喧、小子啼、野性人、童奴相鬨、酷熱齋頭〔一三四〕。《茶疏》

評曰〔一三五〕：茗，猶人也。超然物外者，不爲習所染。否則，習於善則善，習於惡則惡矣。聖人致嚴於習染者，有以也。墨子悲絲在所染之。

十二　防濫

茶性儉，不宜廣。〔廣〕則其味黯淡〔一三六〕。且如一滿碗，啜半而味寡，况其廣乎！夫珍鮮馥烈者，其碗數三。次之者，碗數五。若坐客數至五，行三碗，至七，行五碗；若六人以下，不約碗數。但闕一人而已，其雋永，補所闕人。《茶傳》

按《經》云：第二沸，留熟〔盂〕以貯之〔一三七〕，以備育華救沸之用者，名曰『雋永』。五人則行三碗，七人則行五碗，若遇六人，但闕其一，正得五人，即行三碗。以雋永補所闕人，故不必别約碗數也。《茶箋》

飲茶，以客少爲貴。客衆則喧，喧則雅趣乏矣。獨啜曰幽，二客曰勝，三四曰趣，五六曰泛，七八曰施。《茶録》

煎茶燒香，總是清事，不妨躬自執勞。對客談諧，豈能親蒞，宜兩童司之〔一三八〕。器必晨滌，手令時盥，爪須淨剔，〔一三九〕，火宜常宿。《茶疏》

三人以下〔一四〇〕，止爇一爐；如五六人，便當兩鼎。爐用一童，湯方調適，若令兼作，恐有參差。《茶疏》

煮茶而飲非其人〔一四一〕，猶汲乳泉，以灌蒿蕕〔一四二〕。飲者一吸而盡，不暇辨味，俗莫甚焉。《小品》

若巨器屢巡，滿中瀉飲，待停少温，或求濃苦，何異農匠作勞，但資口腹〔一四三〕。何論品賞，何知風味乎！《茶疏》

評曰〔一四四〕：客有霞氣，人如玉姿，不泛不施，我輩是宜。其或客乍傾蓋，朋偶消煩，賓待解醒〔一四五〕，則玄賞之外，別有攸施。此皆排當於閫政，請勿弁髦乎茶榜。

十三　戒淆

茶有九難：一曰造，二曰別，三曰器，四曰火，五曰水，六曰炙，七曰末，八曰煮，九曰飲。陰采夜焙，非造也；嚼味嗅香，非別也；羶鼎腥甌，非器也；膏薪庖炭，非火也；飛湍壅潦，非水也；外熟內生，非炙也；碧粉縹塵〔一四六〕，非末也；操艱攪遽〔一四七〕，非煮也；夏興冬廢，非飲也。《茶傳》

茶用葱薑、棗橘皮、茱萸、薄荷等煮之百沸，或揚令滑，或煮去沫，斯溝瀆間棄水耳〔一四八〕。《茶傳》

茶有真香，而入貢者微以龍腦和膏，欲助其香。建安民間試茶，皆不入香，恐奪其真。若烹點之際，又雜珍果香草，其奪益甚，正當不用〔一四九〕。更雜蔗霜、椒桂、麰麳、酥酪，真不啻一鼓而牛飲矣。《茶録》

茶中著料〔一五〇〕，碗中著果，譬如玉貌加脂，蛾眉著黛，翻累本色。《茶説》

花之拌茶也，果之投茗也，爲累已久。唯其相沿，似須斟酌，有難概施矣。今署約曰：不解點茶之儔，而

缺花果之供者厥咎慳；久參玄賞之科，而瞶老嫩之沸者厥咎怠。慳與怠，於汝乎有譴！《茗笈》

評曰：茗猶目也，一些子塵砂著不得。即掌中珍果，眼底名花，終非族伴，亟宜屏置，敢告司存。

十四 相宜

煎茶非漫浪〔一五一〕，要須人品與茶相得。故其法，往往傳於高流隱逸有煙霞泉石磊塊胸次者。《煎茶七類》，陸樹聲著。

茶候：涼臺淨室，曲几明窗〔一五二〕，僧寮道院，松風竹月，晏坐行吟，清談把卷。《七類》

山堂夜坐〔一五三〕，汲泉煮茗。至水火相戰，如聽松濤，傾瀉入杯，雲光灧瀲。此時幽趣，故難與俗人言矣。《茶解》

凡士人登臨山水，必命壺觴。若茗碗薰爐，置而不問，是徒豪舉耳。余特置遊裝，精茗名香，同行異室。茶罌銚注，甌洗盆巾，附以香奩小爐，香囊匙筯〔一五四〕。《茶疏》

茶熟香清〔一五五〕，有客到門，可喜。鳥啼花落，無人亦自悠然。可想其致。《茗笈》

宜寒宜暑，既游既處，伴我獨醒，爲君數舉。《茗笈》

評曰：人繇意合，物以類從。同異之門絶，偏倚之形化矣。大凡攻守，依乎區域向背，視其盛衰。若無畛可分，誰附堅瑕之敵；無羶可逐，誰開去就之場？任曲直於飄瓦，虛舟藩籬，何妨孔道！等愛憎於浮煙，飛沫渣滓不礙太虛。轉從前執滯之樞，於人何所不容；留尺寸安閒之地，於力何所不有！吾寧降心以循物，物或適理以從類矣。

十五　衡鑒

茶有千〔類〕萬狀〔一五六〕：如胡人鞾者蹙縮然，犎牛臆者廉襜然，浮雲出山者輪菌然，輕飈出水者涵澹然。有如陶家之子，羅膏土以水澄泚之；又如新治地者，遇暴雨流潦之所經。此皆茶之精腴〔者也〕。有如竹籜者，枝幹堅實，艱於蒸擣，故其形籭簁然。有如霜荷者，莖葉凋沮，易其狀貌，故厥狀萎萃然，此皆茶之瘠老者也。陽崖陰林，紫者上，緑者次；筍者上，芽者次；葉卷者上，葉舒者次。《茶傳》

茶通仙靈，然〔蘊〕有妙理〔一五七〕。《茶解》

其旨歸於色香味，其道歸於精燥潔〔一五八〕。《茶録》

茶之色重、香重、味重者，俱非上品。松蘿香重，六安味苦，而香與松蘿同。天池亦有草萊氣，龍井如之，至雲霧則色重而味濃矣。嘗啜虎丘茶〔一五九〕，色白而香，似嬰兒肉，真精絶。《岕茶記》

茶色白，味甘鮮，香氣撲鼻，乃爲精品。茶之精者，淡亦白，濃亦白；〔初潑白〕，久貯亦白〔一六〇〕。味甘色白，其香自溢，三者得，則俱得矣。近來好事者或慮其色重，一注之水，投茶數片，味固不足，香亦窅然。終不免『水厄』之誚。雖然，尤貴擇水。香似蘭花上，蠶豆花次。《茶解》

茶色貴白，然白亦不難。泉清瓶潔，葉少水洗，旋烹旋啜，其色自白。然真味抑鬱，徒爲目食耳。若取青緑，則天池、松蘿及岕之最下者。雖冬月，色亦如苔衣，何足爲妙！莫若余所收洞山茶，自穀雨後五日者，以湯薄澣，貯壺良久，其色如玉。至冬則嫩緑，味甘色淡，韻清氣醇，亦作嬰兒肉香。而芝芬浮蕩，則虎丘所無也。《岕茶記》〔一六一〕

熊君品茶，旨在言外。如釋氏所謂水中鹽味，非無非有，非深於茶者，〔必〕不能道〔一六二〕。當今非但能言人不可得，正索解人亦不可得。《茗笈》

肉食者鄙，藿食者躁。色味香品，衡鑒三妙。《茗笈》〔一六三〕

評曰：蹙縮者韡，牛膻者鬻，昔之精腴，今之瘠老矣。寧復能禮，明月當空，靚芝芬浮蕩者哉！

十六　玄賞

其色緗也，其馨𩡷〔音使〕也〔一六四〕，其味甘，檟也。啜苦咽甘，茶也。《茶傳》

《試茶歌》云：『木蘭墜露香微似，瑶草臨波色不如。』又云：『欲知花乳清泠味，須是眠雲跂石人。』劉禹錫〔一六五〕

飲茶覺爽，啜茗忘喧，謂非膏粱紈袴可語。爰著煮泉《小品》，與枕石漱流者商焉。《小品》〔一六六〕

茶侶〔一六七〕：翰卿墨客，緇衣羽士〔一六八〕，逸老散人，或軒冕中超軼世味者〔一六九〕。《七類》

茶如佳人，此論甚妙〔一七〇〕，但恐不宜山林間耳。蘇子瞻詩云『從來佳茗似佳人』〔一七一〕，是也。若欲稱之山林，當如毛女麻姑，自然仙風道骨〔一七二〕，不浼煙霞。若夫桃臉柳腰，亟宜屏諸銷金帳中，毋令汚我泉石。《小品》

竟陵大師積公嗜茶〔一七三〕，非羽供事不鄉口。羽出遊江湖四五載，師絶於茶味〔一七四〕。代宗聞之，召入内供奉。命宫人善茶者烹以餉師，師一啜而罷。帝疑其詐，私訪羽，召入。翼日，賜師齋，密令羽供茶。師捧甌，喜動顔色，且賞且啜，曰：『此茶有若漸兒所爲者。』帝由是嘆師知茶，出羽相見。董逌《跋陸羽點茶圖》

建安能仁院有茶生石縫間，僧采造得〔茶〕八餅〔一七五〕，號『石嵓白』。以四餅遺蔡君謨，以四餅遣人走京師，遺王禹玉。歲餘，蔡被召還闕，訪禹玉。禹玉命子弟於茶笥中選精品餉蔡。蔡持杯未嘗，輒曰：『此絶似能仁「石嵓白」，公何以得之？』禹玉未信，索貼驗之，始服。《類林》

東坡云：蔡君謨嗜茶，老病不能飲，日烹而玩之。可發來者之一笑也。孰知千載之下，有同病焉。余嘗有詩云：『年老耽彌甚，脾寒量不勝。』去烹而玩之〔者〕幾希矣。因憶老友周文甫，自少至老，茗碗薰爐，無時暫廢。飲茶日有定期，旦明、晏食、禺中、餔時、下春、黄昏凡六舉〔一七六〕，而客至烹點不與焉。壽八十五，無疾而卒。非宿植清福者，烏能畢世安享，視好而不能飲者，所得不既多乎！嘗畜一龔春壺，摩挲寶愛，不啻掌珠。用之既久，外類紫玉，内如碧雲，真奇物也〔一七七〕。《茶箋》

人知茶葉之香〔一七八〕，未識茶花之香。余往歲過友大雷山中，正值花開，童子摘以爲供，幽香馥郁〔一七九〕，絶自可人。惜非甌中物耳〔一八〇〕。乃余著《瓶史》，月表插茗花爲齋頭清供〔一八一〕，而高濂《瓶史》，亦載茗花〔一八二〕，足以助吾玄賞。《茗笈》

茗花點茶，絶有風致。人未之試耳〔一八三〕。《茗笈》

評曰：人莫不飲食，鮮能知味矣。詩云：人生幾見月當頭，不在愁中即病中。明月非無佳茗時，有但少閒情領此真味。公案云：『喫茶去！』唯味道者，乃能味茗。

參曰：茗，諧名。名，自命也。從夕，從口。夕者，冥也。冥行無見從口。自名失自明矣。茗皙而癯，與熱腦肥羶反，故嘗食令人瘦，去人脂。倍人力，悦人志，益人意思，開人聾瞽，暢人四肢，舒人百節，消人煩悶。使人能誦無忘，不寐而惺寂也。聊四五啜，真堪與醍醐抗衡矣。神農氏主瘻瘡，瘻瘡本在藏末，在胡腋間。膏粱味，肥羶變也。亟返其本，逐其末，滌其肥羶，消其疣贅。顧諟其名義，克明其茗德，明行有見，從口。自名，皆自明也。

《茗譜》題辭〔一八四〕

僕少而習茗，亦止謂滌煩止渴，醒睡明目，非此君不能策勛耳。至天台所記乃云，服之可生羽翰，則又未敢輕信也。今讀子谿覈參評語，而以六義之比體求之，則《〔天〕台記》所云與陶弘景輕身換骨之説大相符合。蓋人方在大夢中，令旁一人沃以佳茗，果能清其神魂否？故知子谿之意，正欲先使人滌淨煩惱，蠲除心渴，掃卻黑暗，遠離顛倒，然後如法點瀹，領略甌犧，兩腋生風，豈非羽翰？實以形骸中既空一切，原是輕身換骨之人，茗椀策勛，理實可信。讀子谿《茶譜》者，當作如是觀。

〔校證〕

〔一〕宣州又次歙州下潤州蘇州又下　『又次』，《茶經》作『杭州、睦州』，《茗笈》脱『杭州』二字。疑盧氏所據或別本《茶經・八之出》文。明末流傳《茶經》版本之多實乃遠出今人之想象。

〔二〕浙東以越州上明州婺州次台州下　今傳諸本《茶經・八之出》已據明代傑出地理學家王士性之説乙至上文『劍南』之上。《茗笈》亦錯簡，足證明代刻本《茶經》已無一不誤。

〔三〕嶺南生建州福州泉州韶州象州　『建州、福州』，《茶經》、《茗笈》皆作『福州、建州』，當據互乙。又，『泉州』，諸本《茶經》皆脱，據拙校本《茶經》補。《茗笈》亦脱。下亦據拙校本《茶經》補『泉』字，且改『十一』爲『十二』，參見《茶經》拙校〔三四六〕條。

〔四〕茶傳　應作《茶經》，實乃盧氏僞托神農的《食經》爲經，又臆改陸羽《茶經》爲《茶傳》，實無此書。爲保持《茗譜》之原文，不再一一回改。説詳《茗譜》提要。

〔五〕羅岕茶記熊明遇著　『羅岕』，盧氏作『岕山』，明人對前人之書名，往往信手隨筆，作者率意書之。『熊明遇』，則誤作『明道』，據改。下作者及書名誤注，徑改，不再出校。從《茗笈》亦引作《岕山茶記》或《岕茶記》分析，盧氏殆有『文抄公』之嫌。

〔六〕岕茶産於高山　『茶』，《羅岕茶記》、《茗笈》作『茗』。

〔七〕故爲可尚　『爲』，原脱，據同右引補。

〔八〕評曰　方案：此評乃有百餘字，而《茗笈》今存之『評』則僅三十八字，約爲此『評』之三分之一。或盧氏已有增、補歟？

〔九〕若再遲一二日　『若』下，《茶疏》有『肯』字；『日』下，同書有『期』字。而《茗譜》及《茗笈》皆無此二字，體現了文本的完全一致。

【一〇】香烈猶倍　『猶』，《茶疏》、《茗笈》皆作『尤』。

【一一】梗觕葉厚　『觕』，原譌作『桷』，據《羅岕茶記》、《茗笈》改。『觕』即『粗』字。

【一二】岕片亦好　同右引二書作『最不易得』。

【一三】岕茶　『茶』，原脱，據《茗笈》補，《茶疏》作『岕中之人』，《茗譜》與《茗笈》删改相同，不過脱一字而已。

【一四】故須得此又不當以太遲病之　『須得』，《茗笈》同，皆爲『須待夏』之脱誤，當據《茶疏》改、補。此又與《茗笈》奪誤有驚人的相似之處。

【一五】梅茶苦濇　『濇』，同『澀』，《茗笈》正作『澀』。『苦澀』，《茶疏》倒作『澀苦』。此又二書同者，無獨有偶，其下，二書又同删《茶疏》原有之『止堪作下食』五字。

【一六】凌露無雲　句上『雙徑』至『轉勝』凡三十八字，《茗笈》及《續茶經》引《茶説》皆無，僅《茗譜》獨家所引，當始見於此。且稱邢士襄字三若，亦僅見於此。此當為盧氏據邢書所引之佚文。

【一七】桑苧翁茶中之聖者歟　『茶中』，原譌作『時中』，乃涉下『時日』而譌。《茗笈》作『製茶』，據改。其上八字則《茗笈》無，句下之評，較《茗笈》則爲詳且確。疑盧氏乃據此意而改寫，《茗譜》更文從字順些。

【一八】斷茶以甲不以指　『茶』，《試茶録》作『芽』，『茶』下又脱或删『必』字，《茗笈》同本書。

【一九】則多温易損　『温』，原誤作『濕』，據《試茶録》改。《茗笈》亦譌『温』作『濕』。

〔二〇〕東溪試茶録　『溪』，原譌作『坡』，據宋子安書及《茗笈》改。

〔二一〕須預取一鐺　句下，與《茗笈》同删《茶疏》原有的『專用炊飯』四字。

〔二二〕僅用四兩　『用』，《茗笈》同，但《茶疏》作『容』，是。

〔二三〕先用文火炒軟　『炒』，《茗笈》同，而《茶疏》作『焙』。『軟』，原脱，據同上二書補。

〔二四〕又須去尖與柄與筋　『與筋』，《茗笈》、《茶解》無此二字。

〔二五〕偶試之　同右引二書作『亦未之試耳』，且無其下之十四字，此或盧氏增、補之。

〔二六〕火烈生焦　『烈』，《茗笈》同，惟《茶録》則作『猛』，義勝。

〔二七〕速起卻還生　『速』，《茗笈》同，《茶録》作『早』。

〔二八〕焙鑿地深二尺　『地』，與《茗笈》同形譌作『池』，據《茶經》及《茶箋》改。下引《茶經》文，其脱誤全同《茶箋》、《茗笈》，詳《茶箋》拙校。

〔二九〕不致太滅　『太』，同右引二書作『大』，二字，古通用。

〔三〇〕唯羅岕專於蒸焙　『專』，同右引二書皆作『宜』，是。

〔三一〕茗笈　本則所引，乃《茗笈・揆制章》屠氏之『評』文。據此，則《茗譜》成書於《茗笈》後無疑。

〔三二〕中置一器　『中置』，二字原脱，據《茶經》、《茗笈》補。

〔三三〕梅雨時焚之以火　『時』原無，《茗笈》亦無，據《茶經》補。

〔三四〕宜箬葉而畏香藥　『藥』，原譌作『茶』，據《茶記》、《茗笈》改。

〔三五〕切忌發覆取用　『取用』，二字同右引二書無。
〔三六〕須於晴明時取少許　『時』，同右引二書無。
〔三七〕板房熓燥　『熓』，《茗笈》同，《茶疏》作『則』。
〔三八〕茶疏　原與《茗笈》同誤引作《茶録》，據《茶疏·置頓》改。
〔三九〕止可與深知者道耳　『止』，《茗笈》作『此』。本則引自《茗笈》第五章《藏茗·評》。
〔四〇〕江水中　『中』，《茗笈》同，拙校本《茶經》作『次』。
〔四一〕擇乳泉石池漫流者上　『擇』，《茗笈》同，拙校本《茶經》作『揀』，義同。
〔四二〕以養萬物　『養』，《茗笈》同，《小品》作『産』。
〔四三〕田藝蘅字子藝著　『藝蘅』，原與《茗笈》同譌作『崇衡』，據《小品》改。
〔四四〕蠲病折酲　『酲』，原譌作『醒』，據《泉品》及《茗笈》改。又《茗笈》『折』形譌作『析』。
〔四五〕述煮茶泉品葉清臣字道卿著　書名中首字『述』，原脱，據《泉品》補；又據補作者名字。《茗笈》亦
脱『述』字及作者之名。
〔四六〕土中泉清而白　『清』，《茗笈》同，《茶録》作『澹』。
〔四七〕流於黄石紫石爲佳瀉出青石黑石無用　『紫石』、『黑石』四字，《茗笈》、《茶録》皆無，疑盧氏據别本
《茶録》或臆補。
〔四八〕負陰勝於向陽　『勝』上，《茶録》有『者』字，《茗笈》無，同此。

〔四九〕必無用矣　《茗笈》同，但《小品》作「必無佳泉」，差不同。

〔五〇〕則損茶味　「則」，《茗笈》、《茶録》皆作「能」。

〔五一〕前代之論水品者　「代」，《茗笈》同，而《茶録》作「世」。

〔五二〕茶録　原與《茗笈》皆誤引作《茶譜》，據蔡襄書改。

〔五三〕不下三數百里　「百」，原脱，據《茗笈》、《茶箋》補。

〔五四〕其聲尤琤琮可愛　「尤」，原脱；「琤琮」，原作「琮琮」。《茗笈》并同。據《小品》補、改。

〔五五〕故宜多汲貯以大甕　《茗笈》同，惟《茶疏·貯水》作「理宜多汲，貯大甕中」。

〔五六〕挈瓶爲佳耳　句下，《茶疏》原有凡二十二字，此與《茗笈》并删。

〔五七〕烹茶須甘泉　《茗笈》同，但《茶解·水》原作「瀹茗必用山泉」，差不同。

〔五八〕萬物賴以滋養　「養」，《茶解》作「長」。

〔五九〕梅後便不堪飲　《茶解》作「梅後便劣」。

〔六〇〕大甕滿貯　《茶解》作「並入大甕」。

〔六一〕投伏龍肝一塊　「一塊」，《茗笈》同，《茶解》作「兩許」。

〔六二〕即竈中心赤土也　「中心」，《茗笈》同，《茶解》作「心中」；「赤」，《茗笈》、《茶解》皆作「乾土」。

〔六三〕乘熱收之　四字，《茗笈》同，但《茶解》無。方案：本則《茗譜》幾全同《茗笈》，而與《茶解》大相徑庭，乃删改《茶解·水》之三條内容併合撮述而成。尤爲盧氏照抄《茗笈》之顯證，殆無可疑。

〔六四〕但色不能白　「但」，《茗笈》、《茶記》皆無。

〔六五〕岕山茶記　本則失注出處，乃偶脱，據《茗笈》補，僅注《岕山茶記》，書名實應作《羅岕茶記》，但《茗笈》已用簡稱或改作此名，《茗譜》沿之。從注書名的一致性看，亦轉相録自《茗笈》的力證。

〔六六〕芷園日記　本則引文，僅見於此。與下則引《月樞筆記》者，同爲逸出《茗笈》之内容，且亦非引自茶書。其所引述梅雨之佳及其原因，殆亦明人之癖耳，殊不合今之科學道理，即使以陸羽《茶經》論水衡之，亦謬之甚矣。芷園，疑爲張家玉（一六一五—一六四七）之號，然無確據，其人字元子，一字子元。東莞人。崇禎十六年（一六四三）進士。南明唐王時召授編修。桂王時毁家紓難，兵敗，赴水死。追謚文烈。生平事略見《明史》卷二七八。「月樞」則待考。

〔六七〕茶録　原作《茶解》，《茗笈》引同。皆誤注出處，本則實出張源《茶録》，據改。參見《茗笈》拙校〔二〇〕。

〔六八〕然石子須取深溪水中　「然」，《茗笈》作「夫」；「深溪」，《茗笈》作「其」。

〔六九〕表裏瑩澈者佳　「澈」，原譌作「徹」，據《茗笈》改。

〔七〇〕要白如截肪　「要」，《茗笈》無。

〔七一〕赤如雞冠　「如」，原作「石」，據《茗笈》改。

〔七二〕青如螺黛　「青」，《茗笈》作「藍」。

〔七三〕黑如玄漆　「玄」，四庫本避清諱改作「重」，今據《茗笈》毛晉本回改。

〔七四〕錦文五彩　「彩」，《茗笈》作「色」。

〔七五〕仁智者性 『者』，《茗笈》作『之』。此并下之十六字，乃屠本畯《茗笈·品泉章》贊語。
〔七六〕然木性未盡 『木』，原與《茗笈》同，形謁作『本』，據《茶疏》改。
〔七七〕茶銚始上 『銚』，《茗笈》同，《茶録》原謁作『瓢』。
〔七八〕待湯有聲 《茗笈》同，《茶録》原無『湯』字，據補。
〔七九〕稍稍疾重 『疾重』，《茶録》、《茗疾》作『重疾』。
〔八〇〕斯則文武火候也 『則』，《茗笈》、《茶録》皆無；『火』，《茶録》原無，《茗笈》有；『火』下，《茗笈》又有『之』字。
〔八一〕蘇廙仙芽傳載湯十六云 『湯十六』，《茗笈》同，惟《清異録》原作『作湯十六法』。此乃掐頭去尾省二字。
〔八二〕乃一時興到之語 『語』，《茗笈》原作『言』。
〔八三〕不知大謬茶政 『政』，《茗笈》作『理』。
〔八四〕李陵傳云 引文見《漢書》卷五四，下引孟康、師古注文，與四庫本《漢書》略有異。
〔八五〕令沬餑均 『均』，原脱，據《茗笈》、《茶經》補。
〔八六〕又如晴天爽朗有浮雲鱗鱗然 『鱗鱗』，原與《茗笈》同脱一重字『鱗』，據拙校本《茶經》補。
〔八七〕水一入銚 『一』，原無，《茗笈》亦脱，據《茶疏》補。
〔八八〕過時老湯 『老湯』，《茗笈》同，惟《茶疏》作『湯老而香消』，此有删潤。

〔八九〕三曰氣辨　「氣」，原作「捷」，與《茗笈》同，涉下而譌。據《茶録》改。

〔九〇〕如初聲轉聲振聲駭聲　「駭」，《茗笈》同，《茶録》原作「驟」。

〔九一〕如氣浮一縷二縷三縷　「三縷」，《茗笈》同，《茶録》原作「三四縷」。

〔九二〕蔡君謨因古人製茶碾磨作餅　《茗笈》同，乃據《茶録》文删潤改寫。

〔九三〕則見沸而茶神便發　「沸」，「發」，《茗笈》同，而《茶録》分作「湯」、「浮」。

〔九四〕仍俱全體　《茗笈》、《茶録》皆作「全具元體」。

〔九五〕元神始發也　《茗笈》同，《茶録》其下原有十字，已删。又，此則乃據《茶録》湯辨、湯用老嫩二條删節併合而成。改編者，當始於屠氏，盧氏沿之。此又盧抄屠書之明證。

〔九六〕余友李南金云　「友」，《茗笈》同，《鶴林玉露·丙編》卷三《茶瓶湯候》原作「同年」。

〔九七〕鮮以鼎鍑　「鍑」，《茗笈》同，羅書作「鑊」。下「茶鍑」，羅書亦作「茶鑊」。

〔九八〕未若以令湯就茶甌瀹之　「令」，《茗笈》及羅書點校本頁二七九（中華書局一九八三年版）皆譌作「今」。

〔九九〕松風桂雨到來初　「桂雨」，《茗笈》同，應從羅書作「檜雨」。

〔一〇〇〕一瓶春雪勝醍醐　「一瓶」，《茗笈》同，亦應從羅書作「一甌」。

〔一〇一〕羅碩字大經著　方案：羅大經，字景綸。盧氏稱其名碩字大經者，未審何據？大誤。

〔一〇二〕而羅鶴林懼湯老　「羅鶴林」，《茗笈》同，《茶解》原作「羅大經」，羅氏號「鶴林」，見其書丙編自序。

〔一〇三〕欲於松風澗水後移瓶去火　『風』，《茗笈》同，《茶解》作『濤』。

〔一〇四〕去火何救哉　《茗笈》同，《茶解》『去』上有『雖』字。

〔一〇五〕評曰　方案：此評，實本《茗笈·定湯章》屠氏評立説，但既有删節，又有發揮，已大相徑庭，故不注出《茗笈》。

〔一〇六〕未曾汲水　本則文與《茗笈》全同，但校《茶疏》已有頗多删改，已非原文。

〔一〇七〕大則易於散漫　本則文字全同《茗笈》，惟句下《茶疏》有『大約及半升，是爲適可』九字，二書引時已删。

〔一〇八〕投茶有序　本則文字與《茗笈》全同，與《茶録》略同。

〔一〇九〕隨手投茶　本則文字全同《茗笈》，《茶疏·烹點》之文略不同。其句下有『以蓋覆定』，二書已删。

〔一一〇〕定其浮沉　《茗笈》同，《茶疏》作『以定其浮薄』。句上，又有二十八字爲二書所删。

〔一一一〕然後瀉以供客　《茶疏》同此，而《茗笈》則簡作『然後瀉啜』。

〔一一二〕疲可令爽　《茗笈》同。句下，删《茶疏》原有十二字。本則既有删略，亦有改動文字。

〔一一三〕余嘗與客戲論　與《茗笈》同。『客』，《茶疏》作『馮開之』。開之，馮夢禎字，事見《茗笈》拙校〔三〇〕，不贅。

〔一一四〕茶疏　原誤注爲《茶録》，據《茗笈》改。

〔一一五〕而僧所烹點絶味清乳　《茗笈》『乳』下有『面不黟』三字，疑此脱。此外，本則文字全同《茗笈》，而與《茶寮記》頗有異同，所引文字，已經大幅删改，非陸氏原書之舊。

〔一一六〕而卒歸於鐵也　『鐵』，原作『銀』，《茗笈》同，《茶經》諸本原皆作『銀』，據拙校本《茶經》校記〔七七〕改。餘參見《茗笈》拙校〔三二〕。

〔一一七〕山林逸士　《茗笈》、《茶箋》皆作『山林隱逸』。

〔一一八〕茶疏　原與《茗笈》皆誤注出處爲《茶録》，陸廷燦《續茶經》卷中亦引作出《茶録》，但本則實出《茶疏·煮水器》。本則文字與《茗笈》幾全同，僅據補一偶脱之『氣』字。而與《茶疏》相校則頗有異同，顯然已經删改。

〔一一九〕大爲世人所重　『世』，《茗笈》作『時』；『所重』，《茗笈》同，《茶疏》作『寶惜』。本則其餘文字，《茗譜》、《茗笈》皆同，而與《茶疏》頗有不同，尤有大幅删節。

〔一二〇〕茶注茶銚茶甌　本則全同《茗笈》，但已據《茶疏·蕩滌》歸納改寫，非復許氏原本之舊。

〔一二一〕茶箋　原誤作《茶録》，據《茗笈》改。又，文字與《茗笈》、《茶箋》全同。

〔一二二〕茶録　本則引文，與《茗笈》全同，但與《茶録》大不同，詳《茗笈》拙校〔三六〕。

〔一二三〕人各手執一甌　《茗笈》作『人必各手一甌』。《茶疏》作『人必一杯』。

〔一二四〕毋勞傳送　『送』，《茗笈》同，《茶疏》作『遞』。

〔一二五〕清水滌之　《茗笈》同，《茶疏》句下有『爲佳』二字。

〔一二六〕茶盒以貯茶　本則與《茗茶》全同，與《茶録》頗有異，詳《茶録》校記。

〔一二七〕大小與湯銚稱　『小』下，《茶解》有『要』字。餘與《茗笈》、《茶解》全同。

〔一二八〕茗笈　原誤作《茶笈》。本則據《茗笈·辨器章》評語刪末十字而成。

〔一二九〕採茶製茶　本則文字與《茗笈》、《茶解》頗不同，當已以己意改寫。《茗笈》全同《茶解》。

〔一三〇〕茶解　本則失注出處，據《茗笈》補。其文與《茗笈》相校略有不同，與《茶解》則頗有異同。詳《茶解》本條校記。

〔一三一〕紙帖貽遠　本則全同《茗笈》，惟『紙』上《茶疏》有『每以』二字。

〔一三二〕吴興姚叔度言　本則與《茗笈》、《茶箋》文全同。

〔一三三〕茶疏　原同《茗笈》皆誤注爲《茶録》，據《茶疏·不宜用》改。又，《茶疏》『惡木』作『惡水』。

〔一三四〕酷熱齋頭　『頭』，《茗笈》、《茶疏》作『舍』。

〔一三五〕評曰　本則，盧氏實本《茗笈·申忌章》屠氏評語而潤色略詳之。

〔一三六〕廣則其味黯淡　『廣』，涉上重字而奪。《茗笈》及《茶經》諸本皆脱，據拙校本《茶經》補。又，本則乃引《茶經》卷下《五之煮》、《六之飲》中二條組合而成。文與《茗笈》、《茶經》全同。

〔一三七〕留熟盂以貯之　『熟盂』，原脱誤作『熱』，《茗笈》、《茶箋》皆然，據拙校本《茶經》改。

〔一三八〕宜兩童司之　《茗笈》同，《茶疏》『宜』下有『教』字，疑此脱。

〔一三九〕爪須淨剔　《茗笈》同。『須』，《茶疏》作『可』。

〔一四〇〕三人以下　《茗笈》同。『下』，原誤作『上』，據《茶疏》及上下文意改。

〔一四一〕煮茶而飲非其人　《茗笈》同，《小品》「煮茶」下原有「得宜」二字，不當删。

〔一四二〕猶汲乳泉以灌蒿蕕　「蒿蕕」下，《小品》原有「罪莫大焉」四字，《茗笈》同此亦删，實不當删。此與下文「俗莫甚焉」成對文，删之，文脈已壞。

〔一四三〕但資口腹　《茗笈》同。《茶疏》作「但需涓滴」，據上下文意，《茗笈》、《茗譜》是。或《茶疏》原作「但資口腹」，今傳本妄人臆改歟？

〔一四四〕評曰　本則評文乃捏合《茗笈·防濫章》首尾屠氏贊、評之文而成，略有潤色而已。

〔一四五〕賓待解酲　「酲」，原形譌作「醒」，據《茗笈》改。

〔一四六〕碧粉縹塵　「縹」，原形譌作「漂」，《茗笈》同譌，據《茶經·六之飲》改。

〔一四七〕操艱攪遽　「攪」，原譌作「擾」，《茗笈》同誤，據《茶經》改。亦見《茗笈》拙校〔三八〕。

〔一四八〕斯溝瀆間棄水耳　「瀆」，《茗笈》同，《茶經》作「渠」。

〔一四九〕正當不用　本則其上之文，與《茗笈》全同，出蔡襄《茶録》上篇《論茶·香》。其下，本書有「更雜庶霜」等凡一十九字非《茶録》中文，出處不詳，《茗笈》亦無。疑盧氏增、補。

〔一五〇〕茶中著料　本則注云出邢士襄《茶説》，《茗笈》同，亦見《續茶經》卷下之二。其説，實乃已始見於張源《茶録·點染失真》，不過文字略簡而已。

〔一五一〕煎茶非漫浪　本則之上，《茗笈》原引《茶經》三條，此已删。本則文全同《茗笈》，與《茶寮記·煎茶七類》略不同。參《茗笈》拙注〔四一〕。

〔一五二〕曲几明窗　『明』，原音譌作『名』，據《茗笈》、《茶寮記》改。又，陸氏《茶寮記》作『明窗曲几』。

〔一五三〕山堂夜坐　本則文字全同《茗笈》，而與《茶解》頗不同，詳見《茗笈》拙注〔四三〕。

〔一五四〕香囊匙筯　『匙』，《茗笈》同，《茶疏》原作『匕』。又，本則文字全同《茗笈》，而據《茶疏》删削太甚，乃至面目全非，大失其旨，請參核原書，并見《茗笈》拙注〔四四〕。

〔一五五〕茶熟香清　方案：本則引《茗笈·相宜章》屠氏評語。本句之上有『家緯真《清語》云』六字，乃引屠隆（一字緯真）《清語》中文，此不當删，如删，便成屠本畯評語了。參閲《茗笈》拙注〔四五〕。又，下則十六字，爲屠本畯《茗笈·相宜章》贊語。

〔一五六〕茶有千類萬狀　『類』，原脱，《茗笈》、諸本《茶經》皆脱，據拙校本《茶經》補。又，本則文字全同《茗笈》，據《茶經》補『者也』二字，改『阻』作『沮』，形譌也。

〔一五七〕然蘊有妙理　《茗笈》同，據《茶解》補『蘊』字。

〔一五八〕其旨歸於色香味其道歸於精燥潔　《茗笈》同，此乃引自張源《茶録·序》，今傳本《茶録》已佚此序，十四字僅見於此。參見《茗笈》拙校〔四六〕。

〔一五九〕嘗啜虎丘茶　『嘗』，原作『常』，據《茗笈》、《羅岕茶記》改。

〔一六〇〕初潑白久貯亦白　上三字，原無，據《茗笈》、《茶解》補。餘則全同《茗笈》。

〔一六一〕岕茶記　『茶』，原作『山』，或别稱《羅岕茶記》爲《岕山茶記》，又簡稱作《岕山記》歟？然岕即兩山之界，故從《茗笈》改。本則全同《茗笈》及《羅岕茶記》。

〔一六二〕必不能道　「必」，原脱，據《茗笈》補。本則録自《茗笈·衡鑒章》評語，文全同。

〔一六三〕茗笈　原失注出處。以上十六字引自同右引屠氏贊語，據補。

〔一六四〕其馨𩡞也　「𩡞」，《茗笈》原作「欵」，下注云「音備」，實誤。今據拙校本《茶經》改作「𩡞」，並改補注云「音使」。

〔一六五〕劉禹錫　「劉」，原譌作「謝」，據《茗笈》改。此二聯詩，原見《劉賓客文集》卷二五《西山蘭若試茶歌》。詳《茗笈》拙校〔四七〕。

〔一六六〕小品　方案：本則實出《煮泉小品》趙觀序。説詳《茗笈》拙校〔四八〕。

〔一六七〕茶侶　原譌作「茶似」，據《茗笈》、《茶寮記·煎茶七類》改。

〔一六八〕緇衣羽士　《茗笈》同。「衣」，陸書原作「流」。前指和尚，後指道士。

〔一六九〕或軒冕中超軼世味者　「中」，《茗笈》同，而《茶寮記》作「之徒」。

〔一七〇〕此論甚妙　《茗笈》同。「甚」，《小品》原作「雖」。

〔一七一〕從來佳茗似佳人　「似」，原音譌作「是」，據《茗笈》、《小品》及蘇詩改。

〔一七二〕自然仙風道骨　《茗笈》同，「風」，原作「丰」，據《小品》改。另《茗笈》、《茗譜》引本則文字已多有刪改，非復《小品》原文。參見《茗笈》拙校〔五〇〕。

〔一七三〕竟陵大師積公嗜茶　《茗笈》同。「茶」下，董氏原書有「久」字。

〔一七四〕師絶於茶味　《茗笈》同。「師」上，原有「積」字。又，本則已改寫甚夥，面目全非。餘詳《茗笈》拙校〔五〇〕。

〔一七五〕僧采造得茶八餅　『茶』，原無，《茗笈》同。本條注云出焦氏《類林》，實早已見之於宋人彭乘《墨客揮犀》卷四，據補『茶』字。餘詳《茗笈》拙校〔五一〕。

〔一七六〕下春黄昏凡六舉　『下春』，原譌作『下下』，據《茗笈》、《茶箋》改。下春，典出《淮南子·天文訓》，謂日落西山之時。

〔一七七〕真奇物也　句下，《茗笈》、《茶箋》有『後以殉葬』四字，已删。

〔一七八〕人知茶葉之香　『知』，《茗笈》作『論』。

〔一七九〕幽香馥郁　『馥郁』，《茗笈》作『清越』。

〔一八〇〕惜非甌中物耳　『甌』，原作『瓶』，據《茗笈》及上下文義改。

〔一八一〕月表插茗花爲齋頭清供　『頭』，《茗笈》作『中』。

〔一八二〕而高濂瓶史亦載茗花　『高濂』，原從《茗笈》譌作『高廉』。據《遵生八牋》改。又，《瓶史》、《茗笈》作《盆史》。

〔一八三〕人未之試耳　『人未之』，《茗笈》作『第未』。又，本則有删節。

〔一八四〕茗譜題辭　此必盧氏之友人所題，類似於跋，惜未署其名。盧之頤《本草乘雅半偈》自序云：其書自天啓六年（一六二六）至崇禎十六年（一六四三）而成，凡歷時十八年。又云是書『方事剞劂』於順治元年（一六四四），則此友人當亦入清。今考是書自序中又提到其師承王紹隆、陳象先、繆仲淳、李不夜、嚴忍公諸先生，而交遊則施笠澤、潘方孺、甯比玉等名流。以上諸人皆其字或號。師承者年齒稍長，未必及於明清易代之際。如繆仲淳萬曆十一年（一五八三）已成名，與王樵等同遊茅山（《方麓集》卷七《遊茅山記》）。東林黨魁高攀龍（一五六二—一六二六）曾撰有《繆仲淳六十壽序》（《高子遺書》卷九下）。即其交遊潘方孺（一五七五—？）當亦比盧氏年長，其《本草半偈》完成時已七十餘歲。甯比玉年里生平無考。很有可能此跋或出於其友人施沛之手。施沛，字沛然，號笠澤，松江華亭人。天啓初，爲南京國子監生，撰有《南京都察院志》四十卷（《四庫總目》卷八十），天啓五年（一六二五），官廣東廉州通判，崇禎中官河南府通判。事見《河南通志》卷三二、《廣東通志》卷二七。此人有可能入清，又一可能是其自稱「少而習茗」，而華亭乃明代茶事極爲流行地區。當然，這也僅是顯乏明證的一種合理推測而已。據此跋，則《茗譜》亦名《茶譜》歟？

洞山岕茶系

〔明〕周高起

〔提要〕

《洞山岕茶系》，明代茶書。一卷，周高起撰。周高起（？—一六四五），字伯高，號蘭馨。江陰（今屬江蘇）人。邑諸生，博聞强識，工古文辭，與徐遵湯同修縣志，撰有《讀書志》及《陽羨茗壺系》等。順治二年（一六四五），清兵入江陰，避地由里山。游兵突至，被執索貲，篋中惟圖書翰墨，肆加捶掠。高起抗聲怒訶，不屈而遇害。事見康熙《江陰縣志》卷一四。

是書内容分總論、品類、産地、採制、烹飲、貢茶及茶品等。所謂洞山，乃指今江蘇宜興與浙江長興的界山。此乃明代聲名鵲起的岕茶之主要産地。全書約一千五百餘字。高起爲邑人，所述皆親歷或體驗，頗爲切實，非耳食及轉相稗販之徒可及。

是書版本較多，主要有：一、清乾隆盧文弨鈔校本，原藏丁丙八千卷樓，今藏南京圖書館，卷末有盧氏、丁丙二跋，允稱善本。二、檀几叢書（二集卷四七）本，王晫、張潮輯，康熙三十四年（一六九五）新安徐氏霞舉堂刊本。三、江陰叢書（一名粟香室叢書）本，此邑人金武祥輯，光緒、宣統間金氏粟香室嶺南刊本；是書刊於光緒十四年（一八八八八）。卷首有金武祥序，刻於廣西梧州。四、翠琅玕館叢書本，是書二本：其一，馮兆年輯，光緒中羊城刊本，收在第一集；其二，黄任恒輯，民國五年（一九一六），據劉氏藏修堂叢書版重編本刊行，是書收入子部。五、藝術叢書（物譜）本，此本據上述（四）黄氏民國本重印。六、芋園叢書（子部）本，民國五年（一九一六）保粹堂亦據（四）黄氏重編本刊印。以上四本，實乃同一刻本。七、常州先哲遺書（第一集·子類）本，盛宣懷輯，光緒二十三年（一八九七）武進盛氏刊本。八、美術叢書本，是本文字差訛較多。諸本文本差異不大，今以檀几本爲底本，江陰、翠琅玕館等本參校，酌校《續茶經》引文，加以點校整理。凡底本不誤，他本誤、脱者，均不出校記。又，周高起所述製假、售假可名爲『騙茶』云云，今日諸名茶産地、集散地可謂有過之而無不及矣。昔之文人尚可『乞茶』，今則『天價』也難求真茶矣！

洞山岕茶系

江陰周高起伯高

唐李栖筠守常州日，山僧進陽羨茶，陸羽品爲芬芳冠世産，可供上方。遂置茶舍於罨畫谿，去湖㳇一里所，歲供萬兩。許有穀詩云〔一〕『陸羽名荒舊茶舍，卻教陽羨置郵忙』，是也。其山名茶山，亦曰貢山。東臨罨畫谿，修貢時，山中湧出金沙泉。杜牧詩所謂：『山實東南秀〔二〕，茶稱瑞草魁』，『泉嫩黄金湧，芽香紫璧裁』者是也。山在均山鄉，縣東南三十五里。又，茗山在縣西南五十里永豐鄉。皇甫曾有《送陸羽南山采茶》詩〔三〕：『千峰待逋客，香茗復叢生。采摘知深處，煙霞羨獨行。幽期山寺遠，野飯石泉清。寂寂然鐙夜，相思磬一聲。』見時貢茶在茗山矣。又，唐天寶中，稠錫禪師名清晏，卓錫南岳，磵上泉忽迸石窟間，字曰『真珠泉』。師曰：宜瀹吾鄉桐廬茶。爰有白蛇銜種菴側之異，南岳産茶不絶，修貢迨今。方春采茶，清明日，縣令躬享白蛇于卓錫泉亭，隆厥典也。後來檄取，山農苦之，故袁高有『陰嶺茶未吐〔四〕，使者牒已頻』之句。郭三益《題南岳寺壁》云〔五〕：『古木陰森梵帝家，寒泉一勺試新茶。官符星火催春焙，卻使山僧怨白蛇。』盧仝《茶歌》亦云：『天子須嘗陽羡茶，百草不敢先開花。』又云：『安知百萬億蒼生，命墜顛崖受辛苦。』可見貢茶之苦民，亦自古然矣。

至岕茶之尚于高流，雖近數十年中事，而厥産伊始，則自盧仝隱居洞山，種于陰嶺，遂有茗嶺之目。相傳古有漢王者，栖遲茗嶺之陽，課童藝茶，踵盧仝幽致。陽山所産〔六〕，香味倍勝茗嶺，所以老廟後一帶茶，猶唐宋根株也。貢山茶今已絶種，羅岕去宜興而南踰八九十里，浙直分界，只一山岡。岡南即長興，山兩峰相阻，介就夷曠者，人呼爲岕。履其地，始知古人制字有意。今字書『岕』字，但注云山名耳。云有八十八處，前横大磵，水泉清駛，漱潤茶根，洩山土之肥澤，故洞山爲諸岕之最。自西汱溯張渚而入，取道茗嶺，甚險惡。縣西南八十里。自東汱溯湖汊而入，取道纏嶺，稍夷才通車騎。

第一品

老廟後。廟祀山之土神者，瑞草叢鬱，殆比茶星肸蠁矣。地不二三畝，苕溪姚象先與壻朱奇生分有之〔七〕。茶皆古本，每年産不廿斤。色淡黄不緑，葉筋淡白而厚。製成，梗絶少。入湯，色柔白如玉露，味甘，芳香藏味中。空濛深永，啜之愈出，致在有無之外。

第二品 皆洞頂岕也

新廟後，棋盤頂，紗帽頂，手巾條，姚八房，及吴江周氏地。産茶亦不能多，香幽色白，味冷雋，與老廟不甚别。啜之，差覺其薄耳。總之，品岕至此，清如孤竹，和如柳下，並入聖矣。今人以色濃香烈爲岕茶，真耳食而眯其似也。

第三品

廟後漲沙，大衮頭〔八〕，姚洞，羅洞，王洞，范洞，白石。

第四品 皆平洞本岕也

下漲沙，梧桐洞，余洞，石場，丫頭岕，留青岕，黄龍，炭竈，龍池。

不入品 外山

長潮，青口，箵莊，顧渚，茅山岕。

貢茶

即南岳茶也。天子所嘗，不敢置品。縣官修貢，期以清明日入山肅祭，乃始開園采製，視松蘿、虎邱，而色香豐美。自是天家清供，名曰片茶。初亦如岕茶製〔九〕，萬曆丙辰，僧稠蔭游松蘿，乃仿製爲片。

岕茶采焙，定以立夏後三日，陰雨又需之〔一〇〕。世人妄云雨前真岕，抑亦未知茶事矣。茶園既開，入山賣草枝者，日不下二三百石。山民收製亂真，好事家躬往，予租采焙，幾視惟謹，多被潛易真茶去。人地相京〔一一〕，高價分買，家不能二三斤。近有采嫩葉，除尖蒂，抽細筋炒之，亦曰片茶；不去筋尖，炒而復焙，燥如葉狀，曰『攤茶』，並難多得。又有俟茶市將闌，采取剩葉製之者，名『修山』，香味足而色差老。若今四方所貨岕片，多是南岳片子，署爲『騙茶』可矣。茶賈炫人，率以長潮等茶，本岕亦不可得。噫！安得起陸龜蒙于九京，與之賡茶人詩也。陸詩云：『天賦識靈草，自然鍾野姿。閒來北山下，似與東風期。雨後采芳去，雲間幽路危。惟應報春鳥，得共斯人知〔一二〕。』茶人皆有市心，令予徒仰真茶已。故予煩悶時，每誦姚合《乞茶詩》一過：『嫩緑微黃碧澗春，采時聞道斷葷辛。不將錢買將詩乞，借問山翁有幾人〔一三〕？』岕茶德全，策勛惟歸洗控。沸湯潑葉，即起洗鬲。斂其出液，候湯可下指，即下洗鬲，排蕩沙沫，復起，併指控乾，閉之茶藏，候投。蓋他茶欲按時分投，惟岕既經洗控，神理緜緜，止須上投耳。傾湯滿壺，後下葉子，曰上投，宜夏日。傾湯及半，下葉，滿湯，曰中投，宜春秋。葉著壺底，以湯浮之，曰下投，宜冬日、初春〔一四〕。

〔校證〕

〔一〕許有穀詩云　許有穀，明末宜興（今屬江蘇）人。世祥子，曾與王升（字世新，號孚齋）同纂《宜興縣志》。事見清·儲大文《存研樓文集》卷一二《漢太尉墓碑記》等。

〔二〕山實東南秀　『東南』，杜牧原詩作『東吴』，應據《類説》卷一三、《紺珠集》卷一〇、《全唐詩》卷五二二改。

〔三〕送陸羽南山采茶詩　皇甫曾原詩題作《送陸鴻漸山人採茶回》，是。見《文苑英華》卷二三一及《二皇甫集》卷八等。

〔四〕袁高有陰嶺茶未吐　袁高詩題作《茶山作》，『茶』，原作『芽』。見《唐文粹》卷一六下、《唐詩紀事》卷三五、《能改齋漫録》卷一五、《全唐詩》卷三一四等，應據改。

〔五〕郭三益題南岳寺壁云　郭三益（？—一一二八），字慎求，嘉興海鹽人。宋元祐三年（一〇八八）進士，除官常熟縣丞。靖康二年（一一二七），時知潭州兼湖南安撫使，起兵十萬勤王。建炎元年，擢刑部尚書，二年（一一二八），拜同知樞密院事，卒贈光禄大夫。事見《中興小紀》卷一、二、四，《三朝北盟會編》卷九四，《宋宰輔編年録》卷一四，《至元嘉禾志》卷一五等。其詩見《檇李詩系》卷二《南岳寺》，『寒泉』，原作『簾泉』；『新茶』，原作『新芽』。

〔六〕陽山所産　《續茶經》卷上之一，『陽山』上有『故』字。

〔七〕苕溪姚象先與壻朱奇生分有之　『苕溪』，江陰叢書（粟香室本）及翠琅玕館本作『若溪』。

〔八〕大衮頭　諸本同，《續茶經》卷下之四誤引作『大袁頭』。

〔九〕初亦如岕茶製　『製』下，同右引有『法』字，諸本皆無。

〔一〇〕陰雨又需之　『需』下疑脱一『後』或『晚』，當據上下文意補。諸本皆無。

〔一一〕人地相京　諸本同，『京』，疑乃『勍』或『競』之譌。

〔一二〕得共斯人知　『斯』，原引作『此』，據《松陵集》卷四《奉和茶具十詠·茶人》改，陸詩又見《甫里集》卷六等。

〔一三〕借問山翁有幾人　詩見《姚少監詩集》卷八《乞新茶》，又見《全唐詩録》卷七二、《全唐詩》卷五〇〇等。

〔一四〕下投宜冬日初春　方案：上中下三投之法，始見於張源《茶録》，此針對吴縣東西山特産名茶碧螺春而言，岕茶因已控洗過，故亦可仿之。餘茶（如龍井等）則未必可行。

陽羨茗壺系

〔明〕周高起

〔提要〕

《陽羨茗壺系》，明代茶書。一卷。周高起撰。作者及是書版本均見《洞山岕茶系》提要。茶品、茶具、水，乃烹飲藝茶不可或缺的三要素，三者相得益彰，由來已久。陽羨，秦已置縣，西晉爲義興郡治，隋唐改義興縣，宋避宋太宗趙光義諱，改宜興縣。陽羨遂爲宜興之古稱，歷代産名茶，出名泉。宋代，宜興紫砂陶已濫觴，並有紫砂茶具問世，出土宋代窯址可證。紫砂茶具極盛於明代，當時就有與黄金爭價之説，今則尤爲拱璧之珍。即使真贋難辨的供春壺及屈指可數的時壺，今已成國寶級文物。《茗壺系》是最早記述宜興紫砂茶具的專著，歷來爲陶瓷史研究者所重視。因爲時代相近，周高起又當地人，耳染目睹，所載尚多實録。

本書約二千餘字，凡分陶工、陶土兩部分，陶工又分創始、正始、大家、名家、雅流、神品、别派等七則。篇末附作者及友人的詩各二首。今以《檀几叢書》本爲底本，酌校諸本。《江陰叢書》本據舊縣志補『沈子澈』一條，考沈子澈乃浙江桐鄉青鎮人，善製磁壺、文具，與宜興時大彬同享盛名。士大夫家頗有藏其手製者，價值甚貴。事見《浙江通志》卷一九六引《桐鄉縣志》。此當爲金武祥誤引，今不取。附詩四首，爲檀几本所載，似諸本已删。卷末附金武祥刊行《粟香室叢書》時撰寫的跋。是書原收入《檀几叢書》二集卷四六（五帙）。

陽羨茗壺系

壺於茶具，用處一耳。而瑞草名泉，性情攸寄，實仙子之洞天福地，梵王之香海蓮邦，審厥尚焉，非曰好事已也。故茶至明代，不復碾屑和香藥製團餅，此已遠過古人。近百年中，壺黜銀錫及閩、豫甆，而尚宜興陶，又近人遠過前人處也。陶曷取諸，其製以本山土砂，能發真茶之色香味。不但杜工部云『傾銀注玉驚人眼〔二〕』，高流務以免俗也。至名手所作，一壺重不數兩，價重每一二十金，能使土與黃金爭價。世曰趨華，抑足感矣。因考陶工、陶土，而爲之系。

創始

金沙寺僧，久而逸其名矣。聞之陶家云：僧閒靜有致，習與陶缸甕者處摶其細土，加以澂練，捏築爲胎，規而圓之，刳整中空，踵傳口柄蓋的，附陶穴燒成，人遂傳用。

正始

供春，學憲吴頤山公青衣也〔三〕。頤山讀書金沙寺中，供春於給役之暇，竊彷老僧心匠，亦淘細土摶胚，茶匙穴中，指掠內外。指螺文隱起可按，胎必累按，故腹半尚現節腠，視以辨真。今傳世者，栗色闇闇，如古金鐵，敦龐周正，允稱神明，垂則矣。世以其孫龔姓，亦書爲龔春。人皆證爲龔，予于吴冏卿家見時大彬所仿，則刻『供春』二字，足折聚訟云〔三〕。

董翰，號後谿，始造菱花式，已殫工巧。

趙梁，多提梁式，亦有傳爲名良者。

玄錫〔四〕。

時朋，即大彬父，是爲四名家，萬曆間人。皆供春之後勁也，董文巧而三家多古拙。

李茂林，行四，名養心。製小圓式，妍在樸緻中，允屬名玩。

自此以往，壺乃另作瓦缶，囊閉入陶穴。故前此名壺，不免沾缸罎油淚〔五〕。

大家

時大彬，號少山。或淘土，或雜硇砂土，諸款具足，諸土色亦具足。不務妍媚而樸雅堅栗，妙不可思。初自仿供春得手，喜作大壺。後游婁東，聞陳眉公與瑯琊、太原諸公品茶施茶之論，乃作小壺。几案有一具，生人閒遠之思。前後諸名家，並不能及。遂于陶人標大雅之遺，擅空羣之目矣〔六〕。

名家

李仲芳，行大，茂林子。及時大彬門，爲高足第一。製度漸趨文巧，其父督以敦古。仲芳嘗手一壺，視其父曰：『老兄這個何如〔七〕？』俗因呼其所作爲『老兄壺』。後入金壇，卒以文巧相競。今世所傳大彬壺，亦有仲芳作之，大彬見賞而自署款識者。時人語曰：『李大缾，時大名。』

徐友泉，名士衡，故非陶人也。其父好時大彬壺，延致家塾。一日，强大彬作泥牛爲戲，不即從。友泉奪其壺土出門去，適見樹下眠牛將起，尚屈一足，注視捏塑，曲盡厥狀。攜以視大彬，一見驚歎曰：『如子智能，異日必出吾上。』因學爲壺，變化式土〔八〕，仿古尊罍諸器，配合土色所宜，畢智窮工，移人心目。予嘗博考厥製，有漢方、扁觶、小雲雷、提梁卣、蕉葉、蓮方、菱花、鵝蛋、分襠、索耳、美人、垂蓮、大頂蓮、一回角、六子諸款。泥色有海棠紅、硃砂紫、定窯白、冷金黄、淡墨、沉香、水碧、榴皮、葵黄、閃色、梨皮諸名〔九〕。種種變異，妙出心裁。然晚年恒自歎曰：『吾之精，終不及時之粗。』

雅流

歐正春，多規花卉果物〔一〇〕，式度精妍。

邵文金，仿時大漢方獨絶，今尚壽。

邵文銀。

蔣伯荂，名時英。四人並大彬弟子。蔣後客于吴，陳眉公爲改其字之敷爲荂。因附高流，諱言本業，然其所作，堅緻不俗也。

陳用卿，與時〔英〕同工而年伎俱後。負力尚氣，嘗掛吏議，在縲絏中，俗名陳三獃子。式尚工緻，如蓮子、湯婆、缽盂、圓珠諸製，不規而圓，已極妍。飾款仿鍾太傅帖意，落墨拙，（落）〔用〕刀工。

陳信卿，仿時、李諸傳器具，有優孟叔敖處，故非用卿族。品其所作，雖豐美遜之，而堅瘦工整，雅自不羣，貌寢意率，自誇洪飲。逐貴游間，不務壹志盡技，間多伺弟子造成，修削署款而已。所謂心計轉粗，不復唱渭城時也。

閔魯生，名賢。製仿諸家，漸入佳境。人頗醇謹，見傳器則虛心企擬，不憚改，爲技也進乎道矣。

陳光甫，仿供春、時大爲入室。天奪其能，蚤眚一目，相視口的，不極端緻。然經其手摹，亦具體而微矣。

神品

陳仲美，婺源人。初造甆於景德鎮，以業之者多，不足成其名，棄之而來。好配壺土，意造諸玩。如香盒、花盃、狻猊爐、辟邪、鎮紙，重鏤疊刻，細極鬼工。壺象花果，綴以草蟲；或龍戲海濤，伸爪出目。至塑大士像，莊嚴慈憫，神采欲生。瓔珞花鬘，不可思議。智兼龍眠、道子，心思殫竭，以夭天年。

沈君用，名士良，踵仲美之智，而妍巧悉敵。壺式上接歐正春一派，至尚象諸物，製爲器用。不尚正方圓，而笱縫不苟絲髮，配土之妙，色象天錯。金石同堅，自幼知名。人呼之曰沈多梳。宜興垂髫之稱。巧殫厥心，亦以甲申四月夭。

別派

諸人，見汪大心《葉語附記》中。休寧人，字體玆，號古靈。

邵蓋，周後谿，邵二孫，並萬曆間人。

陳俊卿，亦時大彬弟子。

周季山、陳和之、陳挺生、承雲從、沈君盛，善仿友泉、君用，并天啓、崇禎間人〔一一〕。

陳辰，字共之。工鐫壺欵，近人多假手焉，亦陶家之中書君也。

鐫壺款識，即時大彬初倩能書者落墨，用竹刀畫之，或以印記。後竟運刀成字，書法閒雅，在《黄庭》、《樂敎》帖間。人不能仿，賞鑒家用以爲别。次則李仲芳，亦合書法。若李茂林，硃書號記而已。仲芳亦時代大彬刻款，手法自遜。

規仿名壺，曰『臨』，比於書畫家入門時。

陶肆謡曰『壺家妙手稱三大』，謂時大彬、李大仲芳、徐大友泉也。予爲轉一語曰『明代良陶讓一時』，獨尊大彬，固自匪佞。

陶土〔一二〕

相傳壺土初出用時〔一三〕，先有異僧經行村落，日呼曰：『賣富貴。』土人羣嗤之，僧曰：『貴不要買，買富何如？』因引村叟，指山中産土之穴，去。及發之，果備五色，爛若披錦。

嫩泥，出趙莊山。以和一切色土，乃黏脯可築，蓋陶壺之丞弼也。

石黄泥，出趙莊山。即未觸風日之石骨也。陶之，乃變硃砂色。

天青泥，出蠡墅。陶之，變黯肝色。又其夾支有：梨皮泥，陶現梨凍色；淡紅泥，陶現松花色；淺黄泥，陶現豆碧色；蜜泥，陶現輕赭色；梨皮和白砂，陶現淡墨色。山靈腠絡，陶冶變化，尚露種種光怪云。

老泥，出團山。陶則白砂星星，按若珠琲。以天青、石黄和之，成淺深古色。

白泥，出大潮山。陶缾、盎、缸、缶用之。此山未經發用，載自吾鄉白石山。江陰秦望山之東北支峰。

出土諸山，其穴往往善徙。有素産于此，忽又他穴得之者，實山靈有以司之，然皆深入數十丈乃得。

造壺之家，各穴門外一方地，取色土篩擣部署訖，弇窖其中，名曰養土。取用配合，各有心法，秘不相授。壺成幽之，以候極燥，乃以陶甕庋五六器，封閉不隙，始鮮欠裂射油之患。過火則老，老不美觀；欠火則稺，稺沙土氣。若窯有變相，匪夷所思，傾湯貯茶，雲霞綺閃，直是神之所爲，億千或一見耳。

陶穴環蜀山，山原名獨。東坡先生乞居陽羨時，以似蜀中風景，改名此山也。祠祀先生于山椒，陶煙飛染，祠宇盡墨。按《爾雅·釋山》云：獨者，蜀。則先生之鋭改厥名，不徒桑梓殷懷，抑亦考古自喜云爾。

壺供真茶，正在新泉活火，旋瀹旋啜，以盡色聲香味之藴。故壺宜小不宜大，宜淺不宜深，壺蓋宜盎不宜砥。湯力茗香，俾得團結氤氳〔一四〕。宜傾竭即滌〔一五〕，去厥渟滓。乃俗夫强作解事，謂時壺質地堅潔，注茶越宿，暑月不餿。不知越數刻而茶敗矣，安俟越宿哉！況真茶如蓴脂，采即宜羹；如筍味，觸風隨劣。悠悠之論，俗不可醫。

壺入用久〔一六〕，滌拭日加，自發闇然之光入手可鑒，此爲書房雅供。若膩滓爛斑，油光爍爍，是曰『和尚光』，最爲賤相。每見好事家藏列頗多名製，而愛護垢染，舒袖摩挲，惟恐拭去。曰：『吾以寶其舊色爾。』不知西子蒙不潔，堪充下陳否耶〔一七〕？以注真茶，是藐姑射山之神人，安置煙瘴地面矣？豈不舛哉！

壺之土色，自供春而下及時大初年，皆細土淡墨色。上有銀沙閃點，迨硎砂和製，縠縐周身，珠粒隱隱，更自奪目。

或問予以聲論茶，是有説乎？予曰：竹罏幽討，松火怒飛，蟹眼徐窺，鯨波乍起。耳根圓通，爲不遠矣。然罏頭風雨聲，銅銱易作，不免湯腥；砂銚，亦嫌土氣。惟純錫爲五金之母，以製茶銚，能益水德，沸亦聲清。

白金尤妙，第非山林所辦爾。

壺〔若有〕宿雜氣，〔須〕滿貯沸湯〔滌之〕，〔乘熱〕傾〔去〕，即没冷水中，亦急出水瀉之〔一八〕，元氣復矣。

品茶，用歐白甆爲良。所謂『素甆傳靜夜，芳氣滿閒軒』也。製宜弇口邃腹〔一九〕，色〔澤〕浮浮而香味不散〔二〇〕。

茶洗，式如扁壺。中加一盎鬲，而細竅其底，便過水漉沙。茶藏，以閉洗過茶者。仲美、君用，各有奇製，皆壺史之從事也。水杓湯銚，亦有製之盡美者，要以椰匏、錫器爲用之恒。

附　過吴迪美朱萼堂看壺歌兼呈貳公

新夏新晴新緑焕，茶式初開花信亂。羈愁共語賴吴郎，曲巷通人每相唤。伊予真氣合奇懷，閒中今古資評斷。荆南土俗雅尚陶，茗壺奔走天下半。吴郎鑒器有淵心，會聽壺工能事判。源流裁别字字矜，收貯將同彝鼎玩。再三請出豁雙眸，今朝乃許花前看。高槃捧列朱萼堂，匣未開時先置贊。捲袖摩挲笑向人，次第標題陳几案。每壺署以古茶星，科使前賢參靜觀。指摇蓋作金石聲，款識稱堪法書按。某爲壺祖某雲孫，形製敦龐古光燦。長橋陶肆紛新奇，心眼欷歔多暗换。寂寞無言意共深，人知俗手真風散。始信黄金瓦價高，作者展也天工竄。技道曾何彼此分，空堂日晚滋三歎。

供春大彬諸名壺價高不易辨予但别其真而旁蒐殘缺于好事家用自怡悦詩以解嘲

陽羨名壺集，周郎不棄瑕。尚陶延古意，排悶仰真茶。燕市曾酬駿，齊師亦載車。也知無用用，攜對欲殘花。吴迪美曰：用涓人買駿骨、孫臏刖足事，以喻殘壺之好，伯高乃真賞鑒家。風雅又不必言矣。

附　林茂之陶寶肖像歌　爲馮本卿金吾作

昔賢製器巧含樸，規倣樽壺從古博。我明龔春時大彬，量齊水火摶埴作。作者已往嗟濫觴，不循月令仲冬良。荆谿陶正司陶復，泥沙貴重如珩璜。世間茶具稱爲首，玩賞揩摩在人手。粉錫型模莫與爭，素磁斟酌長相偶。義取炎涼無變更，能使茶湯氣永清。動則禁持慎捧執，久且色澤生光明。近聞復有友泉子，雅式精工仍繼美。嘗教春茗注山泉，不比瓶罍罄時恥。以兹珍賞向東吴，勝卻方平衆玉壺。癖好收藏阮光禄，割愛舉贈馮金吾。金吾得之喜絶倒，寫圖錫名曰陶寶，一時詠贊如勒銘，直似千年鼎彝好。

附　俞仲茅贈馮本卿都護陶寶肖像歌

何人霾向陶家側，千年化作土赭色。捄來擣冶水火齊，去聲。義興好手誇埏埴。春濤沸後春旗濡，彭亨豕腹正所須。吴兒寶若金服匿，奩緣先入步兵廚。於今東海小馮君，清賞風流天下聞。主人會意卻投贈，媵以長句縹緗文。陳君雅欲酣茗戰，得此摩挲日千遍。尺幅鵝溪綴剡藤，更教摩詰開生面。圖爲王宏卿一時所寫。一時佳話傾璠璵，堪備他年斑管書。月笄馮園名。即今書畫舫，硯山同伴玉蟾蜍。

茗壺岕茶系序

吾鄉尚宜興岕茶，尤尚宜興瓷壺。陳貞慧《秋園雜佩》言之而不詳〔三〕，嘗檢《宜興志》，考其緣始，所載岕茶甚略，而論瓷壺則多引江陰周高起《陽羨茗壺系》。及檢《江陰新志·周高起傳》，僅言其有《讀書志》而未及其他。甲申在羊城書肆獲《茗壺系》鈔本一册，今年春汪君芙生寄示粵刻叢書，中有《茗壺系》，後附《洞山岕茶系》一卷，亦高起所撰。惟粵板及前得鈔本，均多訛舛，無别本可校。《宜興志》尚有吴騫《陽羨名陶録序》云：《茗壺系》多漏略，復加增潤，釐爲二卷，曰《名陶録》，今《名陶録》亦不可得，而江陰明人著述甚稀。此二系亦譜録中之雋逸者，足資考證。姑就所知，並《宜興志》所引《茗壺系》，稍事訂正，因合《岕茶系》彙梓叢書中。其《讀書志》，蓋無可訪求矣。高起弟榮起，亦明諸生，究心六書，汲古閣刊板多其手校。榮起女淑祜、淑禧，均工詩善畫，尤爲時所稱。並附識之。光緒十四年夏六月，金武祥序於梧州。

〔校證〕

〔一〕傾銀注玉驚人眼　「銀」，原譌作「金」，據《文苑英華》卷一九四杜甫《少年行》二首之一改。參見宋·彭叔夏《文苑英華辨證》卷九。杜詩又見《集註杜工部詩集》卷七、《杜詩詳注》卷一〇等。又，此詩前二句爲「莫笑田家老瓦盆，自從盛酒長兒孫」，周氏或以「瓦盆盛酒」喻「宜陶盛茶」歟？

〔二〕吴頤山公青衣也　「吴頤山」，即吴仕，字克學，號頤山。宜興（今屬江蘇）人。倫子。正德九年（一五一四）進士，曾官提學副使，累官四川布政司參政。有《頤山私稿》。事見《弇州山人續稿》卷六〇《石亭山居記》、《毘陵人品記》卷九等。『公』，粟香室本作『家』。『青衣』，原意爲婢女，此或借指書僮或家僮。由是觀之，供春侍吴仕讀書金沙寺中試製紫砂壺當在其及第前，約爲正德初，即十六世紀初。迄今有五百餘年之久。

〔三〕足折聚訟云　方案：供春、龔春，陶瓷史家莫衷一是，聚訟已久。周氏據親見時大彬仿製供春壺上的刻字，足以釋疑，堪稱定論。

〔四〕玄錫　江陰叢書本作『袁錫』，其下又注云：『按：袁姓，據《秋園雜佩》更正。』方案：是書宜興人陳貞慧撰。

〔五〕不免沾缸罈油淚　『油』，通『釉』，宜興陶茶具，初與缸罈等生活用具陶器同窯燒造，不免沾上釉滴，故云。後紫砂具盛行，才分窯燒製。

〔六〕擅空羣之目矣　方案：本條述時大彬乃紫砂藝壺史上空前絶後的一代宗師，實乃名至實歸。今補引時人的三條記載爲證。其一，王士禎《居易録》卷二四：『近日小技著名者尤多，皆吴人。瓦壺如龔春、時大彬，價至二三千錢。』其二，《池北偶談》卷一七《一技》：『宜興泥壺則時大彬』，當時已聲譽鵲起，『知名海内』。其三，徐應雷《書時大彬事》記其親聞云：『自余來陽羨，有客示以時大彬罍甚小而其價甚貴，余心惡之。……一日，遇諸楊純父齋中，其人樸野，黧面垢衣。余問純父：「渠何以淫巧索高價若此？」純父曰：「是渠世業，渠偶然能精之耳。初無他淫巧，渠故不索價。性嗜酒，所得錢輒付酒家，與所善村夫野老劇飲，費盡乃已。又懶甚，必空乏久，又無從稱貸，始閉門竟日摶埴。始成一器，所得錢，輒復沽酒盡當其柴米贍。雖以重價，投之不應。且購者甚衆，四方縉紳往往寓書縣令，必取之。彼雖窮晝夜，疲精神，力不給，故其勢自然重價如此。渠但嗜酒，焉知其他！」』此文刊《明文海》卷三五二。

〔七〕老兄這個何如　『何如』，粟香室本作『如何』。

〔八〕變化式土　『式土』，同右引作『其式』。

〔九〕沉香水碧榴皮葵黄閃色梨皮諸名　『沉香、水碧、榴皮』，同右引作『沉香水、石榴皮』，似誤。

〔一〇〕多規花卉果物　『花卉』，同右引作『花草』。

〔一一〕并天啓崇禎間人　方案：是條之下，金武祥於其粟香室本補入一條云：『沈子澈，崇禎時人。所製壺古雅渾樸，嘗爲人製菱花壺。銘之曰：「石根泉，蒙頂葉。漱齒鮮，滌塵熱。」』下有雙行小注云：『此條據《宜興舊志》增入。』方案：此非周氏《茗壺系》中文。舊志已誤。詳提要中所考，今不取，故録存於此。

〔一二〕陶土　此爲篇目名，諸本原無，據本書前言『因考陶工、陶土而爲之系』云云補。

〔一三〕相傳壺土初出用時　『用』，《江陰叢書》本無。

〔一四〕俾得團結氤氳　句下，《續茶經》卷中有『方爲佳也』四字。底本及諸本皆無。

〔一五〕宜傾竭即滌　『竭』，原作『渴』，據江陰本改。方案：此批評『暑月不餿』之成説，尤爲合情理。

〔一六〕壺入用久　『入』，粟香室本作『經』。

〔一七〕堪充下陳否耶　『耶』，同右引作『即』，如是，則當下讀。

〔一八〕壺……出水瀉之　方案：本條底本與諸本奪字甚多，據《續茶經》卷中引文補八字，否則不成文句。『瀉』，原作『寫』，亦據改。

〔一九〕製宜弇口邃腹　『腹』，原作『腸』，據清・吴騫《陽羡名陶録》卷上引文改。

〔二〇〕色澤浮浮而香味不散　『澤』，原無，據同右引補。

〔二一〕陳貞慧秋園雜佩言之而不詳　陳貞慧，字定生，號秋園，别號定道人，雪岑庵，宜興（今屬江蘇）人。于廷子，少在復社，有名於時。因草檄攻阮大鋮（一五八七？—一六四六）而被其諷鎮撫司逮治，得脱。屏居故里，坐卧一小樓，不入城市，凡十二年而卒。撰有《明代語林》十二卷等。侯朝宗稱其詩乃『李何後一人而已』，又序其《秋園雜佩》，是書乃其筆記雜著。事見《江南通志》卷一六八、一九二，清・儲大文《存研樓文集》卷一一《雪苑朝宗侯氏集序》。

食物本草·宜茶之水

〔明〕姚可成輯

〔提要〕

《食物本草》是本草系列的衍生書。五代·後唐陳士良《食物本草》（見《玉芝堂談薈》卷四）及宋人陳元靚《食物本草》乃此類書之濫觴，見明·司馬奉《文獻匯編》卷五四著録（奉書凡百卷，見《千頃堂書目》卷一五）。元文宗（一三二八——一三三一在位）時，海寧醫士吴瑞（字瑞卿）有《日用本草》八卷，乃將《本草》中可飲食者分爲八門，間增數品而敷衍成書，見李時珍《本草綱目》卷一上《序例上·歷代諸家本草》列舉。明代則不乏此類書出現，其主要者有：汪穎《食物本草》二卷，其爲江陵人，正德時官九江知府，本東陽盧和從《本草》中所輯稿本而修訂成書，見《千頃堂書目》卷九（卷一四重出）著録。同書又著録，嘉靖中京口人寧原有《食鑑本草》一卷。明宗室朱睦㮮隆慶四年（一五七〇）成書的《萬卷堂書目》著録有陳全之《食物本草》二卷。高儒《百川書志》卷一〇列有《食物本草》二卷，曰無名氏撰。晁瑮《晁氏寶文堂書目》卷下著録有佚名《食物本草》三卷。徐𤊹《徐氏家藏書目》卷三著録僞托元·李東垣的《食物本草》七卷。秀州（治今浙江嘉興）殷仲春《醫藏目録》則著録《新刻東垣食物本草》七卷（附吴瑞《日用本草》三卷），似亦僞托元・名醫李東垣的明人所編之書。諸如此類，不一而足。

明末出現了一部集大成的《食物本草》，凡二十二卷。原題元・李杲編輯、明李時珍參訂。近有學者龍伯堅考訂爲明末姚可成所匯輯，似可從。這從是書中出現大量明代地名也可以印證。姚可成，自號蒿萊野人，蘇州吴縣人，故其書由吴門書林梓行。原書全名爲《備考食物本草綱目》，出版説明（類似宋代木記）稱乃李杲『參補東垣舊輯也』，或書商僞托名人的故伎重演。再版時或又因書名中有『本草綱目』字樣，而增李時珍參訂，又補李時珍僞序，皆欲借名醫名人以求書暢銷的廣告效應。二李未有食物本草類著作可確證，書中稱蘇州有天池茶爲天下名茶，此李時珍所不及見，更遑論李杲，而姚可成乃明末蘇州吴縣人，成爲其乃編者的力證。

明代以『食物本草』爲書名者較多，據本書點校者達美君等所考，諸書有轉相抄襲、不斷修訂之軌跡。薛己撰《食物本草》二卷（刊《本草約言》），約成書於正德末或嘉靖中（一五二〇—一五五〇），是現存最早之本，署名盧和的四卷本，則由汪穎釐爲七卷，刊行於萬曆四十八年（一六二〇）。兩書内容相近，有學者以爲後者即本薛書而成。同年，又見錢允治校訂之《東垣食物本草》刊行，是書附輯吴瑞《日用本草》三卷、附録一卷，乃假名李杲之肇始。據龍伯堅《現存本草書録》考證，上述盧、汪、錢三書内容雷同，僅次序、文字、析卷略有不同而已。本書則始見崇禎十一年（一六三八）吴門書林刊本，卷首有陳繼儒序、凡例，附《救荒野譜》一卷並圖（今點校本已刪圖），無總目。崇禎十六年（一六四三），重刊本書爲二十二卷，僅在前本基礎上增入李時珍序（似爲僞序）、總目、辟穀諸方及姚可成小引，書末附『攝生諸要』、『治蟲論方』等，復補題『李時珍參訂』。究其内容，不過是是書初刊本的增補本而已。是本已屢見姚可成之評論及紀略等文字，頗有可能爲姚可成匯輯之編。

本書分水、木、火、金、土、穀、菜、草、果等十六部、一千餘味。其書異於其他本草書的一大特色乃在首二卷記載各類名水、名泉等七百四十餘處，充分注重擇水與飲食的關聯。這些遍及全國各地的水文地理資料，充分揭示了飲用水的特質與功效，某種程度上，體現了綠色環保的前瞻性理念，符合古代天人合一的養生觀；但也不乏迷信傳說文字。衆所周知，水泉對茶飲的重要意義，不言而喻。茶、水、器、烹試，乃茶藝的四大要素。而歷代茶書中，只有《煎茶水記》等茶文偶涉水對茶的飲用之重要作用。今從本書卷一、卷二中選録相關資料，編爲《食物本草・宜茶之水》，又將同書卷一六《味部二・茶》輯爲附録，作爲一種新的茶書，編入本書。以補歷代茶書之未備。本書校證，力求考其由來，證其謬誤，補其故事，録其詩文。匯輯過去茶書中忽略的宜茶泉水的相關資料，聊補其闕而已。

《食物本草》除廣搜博採補養、食餌、調理等方面的文獻資料外，還輯録了不少可供救荒、食用、治病卻疾的野菜、野草、野果等，這部專著對研究藥用食物的産地、性能、作用及採製、用法等，有廣泛的實用性；不僅在我國本草學，在中醫藥學史上也有重要地位，值得我們珍視及深入研究。

本書所收入的兩部分，尤其是『宜茶之水』，不失爲姚書的精華部分。本書校證，廣徵博引宋明清相關史料，不僅可補闕證誤，更有大量可作爲考異之助，對姚書之史源，可明其出處，不無補益。詳見本書校證。雖然不少之水泉未著明『可茗』、『可瀹茶』之類字眼，但一般而言，宜食療之水或可釀酒之水，均宜烹飲或沖泡茶茗，故一併收録。以明我國地大物博，優質水資源豐富之一斑，今此類名泉亦多開發爲飲用水可證。其地名今古對照，主要參考《中國歷史大辭典・歷史地理卷》、《中國地名大辭典》（分見上海辭書出版社一九九六、二〇〇五年）。本書所用底本爲達美君等點校本《食物本草》（人民衛生出版社，一九九四年版），下簡稱『人衛本』或點校本。如校改文字，則用校勘法，一般不另出校記；如有必要，採用原校注，則稱『原校』。如有標點不妥，亦徑加改正，不另出注，以免煩瑣。

食物本草・宜茶之水

名水類

菊潭　在河南内鄉縣西北〔一〕。潭水源出石澗山。水旁生甘菊極馨香，水爲菊味，亦極甘馨。潭旁有數十家，惟飲此水，壽至百歲之上。

【菊潭水】味甘冽。飲之，主諸風眩暈，聰耳明目，清痰抑火，治頭項强痛，及肝經不足受邪。久飲之，輕身不饑，壽至百歲之上。

瞿塘　在四川夔州府白帝城西。昔有人垂繩墜石探之，深八十四丈，爲水程極險之處。中有灩澦堆〔二〕，堆乃碎石積成，出水數十丈。又曰『猶豫』，言水勢凶惡。舟子進退不決之義也。灩澦水平如席，舟楫始可行，若稍有泛漲，終莫能濟。諺曰：『灩澦如象，行人莫上。灩澦如馬，行人莫下。灩澦大如鼈，瞿塘行舟絶。灩澦大如龜，瞿塘不可窺。』或堆頂盤渦，水勢瀺灂而下，謂之『灩澦撒髮』〔三〕。

【瞿塘水】味甘，性速。主傳達下焦，及蕩滌膈中邪氣，清利頭目，快決小便。通腎經，解煩渴，排癰腫，散結氣。凡胸脘阨塞不爽者，宜飲之。

三峽〔四〕　在四川夔州府白帝城西。兩山相夾，水激其中，謂之峽。有廣溪峽爲上峽，明月峽爲中峽，仙山峽爲下峽。其水湍激奔流，狂瀾莫遏。每一舟入峽，數里後，舟方續發。水勢怒急，恐猝相遇，不可解拆也。

帥可遣卒執旗，次第立山之上下，一舟平安，則簸旗以招後船。峽中兩岸，高崖峭壁，釜鑿之痕皴皴然，天下危險之地莫過於此。白居易詩：『瞿塘天下險，夜上信難哉！岸似雙屏合，天如匹練開。逆風驚浪起，拔篸暗船來〔五〕。欲識愁多少，高於灩滪堆。』

【三峽水】味美宜烹，而上峽者爲第一，中峽、下峽俱次之。昔人以爲上峽水茗浮盎面，下峽水茗沉盎底，中峽水不浮不沉，界乎其中。試之果然。

【上峽水】味甘美，平和。主益元氣，助精神，止煩渴，養脾胃，滋脈胳，通腎藏。小水閼而能行，多而能止。尤宜烹茗，其味佳美殊勝。

【中峽水】味甘，平。主解渴和中，益肌潤肺，治時疾狂熱煩悶。

【下峽水】味甘，平。主調和藏府，止渴生津，清肌肉中熱，開胃進食。中下二水烹茶，味稍減於上峽。

南泠　在直隸揚州府南揚子江心，與鎮江分界。《水記》劉伯芻品之爲第一。唐丁仙芝詩〔六〕：『桂檝中流望，京江兩畔明。林開揚子驛，山出潤州城。海盡邊陰靜，江寒朔吹生。更聞楓葉下，淅瀝度秋聲。』温庭筠《采茶録》云〔七〕：李季〔卿〕節刺湖州，過維揚，逢陸鴻漸。共食揚子驛。李謂：陸君善别茶，南泠在眼，盍試諸？即命卒渡江而汲。陸滌器以俟。俄水至，陸以杓揚之曰：非南泠，似臨岸者。卒言擢舟深入，見者累百，敢有紿乎！既傾之盆，過半，陸遽止，以杓揚之曰：自此乃南泠也。卒蹶然曰：某齎水近岸，舟蕩潑其半，乃挹近岸水增之云。

【南泠水】味甘美，爲天下第一品。主補真元，散邪氣，和血脈，解憂愁，蠲蕩煩囂，消除忿戾。清神思而益慧開心，爽肌骨而潤澤顔色。煉丹丸久服，延年卻病神仙〔八〕。

蝦蟆碚 在湖廣夷陵州西三十里石鼻山。山高五百餘仞，下瞰江流，中有巨石，横亘六十餘丈，其下爲蝦蟆碚。黄魯直云〔九〕：蝦蟆碚，泛舟遠望，頤頷口吻，甚類蝦蟆。尋泉〔源〕入洞中，石氣清寒，流泉出石，骨若虬龍。凡出蜀者必酌此水以瀹茗。陸羽品之爲第四。歐陽永叔詩云〔一〇〕：『石溜吐陰崖，泉聲滿空谷。能邀弄泉客，繫舸留岩腹。陰精分月窟，水味標茶録。共約試春芽，旗槍幾時緑？』陸務觀詩云〔一一〕：『巴東峽裡最初峽，天下泉中第四泉。』

【蝦蟆碚水】味甘冽。主養精神，和榮衛，悦澤肌膚，通調藏（府）〔腑〕，除煩止渴，益智聰明。久飲，令人蕩去囂氛，增添秀麗。

洞庭湖 一名三江，禹貢謂之九江。在湖廣岳州府城下，沅、漸、元、辰、敍、酉、澧、資、湘，九江皆會於此。孟浩然詩云〔一二〕：『八月湖水平，涵虚混太清。氣蒸云夢澤，波撼岳陽城。欲濟無舟楫，端居耻聖明。坐觀垂釣者，徒有羡魚情。』杜子美詩云〔一三〕：『昔聞洞庭水，今上岳陽樓。吴楚東南坼，乾坤日夜浮。親朋無一字，老病有孤舟。戎馬關山北，憑軒涕泗流。』張説詩云〔一四〕：『楓岸紛紛落葉多，洞庭秋水晚來波。乘興輕舟無近遠，白云明月吊湘娥。』李太白詩〔一五〕：『洞庭西望楚江分，水盡南天不見云。日落長沙秋色遠，不知何處吊湘君。』

荆江五六月間，其水暴漲，則逆泛洞庭，瀟湘清流，爲之改色。南至青草，旬日乃復。亦謂之西水，其水極冷，皆云岷峨雪消所致。岳人謂之翻流，又云水神朝元君。

【洞庭湖水】味甘，平。主消積滯，推陳致新，止渴除煩，去胸中熱滿，利大小便，滋養藏（府）〔腑〕，調和氣血。五六月間，湖水暴漲，水性極冷，蓋因岷峨萬山深處積雪已消，流出所至。飲之，能解熱毒，消煩暑。不可多飲，傷脾胃。

鄱陽湖　一名彭蠡。王勃《滕王閣賦》〔一六〕『響窮彭蠡之濱』是也。在江西南昌府東北百五十里，總納十川，同湊一瀆。隋范雲有『滉漾疑無際，飄飖似度空』之句〔一七〕。

【鄱陽湖水】味甘，平。主蕩滌胸中邪氣，消除心上憂愁。滋肺金以助真元，伐心火而遏熾燄。止渴生津，資養脈絡。

太湖水　一名震澤，一名具區，一名笠澤。在直隸蘇州府西三十餘里，浙江湖州府北十八里。其廣三萬六千頃，中有七十二峰，襟帶蘇、湖、常三府。北曰百瀆，納建康、常、潤數郡之水；南曰諸漊，納宜、歙、臨安、苕、霅諸水。唐薛據《泊震澤》詩〔一八〕：『日落草木陰，舟徒泊江汜。蒼茫萬象開，合沓聞風水。洄沿值漁翁，窅窱逢樵子。云開天宇靜，月明照萬里。』

【太湖水】味甘，平。主消煩益氣，除熱，利胸膈，止渴解表，和血脈，通二便，定驚癇，祛邪瘧，寬胸中阨塞之氣，瀉肺家稠濁之痰。多得三吳靈秀，人久飲之，開心益智。

雲夢澤　在湖廣雲夢縣南六十步。方九百里〔一九〕。

【雲夢澤水】味甘，平。主消渴，養所明目聰耳。除三焦熱，蕩藏府中邪氣、壅塞不通，治燥氣乾涸，皮膚瘙癢。

練湖　一名後湖〔二〇〕。在直隸丹陽縣北百二十步。其水味甘，色白。彼地有曰曲阿，出名酒，皆以後湖水所釀，故醇洌也。唐李華有頌，其序略云：大江具區，惟潤州藪，曰練湖，幅員四十里。菰蒲菱芡，龜魚螺鼈，厭飫江淮，膏潤數州，其利甚溥。劉直指《觀吴録》曰〔二一〕：練湖坐落丹陽，上受高麗長山諸汊之水，泛濫爲災。始自先秦時，居民疏告官司，議將開姓田地，築埂瀦水，得免旱潦，故又名開家湖。週迴四十餘里，計畝一萬三千有奇。晉陳敏據有江東，改名曲阿湖。南宋文帝遊幸其上，飲此水而甘之，更名勝景湖。至宋建炎間，值亂，練兵於此，遂易今名，載在《水經誌》册，居五湖之一也。

【練湖水】味甘洌。主生津止渴，潤肺治咳，滋腎水，退虚熱，明耳目，開心益智。久飲之，令人悦顔色，耐老。

蜜湖　在江西安福縣東南十五里。水味甘如蜜，中産蓴絲鯽。

【蜜湖水】味甘，平。主助脾胃，養肌肉，緩中益氣，止嘔逆。

蕉溪　在江西大庾縣西三十里。水味甘洌而佳，蘇公有『蕉溪間試雨前茶』之句〔二二〕。

【蕉溪水】味甘洌。主清心潤肺，解熱邪，開鬱氣，涼大腸，止吐衄，降三焦之火，養陰退陽。瀹茗飲之，令人逸興遄飛，風生肘腋。

蘭溪　在湖廣蘄水縣西四十里〔二三〕，味極佳，陸羽《茶經》品爲第三。宋郡守〔余〕章《三泉記》曰〔二四〕：米芾書鳳山之陰，蘭溪之陽，有泉出石罅，〔爲蘭溪〕。其在〔寺〕庭〔之〕除者，爲陸羽烹茶之（水）〔泉〕；其在山陰者，爲逸少澤筆之井。蘭溪品於《茶經》第三。藏諸水底，出則隨溪，流無停積，故（嘗）〔常〕新潔〔不陳敗」。今之蘭溪驛東數里，南嶽廟後有一潭，乳泉津津漫出是也。王元之《陸羽泉》詩云[二五]：『甃石封苔百尺深，試茶嘗味少知音。惟餘半夜泉中月，留照先生一片心。』《逸少池》詩云：『蘭清時雨和甘棠，石壁洄瀾映塔光。陸羽茶泉金鼎冷，右軍墨沼兔毫香。龍潭徹底明秋月，鳳頂當空背夕陽。乘醉緑楊春曉興，玉臺井畔泛霞觴。』

【蘭溪水】味甘洌。主清神益氣，添文思，助豪興，涵養情懷，伸舒鬱滯。利耳目而破情開聰，啓元陽而和心悦志。

雋水 在湖廣江夏縣東南二百里金城山下[二六]。水味甘美。《漢書》：雋，永也。又肥肉曰雋，以此名水者，取其味甘美而長也。

【雋水】味甘美。主生精神，壯元氣，利水道。止口渴。除煩躁而清涼氣血，抑火熱而洗刷涎潮。治勞瘵之疾，養不足之氣。固大便，止吐衄，調脾胃，補命門。

無患溪 在福建福清縣，源出石竹山。相傳林玄光修鍊時，邑遭大疫，真人以藥投水源，令病者沿流飲之，無不立癒。今有患者，亦往往祈禱，取此水煎藥作湯飲之，多獲效驗。

【無患溪水】味甘。治天行疫癘之氣，頭痛壯熱如火，煩悶惡心，痢下腹痛，瘧疾寒熱，嘔吐酸水痰涎，腳氣攻沖，痞滿不食，大小便不利。又治蛇蟲咬螫。用此水煎藥及飲之，並效。

箬溪 在浙江湖州府城西里許五峰山下。土人取下箬水釀酒，味極美。白樂天詩[二七]：『勞將箬下忘憂物，寄與江城賣酒翁。』

【箬溪】有上箬、下箬，惟下箬者佳。味甘冽，主養血脈，和脾胃，悦顔色，止煩渴，生津液，益智慧。釀酒味醇，多飲而不傷，少飲亦自酡然。

過黿潭　在福建仙遊縣飛鳳漈，去五里許，有飛鳳山，其高百仞。十里之外，有泉縈迴，注而爲漈。漈下里許，有石虚中如黿。黿下有潭，潭水深碧，中多虬螭，水流從黿頂而下。潭下之水不可吸，吸則害人。惟過黿者其味頓殊，飲之髮鬒，久可冲舉。

【過黿潭水】味甘。主補真元，益腎經，生血添精，烏鬚黑髮。久飲之，身輕可以升舉。潭下水有毒，不可吸，吸則害人，中多虬螭故也。

汨羅江　在湖廣湘陰縣北七十里。汨水羅水，相合而入洞庭。

【汨羅江水】味甘。主清心利肺，止渴除煩，明目聰耳，蕩滌塵襟，消磨俗累。

湘水　在湖廣長沙府城西，環城而下。其水至清，深五六丈，下見底了了。石子如樗蒲，白沙如霜雪，赤岸若朝霞。有瀟水來合，又曰瀟湘。

【湘水】味甘。主清金潤肺，抑火寧心，止渴，生津液，退熱，利二便，滌煩慮，養元神。

千秋水　在湖廣郴州南萬歲山下〔二八〕。《抱朴子》云：飲千秋之水不死。

【千秋水】味甘。主補元氣，壯精神。久飲之，令人輕身不老，延年神仙。

程鄉水　在湖廣興寧縣西北。水味甘美。劉沓云：桂陽程鄉有千日酒，飲者至家而醉。即此水也。

【程鄉水】味甘。主和脾胃，壯筋骨，生津止渴，通脈調經。飲之，令人酣然如醉。

曾青岡水　一名酃湖，在湖廣衡陽縣〔二九〕。其水週迴二十里，深八尺，湛然緑色。土人取以釀酒，其味醇美。晉武帝平吴，始薦酃酒於太廟。《吴都賦》『接飛觴而酌酃渌』是也〔三〇〕。

【曾青岡水】味甘。主補中益氣，潤肺生津，和胃化痰涎，養血調經脈。釀酒味醇美，飲之祛百病。

綵水　出湖廣當陽縣南八十里紫蓋山。其山道書謂：三十二洞天，有南北二峰。頂上四垂若傘，林石皆紺色；下有綵水，厥味甘馨。每遇晦日，輒有金牛出飲，光照一山〔三一〕。

【綵水】味甘馨。主生血脈，調榮衛，清痰下氣，降火止渴。每月晦日及甲子、庚申日，五鼓時，竊飲之，闢邪氣，延年神仙。

洄溪　在湖廣江華縣四山之間。乳竇松膏之所〔漬〕，汲飲者多壽〔三二〕。

【洄溪水】味甘。主添精髓，堅筋骨，治癰瘍，補陰血。久飲之，悦顔耐老，壽至期頤。

廉水　在四川彰明縣北。平地出泉，飲之生廉遜。《宋書》：范柏年，梓潼人。明帝語次，問：卿鄉土有貪泉否？柏年對曰：臣〔居〕梁益閒〔三三〕，有廉、遜水，不聞有貪泉。帝嘉之。

【廉水】味甘冽。飲之，令人除貪殘，生廉介，興謙卑遜讓，去我慢貢高〔三四〕。

温水　在湖廣蘄州東北六十里，當蘄春縣界山下〔三五〕。凝冬之月，蒸氣上騰，人皆沐浴於此，可以療百病，癒諸瘡。

【温水】浴之，可以已諸疾，瘥瘡瘍。

温池　在福建莆田縣錦江口。漢時胡道人，採藥煉丹於此。丹成，神仙下降，教以度世之方：若所煉者，僅可延年耳！非太上之藥也。於是道人盡棄丹藥於池，移居哥州修真。而池水遂温，浴之者多登上壽。宋林大鼐《莆陽風物賦》云：『浴桃源之湯者多年歲。』

【温池水】浴之登上壽，飲之亦可以治百病，輕身耐老，悦人面，不饑。

黃鷄灘 在福建仙遊縣九鯉河之東，曰雷轟漈〔三六〕。昔九仙畜黃鷄於此，以飲其水，故名。浴之可以已瘡。

【黃鷄灘水】浴之療瘡，飲之治時病狂邪，及療蜈蚣咬毒。

味江 在四川灌縣青城長樂山下。味甘美。太初蜀王征西番〔三七〕，野人以壺漿爲獻。王使投之江中，三軍飲之皆醉。

【味江水】味甘。主解憂惱，祛煩悶，止泄痢，治勞傷。微似酒，令人酣。

梵音水 在四川邊境黎州治内〔三八〕。昔唐三藏至此，持梵音而水湧出，故名。水色如米瀋而味甘。

【梵音水】色玉，味飴。主益元氣，補勞傷，緩脾助胃，止渴生津，寧心定志，鎮驚辟邪。

蒲澗 在廣東番禺縣東北二十里。澗旁多生九節菖蒲，水極清冷，異於常流，味甘而香〔三九〕，又名甘溪澗。

【蒲澗水】味甘。主開心益志，明耳目，安神魂，養老扶衰，壯筋骨，善記誦。

鐵溪 在貴州鎮遠府城東北鐵山下〔四〇〕，其水清泠可茗。

【鐵溪水】味甘冷。主潤肺生津，安和藏腑，清聲音，退火熱。

湯水　在北直隸沙河縣〔四一〕。《山海經》云：湯山之下，湯水出焉。此湯〔水〕癒疾，爲天下最。今人有病，浴之輒效。

【湯水】浴之治百病，飲之暖脾胃。治泄痢，四肢寒痺拘急，或縱緩不收，麻木疼痛。

玉泉　在順天府城西三十里。山曰西山〔四二〕，巍峨鉅勢，爭奇擁翠，於皇都之右。每大雪初霽，千峰萬壑，積素凝輝，宛然若畫。泉當山頂，名爲玉泉，水自石穴中出，鳴如雜珮，甘洌宜茗。

【玉泉水】味甘洌。主解熱除煩躁，止渴消宿醒。治霍亂轉筋，熱淋暑痢，小便不通，心腹冷痛，反胃嘔逆，閉口椒毒，及魚骨鯁。烹茗飲之，令人清肌爽骨，口頰生芳。

清冷泉　在順天府城西三〔十〕里覺山之頂〔四三〕，厥味清冷可愛。

【清冷泉水】味甘，冷。主潤澤肌膚，充養毛髮，悅顏色，解口渴，消煩袪暑，散熱退腫。治身體遊風白駁，以此水調藥塗之。

卓錫泉　在順天府西四十里甕山之陽。泉旁有寺曰碧雲。其水湧出，環繞寺內，殿廡廚室，高下畢達，巧出人工，味亦甘洌。

【卓錫泉水】味甘洌。止消渴，解酒熱，明目，洗目中膜翳，治反胃吐逆，消膈中痰飲，清煩熱，降上焦火，寧嗽潤肺。

滿泉　在順天府城北十里。有泉穴出，冬夏常滿，故名。今人創亭其上，藤陰柳色，相爲掩映。

【滿泉水】味甘。主清肌肉中熱，解暑氣，抑火邪，明目止痛，聰耳治耳病，解酒渴，消腫毒，潤心肺，降痰膩稠濁，䁈咳嗽。

龍泉 在良鄉縣西十五里〔四四〕。山有石龍，泉出龍口，涓涓不竭。

【龍泉水】味甘。主腸風下血，清熱消煩，天行疫癘，小兒狂啼，大人黄疸。洗目退赤，止渴、除燥悶，保肝，寧神定志。

九龍泉 在昌平州東九十里翠屏山下。泉有九穴，鑿石爲龍，水從吻出。

【九泉龍水】味甘。治酒積，壓驚狂，袪邪瘧鬼祟之病，治白虎歷節風瘍。

温泉 在玉田縣東北百里。水味甘美。

【温泉水】味甘。主潤肺止咳，療胸中痰氣嘔逆，浴之已百病。

湯泉 在遵化縣西北十里福泉山下，寬平約半畝許。泉水沸出，温可燖鷄。旁引爲池，方平如鑑。武宗時，引入便房，裸浴頗適。王宮人從駕題云〔四五〕：『絶塞窮冬凍異常，小池何事暖如湯？可憐一脈溶溶水，不爲人間洗冷腸。』

【湯泉水】味甘。主藏寒下痢，寒濕瘧疾，嘔吐消涎。澡浴治諸病，癒疥癬。

蟄泉 在灤州西二十里烽火山，水味甘冽。

【蟄泉水】味甘。主抑火清熱，潤燥解渴，開鬱氣，除煩躁，治頭目昏暈。

瀑泉 在灤州大峰山。味甘冽而美。

【瀑泉水】味甘冽。清肺潤大腸，止渴消煩暑，下痰利水，止咳。

聖泉　在灤州吴家峪。味甘冽。

【聖泉水】味甘冽。主咳嗽寒熱，温瘧，痰氣攻衝，心腹疼痛下痢。

偏山泉　在灤州偏山。一名龍泉，味甘冽。

【偏山泉水】味甘。治心胸蓄熱咳嗽，下氣定喘。

鷄距泉　在保定府城西。泉水噴礴〔四六〕，狀如鷄距，厥味甘冽。

【鷄距泉水】味甘。主祛暑益氣，除煩熱止渴。

大士井　在定興縣南四十里固城鎮。井水日夜泛溢，頗爲民患，因建梵刹以鎮之，其泉即止，元總管萬户張柔浚井，獲大士像、淨水瓶，至今泉雖溢，不逾其限，故以名之。

【大士井水】味甘。治寒熱咳嗽，煩滿口渴，咽痛舌腫。

堅功泉　在慶都縣西三里〔四七〕。水味甘冽。

【堅功泉水】味甘。主口渴喉腫，利水通淋。

湧魚泉　在慶都縣西南。俗傳午日魚游甚夥，取之不竭。泉味清冽。

【湧魚泉水】味甘美。治瘧疾寒熱，解暑，止渴利水。

毛公井〔四八〕　在滄州舊城東北隅。唐開元〔間〕清池令毛公母老，苦水鹹，不堪爲養，遂於縣舍穿得此井，得泉甚甘冽。

【毛公井水】　味甘。主生精補髓，消痰止渴，益老人。

白馬泉　在贊皇縣東五馬山〔四九〕。岩隙出泉，其味甘美。相傳宋建炎初，五馬將軍至此，患渴，忽所乘白馬跑地泉出，至今不竭。

【白馬泉水】　味甘，治渴解熱，生津益腎，潤肺止嗽。

鴛鴦泉　在南和縣治南〔五〇〕。泉水二道，迸流而出，味甚清洌。

【鴛鴦泉水】味甘。主渴，令人有子，夫婦相和。

瀑布泉　在密雲縣東六十里，其聲如雷，時吐雲氣。

【瀑布泉水】味甘。治胸膈阨塞不通，反胃吐逆，癰疽初起。此水煎藥煮粥，甚良。又治喉痺不通、大小便閉關格之症，女人臨産不快，胞衣不下，小兒痰熱驚癇，狂叫不已。

斗泉　在房山縣南五十里兩崖之間。絶頂有泉如斗，汩汩不窮。味甘而洌。

【斗泉水】味甘。止渴，除煩熱，消痰潤肺燥，抑火清金，平肝補胃，悦澤肌膚，滋養毛髮，寬胸中虚痞，治足脛瘦疼。

桃花泉　在薊州城南七十里桃花山之頂。水味清冷。

【桃花泉水】味甘。主怡悦人面，潤澤肌肉，解鬱氣，遣睡魔，開聰明，益智慧。

龍泉　在平谷縣東南十里。國初文皇駐蹕於此，飲其水而甘之，因易以今名。詞人騷客題詠頗多。

【龍泉水】味甘冽。主利肺生津，消渴除熱，滑澤肌膚，悦顔和色，治咳喘，降逆氣。又小便不利，黄疸腹脹，及邪祟瘴瘧者，俱宜飲之。

聖泉 在遷安縣南十五里龍泉山〔五一〕，泉水清洌可愛。

【聖泉水】味甘。主開胃止渴，霍亂泄痢，心肝痛疰，忤鬼氣，清熱解肌，痰火積聚，瀉肺逆，止咳喘，利腸胃。

扶蘇泉 在灤州城西三里。秦太子扶蘇，〔北〕築長城，〔嘗〕駐此〔五二〕，飲之，故名。

【扶蘇泉水】味甘。治肺熱吐血，咳逆上氣，生津止渴。

甘泉 在灤州城西三里，水味甘冽。

【甘泉水】味甘。主緩脾益氣，止渴生津，消暑熱，利咽喉，利肺除熱，下痰止嘔，清頭目，逐風涎。

玉液泉 在灤州城南〔五三〕。水清味甘，造酒極佳。

【玉液泉水】味甘而淡。主益脾胃，涼心清肺，消痰涎，止欬嗽，寧神定志。

甘井 在興濟縣治西。井水甘冽。國朝張縉詩云：『誰開古井驛亭中，百尺曾聞海眼通。六月行人汗如雨，轆轤輕響下梧桐。』

【甘井水】味甘冽。主清暑熱，解煩渴，面垢脣焦，脈伏欲死。止霍亂吐痢，腹中絞痛。益元氣。去風毒面腫，腮頰疼痛。

梅花泉 在南京城東青龍山嘉善寺〔五四〕。酌之甚香冽。

【梅花泉水】味甘。主清肌骨，潤肺除熱。滋藏府，止渴生津液。解丹石毒，及天行熱毒。消癰疽、瘍疹、痔瘻、癭瘤、結核。去癮疹。

一人泉　在南京城東北蔣山之麓。泉水僅容一勺[五五]，挹之不竭。

【一人泉水】味甘。主解酒醒脾，清心退熱，止咳嗽，消煩渴，祛暑氣，引涼颸。

田公泉　在句容縣茅山岩石之間[五六]，水味甘洌，飲之能除三尸。

【田公泉水】味甘。主補五藏，益精元，止渴生津，除煩退熱，辟惡夢，斬三尸。修煉服之，延年卻疾，身輕不饑，羽化神仙。

柳谷泉[五七]　在句容縣茅山伏龍岡之東。唐顧況詩：『崦合桃花本，牕鳴柳谷泉。』

【柳谷泉水】味甘。主榮養精神，沖和藏府。久飲之，令人面色生春。

菖蒲潭　在句容縣茅山之陽[五八]。潭上多生九節菖蒲，服之可以長生。唐王建詩：『江城柳色海門煙，欲到茅山始下船。知道君家當瀑布，菖蒲潭在草堂前。』

【菖蒲泉水】味甘。主補心神，益精血，益智慧不忘，强健耐老，延年不饑。

感泉　在溧水縣東南䃯山[五九]。泉脈泓澄，四時不竭。

【感泉水】味甘。治心火上炎，肺金受邪，鼻衄吐血，咳喘痰氣。

珍珠泉　在江浦縣東北定山山谷中，廣可三畝。其色深碧，鑑人毛髮，沸急處，成串如珠[六〇]。國朝曹學佺詩云：『秖入岩巒迴，誰知泉水生。鑑人猶自媚，出洞始成聲。好鳥沿崖映，繁花徹底明。石家金谷妓，見此倍盈盈。』

【珍珠泉水】味甘。主清心潤肺，益氣調榮，止渴生津，消煩滌暑。

湯泉 在江浦縣西南三十五里〔六一〕。水温有香氣。梁昭明太子嘗浴於此。

【湯泉水】味甘淡。主入脾胃，利毛竅，澤肌膚。浴之，可已諸病。

鹿跑泉 在六合縣東十五里招〔隱〕山絶頂〔六二〕，水味甘冽。

【鹿跑泉水】味甘。主抑火清熱，利五藏六府，止渴生津，治咳逆。

温泉 在徽州府城西北黄山第四峰〔六三〕。泉廣二丈。水熱，可以燖鷄。嘗湧丹砂，水皆赤色。李白有《送人歸黄山》詩云〔六四〕：『黄山四千仞，三十二蓮峰。丹崖夾石柱，菡萏金芙蓉。伊昔升絶頂，下窺天目松。仙人煉玉處，羽化留餘踪。亦聞温伯雪，獨往今相逢。歸休白鵝嶺，渴飲丹砂井。鳳吹我時來，雲車爾當整。』

【温泉水】味甘。主補脾胃，暖五藏，滑澤肌膚，滋潤毛髪，鎮心養神，逐邪辟癘。

白水泉 在歙縣南二里。水色如練〔六五〕，流入興唐寺。唐李白詩云〔六六〕：『天台國清寺，天下稱四絶。我來興唐游，於中更無別。枿木劃斷雲，高峰頂積雪。檻外一條溪，幾回流歲月？』水味甘馨，異於他處者，最宜烹茗。

【白水泉水】味甘。主清三焦火熱，滋兩腎真陰，蠲咳消痰，生津止渴。

珠簾泉 在休寧縣西四十里，白岳山之巔。洒酒（水？）落崖，噴沫如雨，寒氣襲人，清沁肌骨，味甘宜瀹。

【珠簾泉水】味甘。主潤五藏六府，利四肢百骸，消熱除煩，升陰降火。

玉井 在旌德縣西五里正山〔六七〕。其水清泠澄澈，宜於烹瀹。

【玉井水】味甘。主清泠藏府燥熱，滋潤喉吻焦枯，沁徹胃腸，疏通肌表。

上下華池　在青陽縣九華山〔六八〕。味甚甘美。陳岩有『聽鍾喫飯東西寺，就水烹茶上下池』之句。

【上下華池水】味甘。主補益元氣，榮養精神。使津液湧自廉泉，制亢陽潛於至極。

雙泉　在青陽縣東南七里龍安山。泉有二流，俱從石穴出。味甘冽。

【雙泉水】味甘。主潤肺經，降心火，退熱清暑，消煩解酒，止渴生津。

隱真泉〔六九〕　在青陽縣東招隱山。泉從石罅流出，其味清甘。

【隱真泉水】味甘。主清熱，利藏府，解暑氛，消酒積，生津止渴。

清泉　在青陽縣西十里石竇中〔七〇〕，水味甘美。真德秀大書二字於石。

【清泉水】味甘。主胸中煩熱，利頭目，止眩暈，消痰涎，生津液。

靈寶泉　在銅陵縣東葉山大明院内〔七一〕，水出石穴中。昔傳有龍在泉中，擘石而出。王介甫詩云〔七二〕：『山腰石有千年潤，石眼泉無一日乾。天下蒼生望霖雨，不知龍向此中蟠。』蓋荆公假此以寓意也。

【靈寶泉水】味甘。主祛百邪，治寒熱瘴瘧，傷寒發熱，口渴煩躁。

鳳飲泉〔七三〕　在銅陵縣東七十里鳳凰山。相傳昔有鳳凰翔飲於此，故名。

【鳳飲泉水】味甘。主補精神，益元氣，生智慧明敏。士子久飲，令文湧波濤，花生彩筆。

丹井　在石埭縣陵陽山〔七四〕。峰高二百餘丈。昔有仙陵子明修煉其間，上有丹臺藥竈，下有丹井，清泉一掬，甘冽異常。

【丹井水】味甘。主補五藏六府之氣，養精神，悦顔色，久服延年。

蓋山泉　在石埭縣南三十里，蓋山之陽。前漢時山下舒氏，有妾採藥，遇桃分食之，及溪而浴，化爲赤鯉。其母尋至溪邊，但見赤鯉游泳，若相迎狀。母謂人曰：『某女平日好音樂，試以招之。』乃絃歌水上。鯉果應節而躍〔七五〕。此《文選》所謂『蓋山之泉，聞絃歌而應節』者也。

【蓋山泉水】味甘。主消宿酲，利小便，清熱止渴，潤肺生津。久飲之，令人變魯鈍爲聰明，化頑愚爲賢哲。

許由泉　在石埭縣〔七六〕。唐堯之世，許由嘗隱酌於此。

【許由泉水】味甘。主蕩滌胸中邪穢，消除心裏憂愁，止渴蠲煩，倍生逸興。

仙姑井　在建德縣北印石山下〔七七〕，觀者拍呼仙女，則水花湧出。

【仙姑井水】味甘。主勞瘵虚熱，中風癱瘓，黄疸水脹膨脹，膈噎反胃，偏頭風病，目痛赤腫。以此水煎藥，並效。

桓温井　在太平府東五里白紵山〔七八〕。晉桓温嘗挾妓遊其上，好爲白紵之歌，故名。井在山椒。唐李白詩云：『桓公名已（舊）〔古〕，（古）〔廢〕井曾未竭。石（磴）〔甃〕冷蒼苔，寒泉湛孤（冽）〔月〕。秋來桐暫落，春至桃還發。路遠人（莫）〔罕〕窺，誰能見清澈。』

【桓温井水】味甘。主清心潤肺，益胃調中，解暑氣，止煩渴。

噴雪泉　在蕪湖縣東南之隱靜山。泉如噴雪，味極清甘，迴異他水。

【噴雪泉水】味甘。主清熱止渴，潤肺生津，解宿酲，治目赤腫痛。

雪峰泉　在懷寧縣東三里投子山，泉味甘冽。

【雪峰泉水】味甘。主清心胸，滌煩暑。治火升咽喉腫閉，及小兒丹瘤熱毒。

雲姑井　在懷寧縣東三里投子山。水味甘美。

【雲姑井水】味甘。主風邪中人，口眼喎斜，半身不遂，及癘風鼻崩眉脱。

天池　在桐城縣大通峰之頂。其水淵洄，不盈不涸。

【天池水】味甘。主補精神，益元氣，和中養胃，解暑除煩，止口渴，生津液。

張公井　在桐城縣符度山張公岩。水甘而冽。

【張公井水】味甘。主清神思，辟倦魔，益元陽，解酒毒，和脾止渴。

白鶴泉　在灊山縣天柱山。味甘而冽。

【白鶴泉水】味甘。主和脾益胃，養血調神，降火滋陰，生津潤肺。久飲之，多壽。

丹霞泉　在灊山縣天柱山。

【丹霞泉水】味甘。主養心神，和血脈，通調經絡，充實肌膚。久服，延齡不老。

光明泉　在灊山縣靈仙觀内。泉出楓腹中，點以明目。

【光明泉水】味甘。主清心火，解肝熱。點目，治目昏目赤疼，令光明倍增。

九龍井　在灊山縣萬壽宫内〔七九〕。常有北風從井而出，不生蚊蚋。旱年殺犬投井中，即降雷雨，犬亦流出。

【九龍井水】味冽而寒。主清涼藏府，蕩滌邪氛，辟癘氣以復真元，祛亢陽而薪抽釜底。

飛龍泉　在灊山縣萬壽宫内。泉如瀑布，味甚甘冽。

【飛龍泉水】味甘。主清熱除煩，榮養藏府，潤肺止渴，生津液。

梁公泉　在灊山縣萬壽宫中。

【梁公泉水】味甘。主大熱咳嗽，煩滿，胃火、齒痛，小兒丹疹、赤瘍。

七佛泉　在灊山縣皖山七佛寺浮圖下。泉味甘美。

【七佛泉水】味甘。主利胸膈，潤肺經，去火熱，生津液，清暑寧心。

摩園泉　在灊山縣皖山山谷寺後。黄魯直嘗讀書於此，摩園即其别號也。王荆公六言詩云〔八〇〕：『水泠泠而北出，山靡靡而旁圍。欲窮源而不得，竟悵望以空歸。』

【摩園泉水】味甘。主清肌骨，利三焦，降火熱以寧心，解炎氛而定志。

百藥泉　在太湖縣北七十里百藥山之絶巘〔八一〕。泉水寒冽，可愈諸疾。

【百藥泉水】味甘。主療傷寒寒熱，邪氣瘧痢諸疾，嘔吐霍亂，勞瘵，反胃臌膈，中風半身不遂，頭痛目疼，及癰疽疔毒。

虎丘石井泉〔八二〕　在蘇州府西北七里虎丘山劍池之旁，即張又新所品爲天下第三泉者也。井面闊丈餘，上有石轆轤。其穴嵌岩天成，四壁鱗皴，下連石底。泉出石脈中，味甘冽而美。陳張正見詩：『滄波壯鬱島，浴邑鎮祟芒。未若兹山麗，岧嶢擅水鄉。重岩標虎踞，九曲峻羊腸。溜深澗無底，風幽谷自凉。柙沈餘玉氣，劍隱絶星光。白雲多異影，丹桂有叢香。遠看銀臺竦，銅塔耀山莊。』唐顔真卿詩云：『不到東西寺，於今五十春。揭來從舊賞，林壑宛相親。吴子多藏日，秦王厭勝辰。劍池穿萬仞，盤石坐千人。金氣勝爲虎，琴堂化若神。登壇仰生一，捨宅嘆珣珉。中嶺分雙樹，迴巒絶四鄰。客有神仙者，於兹雅麗陳。悠然千載後，知我揖光塵。』張祜詩云：『雲樹擁崔嵬，深行異俗埃。寺門山外入，石壁地中開。仰砌池光動，登樓海氣來。傷心萬古意，金玉葬寒灰。』

【虎丘石井泉水】味甘。主清心潤肺，止渴生津，逐垢消痰，醒神遣睡。

憨憨泉〔八三〕　在蘇州府西北七里虎丘山雲巖寺中，與試劍石相爲左右。味甘冽。

【憨憨泉水】味甘。主養精神，補五藏，除煩止渴，潤肺生津。

白雲泉〔八四〕　在蘇州府西北二十里天平山石罅中。出泉如綫，味極清冽。唐白居易詩云：『天平山上白雲泉，雲自無心水自閒。何必奔衝山下去，更添波浪向人間。』

【白雲泉水】味甘。主抑心火，退肺熱，解炎暑，止霍亂，治丹毒瘡疹。

法雨泉　在蘇州府西四十里穹窿山。泉出岩穴間〔八五〕，味甘而冽。

【法雨泉水】味甘。主降熱火，清肺胃，利百脈，通毛竅，生津潤液，止渴除煩。

嶢峰泉　在蘇州府西南三十里嶢峰山之巔。泉色如玉，味極甘冽。

【嶢峰泉水】味甘。主潤肺燥作渴，瀉心火上炎。瀹茗飲之，遣憂解悶。

天池 在蘇州府西北四十里華山之腰。山石峭拔，岩壑深秀，池水横浸，逾數十丈。晉太康中生千葉蓮，服之羽化。國朝高啓詩云〔八六〕：『騎馬尋幽度嶺遲，老僧不識使君誰。門開紅葉林間寺，泉浸青山石上池。殘果已收猿食少，枯松欲折鶴巢危。壁間不用題名字，無限蒼苔没舊碑。』

【天池水】味甘。主補五藏，益精神，助氣力，利三焦，添骨髓。久飲，不饑駐色，耐老延年，羽化登仙。

吴王井 在蘇州府西北五十里靈岩山頂。味極甘冽〔八七〕。唐羅鄴有詩二絶云〔八八〕：『古宫荒井曾平後，見説耕人又鑿開。拾得玉釵鎸勑字，當時恩澤賜誰來？』〔又〕云：『含青薜荔隨金甃，碧砌磷磷生緑苔。莫言數尺無波水，曾與此花同照來。』

【吴王井水】味甘。主清心潤肺，止渴生津，解酒除熱，消痰治咳，和藏府，利所表。

銅井泉 在蘇州府西北六十里銅坑山〔八九〕。晉宋間鑿坑取水煎之，皆成銅，故名。上有岩洞，其懸溜匯而爲池，味極甘冽。宜茗。

【銅井泉水】味甘。

無礙泉 在蘇州府西南七十里洞庭西山。峰名縹緲〔九〇〕，爲七十二峰之一，峙三萬六千頃具區之中，泉在峰之西北，瑩潔甘涼，冬夏不涸。

【無礙泉水】味甘。主益五藏，滋六府，匯肺清心，疏利腸胃，除煩滌垢，遣睡消魔。

毛公井 在蘇州府西南七十里縹緲峰之西北。水味甘冽。

【毛公井水】味甘。主潤燥除熱，止渴生津，降肺胃火邪，利咽嗌阻滯。

仰天泉　在蘇州城西北四十里仰天塢中。石穴如仰盂，泉出其中，涓涓如玉。山僧汲以餽遠，泉旁亦多名公題詠。

【仰天泉水】味甘冷。主清心潤肺，益智慧，除煩熱，下逆氣，消痰涎，滋養真元，調和百脈。

寶華泉　在蘇州府西北支硎山寶華峰之頂。泉出石隙中，甘冽宜茗。

【寶華泉水】味甘。主寧神定志，退驚邪恍惚，解暑熱，久飲之，令人增壽算。

雪井　在常熟縣西北虞山之麓。〔宋元祐中〕[九一]，黄冠申元道師事徐神翁，得修煉術，將出遊，請於師。師曰：逢虞則止，無雪則開。乃渡江，結庵於虞山，恒患無水。一日天雪，獨於庵前不積，遂浚而得泉，味甚甘冽。

【雪井水】味甘。主清心降火，益胃調中，利三焦，潤五藏，止燥渴，解炎氛。

第四泉　又名甘泉。在吴江縣甘泉橋下[九二]。泉甚深，味甚甘，色湛湛而寒碧。唐陸羽嘗品，爲天下第四泉。

【第四泉水】味甘。主清胃和中，滋榮脈絡，益肺金。

寒穴　一名通靈泉。在松江府東南九十里金山之北。宋景祐中，相國舒王詩云[九三]：『神泉冽冰霜，高穴與雲平。空山渟千秋，不出嗚咽聲。山風吹更寒，山明相與清。北客不到此，如何洗煩塵。』毛滂銘云[九四]：『泉之顯晦，豈亦有數？生此寒穴，與世不遇。美不見録，爲汲者惜。泉獨知冽，不計不食。』

【寒穴水】味甘。主清三焦積熱，治肺火咳嗽，滋潤肺腎二經，止渴生津液。

五色泉 在松江府西湖中〔九五〕，湖有漩渦甚急處是也。相傳葛稚川煉丹湖上，丹成投水中，後常湧泉作五色。小舟經此，或爲漩溺；没而出者，舐所濡，甘如飴。謂其下甚深，寒若冰雪。有橘商艤舟湖上，得一丹，置於舟次，左右則欹，中則平穩。因過洞庭，爲風雨躍去。泉之東，有鶴唳灘，鶴飲此水，其聲乃清。元陸鵬南詩云〔九六〕：『唳鶴灘頭水拍天，養魚池上月籠烟。眼前好景無人管，時有漁船泊柳邊。』

【五色泉水】味甘。主清涼肺府，補益真陰，耐老延齡，悦顔駐色。鶴飲之，其聲清遠。

沸泉〔九七〕 在常州府北七十里季子廟前，騰湧沸溢，晝夜不絶。

【沸泉水】味甘。主胸膈厄塞不快，心腹膨脹。

慧山泉 在無錫縣西五里慧山之陽，泉出石穴中。陸羽泉品爲第二者也。獨孤及《慧山寺新泉記》略云：此寺居西山之足，山小多泉。其高可憑而上，山下有靈池異華，載在方志。其泉伏湧潛泄，無沚無竇。始發袤丈之沼，疏爲懸流，使瀑布下鍾，甘溜湍激，若醴濃乳噴，及於禪床，周於僧房，灌注於德池，經營於法堂〔九八〕。唐張祜詩〔九九〕：『舊宅人何在，空門客自過。泉聲到池盡，山色上樓多。小洞穿斜竹，重階夾細莎。殷勤望城市，雲水暮鐘和。』宋蘇軾詩云〔一〇〇〕：『兹山定空中，乳泉滿其腹。遇隙則發見，臭味實一族。淺深各有宜，方圓隨所蓄。或爲雲洶湧，或作綫斷續。或鳴空洞内，雜佩間琴筑；或流蒼石縫，宛轉新鳳蹙。餅罌走千里，真贋半相瀆。貴人高宴罷，醉眼亂紅緑。赤泥開方印，紫餅艷圓玉。傾甌共歎賞，竊語笑僮僕。豈如泉上僧，盥洗自挹掬。』

【慧山泉水】味甘。主補五藏，益精神，調和榮衛，清涼肺府，解鬱悶，破憂思，散酒除渴，通靈發汗。久飲之，延年駐色，輕身不老。

寶乳泉　在無錫縣東四十里。水味甘冽〔一〇一〕。

【寶乳泉水】味甘。主潤肺除熱，和中益氣，降心火，止燥渴。

滌硯泉　在無錫縣東四十里。水清而冽。

【滌硯泉水】味甘。主除藏府燥熱，解酒力，利小便，止渴生津。

玉乳泉　在江陰縣東二十五里定山之陽。泉水瑩白甘美〔一〇二〕。

【玉乳泉水】味甘。主補五藏六府，榮養肌骨，升陰水以制火熱，生津液，解肺渴。

貪泉　在江陰縣東二十七里貪山幽谷中。湛潔靚深，飛塵不到，飲之可以解鬱。昔有樵夫，見金寶於此，掘取被覆壓，故名貪山。〔一〇三〕

【貪泉水】味甘。主清熱止渴，抑火除煩，解鬱消憤，下氣寬膨。

於潛泉　在宜興縣東南四十里湖㳇鎮〔一〇四〕。竇穴闊二尺許，狀如井。其源洑流潛通，味頗甘冽。唐修茶貢，此泉亦遞進。

【於潛泉水】味甘。主除藏府大熱，潤肺生津，止渴，治咳嗽，清痰抑火。

珍珠泉　在宜興縣西南陽羡山。水出古穴中，味特奇勝。唐開元間，桐廬錫神（禪？）師築菴隱跡，偶嘗此泉，甚甘之，曰：以此水烹桐廬茶，不亦稱乎！未幾，有白蛇銜茶子置菴側。自是種之滋蔓，味亦倍佳，因以入貢。郭三益詩云〔一〇五〕：『古木陰森梵帝家，簾泉一勺試新芽。官符星火催春焙，卻使山僧怨白蛇。』

【珍珠泉水】味甘。主清神思，補元氣，止渴除熱，消煩定喘，潤燥滋陰。

金沙泉　在宜興縣東南茶山〔一〇六〕。泉出石穴中，味頗甘洌，水中砂色烔烔如金。唐張祜詩云：『決水金沙靜，梯雲石壁虛』。

【金沙泉水】味甘。主清肺滋腎源，益陰養真髓，止渴生津，消痰蠲咳。

金牛潭　在宜興縣張公洞後。其水澄泓不竭，味亦清泠〔一〇七〕。李郢詩云：『石上苔蕪水上煙，潺湲聲在觀門前。千岩萬壑分流去，更引飛花出洞天。』

【金牛潭水】味甘。主和脾胃，調榮衛，除大熱，寧心益智，利竅通淋。

玉女潭　在宜興縣陽羨山〔一〇八〕，深廣十餘丈。舊傳玉女修煉於此。唐權德輿稱：陽羨佳山水，以此爲首。文待詔徵明有記，其略云：潭在山半深谷中，渟膏湛碧，瑩潔如玉。三面石壁，下插深淵。石梁亘其上，如楣而偃。石上微竅，遇日正中，流影穿漏，下射潭心，光景澄霽，信非人間所有。唐張祜詩云〔一〇九〕：『古樹千秋色，蒼崖百尺陰。髮寒泉氣靜，神駭玉光沉。上穴青冥小，中連碧海深。何當烟月下，一聽夜龍吟。』獨孤及詩云：『碧玉徒强名，冰壺難比德。惟當夕照心，可並淵淪色。』

【玉女潭水】味甘。主補精神，壯筋骨，滋養脈絡，榮華腠理，止煩渴，澤肌膚，駐景延年，輕身明目。

金山中泠泉　在鎮江府西七里大江中金山下。昔人品爲天下第一泉。江山秀麗，泉水靈奇〔一一〇〕，海宇之間，固難求匹。唐張祜詩云〔一一一〕：『一宿金山寺，微茫水國分。僧歸夜船月，龍出曉堂雲。樹色中流見，鐘聲兩岸聞。因悲在城市，終日醉醺醺。』孫魴詩云〔一一二〕：『萬古波心寺，金山名日新。天多剩得月，地少不生塵。過櫓妨僧定，驚濤浴佛身。誰言張處士，題後更無人。』韓垂詩云〔一一三〕：『靈山一峰秀，岌然殊衆山。盤根大江底，插影浮雲間。雷霆常間作，風雨時往還。象外懸清景，千載長躋攀。』宋梅聖俞詩：『吴客獨來後，楚橈歸夕曛。山形無地接，寺界與波分。巢鶻寧窺物，馴鷗自作羣。老僧忘歲月，石上看江雲〔一一四〕。』李燾詩云〔一一五〕：『金山何處好？四顧不相連。牕迥前無地，波澄下有天。堂留三楚客，門泊五湖船。暝色關詩思，江籠兩岸烟。』

【金山中泠泉水】味甘。主補五藏，安精神，潤肺生津，填精固髓。久飲，耐老延年，悦顏駐色。昔人品爲天下第一水。

真珠泉 在鎮江府西南磨笄山後，泉水清冽〔一一六〕。唐駱賓王詩云：『共尋招隱寺，初識戴顒家。還依舊泉壑，應改昔雲霞。緑竹寒天筍，紅蕉臘月花。金繩倘留客，爲繫日光斜。』

【真珠泉水】味甘。主除三焦積熱，潤肺止咳嗽，消痰涎，治燥渴。

鹿跑泉 在鎮江府西南十里招隱山戴顒築室之處，水味清冽〔一一七〕。唐張祜詩云：『千年戴顒宅，佛廟此崇修。古寺人名在，清泉鹿跡幽。竹光寒閉院，山影夜藏樓。未得高僧旨，煙霞空暫遊。』

【鹿跑泉水】味甘。主解酒除熱，利小便，助陽氣，和中益胃，止口渴。

靈泉 在鎮江府西南二十里長山之巔。泉味甘冽〔一一八〕。

【靈泉水】味甘。主明目去翳，治風寒中人，燔熱如火，瘧疾往來潮熱，反胃吐逆，嘔血虛勞，泄痢腹痛，痰火咳嗽。

經山泉　在丹陽縣東北二十里〔一一九〕，昔有異僧講經於此。

【經山泉水】味甘。主明目，治鼻中息肉，腦入風邪，臭涕流出（名鼻淵症）。

白鶴泉　在丹陽縣東三十里繡球山頂。味甘而冽〔一二〇〕。

【白鶴泉水】味甘。主清心潤肺，抑火除熱，解口渴，消痰喘。

浮槎泉　在廬州府浮槎山之巔，味甘美〔一二一〕。宋嘉祐中，郡守李不疑以遺歐陽修，修爲作記，其略云：

浮槎山上有泉，自前世論水者皆弗道。惟陸羽《茶經》云：山水上，江次之，井爲下，山水又以乳泉石池漫流者上。然後益以羽爲知水者。今浮槎山與龍池山皆在廬州界中，較其水味，龍池不及浮槎遠甚。而張又新《水記》以龍池爲第十，浮槎之泉反棄而不録，以此知其所失多矣。

【浮槎泉水】味甘。主補精神，益藏府，潤肺熱，止燥渴，生津液，化痰涎。

多智泉　在廬州府三角山〔一二二〕。泉清而冽，飲之能長人智慧。

【多智泉水】味甘。主益精神，開心益智慧，令人誦記不忘。

虎跑泉　在廬江縣南七十里，光明寺側。

【虎跑泉水】味甘。主清心潤肺，除熱止渴。治氣喘上逆，生津液。

太守泉　在無爲州景福寺後〔一二三〕，米元章有『甘泉如慧山』之句。

【太守泉水】味甘。主清肺胃火邪，治齒痛牙齦出血如綫，止渴生津。

回翁泉　在無爲州西北五十里〔一二四〕。昔呂洞賓卓劍而泉湧出石底，纍纍若貫珠。有人嬉笑其旁，泉輒加沸，又呼爲笑泉。

【回翁泉水】味甘。主消渴身熱，咽乾口燥，潤肺生津，悦顔耐老。

雙泉　在無爲州西九十里雙井山〔一二五〕。

【雙泉水】味甘。主清心抑火，潤腸胃，利小便，解渴除煩，蠲咳嗽。

湯泉　在巢縣東北十里〔一二六〕。泉自石穴間出，四時常熱，抱疴來飲者多瘉。唐羅隱詩：『飲水魚心知冷暖，濯纓人足識炎涼。』

【湯泉水】味甘。主脾胃虚寒泄痢，冬天咳嗽，偏正頭風，心腹冷痛。

甘泉　在巢縣南鄉。石刻有米芾大書『泉山』二字於此。

【甘泉水】味甘。主除心胸大熱，利五藏六府，消痰治咳嗽，生津液。

杏花泉　在巢縣西南九十里，王喬山金庭洞口〔一二七〕。阮户部詩云〔一二八〕：『瀟瀟葉下曉風寒，日上金庭恰一竿。行遍杏花泉畔路，紫雲深處見星壇。』

【杏花泉水】味甘。主風邪頭痛，目赤昏障，去煩熱。久飲之，悦顔色，澤肌膚。

紫微泉　在巢縣西南九十里，王喬山紫微洞内，冬夏不竭。有唐杜子春等七人貞元廿一年磨崖。阮户部詩云：『一溪流水過雙池，池外三峰雲四垂。行到唐人題字處，紫微岩下立多時。』阮令嘗取紫微水以瀹茗，作詩云：『紫翠山圍小洞天，洞中石下有寒泉。他年誰補茶經闕〔一二九〕，合在康王谷水前。』

【紫微泉水】味甘。主潤肺，利胸膈，益五藏，消酒，去煩熱，開鬱痰，益智慧，通心竅，明耳目，悦顔色。久飲之，延年不饑。

龍池　在六安州東五十里龍穴山之東南隅也。在一穴中〔一三〇〕，方五丈。張又新《煎茶水記》，品此水爲天下第十。

【龍池水】味甘。主清諸經火熱，補五藏六府，榮養精神，滋充脈絡，止渴生津，肥悦人面。久飲，延年卻疾，辟穀不饑。

水晶泉　在六安州西南六十里齊頭山。山高一千八百丈，層峰疊嶂，頂方四平〔一三一〕，泉當其巔。唐中峰禪師結菴之處，有詩云：『三尺茅檐聳翠嶺，去城七十里崎嶮。誰同趣入忘賓主，我自獨來空古今。雪澗有聲泉眼活，雲崖無路蘚痕深。爲言海上參玄者，菴主癡頑勿訪尋。』

【水晶泉水】味甘。主補真元，益藏府，明目聰耳，增慧開心，止渴生津，消痰解酒。

東泉　在英山縣東三里許。泉從平地湧出。

【東泉水】味甘。主和中益胃，生津止渴，潤五藏，去心經火熱，治口舌生瘡。

西泉　在英山縣西南三里許，從石中湧出。

【西泉水】味甘。主明目，利口齒，降肝膽脾胃諸經之火，生津液，止燥渴。

龍洞泉　在英山縣廣福山中〔一三二〕。其洞深邃，懸泉下滴，終古不絶，滴成石竅如盂，水味甘冽可飲。

【龍洞泉水】味甘。主潤肺除熱，生津止渴，補益精神，滑肌悦面。

靈泉　在鳳陽府西武店〔一三三〕。其味清冽。唐元桓有《靈泉贊》。

【靈泉水】味甘。主和脾胃，潤藏府，止咳嗽，生津液，清熱除煩，涼心解暑。

乳泉　在鳳陽府西北二十五里柏岩寺內。其味清美，亞於靈泉。

【乳泉水】味甘。主潤肺經燥熱，降心腎火邪，壯筋骨，生精髓。

橫澗泉　在定遠縣西北七里橫澗山〔一三四〕。壘石爲城，泉出石中，甘冽可飲。

【橫澗泉水】味甘。主消酒積熱，潤腸胃燥涸，生津止渴，消痰利肺。

勝漢泉　在定遠縣西五十里。楚漢交兵定遠，漢兵困竭，因大呼得泉以濟。又五里得一泉，其流稍微。宋呂夷簡有『地輿分雙派，天方鬬二雄』之句。

【勝漢泉水】味甘。主止渴生津，利耳目，强健骨力，安心神，降火消痰，補中益氣。

楚泉　在定遠縣西五十餘里〔一三五〕。水出石穴中，比之勝漢泉水，其流稍細。

【楚泉水】味甘。主除大熱，利肺氣清心，潤喉吻，通小便，治淋瀝。

聖水泉　在虹縣東北朱買臣祠東〔一三六〕。泉甘而冽，雖旱不涸，飲之愈疾。曾有人於泉側浣濯，一夕，泉旁之石暴長幾合，土民奔赴神祠，祈禱乃止。

【聖水泉水】味甘。主傷寒邪熱，狂亂煩悶不安，霍亂泄痢，目昏赤痛。

玻璃泉　在盱眙縣第一山下〔一三七〕。有琢成龍虎，泉自其口噴出。

【玻璃泉水】味甘。主消渴引飲，清心抑火，潤肺生津，逐痰利便。

磬泉　在盱眙縣東南六十里都梁山。泉有七眼噴出〔一三八〕。

【磬泉水】味甘。主寧心志解煩躁，醒酒解渴除熱，利水消痰。

丹泉 在天長縣南六十里道人山〔一三九〕。昔有異人煉丹於此，故名。

【丹泉水】味甘。主益精氣，煉形神，悦顔色，澤肌膚。久飲，抱一守真，延年辟穀。

咄泉 在壽州安豐東北十里〔一四〇〕，淨界寺北百步。泉與地平，一無波浪。人至其旁，大叫則大湧，小叫則小湧，咄之則湧彌甚。

【咄泉水】味甘。主傷風寒大熱，及驚癇邪氣，心悸怔忡，消渴飲水。

九井泉 在壽州南六十里。九井相連，若汲一井，八井皆動。

【九井泉水】味甘。主滋腎經，制火邪，消痰瀱咳，利肺氣，治痹痛。

枸杞井 在淮安府城開元寺内。劉禹錫詩云〔一四一〕：『僧房藥樹依寒井，井有香泉樹有靈。枝繁本是仙人杖，根老新成瑞犬形。』

【枸杞井水】味甘。主補五藏，益腎陰，明耳目，止腰膝疼痛，固精氣。

羽泉 在海州羽山〔一四二〕。水恒清，牛羊不飲，乃殛鯀之處。

【羽泉水】味甘。主利胸膈，清痰涎，益腎固齒牙，堅筋骨，止渴潤燥。牛羊不飲，以無鹹味也。

大明寺水 在揚州府蜀岡之側。古有拆字謎即此〔一四三〕。謎云：『一人堂堂，二曜同光。泉深尺一，點去水旁。二人相連，不欠一邊。三梁四柱，列火烘然。除去雙勾，兩日不全。』解者以爲：一人堂堂，是大字；二曜同光，是明字；泉深尺一，是寺字；點去水旁，是水字。二人相連，是天字；不欠一邊，是下字；三梁四柱，烈火烘然，是無字； 除去雙勾，兩日不全，是比字。乃『大明寺水，天下無比』。按： 此井在蜀岡之旁，岡有茶園，産茶甘如蒙頂。蒙頂在蜀，故以名岡。且井水之脈，來自西川。相傳有僧於蜀江洗鉢，爲浪所漂，從此井浮出，後遊揚州獲之。蘇東坡有『蜀井出冰雪』及『剩覓蜀岡新井水』之句。蘇穎濱亦有詩云〔一四四〕：『信腳東遊十二年，甘泉香稻憶歸田。行逢蜀井恍如夢，試煮山茶意自便。』

【大明寺水】味甘，天下無比，主補益真元，清涼肺府，潤燥涸，除煩悶，生津液，止口渴，滑澤肌膚，和悦顔色。久飲之，輕身耐老，延年不饑。

斗宿泉 在揚州府西三十五里甘泉山之頂。味甘如醴〔一四五〕。山有七峰，聯絡如北斗，平地錯落，諸圓岡凡二十有八，如列宿拱北，故名。

【斗宿泉水】味甘。主補五藏六府，治五勞七傷，寒熱咳喘，肺火上升，鼻不通利，咽喉乾燥，唇舌出血如絲，牙齒疼痛。

石井 在高郵州土山之巔，大可五尺，深倍之，極其清冽，大旱不涸。山下人時見朱衣人，高冠巍巍，徘徊井側。或云是古列仙之地。

【石井水】味甘。主清心潤肺，止渴生津，利腸胃之燥澀，解暑熱之炎蒸。

卓錫泉 在泰州城北二里開化院內。唐寶曆中，王屋禪師自蜀中來，駐錫於此〔一四六〕。云與揚州府治蜀岡水通。

【卓錫泉水】味甘。主補五藏，益精神，止渴除熱，消痰利氣。

玉涓泉　在如皋縣中禪寺内。水味清冽，玉色涓涓〔一四七〕。邑人王觀有『覆欄常浸梧陰冷，煮茗猶呈玉色寒』之句。

【玉涓泉水】味甘。主安和藏府，潤肺清心，補陰精不足，瀉陽火有餘，止渴生津液，解暑除煩躁，消宿酒，化頑痰。

度軍泉　在如皋縣西十里許，地名聖井欄〔一四八〕。泉雖淺而不竭，擊其欄，則大溢出。昔岳武穆經略通泰，領兵過此，數千人飲之，泉亦如故，因名之曰『度軍泉』。淮南王聞其異，命取欄置庭中。

【度軍泉水】味甘。主消煩熱，助筋力，添精補髓，止渴生津，明耳目，抑火邪，解暑威，定喘息，及治咽喉腫痛，口舌生瘡。

癸亥泉　在蕭縣東南五十里〔一四九〕。癸，水也；亥，亦水也。其畜爲豕。泉下有豬龍潛伏，旱年禱之，立應。

【癸亥泉水】味甘。主抑心火，退熱邪，治咳嗽，痰氣上壅，咽喉疼痛，入腎經，補虛羸，腰脊酸疼，腿膝無力，遺精虚汗。

琉璃井　在沛縣泗水北岸〔一五〇〕。相傳漢高祖時所浚，下廣上狹，泉水甘冽，甃磚甚滑，光彩如琉璃。

【琉璃井水】味甘。洗滌胸膈中垢膩，除煩熱，止口渴，生津液，化稠痰。

白龍泉　在滁州城南十里瑯琊山。王禹偁詩云〔一五一〕：『一鑑自泓澄，高原發地靈。老僧來洗鉢，不畏白龍腥』。

【白龍泉水】味甘。主補養真陰，清涼肺府，寧神益智，解渴生津。

石泓泉 在滁州瑯琊山醉翁亭之側。水味甘如醍醐，瑩如美玉〔一五二〕。

【石泓泉水】味甘。主補益真元，滋榮藏府，沖利百脈，灌養三焦。

紫微泉 舊名豐樂泉〔一五三〕，在滁州南幽谷之旁。宋歐陽永叔建亭其上，公記略云：修既治滁之明年夏，始飲滁水而甘。問諸滁人，得於州南百步之近。其上（則）豐山聳然而特立，下則幽谷窈然而深藏，中有清泉滃然而仰出。於是疏泉鑿石，而與滁人往遊〔於〕其間。復有詩云〔一五四〕：『經年種花滿幽谷，花開不暇把一卮。人生此事尚難必，况欲功名書鼎彝。』元祐初，滁守陳知新乃改今名。通判吕元中記云〔一五五〕：歐陽公既得釀泉，一日會客，有以新茶獻者，公勑汲泉瀹之。汲者道撲覆水，僞汲他泉代。官知其非釀泉，詰問之，乃得是泉於幽谷山下，因名豐樂泉，作亭其上。久而湮廢。至今，太守發得之，始改今名。由是紫微泉盛聞於天下。今帖所稱酒名，豈非滁陽官釀耶！

【紫微泉水】味甘。主潤肺清心，明耳目，益智慧，生津止渴利胸膈，通調藏府，治脾胃火邪，口燥口苦。久飲，悦顏色，耐老延年。

八角井 在滁州仁義館中，味甘可飲。《述異記》載〔一五六〕：蒲人崔韜過滁，宿仁義館。吏曰：是館素不利宿者。韜不聽。至夜，闔户將宿，門欻開，虎入。韜驚走避，竊窺之。虎忽褫皮，化一婦，貌殊麗，乃止室中。韜出問之，對曰：君幸無訝！妾家貧，父兄較獵未還，適聞兄至，願薦枕席，潛被虎皮出，人莫知也。韜悦其容，忘所見，與之寢。而潛以皮投井中。且故婦也，遂從之奔歸。已，生子。他日，韜當之官宣城，道經滁，至館，笑謂曰：吾昔遇子於此，記否？同往井視，皮尚在。婦令人取出，被身復化爲虎，咆哮而去。

【八角井水】味甘。主清三焦火熱，潤五藏燥澀，治偏正頭疼，風邪目痛，寒濕痿痺，拘攣筋急。又治痰癇怪異，驚悸恍惚，顛走狂亂，尸厥倒仆，涎潮迫塞，不知人事，此水與飲，或煎湯液用之。

平痾湯　在和州北四十里〔一五七〕。能愈一切衆疾。凡抱痾者，近遠皆來浴之。梁昭明亦嘗赴澡，又名太子湯。

【平痾湯水】但可浴之。治勞瘵羸疾，中風癱瘓，癘風惡瘡，一切諸疾。

舜泉　在濟南府歷山下，虞舜耕稼之處〔一五八〕。

【舜泉水】味甘。主解鬱消憂，除煩止渴，潤肺生津，通利六府。

甘露井　在濟南府歷山下〔一五九〕。水味甘冽，旁有石鐫『天生自來泉』五字。

【甘露井水】味甘。主傷寒大熱，發狂，清肺止渴，調中益氣，明目。

趵突泉　在濟南府城西〔一六〇〕。水味甘冽，澎湃奔騰，平地湧起三丈餘。

【趵突泉水】味甘。主吐逆痰涎，哮喘氣急，肺胃火邪上冲，喉痺乳蛾。

珍珠泉　在都司西北白雲樓前〔一六一〕。平地噴泉，錯落如珠。

【珍珠泉水】味甘。治陰虚火盛，盗汗發熱，遺精，夢與鬼交。

杜康泉　在濟南府虞舜廟西廡下。其水極輕，每一升僅〔一〕十三銖〔一六二〕。

【杜康泉水】味甘。主消渴。其性輕揚，可以消風解肌，清熱散毒。

百脈泉　在章丘縣。曾鞏記云〔一六三〕：歷下諸泉，皆岱陰伏流所發，西則趵突爲魁，東則百脈爲冠。

【百脈泉水】味甘。主解暑氣，清火邪，止渴生津，通調經絡。

淨明泉　在章丘縣〔一六四〕。其水至潔，可以祛翳。

【淨明泉水】味甘。主明目去翳，刮垢磨光，掃蕩煙雲，增輝日月。

聖井　在章丘縣南危山之巔。其水穿石而出，味甚甘冽〔一六五〕。

【聖井水】味甘。主癥瘕痞癖，邪氣結硬，用此水煎藥。

上方井　在章丘縣。其泉從石罅中流出，冬夏不竭。

【上方井水】味甘。主清涼肺府，洗滌垢膩，止渴除熱，去中焦積聚。

晏嬰井〔一六六〕　在禹城縣中。水和膠入藥方，亞於東阿矣。

【晏嬰井水】味甘。治血虛、吐血、唾血、咳血、咯血、女子經漏不止。

錫杖泉　在臨邑縣東南方山靈岩寺。隋煬帝《酌泉》詩〔一六七〕：『梵宮既隱隱，靈岫亦沈沈。平郊送晚日，高峰落遠陰。迴幡飛曙嶺，疎鐘響晝林。蟬鳴秋氣近，泉吐石溪深。抗迹禪枝地，發念菩提心。』

【錫杖泉】味甘。主消煩止渴，解暑抑火，治丹瘤熱毒，焮痛赤腫。

天神泉〔一六八〕　在泰安州泰山之崖。懸流百尺，望之如練，其味甘冽。

【天神泉水】味甘。主風寒眩冒，邪氣冲心，蠱毒惡氣，嘔吐痰涎。

鐵佛泉　在泰安州泰嶽之間。自鐵佛以下，其泉共二十有八〔一六九〕，多由平地土石中湧出。或澎湃噴薄，騰湧沸溢者；或一綫激射，有如灑珠者。其來本自一源，其味亦俱清洌甘美，不甚相遠。

【鐵佛泉水】味甘。主補中益氣，調胃固脾利肺，通水道，治五淋。

石池 在寧陽縣西青石山。其山惟一大石，高四十餘丈，週迴三里。石池二所，東西行列，類於人工。冬夏澄清，初無耗溢。

【石池水】味甘。主清冷藏府燔焦，滋益天真精髓。虛勞尸疰者，飲之輒治。入肺調諸經，滋腎溉五藏。除煩躁，止熱渴。

呂井 在單縣〔一七〇〕。其井有二：一在城南，一在城北。邑人惠冲之《花圃》云：金大定間，呂仙翁來遊單父，與惠冲爲友，徜徉圃中。因浚二井，水初苦澀，擲瓦礫其中，水遂甘洌。二井相去二里許，泉穴相通，北井沉物於中，即於南井浮出。

【呂井水】味甘。主調中補精神益元氣，潤肺生津，止渴治咳。久飲，輕身耐老，悅顏色，澤肌膚。

浣筆泉 在濟寧州東門外〔一七一〕。相傳太白浣筆處。國朝嘉靖五年，主事白旂築亭其上。崑山吴擴有詩云：『良夜不能寐，閒過浣筆泉。獨看池上月，空憶酒中仙。落魄何爲者，高風萬古傳。臨流重回首，哀雁下江南。』

【浣筆泉水】味苦。主解煩暑，生津液，潤燥利肺，益智開心。

宣聖墨池 在濟寧州南六十里魯橋閘下。其水色玄〔一七二〕。

【宣聖墨池水】味甘。主抑心火，清肺金，益精補髓，以其色黑而入腎也。

托基泉　在濟寧州〔一七三〕。水味甘冽。

【托基泉水】味甘。主止渴，清暑熱，降火邪，寧心神。

鳳山泉　在東平州五十里〔一七四〕。泰峰環抱，泉水清澈，四面流溢。騷人墨客，多所題詠。味之甘美，與他水不同。

【鳳山泉水】味甘。主利肺除熱，止渴降火，消痰泄忿，下水通淋。

平河泉　在東阿縣南〔一七五〕。泉湧地中，匯而爲潭，深不可測，相傳有龍蟄焉。嘉靖初，郎中楊且飲其地，欲涸而觀之，水汲未半，風雷大作乃止。

【平河泉水】味甘。主通利藏府，消除煩渴，去胃火齒痛，口唇生瘡。

琉璃井　在東阿縣南。方圓七十二眼〔一七六〕，俱以琉璃甃之。相傳龐涓所鑿。水味甘冽。

【琉璃井水】味甘。主傷寒大熱發狂，寒熱溫瘧，消渴引飲，煩悶不已。

弇山泉　在莘縣北十三里。後魏孝昌二年〔一七七〕，泉忽湧出亂石中。宋縣令趙𡾰建亭其上，復有序以紀之。

【弇山泉水】味甘。主吐血，涼心胃及大腸熱，下血痔漏，止渴消酒。又治胸中煩熱，咽乾燥渴，下喘，潤心肺，消痰涎。

漱玉泉　在臨清州城中。泉味清冽。程篁墩詩云〔一七八〕：『鷄犬深深曲逕通，行行何必問西東。玉泉楊柳交加處，木槿初開一樹紅。』

【漱玉泉水】味甘。主肺經火熱，咳唾痰涎，煩渴津枯，引飲不休，滋腎水以制燔灼。

樓兒井　在高唐州城内西南隈。水極清甘〔一七九〕，夏月久貯不敗。永樂間，朝廷駐蹕，以此水上供，酌而甘之，御賜建亭其上。

【樓兒井水】味甘。主清肌爽骨，潤肺滋陰，止渴生津，消憂蠲憒。

范公泉　在青州府直西門外。泉水甘冽如醴。以宋范仲淹嘗知青州，故人以范公目之〔一八〇〕。環泉古木陰森，塵跡不到，幽人逋客，往往琴詩試茗其間。有亭覆於泉上，歐陽修、蘇軾多所題詠。

【范公泉水】味甘。主解炎氛，生窨氣。清心胸而祛除煩躁，爽肌骨而振起精神。

香山泉　在益都縣東四十五里香山之巔。孤峰獨聳，泉水自春以至嚴冬，涓涓不竭，味清而冽。

【香山泉水】味甘。主止渴利肺氣，去心家火熱，療舌痛咽瘖。

百丈泉　在臨朐縣東南沂山東百丈崖。崖立萬仞，形如斧削，泉自山頂而下〔一八一〕，灑若飛雨。亦曰瀑布泉，宛如廬峰之勝。尚書喬宇詩云：『匡廬瀑布天下知，沂山隱在齊東陲。丹崖斗絶三百丈，宛如白龍身倒垂。層巒曲澗何逶迤，松蘿蔭濕苔蘚滋。古今遊人到絶少，誰復表此山川奇。平生溪山頗登涉，如此名泉初見之。徘徊盡日不忍去，似覺岩壑生春姿。』

【百丈泉水】味甘。主解憂鬱，消恚怒，除煩躁，生津液，止渴利肺，抑火祛痰。

逢山泉　在臨朐縣西二十五里逢山岩竇間。泉水甘潔異常。金末避兵者〔一八二〕，多所獲濟。

【逢山泉水】味甘。主涼心熱，止肺渴，寧嗽消痰，滋陰益腎。

雩泉　在諸城縣南二十里常山之崖。泉水旋折如輪，清涼甘滑，冬夏若一。宋蘇子瞻爲縣旱禱，應焉。作亭其上，名之『雩泉』〔一八三〕。又作吁嗟之歌，以遺東武之民，使歌以祀神焉。

【雩泉水】味甘。主解利傷寒熱病，天行疫癘，不正之氣，治鬼瘧濕痢，及偏頭風病。

靈池　在長葛縣西四十里少陘山之麓。世傳抱朴子習仙於此，亦名葛仙池〔一八四〕。水味甘洌可飲，旱年禱之輒應。

【靈池水】味甘。主補益三焦，調和藏府，生津止渴，潤肺清心。端午日正中時飲一杯，驅百邪，治百病。

湧泉　在禹州城西玲瓏山。水味清洌〔一八五〕。

【湧泉水】味甘。主除熱，養毛髮，潤顏色，滑澤肌膚，止渴治咳。

七女泉〔一八六〕　在禹州城東北七女崗下。水味清洌。

【七女泉水】味甘。主霍亂煩滿，心腹疼痛，客忤驚邪，止渴潤燥。

七泉　在林縣東南。泉出平地，七穴並湧〔一八七〕。

【七泉水】味甘。治心胸燥熱，煩渴不安，悦顏色，安神定志。

萬飛泉　在林縣萬泉山〔一八八〕，泉水飛騰噴薄，響振山谷。

【萬飛泉水】味甘。主解憂鬱忿怒，治脇痛煩悶，嘔逆痰水，去宿垢，止口渴。

瑩玉泉　在林縣西南玉泉山。泉潔如玉，味甘如飴〔一八九〕。

【瑩玉泉水】味甘。主補元氣，潤華蓋，以灌溉諸經；益真陰，遏命門，而滋培六府。

滴乳泉 在林縣天平山。山勢平坦，泉水沿石而下，若滴乳然〔一九〇〕。

【滴乳泉水】味甘。主添精補髓，止渴生津，益壽耐老，怡顔黑髮。

逗雪泉 在林縣天平山西。泉潔而寒〔一九一〕。

【逗雪泉水】味甘。主解暑清熱毒，止渴除煩悶，治咳逆痰火。

甘露泉 在林縣天平山十八盤之左。泉水甘冽。行人方登十八盤，喘渴流汗，得之，如飲甘露〔一九二〕。

【甘露泉水】味甘。主潤肺定喘息，止渴清燥熱，瀉心火，消痞滿。

石竇泉 在林縣天平山碧霄峰頂。泉味甘美。

【石竇泉水】味甘。治胃火上升，咽喉腫脹，口臭齒痛，牙宣出血。

鑑泉 在林縣天平山〔一九三〕。泉出石竇間，其清見毛髮。

【鑑泉水】味甘。主潤肺止渴，解炎暑，治傷寒大熱發狂，煩悶不安。

金線泉 在林縣天平山。其流細垂如線。

【金線泉水】味甘。主咳逆上氣不安，痰因火升，胸膈痞塞不快。

珠簾泉 在林縣天平山。泉瀉高崖，宛如珠簾之狀。

【珠簾泉水】味甘。治咽喉疼痛，口舌生瘡，抑火升陰，養心濟腎。

菩薩泉 在林縣天平山。水極甘冷。

【菩薩泉水】味甘。主清心降火，治肺痿勞咳，陰虚發熱，咳唾膿血。

紫泉 在武安縣東南三十里玉赭山。泉側有仙人王子喬洞，常産九節菖蒲〔一九四〕。

【紫泉水】味甘。主百病，耐老延年，悦顔色，烏鬚髪，辟穀神（成？）仙。

滏口泉 在涉縣西一里〔一九五〕。泉水清泠。

【滏口泉水】味甘。治痰滿痞塞，抑火止渴生津。

錫盆水 在淇縣西北四十里石坎下，灣曲如盆，厥味如醴〔一九六〕。

【錫盆水】味甘。主補中益氣，止渴生津，潤燥止咳，添精助髓。

衛風泉 在淇縣〔一九七〕。民間引之溉稻，其米香潔，異於他稻。

【衛風泉水】味甘。主助脾胃，補元氣，止渴除煩。

湧金泉 在輝縣西北五里。泉湧出〔一九八〕，日照如金。

【湧金泉水】味甘。主消酒開胃，利小便，生津液，潤五臟，悦顔色。

焦泉 在輝縣〔一九九〕。泉方丈餘，清水湛然，常無增減。山居者資以給飲。

【焦泉水】味甘。主和中補脾，解炎滋腎，止渴除煩，消痰下氣。

卓水泉 在輝縣西北〔二〇〇〕。平地湧出。

【卓水泉水】味甘。治煩渴引飲不止，解暑益氣，宣通藏府壅滯，消心下痞。

五色泉 在濟源縣〔二〇一〕。泉中砂石五色，故名。昔盧仝嘗居泉旁，有詩云：『買得一片田，濟源花洞前』。仝自號爲玉川子，每汲此泉瀹茗，有《玉川子飲茶歌》。

【五色泉水】味甘。治心血虛少，肺經燥澀，火旺上焦，咽喉口齒之症。

沙溝泉　在洛陽縣西南秦山下。水味甘美〔二〇二〕。

【沙溝泉水】味甘。主四肢痛痺，經脈緩縱不仁，頭風目痛。

碧玉泉　在洛陽縣東南玉泉山下。水如碧玉〔二〇三〕。

【碧玉泉水】味甘。主生津液，益真陰，溉五藏之焦枯，清四肢之煩熱。

龜泉　在登封縣東中嶽嵩山之頂。水味清冽〔二〇四〕。

【龜泉水】味甘。主滋陰補腎，濟壬癸以制陽光，假天一而生真水。

靈泉　在靈寶縣南五十里女郎山。唐李德裕有《靈泉詩》〔二〇五〕。

【靈泉水】味甘。主瘧疾往來寒熱，夢寐不寧，中惡邪鬼氣，辟諸蛇蟲。

清泠泉　在南陽縣東北豐山。神耕父處之，水味甘冽〔二〇六〕。神來時，有赤光籠罩。

【清泠泉水】味甘。治傷風傷寒，時氣頭痛，發熱惡寒，狂躁諸疾。

蒼龍泉　在鎮平縣境竹園内流出。水味清冽，灌溉甚廣〔二〇七〕。

【蒼龍泉水】味甘。主補脾胃，清三焦，治酒疸發渴，通利五淋。

柳泉　在鎮平縣遮山之陽，廣五丈餘，水味甘美〔二〇八〕。

【柳泉水】味甘。主肺受火邪，喘咳痰嗽，大腸下血，痔漏肛癰等症。

靈濟泉　在唐河縣南。世傳靈濟禪師卓錫其地。

【靈濟泉水】味甘。主消渴，解煩暑。清君相五志之火邪，養十二經絡之血氣。

天池　在内鄉縣東南五十里天池山頂。其水比於帝臺漿，更寒而冽。飲之者可以已心痛。

【天池水】味甘。主消渴，清肺胃火熱，已心痛，及四肢麻痺不仁。

流素泉　在裕州泉白山頂。下流如素練〔二〇九〕。

【流素泉水】味甘。主三焦大熱，腎藏乾涸，津不到咽，唇品燥裂。

聖井　在裕州境内〔二一〇〕。其地四面皆下，井居其上，獨高仞餘，泉常仰溢。

【聖井水】味甘。主心腹痛，疰忤邪氣，目赤疼，風濕痿痺，寒熱鬼瘧下痢。

舞泉　在舞陽縣東南〔二一一〕。泉水沸騰若舞。

【舞泉水】味甘。主心胸煩熱，口燥咽乾，舌卷唇焦，大渴引飲。

蓮華泉〔二一二〕　在西平縣西北樂、秀二山之間。泉水湧作蓮華之狀。

【蓮華泉水】味甘。主益精元，固真氣，生津液，滋肺金，養老扶衰，澤肌悦色。

金線泉　在光州城南岸〔二一三〕。宋曾鞏詩〔二一四〕：『玉甃常浮灝氣鮮，金絲不定路南泉。』

【金線泉水】味甘。主潤肺生津，清熱止渴，除煩躁，解炎蒸。

仙井　在固始縣西五十里仙井山。

【仙井水】味甘。主明目，治心腹疼痛，喉痺煩熱，痰氣上升，胭頰腫脹。

温泉　在商城縣南三十里。浴之能已瘍疾，不可飲〔二一五〕。

【温泉水】浴之已瘍疾，不可飲。

玉龍泉　在汝州城西南〔二一六〕。其水瑩潔。中秋之夕，陰雲蔽月，俯觀泉内，魄形自若。昔人有詩：『我欲龍泉觀夜月，崆峒煙雨阻人行。』

【玉龍泉水】味甘。治目昏翳，肺氣不清，聲音不出，潤燥止渴。

石龍渦　在汝州龍泉之側〔二一七〕。四壁千仞，散泉如雨。唐孟郊有詩記之〔二一八〕。

【石龍渦水】味甘。主天行熱病，狂躁口渴，明目清心。

芹泉　在壽陽縣東二十里。水味甘洌〔二一九〕。

【芹泉水】味甘。解暑熱，治煩渴，益氣調中，寧心增智，明耳目。

石甕泉〔二二〇〕　在平定州西北三十里。其深若井，其形如甕，甕端覆石，水味甘馨。遇旱祈禱，舉杖挑石，石開即雨。

【石甕泉水】味甘。主滋潤燥涸，滋灌真陰。制火邪之爍肺金，伐木旺而凌脾土。

妬女泉〔二二一〕　在平定州東九十里。色碧而味甘。婦人袨服靚粧過此，必興雷雨。

【妬女泉水】味甘。主解肌退熱，明目除風，益肝膽，利胸膈，消痰涎。

龍躍泉　在代州西〔二二二〕。泉源湧沸，騰波奮發。以巨石投之，水輒噴起數丈。

【龍躍泉水】味甘。主心煩氣喘，痰涎嘔穢，風寒瘧疾，止渴生津。

豹突泉　在雁門城北四十里〔二二三〕。平地湧出，厥勢雄猛，如豹之突。

【豹突泉水】味甘。主潤肺，治喘急喉痺，口舌生瘡，及大腸痔漏，肛門下墜。

太華泉 在五臺縣東北四十里五臺山頂。此山常有紫氣〔二二四〕，爲仙人頻來棲止，亦文殊所居之地。唐柳宗元曰〔二二五〕：『雲代〔之〕間有靈山焉，與竺乾鷲嶺角立相望。』其泉亦自甘冽異常，飲之者延年不饑。

【太華泉水】味甘。主潤肺滋腎源，除煩止燥渴。泉之左右，恒有飛仙止息，常有紫氣浮空，服之者延年卻病成仙。

三珠泉 在五臺縣東北百四十里五臺山。其水馨冽甘美，異於他水〔二二六〕。其沸纍纍，顆顆圓淨如珠。

【三珠泉水】味甘。治丹疹熱毒，解煩渴，祛炎暑，明耳目，益智慧。

白龍泉 在岢嵐州東二十里。其味甘美，冬溫夏涼〔二二七〕。

【白龍泉水】味甘。主除煩熱，止燥渴，清暑和脾，生津液，下逆氣。

撾鼓泉 在趙城縣霍山絶頂。泉水湧出，其聲如鼓〔二二八〕。

【撾鼓泉水】味甘。治目生蒙翳及目痛，鼻淵腦漏，耳中疼痛，聤耳汁出，口燥渴引飲。

淡泉 在解州鹽池之北。他水皆鹹，此水味獨甘冽。故又名甘泉，可汲而飲〔二二九〕。鹽池之水得此水點之，方能煎炙成鹵。

【淡泉水】味甘淡。主助胃，止渴生津液，和中補元陽，利竅發汗。

止渴泉 一名天池〔二三〇〕。在解州百梯山。山嶺峭拔，噴薄洶湧，水花瑩潔如雪，澄渟而爲池，上有盎漿，名爲『止渴』。

【止渴泉水】味甘。主潤肺經燥熱，煩渴引飲不休，生津液，益真髓。上有盎漿，服之不死。

帝臺漿　在解州〔二三一〕。《山海經》曰：高前之山，其上有水，甚寒而清，謂之帝臺漿。郭璞注云：今河東解縣南壇道山，有水潛出，渟而不流，即此處矣。

【帝臺漿水】味甘。主補五藏，生津液，止肺渴，治羸瘵。久服延年不饑。

玉鈎泉　在解州東北二十里玉鈎山。其山東西綿亘數里，狀如玉鈎〔二三二〕，故以名泉。

【玉鈎泉水】味甘。主下氣定喘，解渴除熱，止吐衄血，消痰治咳。

明月泉　在隰州北十里。中有白石，光瑩如月〔二三三〕，故名。

【明月泉水】味甘。主清藏府，洗滌心胸，益智慧，令人記誦不忘。

湧泉　在大同府城西北角。泉水清冽，一人汲之不溢，千人汲之不窮。

【湧泉水】味甘。止渴利肺，清胃熱，蠲咳嗽，明目聰耳益智慧。

神泉　在懷仁縣城北四十里。泉有二眼，其味甚甘〔二三四〕。

【神泉水】味甘。主除煩解熱，潤肺生津，止咳嘔，療瘧痢寒熱諸疾。

潛龍泉　在渾源州北嶽恒山之東南五十里。旱禱立應，兼能癒疾〔二三五〕。

【潛龍泉水】味甘。主利胸膈，化痰涎，明目去翳，養肝膽，止消渴。

一斗泉　在廣靈縣西北十五里九層山。山有九層，泉出崖口，僅斗大〔二三六〕，味甚甘冽，可飲百餘家。

【一斗泉水】味甘。治心胸煩悶，大熱燥渴，廉泉津液不至。舌下爲廉泉穴。抑火清胃。

瑞泉 在廣靈縣西四十里。泉水湍瀑奔騰，聲如唾玉〔二三七〕。

【瑞泉水】味甘。主潤喉吻，清火熱，消胸膈之稠痰，利膀胱之閟澀。

百穀泉 在長子縣西五十步。有泉二所，一玄一白〔二三八〕，甘冽異常。相傳爲神農得嘉穀之處，故名。

【百穀泉水】味甘。白者入肺經，止渴治咳逆，消痰涎；玄者入腎藏，滋陰退虚火生精髓。

玉女泉 在潞城縣西北五里鳳凰山頂。深僅五尺〔二三九〕，未曾盈竭。泉内時有白氣盛出，蒙覆其上則雨，土人謂之『玉女披衣』。

【玉女泉水】味甘。主潤心胸，清肌骨，消煩暑，止燥渴，益腎生津。

流玉泉 在孝義縣西七十里玉泉山。噴如漱玉〔二四〇〕，味極甘冽而美。

【流玉泉水】味甘。主清肺熱，治勞瘵骨蒸，咳吐膿血，陰虚午後發熱，止口渴。

懸泉 在介休縣東南四十里。䃌谷南，四圍皆山〔二四一〕，中有石磊，横空數仞，周廣三里。岩頂有泉，味極甘冽，倒流如瀑布。

【懸泉水】味甘。主降逆氣，瀉心火，止渴生津，消痰潤肺，治吐衄，定煩躁。

百聚泉〔二四二〕 在陽城縣東二十五里。其泉鼎沸，百流噴騰。

【百聚泉水】味甘。治傷寒熱邪在内，狂妄不知人，及百合病。

濯纓泉 在陵川縣南山下〔二四三〕。水味甘冽。

【濯纓泉水】味甘。治邪氣著人，如見鬼狀，及一切癲癇之症。

瀑布泉 在鎮安縣西四十里，水甘冷〔二四四〕。唐太宗御製詩：「東望香爐山，西觀瀑布水。飛流三千丈，崩岸數十里。」

【瀑布泉水】味苦冷。主推蕩陳垢，滋養真陰。治反胃噎膈，利大小便，通痰壅經絡，攻注疼痛，腹中結滯。

天柱泉 在山陽縣南八十里天柱山，其山壁立萬仞，形如天柱〔二四五〕，泉當絶頂，清冽可飲。宋邵康節先生隱於此，有詩曰：『一簇煙嵐鎖亂雲，孤高天柱好棲真。清泉數酌無餘事，免向人間更問津。』

【天柱泉水】味甘冽。主清心潤肺，止渴除煩，益智慧，生明敏，全真養性，補腎滋陰。久飲之，耐老身輕，童顔黑髮，延年成仙。

太華泉 在華陰縣太華山之巔。其山削成而四方，高五千仞，遠而望之，有若華狀。山頂又有池〔二四六〕，生千葉蓮，服之羽化。泉水狀若山雨，滂湃洪津，泛洒掛溜，直瀉山下。服之者延年成仙。

【太華泉水】味甘冽。主潤肺金，抑心火，補益真元，蠲除燥渴。烏鬚髮，澤肌膚，駐景延年，身輕不老，久服之成仙。

霧谷泉 在華陰縣太華峰之西霧露谷。後漢張超於此，能布五里之霧。泉在谷口〔二四七〕，色如璚漿，味頗甘冽。

【霧谷泉水】味甘。主明目，去目中翳膜。補肝膽，涼心熱，止渴生津，消痰下氣定喘，通大小腸，益五藏，利百脈。

苦泉　在同州洛水之南。泉味鹹苦，羊飲之肥而肉美。諺云：『苦泉羊，洛水漿〔二四八〕。』

【苦泉水】味鹹苦，不堪烹瀹。羊飲之，其肉肥美。又宜於煎治癭瘤痰核結塊。降心火退熱藥中用之。

重泉　在同州西北三十里。味甘而美。

【重泉水】味甘美。主補中益氣，養血脈，厚腸胃。彼地萬餘頃，皆瘠惡之土，悉賴此水，盡成膏腴，可令畝得十石。

甘泉　在澄城縣西匱谷中。其味澄潔甘美，堪造酒〔二四九〕。

【甘泉水】味甘。主解渴消暑，除煩躁，清肌骨，降火邪，退肺熱，止咳嗽。釀酒味佳。

洗腸泉　在澄城縣西〔二五〇〕。相傳晉佛圖澄洗腸於此。

【洗腸泉水】味甘。主天行不正之氣，取此水飲之，兼洒。

御池泉　在耀州西北七十里〔二五一〕。其味甘馨。

【御池泉水】味甘。主胸膈諸熱，明目止渴，滋腎藏，伐火邪，益精氣，安心神。

温泉　在武功縣太白山。其水沸湧如湯。

【温泉水】不可飲，止堪澡浴，可治百病。世清則疾愈，世亂則無驗。

平泉　在永壽縣北二十里。泉從平地湧出，味甚清冽。

【平泉水】味甘冽。主清利頭目，祛豁風痰，止渴消煩，滋陰抑火。

金泉　在淳化縣西三十里〔二五二〕。泉湧數穴，清澈無底，味極甘冽而美。人來汲引，見有金光滉漾其中。

【金泉水】味甘。主解熱鬱，行結氣，逐風涎，通水道，除燥渴，利胸中阨塞痞悶。治上焦壅滿稠痰，降心火，遏肺家受邪。

醴泉　在洋縣境内〔二五三〕。其泉湧出，甘洌如醴。

【醴泉水】味甘洌。主補五藏，養精神，悦顔色，生智慧，調經脈，止肺渴。

龍泉　在西鄉縣南三十里〔二五四〕。泉在石穴中湧出，隨潮之進退，視其減溢，潮生則水濁，潮息則水清。

【龍泉水】味甘鹹淡不常。主滋養腎經，制伏心火。大抵通潮脈之水，不宜於烹瀹。

聖水　在寧羌州南三十里山崖之畔。一石懸如龍首〔二五五〕，水從口吻滴瀝而下，過客仰面就飲，味甚甘洌。

【聖水】味甘洌。除心煩，涼肺熱。止渴治咳嗽，潤燥療吐衄。滋養腎經，調伏相火。

三泉　在沔縣大安軍東門外瀕江石上。有泉如小車輪，品列鼎峙，故名『三泉』〔二五六〕。唐蘇頲詩云〔二五七〕：『三月松作花，春行日漸賒。竹障山鳥路，藤蔓野人家。透石飛梁下，尋云絶磴斜。此中誰與樂，揮涕語年華。』

【三泉水】味甘。主咳逆上氣，喘急不安，解熱渴，潤肺燥，降心火，消痰涎。

熱泉　在沔縣北平地〔二五八〕。泉源沸湧，冬夏湯湯，望之則白氣浩然，能瘥百病。赴集者常有百數。

【熱泉水】不可飲。其下恐有硫黄，可浴之，治内外新久百病。

盤龍泉　在略陽縣西五里盤龍山之下。泉味清冽而美，屈曲縈紆，有若蟠龍之狀，故以爲名〔二五九〕。

【盤龍泉水】味甘。治肺熱咳嗽，瘧疾寒熱，嘔吐酸水，肝熱淚出。

石泉　在石泉縣南五十步。其水清冽，四時不竭，縣以泉名。

【石泉水】味甘冽。治三焦積熱，肺受火迫，咳唾痰血，聲啞不清，喉中痰塞，胸滿痞悶，陰火上升，一切亢極之症。

玉潤泉〔二六〇〕　在鳳翔府城西北五里。水味甘冽。

【玉潤泉水】味甘。治火邪有餘，口臭齒痛，痰氣上攻，頭目昏暈。

塔寺泉　在鳳翔府城東三里。水味甘冽。

【塔寺泉水】味甘。主消渴煩滿，身熱咳喘，抑火降痰，潤肺，生津液。

靈泉　在鳳翔府東北十五里。水味甘冽〔二六一〕。蘇東坡詩云〔二六二〕：『金沙泉涌雪濤香，洒作醍醐大地涼。解妬九天河影白，遥通百谷海聲長。僧來汲月歸靈石，人到尋源宿上方。更續《茶經》校奇品，山瓢留待羽仙嘗。』

【靈泉水】味甘冽。治傷寒温疫，大汗不解，大熱狂躁，口渴煩滿，瘧疾暑痢，邪火熾盛，暴病悶亂，癲癇痰厥之候。

虎吼泉　在鳳翔府城西北二十里。水味甘美。

【虎吼泉水】味甘。主肝氣有餘，易於恚怒，轉筋霍亂，腹中疞痛，飲其水愈。

潤德泉　在岐山縣西北十五里，鳳山周公廟之傍。時平則流，世亂則涸〔二六三〕。

【潤德泉水】味甘。主補元氣，治勞瘵，泄肺邪，通隧道，降痰火。

流玉澗 在寶鷄縣城南二里許。清流如玉〔二六四〕，味甚甘冽。

【流玉澗水】味甘。治藏府積熱，口乾舌燥，咽喉腫痛，含水漱咽，大效。

九眼泉 在寶鷄縣城南二里。泉出九穴，味特殊勝〔二六五〕。

【九眼泉水】味甘冽。主潤肺生津，止渴除熱，寧心神，益智慧。

飛鳳泉〔二六六〕 在扶風縣城北五十里，明月山之西。

【飛鳳泉水】味甘。主助文思，壯吟懷，揮毫洒翰，能使筆走龍蛇。

蟄龍泉 在扶風縣城北五十里，明月山之東。

【蟄龍泉水】味甘。主雄武略，鼓軍愾，舞劍掄鎗，能使聲銷羆虎。

温春泉 在郿縣東南五十里。泉水温暖，故以春名。

【温春泉水】不可飲，止堪浴以療諸疾，泉清則愈，濁則不靈。

馬跡泉 在汧陽縣東南二十里，上有人馬足跡〔二六七〕。

【馬跡泉水】味甘。主大渴身熱，消煩祛暑，利肺經，止咳嗽，降心火，治鼻洪（紅？）。

湧珠泉 在汧陽縣南三里，泉湧如珠〔二六八〕。

【湧珠泉水】味甘。主涼心經，治肝熱，目昏淚出，解渴除煩，消癰腫瘡毒。

西巖泉 在平涼府西崆峒山之西。泉味甘冽〔二六九〕。

【西巖泉水】味甘洌。治肺熱燥渴，鼻衄吐血，驚狂煩悶不安，譫言妄語作亂，此水清涼，可以立解。又治丹石之毒。

琉璃泉〔二七〇〕 在平涼府西三十里崆峒山之西。水味甘洌。

【琉璃泉水】味甘。主補元氣，養心神，益智聰明，强陰制火，安和五内。

百泉 在涇州城西三十五里。泉眼噴出〔二七一〕，亂流難計。

【百泉水】味甘。主燥渴，除肺熱，退心火。治口舌生瘡，咽喉疼痛。

玉井 在臨洮府城東二里，玉井峰之巔。井水如玉。

【玉井水】味甘洌。治肺熱咳嗽，肺痿肺癰，虚勞客熱，痰唾稠濁。

龍紋泉 在蘭州允街谷泉眼之中。水紋作蛟龍狀，或試撓破之，尋復成龍，將飲者皆退避而走。

【龍紋泉水】味甘。主潤心肺，治喉痺，降火邪，消癰毒，止口渴。

玉漿泉 在鞏昌府西鳥鼠山。其山絶壁千尋，由來乏水〔二七二〕。周武帝時豆盧勣爲渭州刺史，有惠政，華夷悦服，馬跡所踐，忽飛泉湧出，民以玉漿稱之。

【玉漿泉水】味甘。主清心抑火，潤肺生津。治咽嗌不利，胃中痰熱，藏府清濁混淆，大便滑泄，而小水禁錮不快。

洒玉泉 在寧遠縣南玉泉山。流泉如洒玉。

【洒玉泉水】味甘。主温疫天行熱病，腸風藏毒，下血血痢，心腹脹滿，邪氣結熱，口渴咽乾，黃疸，小便黃如金色。

九珠泉〔二七三〕　在西和縣西北。其水夏涼冬温，味甘而四時不竭。

【九珠泉水】味甘。主煩滿口渴，咽腫疼痛，狂邪驚悸大熱，潤肺止咳逆，消痰利胸膈，嘔吐酸水，胃中火熱，頭疼齒痛。

通靈泉　在西和縣東南三百餘里通靈山。四山環合〔二七四〕，清泉自岩穴飛灑如玉繩，其味甘香而洌。

【通靈泉水】味甘。主瘧疾往來寒熱，心腹結聚疼痛，温疫時行，驚悸狂邪，婦人産難，及胞衣不下，産後兒枕疼痛，小兒驚風搐搦，痰涎滿口，啼叫如見鬼祟。又治大人尸厥之症，并取此水煎藥煮粥，及噴屋四角，無不效驗。

鹽井　在西和縣南三十里〔二七五〕。水與岸齊，味極甘美，飲之破氣，解鬱悶。

【鹽井水】味甘美。主平肝邪太過，補脾土以滋肺金，伐有餘之木，令恚怒之氣消，憂鬱之氣解，其功向來未有知者。

豐水泉　在西和縣南百里仇池山。四面拱立峭絶，險固自然，有樓櫓卻敵形，絶頂平地方二十餘里，泉如湖水〔二七六〕，可煮鹽。杜甫詩云：『萬古仇池穴，潛通小有天。神魚人不見，福地語真傳。近接西南境，長懷十九泉。何時一茅屋，送老白雲邊。』

【豐水泉水】味甘鹹。主解熱清暑，消痰核，利胸膈，入腎經。治陰虚精少，自汗盜汗，腰膝瘦疼無力，足脛軟弱，不能行履。

玉繩泉 在成縣東南七里〔二七七〕，萬丈潭之左。宋喻涉有『萬丈潭邊萬丈山，山根一竇落飛泉』之句。

【玉繩泉水】味甘。治煩渴，肺胃大熱，心胸躁悶不安，引飲無度。

迸璣泉 在成縣東南十里鳳凰山之腰。味甘而冽〔二七八〕。

【迸璣泉水】味甘。主清火熱，解燥渴，潤心肺。治吐衄血，益智慧，生津液。

飲軍泉〔二七九〕 在秦州東四十里。唐尉遲敬德與番將金牙戰，士卒疲渴，敬德馬忽跑，泉水湧出，三軍飲足，至今不竭。旁有鄂國公祠。宋游師雄飲之，賞其清冽，因與葉康直詩云：『清泉一派古祠邊，昨日親上小鳳團，卻恨竟陵無品目，煩君精鑒爲嘗看』。

【飲軍泉水】味甘美。主清頭目，解肺渴，潤燥，涼心熱。瀹茗飲之，利六府，清肌骨，祛暑氣。

清水泉 在合水縣西南一里〔二八〇〕。天雨滂沱，流而不濁，故曰清水。

【清水泉水】味甘。主滋益水藏，灌溉真元，降三焦隱伏之火，從小便滲泄而出。

戛玉泉〔二八一〕 在合水縣西南七十里。水味甘冽。石崖上刻有唐句云〔二八二〕：『山脈逗飛泉，泓澄傍岩石。亂垂寒玉篠，碎洒珍珠滴。澄波涵萬象，明鏡瀉天色。有時乘月來，賞咏還自適。』東坡亦有『驪珠萬顆濺清寒』之句。

【戛玉泉水】味甘。主解炎蒸，止消渴，消痰利肺氣，滋陰益腎經。治汗多爲火熱所迫，强脾土爲木所乘。烹酌更佳。

金沙泉 在寧州城南一里〔二八三〕。其水湧沙如金。

【金沙泉水】味甘。主利膀胱水道。熱結下焦，小腹硬痛，沙淋石淋。

天澤泉　在安塞縣天澤山之巔。水味清冽〔二八四〕。

【天澤泉水】味甘。治肺熱咳唾痰涎，陰虛盜汗，夜卧少寐，魂夢不寧，腰膝痠疼，腿足無力，心悸怔忡，恍惚健忘。

御甘泉〔二八五〕　在甘泉縣南五里巖谷上。其水飛流激射，去地丈許。厥味甘美。隋煬帝游此，飲而嗜之，取入禁内，故縣以泉名。

【御甘泉水】味甘美。主肺熱消渴，心火上炎，口舌生瘡，咽喉疼痛。利頭腦，明耳目，生津液，潤枯槁。通閟治淋，强陰益髓。

五龍泉　在安定縣東里許〔二八六〕。平地石隙中湧出，其聲雄吼，味特甘美。

【五龍泉水】味甘。主潤心肺，利六府，解煩暑，治燥渴。行水除淋，清痰抑火。

漱玉泉　在延長縣東漱玉巖下。泉出如練〔二八七〕。

【漱玉泉水】味甘。治心胸煩躁不安，喉吻津液不至。祛暑益氣，潤肺清心。

一綫泉　在中部縣西南。泉出石穴中，如垂一綫〔二八八〕，味極清冽。

【一綫泉水】味甘。主除熱解煩，清暑潤燥，止渴生津液，涼心利水藏。

滴珠泉〔二八九〕　在中部縣西南里許。泉出石罅中，滴瀝如珠，味甘而冽。

【滴珠泉水】味甘冽。主補中益氣，和血清神，解暑熱，涼心腎。

姜女泉　在宜君縣南八十里。相傳杞良之妻，尋夫至此，疲渴甚，仰天而哭，泉忽湧出，味甘而洌，故名。

【姜女泉水】味甘。主解渴，灌溉丹田，清涼肺府，消除大熱，滋益真陰。

嗚咽泉〔二九〇〕　在綏德州城南三里，秦扶蘇賜死之處。唐胡曾詩云：『舉國賢良盡泪垂，扶蘇屈死戍邊時。至今谷口泉嗚咽，猶似當年恨李斯。』

【嗚咽泉水】味甘。主咳嗽，咽喉痛，利水除熱。士人飲之，生聰慧賢良。

金積泉　在寧夏城南二百餘里，金積山之麓〔二九一〕。山多積土，日照之，其色如金，泉自地湧若沸，清洌可飲。

【金積泉水】味甘。治口渴，生津液，止吐血，下熱痰，祛煩暑。面垢唇焦，脈伏欲死者，飲一杯愈。

酒泉　一名金泉〔二九二〕。在肅州衛。其色如金，厥味如酒。

【酒泉水】味甘洌。主和脾胃，調血脈，養心神，走經絡，止渴生津。

紅泉　在涼州衛〔二九三〕，其水紺色。

【紅泉水】味甘洌。治霍亂嘔逆，及膀胱奔豚氣，調中利水，止渴，除煩躁，通關開胃，手足轉筋，心病鬼疰明目定心，去小兒熱，酒後面赤，治女人赤白帶下，胎前腹中疼痛，産後兒枕痛。洗癬疥，滅疤痕。洒屋壁，祛蚊蚋。

咽瓠泉　在藍田縣北十七里〔二九四〕。唐李荃遇驪山老母，授以《陰符經》既畢，令荃攜瓠汲泉，因而不見，故名。

【咽瓠泉水】味甘。主補元氣，壯精神，除百病，消憂憤。服之既久成仙。

石門温泉〔二九五〕 在藍田縣西南四十里。此地雪落即融，唐時有異僧見之，云必温泉也，已而掘之果然。凡有病者，飲之輒愈。

【石門温泉水】味甘。治心腹寒痛，傷寒寒熱，瘧痢泄瀉，勞膈氣反胃，鼓脹黄疸，一切瘋症。

冰井〔二九六〕 在藍田縣玉案山。他水流入輒成冰，經夏不消。長安不藏冰，但於此地求取。

【冰井水】味苦。主解熱毒，消丹瘤，治實火眼目暴發腫痛。

飛泉 在盩厔縣東南五十里。泉味甚甘，飲者愈疾。

【飛泉水】味甘。治天行時病，冬月正傷寒，春温夏熱病，秋月暑濕瘧痢，眼目赤腫，丹瘤瘡癤。

浪井 在三原縣，不鑿自成。王者道德，則水清洌而溢。

【浪井水】味甘。主補益真元，消除煩渴，潤肺生津。

澤多泉〔二九七〕 在渭南縣西十里。水味甘洌。

【澤多泉水】味甘。治五藏不足，益智慧。

桃花泉 在興國州南十五里，桃花尖〔山〕下桃花寺中〔二九八〕。甘美無比，里人用以造茶，味勝他處，今號曰桃花絶品。宋王琪詩云〔二九九〕：『梅雪既掃地，桃花露微紅。風從北苑來，吹入茶塢中。』

【桃花泉水】味甘。主補益真元，榮養藏氣，消暑解酒，止渴生津。

九真泉 在漢陽縣九真山九真廟側。水味甘洌〔三〇〇〕。

【九真泉水】味甘。主滋榮脈絡，利肺通淋，止咳嗽。

茶泉[三〇一]　在蘄水縣東鳳栖山下。唐陸羽烹茶所汲，水味甘美。

【茶泉水】味甘。主補精神，調和藏府。生津液，解熱渴，利小道，破五淋。

玉虹泉　在羅田縣東二里[三〇二]。宋何錫汝有『半嶺泉鳴通古澗，數峰秋盡隔寒川』之句。

【玉虹泉水】味甘。主瀉陽養陰，抑心滋腎。止咳逆，下痰。

雪嵒井　在羅田縣東四十里，雪嵒之頂[三〇三]。井深數十丈，噴泉如雪。

【雪嵒井水】味甘。主藏府大熱，傷寒陽邪傳裡，發斑黃狂亂，大渴煩悶。

宋玉井　在承天府學泮池側。其泉清冷湛冽，異於他水[三〇四]。

【宋玉井水】味甘。主消痰涎，潤肺燥，涼内熱，止咳嗽，通利小便，清解炎暑。

五泉　在京山縣横嶺下。泉有五穴[三〇五]，湧如鼎沸。

【五泉水】味甘。主涼心益腎，潤燥滋陰，止口渴，去目翳，消除煩熱。

新羅泉[三〇六]　在京山縣石人山下。昔有新羅僧修行於此。

【新羅泉水】味甘。主除風寒入於腦府，眩暈時作。又治肺火上升，面紅鼻赤。

白玉泉　在京山縣之寶香山頂。水味甘冽[三〇七]。

【白玉泉水】味甘。主消酒熱，治咳喘，潤心肺，涼胸膈，止煩渴。

珍珠泉　在京山縣子陵洞中[三〇八]。水味甘冽。

【珍珠泉水】味甘。主長毛髮，滑肌肉，舒筋健骨，解百毒，退淫佚之火。

八角井〔三〇九〕　在京山縣西南八十里，梁高僧演教之所。其水甘洌澄澈，異於他處。

【八角井水】味甘。治肺經火盛，咳嗽吐紅，痰中有血絲血屑。

蒙惠泉〔三一〇〕　在荆門州西一里蒙山之下。北曰蒙，其水常寒；南曰惠，其水常温。唐沈傳師詩：『京洛馬騣騣，塵勞日向深。蒙泉聊息駕，可以洗君心。』

【蒙泉水】味甘。主清心明目，降火除熱。

【惠泉水】味甘。主潤肺止渴。

珠玉泉　在荆門郟石山之麓。水二派，南出珠，北出玉。

【珠玉泉水】味甘。潤肺生津止渴，益精神，悦顔色，澤肌膚。

玉泉〔三一一〕　在當陽縣南三十里玉泉山。郭璞《游仙詩》序，謂此泉潛行九萬八千里，來自西域天竺。

注：　震旦者也。

【玉泉水】味甘。主行結氣，開通鬱滯，蕩滌胸膈中邪氣，止渴生津，治肺熱。

温泉　在應城縣西南六十里，京山之巔〔三一二〕。深淨如鑒，聞人聲則湯發，可以燖鷄。李白詩云〔三一三〕：『神女没幽境，湯池流大川。陰陽結炎炭，造化開靈泉。地底爍朱火，沙傍歊素煙。沸珠躍明月，皎鏡涵空天。氣浮蘭芳滿，色漲桃花然。散下楚王國，分澆宋玉田。獨隨朝宗水，赴海輸微肩。』

【温泉水】大抵熱水不可飲，下有硫黄，只宜洗浴，以療瘡疥。

驢泉〔三一四〕　在隨州北九十里驢泉山上。大旱不涸，山石鹵潤，牛馬經過，貪其味甘，不能去。土人云『牛馬解逸，即於此山尋之』。

【驢泉水】味甘微鹹。主補脾益腎，抑火消痰，牛馬飲之肥壯。

金沙泉　在宜城縣二里〔三一五〕。其泉造酒甘美，世稱宜城春，又稱竹葉春。梁元帝詩：『宜城醖酒今朝熟，停鞭繫馬暫栖宿。』温庭筠詩：『宜城酒熟花覆橋，沙晴緑鴨鳴咬咬。』

【金沙泉水】味甘。主補五藏，生津液，潤肺止口渴，和脾利胸膈。

一碗泉　在南漳縣西三百里〔三一六〕。石上有坎，水出坎中，僅容一碗，味甚清甘，取之不竭。

【一碗泉水】味甘。主清心潤肺，解渴祛煩暑，除熱散酒勢。

甘泉〔三一七〕　在襄陽縣東北四十里。水出石穴中，味甘而冽。

【甘泉水】味甘。主和中補脾，益元氣，利諸經，止渴除煩，消痰降火。

靈泉〔三一八〕　在棗陽縣南五十里古靈寺旁。其泉與西蜀相連，昔泉上浮一木魚，刻云『西蜀某寺記』。

【靈泉水】味甘。主風虚眩冒，咳逆痰涎，惡氣攻衝，腹中疼痛。

竹泉　在松滋縣南〔三一九〕。泉水清冽。宋至和初，苦竹寺僧浚井得筆，後黄庭堅謫黔過之，視筆曰『此吾蛤蟆碚所墜』，固知此泉與之相通。其詩曰：『松滋縣西竹林寺，苦竹林中甘井泉。巴人謾説蝦蟆碚，試裹春芽來就煎。』

【竹泉水】味甘。主潤五藏，悦顔色，益精神，榮肌膚，清冷肺府，止渴生津，大略與蛤蟆碚水相同（蛤蟆碚水見前名水類内）。

永慶井　在岳州府東山絶頂。其水清冽。

【永慶井水】味甘。主解酒勢，及諸丹石藥毒，止渴滋肺生津。

雲母泉　在華容縣東三十里墨山下。泉出味甘而流長，地産雲母〔三一〇〕。李華詩云：『牆壁道路，炯如列星。井泉溪澗，色皆純白。』是也。

【雲母泉水】味甘。主除邪氣，安五藏，益精明目，止渴生津液。久飲之，輕身延年。

子真井　在平江縣梅仙山，梅子真隱處。水味甘冽〔三一一〕。

【子真井水】味甘。主涼心熱，降肺火，益精，去目睛膜翳，止渴清暑。

碧泉　在湘潭縣西南七十里。唐天寶間，石穴中泉忽湧出，色如拖藍，投物其中，色皆蒼翠〔三一二〕。宋胡安國創『碧泉書院』於此。

【碧泉水】味甘。主補腎明目，醒酒，除天熱，消煩躁，止口渴。

醴泉　在醴陵縣北五里陵上。泉湧如醴，其味極甘〔三一三〕，因以名縣。縣西五里有鳳凰山，與梧桐山對峙，（古）〔故〕老云：『鳳凰非梧桐不棲，非醴泉不飲。』故此三山相爲左右。

【醴泉水】味甘。主補精神，滋榮五藏六府，增智慧，令人强記不忘。

小溈泉　在醴陵縣東二十里小溈山。衆峰環繞，湍流中濺〔三一四〕。

【小溈泉水】味甘。主清心抑火，養胃和中，止渴除煩，消痰利氣。

薌泉　在湘鄉縣城中〔三二五〕。泉香如椒蘭，釀酒殊勝，若參以他水，其味輒變。

【薌泉水】味甘。主和脾益胃，補助真元，潤涸生津，除煩退熱。釀酒味極甘馨，久貯不敗。

洣泉　在酃縣境内。泉不常見〔三二六〕，遇邑政清明，年穀豐稔，其泉淅然如米泔瀑湧，飲之可以愈百病。

【洣泉水】味甘。主補五藏，養精神，療百病，悦顔色。久飲之，延年不飢。

碧雲泉　在桂陽州治圃中。水極甘冽，宜茗。

【碧雲泉水】味甘。主清神思，遣睡魔，益氣調中，生津止渴。

龍山泉　在寶慶府城東八十里，龍山頂上。泉如潮湧。

【龍山泉水】味甘。主解酒熱，潤心胸。治喘咳痰涎，咽喉疼痛。

如意泉　在零陵縣福田山塔下。水味甘冽〔三二七〕。

【如意泉水】味甘。主潤五藏，利六府，止渴，滋養肌膚，和悦面容。

七勝泉　在道州東郭〔三二八〕。石穴出水。

【七勝泉水】味甘。主滅除五志之火，滋充兩腎之陰，解酒熱，消煩躁。

愈泉　在郴州城中〔三二九〕。泉水清冷甘美。有患疾者，飲之立愈，故名。

【愈泉水】味甘。主傷寒傷風，天行時病，瘧痢霍亂，咳嗽，目痛，勞瘵，鼓膈，中風癱瘓，手足痿痺，厲風鼻崩眉脱。

劍泉〔三三〇〕　在彬州城内康泰坊。泉自石罅中躍沙而出。浮休居士張舜民刻銘其上。

【劍泉水】味甘。主祛邪氣，解酒消風，除熱止渴，明目，生津液。

圓泉〔三三一〕 在彬州南靈壽山石室下。陸羽《茶經》品爲第十八水。

【圓泉水】味甘。主潤肺止渴，榮肌膚，發腠理，滋益華池，開明智府。

崔婆井〔三三二〕 在常德府城西三十里。宋時有道士張虚白嘗飲酒，姥崔氏不責以償，經年無厭，乃問所欲，答以江水遠，不便於汲，道士遂指舍旁隙地，堪爲掘井，不數尺，得泉甘洌，異於常水。

【崔婆井水】味甘。主養精神，滋五藏，充百脈，利三焦。久飲令人肥白悦澤，延年不老。

萊公泉〔三三三〕 在常德府城北六十里甘泉寺中。宋寇準南遷日題於東楹曰：『平仲酌泉經此，回望北闕黯然。』未幾丁謂又過之，題於西楹曰：『謂之酌泉，禮佛而去。』後范諷留詩於寺曰：『平仲酌泉回北望，謂之禮佛向南行。煙嵐翠鎖門前路，轉使高僧厭寵榮。』

【萊公泉水】味甘。主益腎明目，開心通神明，增智慧，消酒除熱，五藏煩熱，脾火燔灼，多食易飢，四肢瘦削，補陰。

洪崖井〔三三四〕 在南昌府西四十里，西山翠岩應聖宫之間。飛流懸注，其深無底。僧善權詩：『水發香城源，度澗隨曲折。奔流兩(崖)〔岸〕腹，洶涌雙石鬭恐翻銀漢浪，冷下太古雪。跳波落丹(水)〔井〕，勢(盡)〔殺〕聲自歇。散漫歸平川，與世濯煩熱。飛梁瞰靈磨，洞視(疏)〔竦〕毛髮。連峰翳層陰，老木森羽節。洪崖古仙子，煉秀擣殘月。丹成已蟬蜕，井舊見遺烈。我亦(小)〔辭〕道山，浮杯(爰)〔愛〕清絶。攀松一舒嘯，靈風拔林樾。尚想騎雪精，重來飲芳潔。』

【洪崖井水】味甘。主除煩熱，降肺火，涼心清胃，治咳消痰，明耳目，利小便，益智調中，寧神定志。又治癇，邪氣狂妄之症。此水飲之，或以送下諸丸丹及煎治湯液。

孝感泉 在豐城縣西南八十里道人山，本紹興中少卿曹戩避地寓此。其母喜茗飲〔三三五〕，山初無井，戩乃齋戒籲天，劚地纔尺而清泉湧溢，味甚甘冽。

【孝感泉水】味甘。主清心止渴，潤肺生津，益氣和中，延年養老。

聖井 在進賢縣南廿里〔三三六〕，麻姑山麻姑觀之東。冬夏如一，味甘而冽。每風月澄靜之夕，輒有步虛及鐘磬聲。

【聖井水】味甘。主清肝經風熱，明（明）〔目〕去翳，目眵淚出，止渴除煩。

温泉 在奉新縣西八十里九仙山。其水〔一〕温一沸〔三三七〕，湧出道間，往來皆得浴焉。

【温泉水】不可飲，止堪澡洗，治一切寒濕痿痺之症，及瘡瘍疥癬。

分水泉〔三三八〕 在靖安縣東北七十里之梅崖。

【分水泉水】味甘。主風邪入於肝經，筋脈不遂，頭眩目昏，耳鳴火旺。

雙井 在寧州三十里外〔三三九〕，黄山谷所居之地。土人汲以造茶，爲草茶第一。魯直送雙井茶與蘇子瞻詩云：『人間風日不到處，天上玉堂森寶書。想見東坡舊居士，揮毫百斛瀉明珠。我家江南摘云腴，落磑霏霏雪不如。爲公喚起黄州夢，獨載扁舟向五湖。』

【雙井水】味甘。主清神思，益五藏，利百脈，通閟塞，開竅除淋，消煩止渴。

噴雪泉　在高安縣西北六十里。吕仙翁游憩時，以劍插地，而泉噴出〔三四〇〕。

【噴雪泉水】味甘。主凉心經積熱，滋津液久枯，治頭目昏眩，痰壅咳逆。

真君井　在上高縣西九十里萬松山法忍寺。寺初無井水，以行汲爲病。旌陽許真君遇之，拔劍插於千山之間，水泉湧出〔三四一〕，味極甘冽。

【真君井水】味甘。主潤肺清心，益陰補腎，祛百疾，固真元。久飲之延年。

五色泉　在新昌縣西十里淨慧院。土人取而酌之，五色鮮瑩〔三四二〕。

【五色泉水】味甘。主消煩渴，補五藏，養精神，悦顔色。久飲不飢辟穀。

聰穎泉　在新昌縣北五十里吉祥山。味甘冽〔三四三〕。相傳久飲令人穎慧。

【聰穎泉水】味甘。主清熱止渴，潤肺滋陰，益智慧，開迷懵。

西峰井〔三四四〕　在饒州府南百里。唐西峰禪師以錫杖插地而成此井，味甚甘冽，雖大旱不竭。

【西峰井水】味甘。主洗滌胸膈垢膩，消胃中痰涎，利耳目，除煩熱，消痰嗽。

乳泉　在樂平縣西四十里石研山。色白味甘如乳〔三四五〕。

【乳泉水】味甘。主補中助胃，益血添精，寧心志，止煩渴，消痰涎，降逆氣。

馬祖泉〔三四六〕　在安仁縣東馬祖岩。其水從山腰直下，飛瀉百餘丈。

【馬祖泉水】味甘。主消渴大熱，養氣和中，蕩去胃中宿垢痰涎，補益心經神衰血耗。

谷簾泉　在星子縣西三十五里。瀑廣如簾〔三四七〕，布岩而下者三十餘派。陸羽《茶經》品爲第一，味極甘美而馨。

【谷簾泉水】味甘。主潤肺清心，補中益氣，安和四體，統理百骸，止渴生津，滌煩消垢。久飲之，悦顔色，烏髭鬚，黑髮髩，延年辟穀。陸鴻漸品爲第一。

瀑布泉〔三四八〕 在星子縣西十五里，匡廬山開先寺之側。桑喬山《疏》云：『瀑布源出漢陽，方冬泉脈微弱，循崖而流，涓涓然如一綫。春夏泛濫，直落霄漢間，如垂匹練，日光灼之，燦爛作黄金色，倏爲驚風所掣，則中斷不下。久之忽飄入雲際，如飛毬捲雪，迸珠散玉，頃刻萬狀，殆難以名言也。廬山之南，瀑布以十數，皆待積雨方見。唯開先之瀑不窮，掛流三四百丈，望之如懸索，水所注處，石悉成井，深幽不可測。』

【瀑布泉水】味甘。主補精神，益藏府，潤燥止渴，降氣消痰，清利頭目，澤滑肌膚。久久飲之，返老還童，變白髮爲黑。

暖泉 在建昌縣黄龍山下。其水四時常暖〔三四九〕，以生物投之即熟。白居易詩：『一眼湯泉流向東，浸泥澆草暖無窮。驪山温水因何事，流入金鋪玉甃中。』

【暖泉水】暖脾胃，和血脈，不宜常飲，止可洗浴，治諸瘡疥。

神泉 在九江府南二十五里錦繡峰下。道士皇甫坦劚庵側，應手出泉，味甚甘冽〔三五〇〕。

【神泉水】味甘。主消渴身熱，煩滿口渴，利胸膈，化痰涎。久飲，明目輕身。

甘泉 在德化縣南，甘泉驛之旁。泉極甘冽，飲之有餘香。

【甘泉水】味甘。主清心補脾，潤燥滋化源，益腎强陰，固虚理羸弱。

天池　在九江府西南五十里山谷中。四時湛碧，澄泓不竭。

【天池水】味甘。主潤肺經火燥，滋腸胃焦枯，治老人痰咳虛嗽。

烏石泉　在德安縣北八里，烏石山之半。味甚甘冽，行者利之〔三五一〕。

【烏石泉水】味甘。主和中降火，解暑消煩，明耳目，利胸胃。

黄漿泉　在彭澤縣東南四十里，黄漿山之頂〔三五二〕。泉水瑩潔，隆冬不涸。宋黄鵬舉詩云：『清泉澈底瑩無泥，唤作黄漿恐未宜。若見洞仙還寄語，佳名當唤碧琉璃。』

【黄漿泉水】味甘。主清心潤肺，解暑消酒，令人身輕不飢，肌肉悦澤，明目益精。利小便，除淋閟，濕熱黄疸，小腹滿痛。

玉壺泉　在彭澤縣南四十里石壁山。下有玉壺洞〔三五三〕，泉流不竭，味極甘冽。宋時縣僚祈雨山中，見石壁有題詩云：『洞前流水碧如苔，洞口桃花撲面開。轉頭望斷意不斷，長嘯一聲須再來。』墨跡未乾，亟追之不得。

【玉壺泉水】味甘。主補五藏，安精神，益氣除熱，解渴消暑，去酒積。

生生泉〔三五四〕　在廣信府城察院堂西。皇明餘姚翁大立《記》云：『嘉靖丙午，予以刑部郎中審録江西，踰年五月至廣信，即御史臺居之。將復命，從史皆病疫。臺中有怪物，狀類狗而大。每夜分即來，來即食廚俱去。繚垣無竇，扃户皆弗啓也。時信城大疫，民間鳴金伐鼓，驅疫鬼聲徹昏曉。從史聞之，皆恐恐畏死，泣且告予。予乃肅衣冠，藏燈密室待之，夜分果來，命隸人遮擊，擊數百乃死，疫者疑稍解。忽夢神人語曰：「君從者病，唯天乙生能治之，明日且至。」明日爲六月朔也，予早起，戒門者曰：「有稱天乙生者至，毋留門。」日晡無報至者，予循除散步，且疑且思，忽堂之西偏有地津津然，以物發視，至尺許，清泉湧出。竇從乾方來，若噴沫狀，飲之寒且甘，予喜曰：「天乙生水，神人告我哉。」遂命疫者人飲數瓢即愈。既而城中疫者羣飲之，無不愈。乃命工采石，甃爲井，而名曰生生。』

【生生泉水】味甘。主傷寒寒熱，頭目疼，骨節痛，煩渴大熱。疫癘時行，四時不行之氣著人成病，乃瘧痢霍亂，痰厥迷悶。

巖山泉　在廣信府北巖山石壑中。味甘而冽。

【巖山泉水】味甘。主潤肺經火燥，止口渴，解暑熱，消酒積。

一滴泉〔三五五〕　在廣信府西南數里南岩石穴中。朱晦翁詩：『南岩兜率鏡，形勝自天成。崖雨楹前下，山云後殿生。泉堪清病目，井可濯塵纓。五級峰頭立，行須步玉京。』

【一滴泉水】味甘。主消宿酒，除煩渴，治頭風，顛倒昏眩，耳鳴目痛。

天井　在廣信府銅山之頂。井廣丈餘〔三五六〕，上有倒懸石，可四五丈，如蓮花覆蓋，其水碧色，莫測淺深，春夏不增減。天欲雨，井中即有白霧上騰。

【天井水】味甘。主潤肺渴，生津液，涼心腎，治血枯，除熱煩，狂悶不安。

冰壺泉〔三五七〕　在鉛山縣南六十步，教場山下。泉水清冽。

【冰壺泉水】味甘。主清心胸，退實熱，益氣除煩滿，明目，利小便。

石井　在鉛山縣東北四里，資聖院之後〔三五八〕。周迴六丈，深二三丈，有岩去水二丈，三面回抱，瞰於井上，石文隱起，錯鏤垂下，如蓮花倒生。縣多膽水味澀，此水獨甘。其流晝夜涓涓不息。

【石井水】味甘。主明目，利耳竅，清心益腎，潤肺生津液，除熱止咳。

石龍泉　在撫州府西南三十里。泉上有石如龍形，頭尾鱗甲皆具。泉水澄澈甘美。謝竹友〔三五九〕有『揭來龍泉上，杖屨隨沙鷗』之句。

【石龍泉水】味甘。主益肝明目，止目淚，除風，榮養陰血，黑髮烏鬚。

馬蹄泉　在撫州府西四十里龍會山。有四穴如馬蹄，水清冽〔三六〇〕。

【馬蹄泉水】味甘。主清胸膈，滌胃府，利小便，治淋瀝，止渴除熱。

崇仁泉　在崇仁縣西四十里，崇仁山絶頂〔三六一〕。泉水冬夏不竭。吴曾詩云〔三六二〕：『有泉何自來，但覺聲涓涓。縈紆若蛇走，往注山腹田。』

【崇仁泉水】味甘。主利頭目，潤心肺，定喘息，消痰涎，蕩去膈中垢膩。

伯清泉　在金谿縣東二里。泉出石穴中，味甘而冽〔三六三〕。

【伯清泉水】味甘。主滋肺經燥熱，清涼藏府燔熾，生津止渴，補髓填精。

石眼泉　在金谿縣東二里，水從石罅流出，味極清甘，冬夏如一。

【石眼泉水】味甘。主除勞熱咳嗽，涕唾稠粘，肺癰肺痿，雲門、中府隱隱作痛。

月竇泉　在金谿縣南四里翠雲山。有岩洞正圓如月，泉出其中〔三六四〕，味特甘美。陸梭山詩云：『玉兔愛佳泉，飲之化爲石。規圓立山趾，萬古終不息。應厭舊星躔，盈虛多闕夕。自從寄兹蹤，表表無晦蝕。光彩雖暫埋，體素得不易。神物豈終潛，早晚照九域。』

【月寶泉水】味甘。主滋陰益血，潤肺生津，解暑除煩，消痰止渴。

躍馬泉　在金谿縣翠雲山。泉水涓涓，清甘味勝。曾艇齋詩云〔三六五〕：『山靈從何來，崩騰躍萬馬。初疑夫差軍，水犀光照夜。又疑鬭於戰，聲撼武安瓦。森然毛骨竦，舌拄不能下。對此神駿姿，可以一戰霸。』

【躍馬泉水】味甘。主除嘔吐霍亂，利下裏急，窘迫不快，寒熱鬼瘧。

試茗泉　在金谿縣翠云山。味清冽而甘，頗爲諸泉之勝。王安石詩云〔三六六〕：『此泉地何偏，陸羽曾未閱。坻沙光散射，竇乳甘潛泄。靈山不可見，嘉草何由啜。但有夢中人，相隨搠明月。』

【試茗泉水】味甘。主清心家火熱，消膈上稠痰，止渴解酒，祛炎潤肺。

玉斧泉〔三六七〕　在金谿縣南塗黄嶺下。宋提刑鄒極置别墅於其旁。時有道人自稱姓吕，來輒索酒，飲酣假枕，公以瑤瑚枕與之，戲擲地而碎，袖往井中浣濯復完，隨於井上書『玉斧泉』三字。人於井上頓足，則起二泡，合成吕字。又傳：洞賓於郝壁間，畫一圓圈，徑不滿〔八〕寸，樓閣女樂皆具焉。洞賓躍入，圖亦漸褪，夫人急以衣裾印之，遂成一圖，子孫世藏於家。

【玉斧泉水】味甘。主潤肺止渴，除熱保神。久飲辟穀不飢延年。

鼇頭泉　在金谿縣治前鼇頭山。其山下瞰溪流，如靈鼇赴海之狀，泉當山之腰，涓流不窮〔三六八〕，味甘而冽。

【鼇頭泉水】味甘。主清心益胃，利五藏，調諸氣，降各經火邪。

玉女盆　在建昌府東十里。芙蓉山之頂上有磐石，周迴十數尺，盆深僅咫，泉湧味甘，寒暑不竭。

【玉女盆水】味甘。主補五藏六府，益精神血脈，潤燥生津，利痰治咳。

丹泉　在建昌府西三谷石穴内。丹砂中流出。

【丹泉水】味甘。主鎮心神，除驚狂，涼煩熱，悦顏耐老。久飲返邁成童。

神功泉　在建昌府麻姑山三峽橋。泉出石隙中〔三六九〕，味極甘冽。取以釀酒，即麻姑酒也。故老相傳，先年泉出如酒，色微紅，飲之醉人，想爲諸仙丹液。後人以穢器取之，色變味淡，然比他水尤勝絶。

【神功泉水】味甘。主補五藏六府，榮養肌肉血脈，生精神，治五勞七傷。久飲，輕身不老，延年辟穀，役使鬼神，飛行羽化。

乳泉　在廣昌縣西北七十里聖棲岩〔三七〇〕。泉水甘冽，宜於烹瀹。古詩云：『妙哉雙古乳，玉液清涓涓。攀蘿躡石蹬，一飲消煩煎』。

【乳泉水】味甘。主潤肺除熱，生津止渴，益精神，通脈絡，利耳目，悦顏色。

靈泉　在廣昌縣東北二十里寶陀岩。疫者得杯勺即愈。國朝冢宰何文淵詩云〔三七一〕：『仙人西方來，手持白玉斧。劈開蒼石岩，雲煙互吞吐。高空千餘丈，深闊數千步。四時總是秋，六月不知暑。清泉出石澗，香風繞窗户。雲移樹影斜，花落鷄唱午。龍歸月正圓，犬吠天欲曙。山摇覺撞鐘，林響初擊鼓。天臺與蓬島，未必能勝此。來遊住三日，酷愛神仙府。題詩鐫石壁，記我爲岩主。』

【靈泉水】味甘。主清心火，除肝經風熱，明目退翳，治温疫頭疼大熱。

佛面泉〔三七二〕 在廣昌縣德興里。從石壁中湧出，潔白如乳，泡沫皆肖佛面。

【佛面泉水】味甘。主清肺除熱，益五藏，消宿酒，解暑毒，生津液，消煩渴。

鳴玉泉 在金谿縣翠雲山〔三七三〕。泉聲淙淙如鳴珮，味甘冽。謝邁詩云：『山路秋陽何赫赫，山亭淒涼多秋色。豈唯醒耳玉琮琮，照眼寒光如練白。舊聞瀑布垂雲間，恍疑河漢墮天闕。西望香爐不得住，個中元有小廬山。』

【鳴玉泉水】味甘。主涼心膈，益肌肉，保肺氣，去面上䵟䵳，好顏色。

黄蜂泉〔三七四〕 在金谿縣西三十里。寬不盈畝，而泉脈星燦，多於蜂房，味甘宜飲。

【黄蜂泉水】味甘。主益脾胃，養肝血，止嘔逆，明目，去目中障翳。

府治泉〔三七五〕 在吉安府治垣壁中石隙流出。其源來自安福，味極甘美，宜於烹瀹，爲郡中第一。元時監郡者，增培府治基址，泉遂涸焉。國初莫已知，爲守夷平之，泉湧如噴珠。

【府治泉水】味甘。主補益精神，滋榮藏府，除燥熱，止煩渴。

東坡井 在廬陵縣米巷〔三七六〕。相傳東坡游清都，曰此地好開井，市人隨指處浚鑿，得泉甚甘冽。

【東坡井水】味甘。主清胸膈，涼三焦，降有餘之火邪，滋不足之真水。

觀山泉 在泰和縣觀山〔三七七〕。從石穴中湧出，冬夏不竭，味甚甘冷。黄魯直有『觀山平尺夜泉寒』之句。

【觀山泉水】味甘。主清肺除熱，利竅通淋，開心益智，止渴生津液。

玉溪泉〔三七八〕　在泰和縣西五十里傳擔山絶頂。凡四十八竅而合爲一者。又名六八泉，味極清冽。

【玉溪泉水】味甘。治傷寒瘟疫大熱，口渴煩悶，胸膈痞滿，噫氣吞酸。

聖嶺泉　在永豐縣南二十里聖嶺之巔。深闊丈餘〔三七九〕，大旱不涸，每風雨晦暝，見有金鴨出没其中。

【聖嶺泉水】味甘。主五藏邪氣，腸胃痼熱，心胸浮熱，消渴利小便。

醴泉〔三八〇〕　在永豐縣南百六十里，宋楊仙師所居之地。土人艱於行汲，師以拄杖卓地，水湧出如醴。

【醴泉水】味甘。主補中益氣，安和藏府，悦顔耐老，延年不飢。

龍洞泉　在龍泉縣西北五十里蓬萊嶺。泉水直垂百仞，味極甘冽〔三八一〕。

【龍洞泉水】味甘。主治中風風邪，頭目腦角痛，手足拘急不能動。

聰明泉　在永新縣二十里外義山下。水出石中〔三八二〕，甘冽宜茗。宋劉沆詩云：『義山山下有靈泉，泉號聰明自古傳。四百年中三出相，不才何幸繼前賢。』

【聰明泉水】味甘。主補元氣，滋腎陰，開達心孔，益人智慧。

漿山泉　在永寧縣西三十里漿山之頂。味甚甘冽〔三八三〕。

【漿山泉水】味甘。主和脾胃，補不足，除熱止渴，利肺寧志，扶衰養老。

仙井　在永寧縣南鄭溪〔三八四〕。相傳此地苦無井，是吕仙經此，取碗覆米於地，指曰七日後當得泉，如期啓碗，土陷而水湧，味甚甘。

【仙井水】味甘。主消煩熱，益精神，多睡而能醒，少睡而能寐。

醴乳泉〔三八五〕　在新喻縣西三十里。黄山谷嘗過此，飲而甘之曰：惜張又新、陸鴻漸輩不及知也，因題其旁石柱曰『醴乳』。

【醴乳泉水】味甘。主補益精神，滋充百脈，安五藏，利三焦。

白乳泉〔三八六〕　在峽江縣南四十里玉笥山。

【白乳泉水】主養老人血液衰，大便秘澀，上沖胃脘，食不納。

宜春泉　在宜春縣側〔三八七〕。從地湧出，夏涼冬温，澄碧如鑒，瑩媚如春，味極甘冽。飲之宜人，故以名縣。

【宜春泉水】味甘。主和脾胃，潤三焦，益五藏，悦顔色，延年耐老，清熱，止口渴，明目，利小便，滑澤肌膚，返白髮還黑。

磐石泉　在宜春縣江心〔三八八〕。有石如（秤）〔坪〕，大可五尺，平坦可憩，遊者每至此，酌水爲樂。宋黄叔萬詩云：『離火自天爍，温泉由地生。我來須曉汲，聊用濯塵纓。』

【磐石泉水】味甘。主消煩渴，清暑熱，潤肺生津，蠲痰止咳。

神泉　在分宜縣南二里鈐崗。泉水可以愈疾〔三八九〕。唐張景修有『江抱羅村蟠玉帶，池開石井湧銀濤』之句。

【神泉水】味甘。主辟厲氣，治傷寒時疫，噎膈反胃，霍亂吐逆。

廉泉　在贛縣東南隅光孝寺〔三九〇〕。宋元嘉中，一夕，忽湧地爲泉，時以歸功太守，故名。蘇子瞻詩云：

『水性故自清，不清或撓之。君看此廉泉，五色爛摩尼。廉者爲我廉，我以此名爲。』又云：『贛水雨已漲，廉泉春水流。同烹貢茗雪，一洗瘴茅秋。』

【廉泉水】味甘。主清涼藏府，蕩滌垢膩，止口渴，祛炎暑，消煩煎。

甘酸泉 在雩都縣東紫陽觀内〔三九一〕。泉水甘酸，間日易味，甘日汲以釀酒特美。宋洪邁四言詩云：『毖彼甘泉，出自東方。發源(雲)〔雩〕山，鍾於紫陽。冰清玉潔，源深流長。君子至止，鑒亦有光。挹之不竭，漱玉流芳。』

【甘酸泉水】主養脾胃，充肌肉，益肝膽，勞筋脈、爪甲，黑鬚髮，取以釀酒最佳。

葛仙泉 在興國縣西北二里治平觀外。井深三十餘尺〔三九二〕，底有亘石，泉從竅中湧出，味特甘美殊勝。

【葛仙泉水】味甘。主益精神，補五藏，滋榮血脈，卻疾延年。

玉珠泉〔三九三〕 在興國縣東十五里靈山之麓。其味清洌，冬夏如一。

【玉珠泉水】味甘。主潤肺消煩熱，滋陰退虚火，生津液，解暑渴。

仁峰泉 在會昌縣西百里，仁峰石室内。冬夏不涸，飲之可以愈疾〔三九四〕。

【仁峰泉水】味甘。主治風邪中人，偏枯癱瘓，口眼喎邪，四肢不舉，傷寒時氣，瘧痢吐下。

陸公泉〔三九五〕 在瑞金縣西南一里。宋大觀中，縣尹陸蘊，與弟陸藻搜尋勝跡，〔有〕『軒前山色依然緑，溜下泉聲漱玉寒』之句，因於石竇間浚得此水，故以其姓名泉也。

【陸公泉水】味甘。主涼三焦火熱，潤肺經燥涸，生津液，止煩渴。

飛錫泉　在瑞金縣北二十五里靈應山。寺初艱於汲水，有禪僧飛錫東行，泉如雲湧〔三九六〕。

【飛錫泉水】味甘。主補元氣，明耳目，益精髓，壯筋骨，澤肌膚，悦顔色。

石龜泉　在南安府城西北隈，寶界寺法堂之後。初掘井及泉〔三九七〕，下有石龜，水從龜目而出，烹瀹最佳。

【石龜泉水】味甘。主滋腎益陰，明目補精，消煩熱，退虚火。

上徙泉　在南安府東南二里東山。苦於汲，有僧性定者，以符咒之曰：泉且上來，與老僧徙鉢。逾時，香積旁石竇出泉，甚甘洌〔三九八〕。

【上徙泉水】味甘。主和氣血，充腸胃，調脈絡，止渴生津，消煩清暑。

點石泉　在南安府庾嶺上〔三九九〕。唐六祖大鑒禪師自黄梅傳衣鉢回曹溪，五百僧爭之，追至大庾嶺，久立告渴，祖拈錫杖點石，泉湧清冷甘美，衆駭而退。

【點石泉水】味甘。主清心潤肺，利六府，明耳目，止渴生液。

九眼泉　在南安府治之東，相去七十步。井深而水洌，石其底，如盤而九竅，涓涓無已，春夏不窮。

【九眼泉水】味甘。主消痰涎，定喘急，去垢膩，滌邪穢，清勢解暑。

玉字井　在大庾縣東南隅玉字街。味甚甘美〔四〇〇〕。

【玉字井水】味甘。主除熱明目，清痰抑火，解酒毒，止消渴。

三昧泉　在彭縣西三十里至德山。泉自石竇噴洌，方大如斗〔四〇一〕，不竭不溢。相傳即知玄國師洗人面瘡之處，至今疾者澆之多效。附《水懺》序：『昔唐懿宗朝，有悟達國師知玄者，未顯時，嘗與一僧邂逅於京師，忘其所寓之地。其僧乃患迦摩羅疾，衆皆惡之，獨知玄與之爲鄰，時時顧問，略無厭色。因分袂，其僧感其風義，祝之曰：「子向後有難，可往西蜀彭州茶隴相尋，山有二松爲誌。」后悟達國師居安國寺，道德昭著，懿宗親臨法席，賜沉香爲法座，恩渥甚厚，自爾忽生人面瘡於膝上，眉目口齒俱備，每以飲食餧之，則開口吞啖，與人無异。遍召名醫，皆拱手默默。因記昔日同住僧之語，竟入山相尋，值天色已晚，彷徨四顧，乃見二松於烟雲間，信期約之不誣。即趨其所，崇樓廣殿，金碧交輝，其僧立於門首，顧接甚歡。因留宿，遂以所苦告之，彼云無傷也，巖下有泉，明旦濯之即愈。詰明童子，引至泉所，方掬水間，其人面瘡遂大呼：「未可洗，公識達深遠，考究古今，曾讀《西漢書》袁盎、鼂錯傳否？」曰：「曾讀。」「既曾讀之，寧不知袁盎殺鼂錯乎？公即袁盎，吾即鼂錯也，錯腰斬東市，其冤爲何如哉？累世求報于公，而公十世爲高僧，戒律精嚴，報不得其便。今汝受人主寵遇過奢，名利心起，於德有損，故能害之。今蒙迦諾迦尊者洗我以三昧法水，自此以往，不復與汝爲冤矣。」悟達聞之凛然，魂不住體，連忙掬水洗之，其痛徹髓，絶而復蘇，覺來其瘡不見。乃知聖賢溷迹，非凡情所測，再欲瞻敬，回顧寺宇不可復見。因卓庵其所，遂成招提，迨我宋朝至道中，賜名至德禪寺。悟達當時感其殊異，深思積世之冤，非遇聖人何由得釋。因述爲懺法，朝夕禮誦，后傳布天下。今之懺文三卷者，乃斯文也。蓋取三昧水洗冤業爲義，命名曰《水懺》。此悟達感迦諾迦之異應，正名立義，報本而爲之云耳。』

【三昧泉水】味甘。主治一切痼疾，醫藥難痊，冤愆沉著之病，澆洗奇惡諸瘡。

牛跑泉　在灌縣青城山老君觀内。味甚甘美。昔老子與天皇真人會真之所，老子所騎青牛，跑地出泉也。

【牛跑泉水】味甘。主潤燥生津，益精補腎。久飲延年，辟穀不飢。

林泉　在新津縣南里許修覺寺。左右各有一井，春夏汲東，秋冬汲西，味斯甘冽殊勝，反之便不佳矣。

【林泉水】味甘。主清心火，治肺熱，益胃氣，除煩解暑，利竅通淋。

麗甘泉　在仁壽縣南一里麗甘山下。是十二玉女故迹，以玉女美麗，泉水味甘[四〇二]，合而名其山。

【麗甘泉水】味甘。主補五藏六府，退三焦火熱，潤喉吻，益智慧。

靈泉　在仁壽縣靈泉院中，一名譚子池[四〇三]。宋進士郭周藩詩述之甚悉：『靈泉在山頭，酌之不盈巵。試詢陵陽叟，云何譚子池？一叟爲我言，郡有譚叔皮。在唐開元末，生兒名阿宜。墜地解言笑，九歲森髯髭。不食且不飲，超然忘渴飢。十五鋭行走，敻若神駒馳。二十入山林，人莫知所之。父母念不泯，鄉人爲立祠。大曆元年春，此兒忽來歸。頭簪鳳凰冠，身着霓裳衣。再拜向父母，一吐心中詞。兒乃仙子流，塵市不可覊。鄉人意雖厚，立祠將焉爲。妖魅一朝據，作祟無休期。急爲告鄉人，毀之勿遲遲。祠下多金藏，不知始何時。盡取濟不給，幸勿藏於私。言訖即辭去，仙袂風披披。於焉撤祠宇，突兀成平夷。果獲千黄金，貧匱得所資。金盡泉繼涌，湛若青琉璃。不滿亦不涸，旱澇恒若斯。禱之立有應，翕如塤箎。由來羽化人，出處同鬱儀。去今數百載，迹在名還垂。』

【靈泉水】味甘。主傷寒邪熱，煩躁不安，發狂奔走，踰垣上屋，飲數杯愈。又治目赤疼痛，昏蒙障膜，及肺燥口渴。

旌陽井　在德陽縣東關内。晉太康初，許真君遜爲旌陽令，浴丹於此[四〇四]。其水清冽，暑月飲之最宜，半倚江岸，漲減不崩。

【旌陽井水】味甘。主消肺渴，滑肌膚，好顏色，袪炎暑。久飲延年駐景。

神泉　在安縣西三十里。泉有十四穴〔四〇五〕，甘香異常，飲之能瘥痼疾。

【神泉水】味甘。主中風痿痺，筋攣踠急，厲風手足廢壞，膨脹，吐血勞瘵，時行目痛，焮赤發腫。

靈液池〔四〇六〕　一名天池。在江油縣天池山。山高九十二丈，池在其巔，周迴二十三步。味極清冽，春夏

如一。

【靈液水】味甘。主補肺金不足，腎藏虧乏，陰火上騰，身熱骨細。

甘泉　在石泉縣北二里〔四〇七〕。極清澈甘美。

【甘泉水】味甘。主清三焦，補五藏，益精氣，除大熱，和中止渴。

卓錫泉　在閬中縣織蓋山。高僧羅什住此，初苦無水，僧以杖扣岩，泉水湧出〔四〇八〕。

【卓錫泉水】味甘。主解暑氣，去丹瘤熱毒，潤肺燥，止口渴。

鱉靈泉　在閬中縣東北十里鱉靈山之頂。味甚清冽〔四〇九〕。

【鱉靈泉水】味甘。主好色人陰虚腎竭，精流不禁，白濁遺溺。

君子泉　在巴州東四十里〔四一〇〕。從岩石中流出，味甚甘冽。

【君子泉水】味甘。飲之令人在朝有忠直之猷，在野有隱逸之志。雖庸衆飲之，亦可少祛俗慮。

報國靈泉　在劍州劍閣之側〔四一一〕。唐僖宗巡幸至此，有疾飲之即愈，故名。《劍南詩稿》有『滴瀝珠璣

翠壁間，遭時曾得奉龍顔』之句。

【報國靈泉水】味甘。主風寒邪氣，頭痛煩滿，暑氣侵著成瘧。

蘇公泉 在潼川州東三里普惠寺中〔四一二〕，味甘而潔，昔老蘇好飲此水，故名。

【蘇公泉水】味甘。主消煩熱，潤枯槁，生津液，解口渴，升陰降陽，爕理元氣。

飛龍泉 在鹽亭縣負戴山。水色清泠〔四一三〕，味極甘冽，有璚漿之美譽。

【飛龍泉水】味甘。主補五藏六府，益精神，止渴生津，除煩解暑。

破石井 在安岳縣西〔四一四〕。乃二巨石破而得水，味甚甘冽。

【破石井水】味甘。主清暑邪，解酒毒，及丹疹赤斑，一切熱毒。

金釵泉〔四一五〕 在江津縣西周溪上砂磧中。淺水一泓，周五六尺，有金釵影映於水際。《異物志》云：『在昔天旱，水泉皆涸，有周姓婦孝其姑，姑病渴思得甘泉，其婦彷徨，至周陽山下，遇一叟曰：「能與吾釵，則泉可得。」婦拔釵授之，墜於地而泉出。』

【金釵泉水】味甘。主益老人，添津液，助血氣，止口渴，消煩熱。

玉版泉 在銅梁縣南十五里巴岳山上。味甘冽而不窮〔四一六〕。相傳昔人斫井得玉版。

【玉版泉水】味甘。主滋養血氣，充調脈絡，止消渴，定痰喘。

孔子泉 在巫山縣東北三百步石穴中。流出清泠甘美，迥異他水〔四一七〕，其傍居民童子率能書。王梅溪詩：『巫山亦有泉，可飲仍可祈。泉傍都幾家，聰慧多奇兒。』

【孔子泉水】味甘。治煩渴，心火上炎。久飲，令人開心益智，聰慧能詩書。

噴霧泉　在梁山縣東二十里蟠龍山。山下有二石龍，首尾相蟠，泉出其旁〔四一八〕，懸岩二百餘丈，噴薄如霧。張無盡留題云：『水味甘腴偏宜煮，茗非陸羽莫能辨。』范石湖以爲瀑布第一。古詩有云〔四一九〕：『人言此地無六月，呼取大斗酌甘潔。一顧令君塵累祛，再顧令君消内熱。』昔人極言泉之佳美，已見於辭矣。

【噴霧泉水】味甘。主潤肺燥，抑心火，益精元，榮血脈，止渴生津，消煩退熱。

寒泉　在梁山縣西十里許西龍鎮。味甘而冽〔四二〇〕。

【寒泉水】味甘。主清涼藏府，滋灌三焦，生津液以制亢陽，助真陰而消煩熱。

甘和泉　在開縣西北里許，盛山蓮臺之旁〔四二一〕。味甘色白，宜茗。

【甘和泉水】味甘。主益脾胃，固真元，生津液，止口渴，治口淡怔忡。

安樂泉〔四二二〕　在敍州府南門外一里。宋黄山谷品其水爲第一。又作《泉頌》，引云：『鎖江安樂泉，爲僰道第一。姚君玉取以釀酒，甚清而可口，〔又〕飲之令人安樂，故〔予兼二義，名之曰安樂泉，並〕爲作頌。』〔頌曰〕：『姚子雪麯，杯色爭玉。得湯郁郁，白雲生谷。清而不薄，厚而不濁。甘而不噦，辛而不螫。』

【安樂泉水】味甘。主補五藏，安精神，生津液，填骨髓，久飲令人四體安和，忘憂喜樂。

滴乳泉　在瀘州城西真如寺。石崖中流出，味甚甘〔四二三〕。黄山谷大書『滴乳泉』三字，其集中亦云〔四二四〕：『瀘州大雲寺西偏崖石上，有甘泉滴瀝而下，一州泉味皆不及也。』

【滴乳泉水】味甘。主補益藏府，充實三焦，榮血分，滋陰水。

三泉　在瀘州寶山〔四二五〕，嵌岩間。昔王大過鑿山浚泉，泉味甘冽，榜以茲名。

【三泉水】味甘。主潤肺寧心，安神益氣，助精髓，生津液，除煩暑，解口渴。

釀泉〔四二六〕　在嘉定州城東，東岩之半。味甘冽宜釀。蘇子瞻有『一時付與東岩酒』之句。

【釀泉水】味甘。主悅神怡志，健胃和中。釀醖用之，甘香妙勝他水數倍，少飲便覺微暈生春，精神健旺，固西川佳水也。

醴泉　在眉州城西八里，醴泉山八角井中。甘香如醴〔四二七〕。

【醴泉水】味甘。主清冷内熱，滋潤燥涸，益精神，和榮衛，止渴生津，延年養老人。

老翁泉〔四二八〕　在眉州蟆頤山東二十里。蘇明允《嘉祐集》云：『十數年前月夜，有一老翁，蒼頭白髮，偃息泉上，就之，則隱而入於泉。洵甃以石，建亭覆之。而爲之銘曰：「山起東北，翼爲南西。涓涓斯泉，坌溢以彌。歙以爲井，可飲萬夫。〔汲者告吾，有叟於斯。〕里無斯人，將此謂誰？山空寂寥，或嘯而嬉。更千萬年，自潔自好。誰其知之，乃訖遇我。唯我與爾，將遂不泯。無竭無濁，以永千祀。」』梅聖俞寄蘇明允詩〔四二九〕：『泉上有老人，隱見不可常。蘇子居其間，飲水樂未央。淵中必有魚，與子同徜徉。泉中苟無魚，子特玩滄浪。日月不知老，家有雛鳳凰。百鳥戢羽翼，無滯彼泉旁。』

【老翁泉水】味甘。主補元氣，益精神，調胃和中，消煩止渴，潤肺燥，蠲痰咳，悦顏色，返老成童。久飲之，壽過期頤之外。

天池　在奉節縣巫山之間，浸可千頃〔四三〇〕。杜甫詩云：『天池馬不到，嵐壁鳥纔通。百頃青云杪，層波白石中。鬱紆騰秀氣，蕭瑟浸寒空。直對巫山出，兼疑夏禹功。魚龍開闢有，菱芡古今同。聞道奔雷黑，初看浴日紅。飄零神女雨，斷續楚王風。欲問支機石，如臨獻寶宮。九秋驚雁序，萬里狎漁翁。更是無人處，誅茅任薄躬。』

【天池水】味甘。主補五藏六府，養肝明目，上焦虛熱，眩冒時作。治山嵐邪瘧，鬼疰蠱氣。久飲之，延年不飢，輕身羽化。

玉泉　在青神縣中岩〔四三一〕。黄山谷銘之，有『蜀中百泉，莫與比甘』之句。

【玉泉水】味甘。主補胃和中，寧心潤肺，止煩渴，祛炎暑。

虎劈泉　在大邑縣西八十里鳳凰山。唐契覺道人結庵於此，有虎爲之劈地而泉出。澄潔甘冷，異於他水〔四三二〕。

【虎劈泉水】味甘。主邪祟爲病，鬼疰沉著，心腹痛，乍寒乍熱，山嵐瘧疾，小兒驚啼，癲癇痓痓，大人痛風，周身走注。

甘露井　在雅州蒙山〔四三三〕，山有五頂，其最高者名上清峰，井居其巔。水極甘冽，飲之可以療疾。

【甘露井水】味甘。主治傷風傷寒，頭痛發熱，燥渴煩悶狂亂。

永泉　在四川邊境，松潘衛東南五里金蓬山。國朝正統初，都督李安以劍斫岩而得二水，亦名文武水〔四三四〕。

【永泉水】味甘。主清熱潤肺，解暑氣，消酒渴，明目益肝，補腎虛，利腰膝。

玻璃泉　在四川邊境，漳臘衛城下。岩石空洞，泉出其旁〔四三五〕，冬夏淵然，味甘而洌。

【玻璃泉】味甘。主清心抑火，明目去翳，止咳嗽，消煩渴。

温泉　在四川邊境，越雋衛東百二十里。泉水四時皆暖，可以療疾。

【温泉水】止可澡浴，治寒濕痺痛，四肢筋攣緩縱，及瘡疥諸癬，不宜飲。

名泉類三

兩浙諸泉

青衣泉　在杭州府城吴山，紫陽庵之後，青衣洞口〔四三六〕。昔有人至此，遇一青衣，問之不答，良久入洞，逐之不見，泉得以名。水出石罅中，清鑒毛髮，甘洌宜茗。

【青衣泉水】味甘。主清熱解鬱，潤肺抑火，明耳目，止渴，生津液。

吴山井　在杭州府吴山之北，周迴四丈。吴越時，韶國師所鑿，泓澄甘潔，大旱不涸〔四三七〕，異於他水。

【吴山井水】味甘。主清心降火，解熱毒，斑疹丹瘤赤腫，消暑氣，除酒熱。

沁雪泉　在杭州府石佛山。水出石中，甘寒宜茗，方思道題名〔四三八〕。

【沁雪泉水】味甘。主補腎除熱，潤肺燥，止咳嗽，定喘急，治消渴。

僕夫泉　在杭州府孤山巖穴間。宋智圓禪師所居之地，以僕夫藝竹〔四三九〕，得於叢莽之中，因名。水味甘洌。

【僕夫泉水】味甘。主清煩熱，開鬱悶閼結，利小便，通五淋。

閑泉　在杭州府孤山之巔〔四四〇〕。宋智圓禪師有『閑泉澄極頂』之句。

【閑泉水】味甘。主降三焦火熱，涼大腸，治藏毒下血色黯，止渴生津。

六一泉　在杭州府孤山之頂，講堂之後。甚白而甘〔四四一〕。蘇子瞻以六一居士歐陽修與僧惠勤善故名，更爲銘。

【六一泉水】味甘。主潤肺燥，涼心熱，疏腠理，解肌發輕汗，清暑氣。

冷泉　在杭州府飛來峰石人嶺下，流入西湖〔四四二〕。味極甘。宋高宗南渡時，取以製麯釀酒，色紅而氣香。

【冷泉水】味甘。主補脾胃，益心腎，使水火相交，陰陽既濟，止渴生津液。

茯苓泉　在杭州府靈隱山，泉傍古松婆娑，泉出石隙中，味特甘香〔四四三〕，飲之令人多壽。

【茯苓泉水】味甘。主補元氣，益脾胃，生精補髓，利水通淋。久飲，令人壽考，輕身不饑。

乳竇泉　在杭州府上天竺寺南乳竇峰。下有空岩，懸乳如脂〔四四四〕，甘和可啖。

【乳竇泉水】味甘。主補五藏，潤燥，生精益髓，明目去翳，開瞽還瞳。

大悲泉　在杭州府天竺寺講堂下。水味甘洌〔四四五〕。

【大悲泉水】味甘。主抑火清心，消痰潤肺，生津液，止煩渴。

參寥泉　在杭州府西湖之北，寶雲山智果寺中。蘇子瞻記略云〔四四六〕：『僕在黄州，夢參寥子賦詩有「寒食清明都過了，石泉槐火一時新」之句。後七年，守錢塘，而參寥子卜居智果院，有泉出石縫，甘冷宜茶。寒食之明日，僕自孤山來，謁參寥子，汲泉鑽火烹茶，而所夢兆於七年之前，因名參寥泉。』

【參寥泉水】味甘。主清心潤肺，調胃益脾，助元陽，滋精髓，止渴除煩躁。

圓照泉 在杭州府南屏山，永明院之西隅。味甘冷，大旱不竭〔四四七〕。

【圓照泉水】味甘。主抑有餘火邪上沖，頭目不利，咽喉窒塞，口瘡糜爛。

潁川泉 在杭州府九曜山之麓。味甘冽〔四四八〕。

【潁川泉水】味甘。治心腹邪氣，霍亂吐下，四時瘧病鬼疰。

筲箕泉 在杭州府赤山之崖。味甘宜茶〔四四九〕。

【筲箕泉水】味甘。主清熱潤肺，益脾和胃，消酒食積，解丹石毒。

定光泉 在杭州府法相寺中。寺僧法真者，生有異相，耳長九寸。後唐同光二年至此，依石爲室，禪定其中。乏水給飲，卓錫岩際，清流迸出〔四五〇〕。吴越王方齋僧，永明禪師告王曰：『長耳和尚乃定光佛應身。』王即趣駕參禮，和尚默然，但云永明饒舌。少頃跏趺而化，至今真身尚存。

【定光泉水】味甘。主消渴，煩躁大熱，氣逆咳嗽，痰火上升。治勞瘵吐衄，陰虚發熱，午後增劇，肢體羸細無力，自汗，腰脊酸疼。

虎跑泉〔四五一〕 在杭州府清波門外西南十里，大慈山定慧寺中。國初金華宋景濂〔銘〕序云：『唐元和十四年，性空大師栖禪其中，尋以無水將他之。忽神人跪告：自師駐錫，我等徼惠，奈何棄去？南嶽有童子泉，當遣二童移來。翌日乃見二虎跑山出泉，甘冽勝常。師因留，乃建寺於此。客欲觀泉者，僧爲舉梵唄，泉即鼎沸而出，若聯珠然，已而微作湧勢。』宋蘇軾詩云：『亭亭石塔東峰上，此老初來百神仰。虎移泉眼趁行腳，龍作浪花供撫掌。至今游人盥濯罷，卧聽空階環佩響。信知此來如此泉，莫作人間去來想。』

【虎跑泉水】味甘。主清心潤肺，退虚煩勞熱，止消渴，生津液，益老人。

梅花泉 在杭州府武林山〔四五二〕。泉從地湧，作梅花瓣，若可掇拾，清冽宜飲。

【梅花泉水】味甘。主清肌骨，潤膈通幽門，淨潔胃中垢膩，止口渴。

靈泉 在海寧縣東六十里〔四五三〕，菩提山菩提寺之西。初苦無水，有德行僧居此，俄而水從竇出，味甚甘美。

【靈泉水】味甘。主解渴生津，除煩消暑，和脾益氣，泄酒毒，袪痰熱。

烏龍井 在海寧縣東南七十里，深廣不踰四尺，冬夏不竭〔四五四〕。胡隆成詩云：『烏龍井中黑雲起，電掣雷轟走神鬼。烏龍捲濤天上來，卻向人間作風雨。大風吹海海水渾，大雨洗出珊瑚根。須臾雲散星明朗，黄河直接瑶天門。』

【烏龍井水】味甘。主治瘧疾鬼疰，狂蠱，寒熱，心腹痛邪氣。婦人産難不下，飲一杯即出。

丹泉 在餘杭縣天柱山〔四五五〕。味甘冽異常。元張光弼詩云：『百年能得幾回來，更酌丹泉飲一杯。莫送魚龍歸大海，海中波浪是塵埃。』

【丹泉水】味甘。主補中，益五藏，利六府，清頭目，利九竅，止口渴。

偃松泉 在餘杭縣西北徑山之陽，泉上有偃松，其蔭四垂，松下石泓激泉成沸，水色乳味甘，宜烹茶。

【偃松泉水】味甘。主補元氣，滋榮藏府，好顔色，澤肌膚。久飲之，延年不飢。

窪泉 在於潛縣雙溪之側〔四五六〕。味極甘潔，蘇子瞻常酌以試茶。上有亭曰『薦菊』，蓋取子瞻詩『一盞寒泉薦秋菊』之句也。

【窪泉水】味甘。主清胸膈，潤肺燥，調元氣，益精神，除熱消煩，生津止渴。

丁東洞 在於潛縣西五十里鷲峰山。洞中泉水涓涓，味甘宜飲。古詩云〔四五七〕：『渴烏滴盡三更雨，鐵鳳敲殘六月風。湯餅困來茶未熟，爲師摇夢作丁東。』

【丁東洞水】味甘。主凉心肺大熱，煩渴引飲，三焦火盛，小便滴瀝，溺血淋悶。

石柱泉 在於潛縣西石柱山〔四五八〕。水出石竅，深窅叵測，涓涓不窮，春冬若一，味冽而清，宜於烹瀹。

【石柱泉水】味甘。主清冷三焦大熱五志，君相七火有餘。

幽瀾泉 在嘉善縣東景德寺。清泓無滓〔四五九〕，品居惠山泉之次。相傳昔有僧夜坐，忽一女子過之，容色甚麗。僧叱之曰：『窗外誰家女？』女應聲曰：『堂中何處僧？』僧起逐之，女投入地。掘得此泉，因以幽瀾名焉。

【幽瀾泉水】味甘。主潤肺除熱，蠲咳消痰，治丹石藥毒，及一切食毒。

虎躍泉 在歸安縣道場山〔四六〇〕。水出石縫中，味甘不竭。蘇子瞻詩有『山僧不放山泉出，屋底清池照瑶席』之句。

【虎躍泉水】味甘。主痰滿胸膈，痞急飽悶作疼，咽喉阻塞不利。

金井泉　在歸安縣西北二十里卞山金井洞。洞頂出泉〔四六一〕，清冽無比。

【金井泉水】味甘。主蕩邪熱，清肺經，消痰涎，蠲咳嗽，止渴生津液。除煩躁。

玉竇泉　在歸安縣西南七十里。水出石罅，味甘宜茗〔四六二〕。

【玉竇泉水】味甘。主潤肺除熱降三焦火，滋腎經，添精補髓。

金沙泉〔四六三〕　在歸安縣西北四十里明月峽。山中產茶異品，泉在沙中不常出，唯將造茶，太守具義致祭，頃即清溢，供御者畢，泉即微減，供堂者畢，泉即半減，太守造畢即涸。或還旆愆期，則有風雷毒蛇之變。

【金沙泉水】味甘。主清神益氣，補胃和中，利肺生津液，消煩止燥渴。

石壺泉〔四六四〕　在德清縣東南一里，乾元山元峰觀內。泉從石穴流出，涓涓不斷，冬夏如一，味甘而清。

【石壺泉水】味甘。主解丹石藥毒，消渴煩躁，大熱咽痛津涸。

半月泉　在德清縣東北三里百寮山。山有巨石，直下如削，不可攀躋。晉咸和間，梵僧名曇者，過其地，指山石曰是中有泉，乃卓庵其處，鑿石罅如半月，果得泉清涼甘美，因名半月泉〔四六五〕。宋呂祖謙《募修半月泉疏》略云：『斷崖吐月，纔出半規；古甃涵星，尚懷全璧。久矣！寶奩之廢，時哉！玉斧之修，護此寒清，祓其氛翳。名高詩社，再傳和仲之符；價重帝城，復置文饒之遞。』蘇子瞻詩云：『請得一日假，來遊半月泉。何人施大手，擘破水中天。』

【半月泉水】味甘。主補腎滋陰，明目去內障，除心經煩熱，止消渴。

佛眼泉　在蕭山縣西十里城山石上。深不盈尺，圍不踰杯，清潔甘美〔四六六〕，冬夏不竭。

【佛眼泉水】味甘。主清冷藏府大熱，掃目中雲翳，生津潤燥。

香泉　在蕭山縣西南數里，獅子山之頂。廣四尺，深尺許，清泠不涸〔四六七〕。劉伯温詩有『逝川無停波，急弦有哀音』之句。

【香泉水】味甘。主清心胃火邪，潤大小腸，利胸膈，化頑結痰涎。

冠山泉　在蕭山縣西十七里冠山之巔。味甘冽宜茗〔四六八〕。

【冠山泉水】味甘。益胃府，利小腸，瀉痞滿，除諸熱，和脾止渴。

龍泉　在餘姚縣靈緒山之半。從石隙中出，味甘宜飲〔四六九〕。

【龍泉水】味甘。主解酒及熱毒，丹石藥發毒，消積血，通利大小腸。

華清泉　在餘姚縣東北，嚴子陵故里，客星山之半〔四七〇〕。昔有人得一鰻於泉，持歸鬻而烹之，俄而失鰻，後數日見其游泳於泉而有鬻痕，疑其爲龍云。

【華清泉水】味甘。主祛鬼疰邪瘧。中有龍物，水之深洞幽奧叵測，不可久飲。

姜女泉　在餘姚縣西五十里姜山。味甘潔〔四七一〕。有木葉蔭覆之，去葉，其水便渾濁。

【姜女泉水】味甘。主火氣上升，肺經受邪，咳嗽吐衄，熱狂煩悶。

淨凝寺池　在餘姚縣西五十里，姜女泉之旁〔四七二〕。廣不及丈，旱不涸，雨不盈。寺之烹飲，皆取給焉。池中草常蕪没，僧稍芟治，泉即竭，祈禱久之，乃如故。

【淨凝寺池水】味甘。主清心潤肺，抑火除熱，生津液，止燥渴。

一滴泉　在新昌縣西十五里，南岩山滴水岩〔四七三〕。岩下清泉一滴，烈日涷雨，皆無盈縮。其味清甘，甲於衆泉。

【一滴泉水】味甘。主治目生障翳，用點兩眥甚良。又止渴，治咽痛。

窪樽泉〔四七四〕　在奉化縣二十里新嶺山。嶺狹而長，凡七十二曲，有天然石磴。泉出甚冽，杯飲只給一人，行者以次取飲不竭。

【窪樽泉水】味甘。主清肌熱，潤肺生津液，止煩渴，抑胃火，寧嗽消痰。

白鹿泉　在象山縣，象山之半〔四七五〕。水味甘潔無比，時有白鹿來飲，逐之即不見，因創亭其側，曰『白鹿飲泉亭』。

【白鹿泉水】味甘。主補五藏，益真氣，止渴潤肺，生津，解諸草藥毒。

鳳躍泉　在象山縣西北，鳳躍山之頂。味甘可飲〔四七六〕。

【鳳躍泉水】味甘。主保肺氣，滋腎陰，生津液，止煩渴，益智慧，開心明目。

滴滴泉　在黄岩縣西北瑞岩山。澄泓甘潔，宜茗〔四七七〕。

【滴滴泉水】味甘。主抑火清心，利痰寧肺，治咳嗽，益肝經衰弱，明目。

錫杖泉　在天台縣天台山國清寺中。普明禪師止寺之半岩，艱於得水，以杖扣石而清泉湧出，味極甘美〔四七八〕。

【錫杖泉水】味甘。主利肺氣，調榮衛，和脈絡，止渴生津，除煩消暑。

瀑布泉　在天台縣天台之瀑布岩。飛流千丈〔四七九〕，陸羽品爲天下第十七水。餘姚虞洪入山採茗，遇一道士牽三青羊，引洪至瀑布岩，曰：『吾丹丘子也，聞子善具飲，常思見惠，山中有大茗，可以相給。』

【瀑布泉水】味甘。主補益五藏六府，助精神，扶衰老，生津止渴。久飲，延年不飢，輕身羽化。陸鴻漸品爲天下第十七水。

老松泉　在永嘉縣治東華蓋山。昔人於松根得泉，甘而且冷〔四八〇〕。謝靈運與從弟書云『地無佳井，賴有山泉』者，此也。

【老松泉水】味甘。主補脾胃，助元氣，利水道，生津液，止消渴。久飲，輕身耐老，童顏黑髮。

飲鶴泉　在永嘉縣西甌浦山。味甚甘冽〔四八一〕。恒有白鶴來飲。

【飲鶴泉水】味甘。主清神益氣，補元陽，和胃助脾，止泄。久飲之，好顏色，滑肌膚，還老成童，變白返黑，延年輕身。

玉乳泉　在永嘉縣西甌浦山。水出石坎中〔四八二〕，味甘冽。

【玉乳泉水】味甘。主補五藏，助元氣，養老扶衰，生津液，解口渴。

大羅泉　在永嘉縣西南大羅山。水出石穴中，清泠甘潔〔四八三〕。

【大羅泉水】味甘。主消渴益氣，止小便，療口瘡，治女月閉不行。

沐簫泉　在樂清縣西白鶴山。水出石中〔四八四〕，味甘而冽。相傳爲子晉吹簫之處。

【沐簫泉水】味甘。治耳聾，滴少許入耳中。又以磨刀劍，令不銹也。

屑玉泉　在樂清縣白石山〔四八五〕。從石縫流出，味甘冽。

【屑玉泉水】味甘。主潤胸膈，化痰涎，治虛羸少氣，補不足。久飲，不飢，健行。

龍鬚泉　在樂清縣盤谷山。甘潔可飲〔四八六〕。

【龍鬚泉水】味甘。治諸骨鯁，安神定志，益精氣，利小便，辟不祥。

雁蕩湖　一名龍湫〔四八七〕。在樂清縣雁蕩山。山跨樂清、平陽二縣，上有飛泉，如傾萬斛，水從天而下。頂上有湖，方十餘里，水常不涸。雁之春歸者，留宿於此。宋沈括《筆談》云：『雁蕩山，天下奇秀，自下望之，高若峭壁；從上觀之，適與地平。』其山高一萬八千丈，湖當絕巘，水之清瑩甘冽，自與塵濁之地者迥別。古詩有〔云〕〔四八八〕：『天台雁蕩天下奇，有生不往將安之。』唐僧貫休詩云：『雁蕩經行雲漠漠，龍湫宴坐雨濛濛。』

【雁蕩湖水】味甘。主益精神，補元氣，扶衰振弱，滋腎寧心，解暑消酒，生津止渴。

劍峰泉　在樂清縣雁宕山馬鞍嶺谷中。泉出石罅，直上指二尺，形如立劍，自遠望之，則光明瑩潔而搖動。

【劍峰泉水】味甘。主消渴，大熱煩悶，狂躁不安，潤肺涼心，抑火清胃。

龍鼻水〔四八九〕　在樂清縣雁宕山之東谷，有岡如龍形，鼻端有孔，泉從孔湧出。味甘宜茗，又可點目去翳。

【龍鼻水】味甘。主潤藏府，清三焦大熱，點去目中花翳，解煩渴。

漱玉泉　在平陽縣西南五十里蓋竹山。水出石中〔四九〇〕，味甘而冽。

【漱玉泉水】味甘。主清神寧志，治虚勞，滑腸利竅，通血脈。

水仙泉　在縉雲縣仙都山。水出石罅中，大旱不涸。

【水仙泉水】味甘。主目盲白翳，利大小便，止赤白下痢，消躁渴。

馬蹄泉　在松陽縣東横山〔四九一〕。泉水湧出石坎。唐戴叔倫詩：『偶入横山寺，湖山景最幽。露涵松翠滴，風湧浪花浮。老衲供茶碗，斜陽送客舟。自緣歸思促，不得更遲留。』

【馬蹄泉水】味甘。主補五藏，利六府，瀉三焦火熱，治咽喉疼痛。

煉丹泉　在松陽縣上方山。泉出岩中〔四九二〕，大旱不涸。相傳唐進士毛文龍好黄老，隱此煉丹。沈晦詩云：『學道空山歲月深，丹成初試馬蹄金。猶餘一勺丹泉井，洗盡人間名利心。』

【煉丹泉水】味甘。主補中益氣，養精神，悦顔色，生津液，止消渴。久飲，延年耐老。

靈泉洞　在遂昌縣東數里飛鶴山。洞可傴僂而入，中有鳴泉淙淙〔四九三〕。徐貫有『止水半潭清似靛』之句。

【靈泉洞水】味甘。主清心經火熱，滋肺藏燥涸，潤腸胃。解暑氣，治消渴，下氣消積塊。久飲，延年不飢，滑澤肌膚。

玉壺湖　在金華縣長山之巔。山高一千餘丈，上有雙巒〔四九四〕，曰玉壺，曰金盆，壺中有湖，名徐公壺，周迴四百八十步。有徐公者至此，逢二人共博，自稱赤松子、安期生，酌湖水爲樂以飲之，徐公醉卧，及醒不見二人，而宿蟒攢聚身上，因名徐公湖。湖水清瑩無滓，甘冽勝於他水。

【玉壺湖水】味甘。主補精神，益榮衛，潤肺寧心，保神定志。開智慧，好顏色，延年耐老，輕身不飢。

天池泉　在蘭谿縣洞岩山飛來峰下。清鑒毫髮〔四九五〕。元于石詩云：『萬疊嵐光冷滴衣，清泉白石鎖煙扉。半山落日樵相語，一逕寒松僧獨歸。葉墜誤驚幽鳥去，林空不礙斷雲飛。層岩峭壁疑無路，忽有鐘聲出翠微。』又有二絶云：『四山迴合向幽泉，古木蒼藤路屈盤。一局殘棋雙鶴去，石屏空倚白雲寒。』『斷崖怒涌四時雪，虛壁寒凝六月霜。倚樹老僧閒洗鉢，碧桃花落澗泉香。』

【天池泉水】味甘。主補中益精，强陰助腎，令人好顏色，延年不飢辟穀。

白雲泉　在東陽縣甑山〔四九六〕。泉從石壁中出。

【白雲泉水】味甘。主清心明目，潤肺熱，止煩渴，抑遏炎暑，祛滌邪穢。

泠然泉　在東陽縣東南夏山〔四九七〕。山高七百丈，泉在山巔，冬夏泠然。

【泠然泉水】味甘。主大熱煩躁不安，上焦熱邪太盛，口瘡耳痛。

石盆　在東陽縣大盆山。有石如盆〔四九八〕，徑二尺，深尺許，其水清甘常滿。

【石盆水】味甘。主利五藏，潤肺下氣，止嘔止渴，治咳消痰。

飛來泉　在浦江縣寶掌山飛來峰下〔四九九〕。泉水甘冽。有寶掌和尚西域人，生於周末，來遊東土，至此岩下，飲泉栖息。誦偈有『行盡支那四百州，此中偏稱道人遊』之句。晏坐凡十七年，一日屈指已一千七十二歲，語其徒惠雲曰：『吾將謝世矣』，端坐而化。

【飛來泉水】味甘。主消渴病，解天行時疫，及一切熱毒。久飲駐色延年。

梅花泉 在浦江縣東明山〔五〇〇〕。有老梅橫蹲其上，『水之澄泓淨潔，共此鐵幹銀葩』，爲雙絕云。汲取者絡繹，頗爲此地之勝。

【梅花泉水】味甘。主清神益思，明目聰耳，開心孔，除健忘。

九峰泉 在湯溪縣九峰山〔五〇一〕。水從絕頂凌空而下。朱約詩云：『亭亭九峰擁青蓮，中有飛來一道泉。瑤草不知春幾度，碧桃已老歲三千。岩前月冷猿空嘯，洞裏雲深鹿自眠。莫道葛洪仙去遠，至今丹竈尚□然。』

【九峰泉水】味甘。主止渴生津，消煩去熱，潤腸抑火，解暑清肌。

江郎池 在江山縣南五十里江郎山頂，人跡罕至。池中每生碧蓮金鯽，水味甘洌而寒〔五〇二〕。

【江郎池水】味甘。主清心益脾胃，止吐血衄血，治口渴，煮茗不宜，恐中產魚味腥也。

梅芬泉 在江山縣〔西一〕里外西山之麓，水味甘冷〔五〇三〕。

【梅芬泉水】味甘。主利竅明目，清心抑火。榮肝膽，黑髮鬚，補五藏。生精神，止渴除熱，扶衰益老人。治心腹痛，邪氣下。

玉泉 在建德縣北三里烏龍山之巔，水味極甘冷〔五〇四〕。宋趙（扑）〔抃〕有『泉石淙淙瀉百尋』之句。

【玉泉水】

苔泉 在侯官縣治山北麓。俗呼龍腰水〔五〇五〕，味甘而洌。

【苔泉水】味甘。主補五藏六府，清三焦火熱，生津液，解暑氣。

聖泉　在侯官縣東山之麓。唐僧懷一卜居於此，苦於遠汲，忽二禽噪於地，因鑿之，泉即洶湧而出〔五〇六〕，味亦甚甘。

【聖泉水】味甘。主養精神，和榮衛，潤肺止煩躁，解渴生津液。明耳目，療諸疾。

神移泉　在侯官縣東山之麓。唐僧守正庵居，去泉頗遠。一夕，泉忽移於其側〔五〇七〕。宋僧唯嶽詩云：『岩頭瀑布瀉寒煙，井底澄清浸月圓。性水真空周法界，神從何處更移泉。』

【神移泉水】味甘。主潤肺除熱，補中益胃，蕩滌六府邪氣，清利頭目。

湧泉　在侯官縣東鼓山小頂峰下。平地有一竇，泉從湧出〔五〇八〕。明王偁有『飛泉摇古藤』之句。

【湧泉水】味甘。主抑火清心利竅，消痰止咳嗽。解熱毒，祛暑氣。

羅漢泉〔五〇九〕　在侯官縣鼓山石門岩下。

【羅漢泉水】味甘。主潤肺生津，除熱止渴。明目，治偏正頭風痛，鼻氣不利。

甘泉　在侯官縣東南甘泉山。從石中湧出，不盈不涸，色白而味甘。

【甘泉水】味甘。主潤肺滋腎，益精補髓，和脾胃，生津止渴。

藍泉　在侯官縣太乙岩西南。水自石穴中出，色白而味甚甘，泉傍多生藍草〔五一〇〕。

【藍泉水】味甘。主消渴，解熱毒。治傷寒邪熱狂悶，及腹脅癥瘕癖塊。

安德泉　在侯官縣古靈山。泉自絶巘而下，懸崖千尺，如匡廬瀑布。

【安德泉水】味甘。主去壅滯，利肺氣，吐痰，泄逆上火邪。止渴生津。

鹿乳泉 在侯官縣羣鹿山〔五一一〕。水出石縫中。

【鹿乳泉水】味甘。主助陽益胃，添精益血，補中，强五藏，解渴。生津液。

應潮泉〔五一二〕 在福州府去城二百里雪峰之巔。泉廣二三尺，深僅咫。進退盈縮與潮候相應，味亦頗甘。

【應潮泉水】味甘。治女人月候不行，室女血枯成勞，男子精衰，面色痿瘁。

温泉 在福州府雪山鰲峰嶺下〔五一三〕。僧可〔遵〕過詩有『直待衆生塵垢盡，我方清冷混常流』之句。宋李綱詩云〔五一四〕：『温冷泉源各自流，天教施浴雪峰陬。衆生塵垢何時盡，汩汩人間幾度秋。』又詩：『玉池金屋浴蘭芳，千古華清第一湯。何似此泉澆疾病，不妨更入荔枝鄉。』

【温泉水】浴之，治内外諸疾，滑肌體，悦顔色。不可飲，大抵水之熱者，不宜烹瀹也。

不溢泉 在侯官縣北昇山下，玄妙寺中〔五一五〕。

【不溢泉水】味甘。主潤心肺，除寒熱，奔豚五癃邪氣，止渴生津。

水簾泉 在侯官縣鳳池山〔五一六〕。

【水簾泉水】味甘。主安五藏，補絶傷，輕身益氣。久飲利人，耐老延年。

四明泉 在長樂縣西北四明山岩壑中。泉味如蜜〔五一七〕。

【四明泉水】味甘。主解酒毒、酒渴、消渴，利五藏，益血，潤毛髮。

石澗泉 在長樂縣東南溪湄山。水出石縫中，味甘而冽〔五一八〕。

【石澗泉水】味甘。主止消渴，開胃。解酒毒，壓丹石毒，明目利水。

珠湖　在長樂縣溪湄山頂。周迴四五畝，水味清（冷）〔泠〕，冬夏不爲盈縮。相傳水中有巨蚌，剖之有珠。

【珠湖水】味甘。主女人虛勞下血，壓丹石毒，除煩熱。

壺井〔五一九〕

瑞峰井〔五二〇〕

靈泉〔五二一〕

灑耳泉〔五二二〕

無盡泉

玉泉　在連江縣西玉泉山、泉山兩峰之間。色澄味甘〔五二三〕。隋大業元年，建寺於山麓，寺僧百餘飲此泉，語音鏗然，眸子碧色，至老不衰。雖有沉痾者，亦皆霍然而起。

【玉泉水】味甘。主補中，益五藏，養精神元氣，潤肺。悅顏色，明目，延年不老。

童仙泉　在連江縣香爐山。深尺餘〔五二四〕，不溢不竭。相傳有青衣童子撥草取水，乘雲登爐峰而去，山人因此得泉。

【童仙泉水】味甘。主和藏府，益元氣，止渴生津，消痰治咳嗽。

石井　在羅源縣西四明山。其山屹然如削，高列四峰。井在峰巔，水甘如蜜〔五二五〕，撓之亦不渾濁。

【石井水】味甘。主補脾胃，固元氣，滋榮藏府，止煩消渴。散灌諸經，生津助液。

玉〔泉〕洞 在永福縣東方廣岩下〔五二六〕。兩石相倚，上合下開，狀若郭門，水從門内湧出，色瑩白如玉，味甘潔如飴。古詩有『百尺寒泉漱玉鳴』之句。

【玉〔泉〕洞水】味甘。主補精神，益榮衛，清心肺二經之火邪，添腎與命門之真液。

海眼泉 在福寧州南洪山石洞口。泉出石竅，清澈一泓。洞内有篆文六字，出于天成，人莫能識。宋韓伯修詩云〔五二七〕：『壁立東南第一峰，聞名知是葛仙翁。丹砂竈逼雲頭近，玉井泉流海眼通。六字籀文天篆刻，數間洞室石峥嶸。我來整屐層巔上，無數羣峰立下風。』

【海眼泉水】味甘，主滋陰益血，潤肺寧心，調中消酒渴。潤毛髮，明目去雲膜。

滴水洞 在福寧州東百里太姥山〔五二八〕。山高五千餘丈，洞在石天門上，泉流不竭，甘冽無比。

【滴水洞水】味甘。主清心肺，長毛髮，消暑氣，止口渴，通小便癃閉。

丹井 在福寧州太姥山滴水洞下。相傳黄帝時，容成先生在此修煉，嘗苦乏水，忽一夕裂成是井。有虎守洞，有猿候火，及丹成，猴虎各食其餘，虎變黑，猿變白，皆得長生不死，至今猶有見之者。

【丹井水】味甘。主補精神，益元氣，悦顔色，止消渴。久飲延年辟穀。

龍湫 在寧德縣西白鶴山〔五二九〕。水甚甘冽。

【龍湫水】味甘。治大便下血，及癲癇病，又治婦人乳汁不通。

定泉 在寧德縣西白鶴山。泉深二尺，旱澇不增減。宋高頤詩云〔五三〇〕：『方師鑿破天池水，碧龍吹出冰霜寒。一泓清澄絶泥滓，萬竅號勛無波瀾。倒海翻江俱是幻，貯風留月得真觀。我來酌飲冷徹骨，飄飄此身在霄漢。此泉源流本曹溪，名之以定實亦宜。莫言蜿蜒姿尚乏，蟲行蛭動皆所知。咫尺中間涵世界，寂然心印本無礙。不與兒童攪水渾，留照鬚眉常自在。』

【定泉水】味甘。主心胸煩熱不安，肺燥口渴，降三焦火，止吐衄血。

黯井水　在寧德縣西南漈嶺之半。泉味極甘美，四時不竭。宋樞密曹輔爲縣尉時，創甜亭於此，思欲引泉他峰以飲行人，纔一動念，泉脈即時湧出，因甃爲井，初名應泉，又名曹公泉〔五三一〕。

【黯井水】味甘。主補益五藏六府，灌溉百脈諸經。止渴除煩，消痰祛暑。

石甕　在寧德縣北七十里霍童山。石甕中貯水，色白味佳〔五三二〕，甕之東北，有仙壇仙竹。

【石甕水】味甘。主消渴大熱，解丹石毒，除酒積，止吐衄血。

甘露池　在寧德縣北七十里霍童山。山去平地七里，池在其巔。池水甘冽〔五三三〕，飲之可以延年。

【甘露池水】味甘。主補元氣，益藏府，養精神，悦顔色。久飲延年不飢。

銅冠泉　在福安縣東北銅冠山下〔五三四〕。泉清，可治疫厲。

【銅冠泉水】味甘。主傷風大熱，頭目痛，身痛。四時温疫邪厲之氣。

梅峰井　在莆田縣西北梅山光孝寺，其水甘冽〔五三五〕。林大鼐賦云『飲梅山之井者無癈疾』即此。

【梅峰井水】味甘。主補益精神，培養元氣。壯筋骨，填腦髓，祛夙疾，保長年。

智泉　在莆田縣大象山彌陀岩後〔五三六〕。泉泛石磗，細流聲淙淙而味清冽。

【智泉水】味甘。主小腸熱，膀胱有火，尿血赤淋，滴瀝澀痛。

天泉 在莆田縣大象山之頂〔五三七〕，水味清洌。

【天泉水】味甘。主胸中熱，解結散鬱，補中益氣，除腹中邪氣。

瑞泉 在莆田縣鳳凰山金仙院。無際禪師居此，專誦法華經，恒苦水遠，一日房前石忽自裂，清泉湧出〔五三八〕。

【瑞泉水】味甘。主口渴煩躁，大熱。輕身，益氣力血脈，填精助腎。

淘金井 在莆田縣九華山〔五三九〕。深纔二尺，泉甘而洌，終歲不竭。相傳有陳仙於此淘金故名。

【淘金井水】味甘。主清肺抑火，止渴解暑，利小便，通五淋。

天然井 在莆田縣香山之岩。方廣丈餘，泉極清洌〔五四〇〕。

【天然井水】味甘。主邪氣咳逆，明目，身輕不飢，益氣資智。治反胃噎膈。

靈惠井 在莆田縣東南二十里。環境斥鹵，而此井居其間，獨甘洌〔五四一〕。

【靈惠井水】味甘。治風痹，筋骨不仁。久服，强志不飢，輕身延年。

錫杖泉 在仙游縣西北七十里九座山栖真巖下。初苦無水，有高僧住此，以錫杖扣石而泉出〔五四二〕。

【錫杖泉水】味甘。主養精神，悦顔色，和藏府，調榮衛。又治熱渴躁悶。

仙泉 在仙游縣何嶺之旁〔五四三〕。泉出石罅中。昔九仙飛昇處。宋人有詩云〔五四四〕：『何嶺巍峨欲接天，清泉直瀉白雲邊。桃花不點尋常路，從此依稀度九仙。』

【仙泉水】味甘。治風寒邪氣，熱傳在裏，煩躁大渴，狂亂不寧，目中昏翳。

雷擘泉　在仙遊縣東北八十里尋陽山之巔。初有泉源〔五四五〕，以岩石障蔽不通。一夕雷擘成罅，泉流始達，味甘而清。宋鄭樵詩云：『西風泄泄白雲間，一片寒泉掛此山。倚杖岩頭秋獨望，依稀煙隴是人間。』

【雷擘泉水】味甘。主驚癇邪氣，大熱狂渴，心神昏冒不明。

藜杖泉　在晉江縣東北清源山紫澤洞前。泉水出自平石之上，深不踰尺，大旱不竭〔五四六〕。相傳有異人，握藜杖戳之而泉出。

【藜杖泉水】味甘。主潤肺生津，除熱止渴，益元氣，補精神。久飲延年。

乳泉　在晉江縣東北清源山，紫澤洞前藜杖泉之側。宋元祐間潛江令張總謫居於此，嘗取以煉藥，逾年不壞，以爲慧山泉，殊不及上下洞之間有清源泉，甘潔無比。

【乳泉水】味甘。主補益五藏六府，滋養血氣精神，止渴抑火。

漱玉泉　在晉江縣清源山之梅岩。兩石對峙，泉出石罅。

【漱玉泉水】味甘。主清心火，滋肺金，止消渴，除煩躁，保肝明目。

黄精泉　在惠安縣西大帽山絶頂。泉僅尺許〔五四七〕，旁產黄精磁石。

【黄精泉水】味甘。主補絶傷，虚勞羸弱，陰血虧損。補腎明目。

端午泉　在德化縣西五華山〔五四八〕。唐咸通間，無晦禪師所鑿。每五月之朔，泉水溢至石襴，凡五日爲度。

【端午泉水】味甘。主修煉丹丸藥餌。用之洗瘡疥，治蛇蟲毒，飲之辟鬼邪。

九仙石井　在德化縣九仙山頂。廣不踰尺，其味甘寒〔五四九〕，酌之不竭。

【九仙石井水】味甘。主藏府大熱，三焦火盛，目睛腫赤疼痛。

天慶觀井　在漳州府城西北隅紫芝山。漳南水土不佳，仕宦初至者飲之輒病，唯此水甘美，可辟瘴厲。仕宦將至，土人汲此泉數罌，馳往迓之〔五五〇〕。古詩有『井水清冷消瘴厲』之句。

【天慶觀井水】味甘。治痰火上攻，頭眩目暈，山嵐邪氣，寒熱交作。

玄玉泉　在龍溪縣南岩山普佗岩下。泉如玄玉〔五五一〕，味極清冷。

【玄玉泉水】味甘。主潤肺生津止渴，滋腎養陰，消痰下氣。

一勺泉　在龍溪縣鶴鳴山虛白岩下。水出石穴中，深不盈尺，清洌甘美，可供一人之飲〔五五二〕。

【一勺泉水】味甘。主風狂，憂愁不樂，安心神，消痰，退虛熱勞瘵荏苒之症。

雲洞泉　在龍溪縣鶴鳴山雲洞之下。泉出石壁〔五五三〕，味甘而洌。

【雲洞泉水】味甘。主水穀不調，赤白久痢，胃火齒痛，咳逆上氣。

水晶泉　在漳浦縣西南三十里，梁山水晶坪。山産水晶，泉如瀑布〔五五四〕。宋蔡希蘧詩云：『會稽之南羅浮北，中有大羅神仙宅。瀑流千丈掛長虹，瀉下銀河數千尺。』

【水晶泉水】味甘。主客熱，利小便，一切丹石藥毒，女人帶下諸疾。

石屋泉　在詔安縣東五十里漸山之岐。有巨石如室，泉出其中〔五五五〕，味甚清洌，冬夏涓涓不息。

【石屋泉水】味苦。主安和五藏六府，除胸中熱，止尿血，治夢遺。

甘井 在詔安縣甘山。四面海，此水獨甘〔五五六〕。

【甘井水】味甘。主緩脾胃，益精氣，利五藏。治胃中虚熱，反胃吐逆。

玉乳泉 在寧化縣北五十里鳳凰山上。一窟如窪樽，水出其中，滿而不溢，病者飲之瘥。

【玉乳泉水】味甘。主清心抑火，潤肺生津，除熱，益脾胃，止口渴。

小石泉 在歸化縣北聖水岩下。深尺許，終歲不盈，百千人飲之不竭。或浣濯於中，即有雷鳴〔五五七〕。

【小石泉水】味甘。治虚勞，潤腸胃，消痰涎，澤肌膚，悦顔色。

白鶴甘泉 在甌寧縣東白鶴山。泉湧山巔，味甘而洌〔五五八〕，病者飲之即愈。

【白鶴甘泉水】味甘。治喉痺不通。除肝邪，利五藏，明目退翳。

鳳凰泉 一名龍焙泉〔五五九〕，一名御泉。在甌寧縣東數里鳳凰山頂。宋時供御茶，則取此水濯之。

【鳳凰皇水】味甘。主壓丹石毒，去暴熱，明目利水，去下淋。

醴甘泉 在甌寧縣蓋仙山之頂。泉出甘美，宋汪藻詩云：『一派靈源浚已長，色濃如醴味甘香。石龍洞裹無塵染，留與仙家作玉漿。』

【醴甘泉水】味甘。主補五藏六府，益精填髓，止渴生津，長年不飢。

寶華泉 在將樂縣天階山寶華洞内。泉出石穴中，寒而味洌〔五六〇〕。明督學王世懋有『芙蓉片片滴璚漿』之句。

【寶華泉水】味甘。主清心益肺，解暑除煩渴，利竅明目，益氣和中。

玉華泉　在將樂縣天階山玉華洞中。水清而美〔五六一〕。

【玉華泉水】味甘。主補五藏虛勞，益陽氣，潤毛髮，止消渴。

呂峰泉　在沙縣呂峰山頂〔五六二〕。泉極清澈宜茗。

【呂峰泉水】味甘。主補虛□，□腰腳，强志益氣，□□□，通五癃。

龍門泉　在尤溪縣龍門山絶頂。泉出石穴中，清泠可愛〔五六三〕。

【龍門泉水】味甘。主下氣，潤心肺燥熱，通大腸閉結，止渴生津。

天湖　在尤溪縣北蓮華峰頂。水色紺碧〔五六四〕，不知泉脈所自，亢旱不竭。宋時每見五色雲間有并蒂蓮，則歲大稔。

【天湖水】味甘。主强志不飢，輕身明目。治小兒丹瘤熱毒。

甘乳泉　在永安縣南甘乳岩。岩下有洞，洞中一石，突出如蓮華，泉自石中迸起，滴巨石上如甘乳然，或以穢器承之，泉脈即斷〔五六五〕。

【甘乳泉水】味甘。治虛勞腎損，午後大熱，肌骨中熱，咳嗽唾痰，女子乏乳。

凌虛泉　在大田縣西北靈惠岩。拔地千丈，森列如筍，泉出石罅間〔五六六〕。隨飲者爲盈縮。

【凌虛泉水】味甘。主治諸風，頭痛，骨節煩□□□□□暑氣。

玉醴泉　在大田縣太玄岩。水出崖根石穴中。

【玉醴泉水】味甘。治心肺不足，氣少不能□□□□□，止口渴。

大潙泉　在邵武縣熙春西塔兩山之間。昔有僧大潙駐錫於此，清泉湧出〔五六七〕，味甘而冽。

【大潙泉水】味甘。主調胃氣，理五藏，小兒陰㿉卵腫，尸疰鬼疰。

石穴　在邵武縣東百五十里七臺山之獅子臺上百花洞邊。水出清泠〔五六八〕，旱年灑田中則雨，病者飲數瓢即愈。

【石穴水】味甘。治傷寒温熱病，壯熱如火，頭痛如破，煩渴引飲。

漱玉泉　在泰寧縣東寶蓋岩〔五六九〕。泉出石穴中。宋蔣之奇詩云：『斷崖天削成，雲蘿可攀挐。忽然至其上，金碧藏谽谺。揮手挹天漿，引吭吸陽華。僧有定慧者，相此山水佳。卜居不復出，焚香擁袈裟。嗟余但企仰，涉世空喧嘩。安得寄遯此，可以忘幽遐。』

【漱玉泉水】味甘。主利百脈，益五藏，止消渴，除煩熱，壓丹石毒。

甘露泉　在泰寧縣甘露岩石穴中。滴泉如甘露〔五七〇〕。梁淮詩云：『久聞勝地到無由，今日追隨雪滿頭。石髓香生甘露乳，岩簷影落梵王□。人愁石徑蒼苔滑，鳥語山風碧樹稠。一縷爐煙飛不斷，共談清話對茶甌。』

【甘露泉水】味甘。主熱中消渴，利小便，益氣補中，降胃火。

石斗泉　在光澤縣北會仙岩。石穴方形，□□，泉出其中〔五七一〕，味甚甘冽。

【石斗泉水】味甘。治腸胃結熱。服丹石人飲之佳。止渴生津液，滋潤肺金，制伏心火。治目睛障翳。肝腎不足，養血補精。

越臺井　在廣州府番禺山西歌舞岡。深百餘尺〔五七二〕，味甚甘洌，爲昔趙佗所鑿。佗登山飲酒，投杯於井，浮出石門，舟人得之。宋番禺令丁伯桂伐石開九竅，以覆其上。又名爲玉龍井。

【越臺井水】味甘。主涼心益腎，解渴除煩，養陰退陽，消炎。

安期井　在廣州府東北十五里白雲山下。《番禺記》云：『初安期生隱此乏水，忽有九童子見，須臾泉湧。』又名九龍泉〔五七三〕，水味甘洌無比，烹瀹有金石氣。

【安期井水】味甘。主補精神，益藏府，調榮衛，壯脈絡。久飲辟穀不飢，延年神仙。

貪泉〔五七四〕　一名石門水。在廣州府西北二十里石門山。舊云：登大庾嶺，則清穢之氣分；飲石門水，則潔白之質變。晉吴隱之爲廣州刺史，《酌貪泉》詩云：『古人云此水，一歃懷千金。試使夷齊飲，終當不易心。』

【貪泉水】味甘。主益脾胃，潤肺與大腸，除内熱，通幽門。古有令人貪之語，是蓋不然，以其味甘，戀而不肯置也。

回蘇井　在順德縣西北八十里。冬温夏涼，飲之可以已病。

【回蘇井水】味甘。主心腹脹滿疼痛，飲食不消，傷寒瘧痢諸疾。

雲母井　在增城縣南鳳臺山下〔五七五〕。唐何泰居此，有女年十四五，一夕夢神人，教以食雲母法，遂汲此水餌之，步履如飛，後乃辟穀。則天后遣使召赴闕，中路失之，不知所在，景德間白日上昇。

【雲母井水】味甘。主潤肺除熱燥，補益心神。久飲延年，不飢，神仙。

天井　在新會縣西北六十里昆崙山之頂。味極甘冽〔五七六〕。

【天井水】味甘。令人肥健悦澤，益氣强志。治女子血枯月閉。

定心泉　在清遠縣東三十里峽山獅子臺下。有藏法師以乏泉爲慮，一日，忽有老人指石曰：『但定其心，何慮無泉。』後果鑿石得水。

【定心泉水】味甘。主辟時疫，壓丹石，去暴熱，明目利水，解口渴，除煩熱。

賢令井　在陽山縣北二里賢令山岩下。味極甘冽〔五七七〕。唐韓愈被謫於此，有『試酌一泓清』之句。

【賢令井水】味甘。主消渴身熱，潤津利肺，止咳嗽，定喘治悸。

卓錫泉　在南雄府大庾嶺東北。相傳六祖以杖點石而泉出，味甚甘冽〔五七八〕。宋張士遜詩云：『靈踪遺幾載，卓錫在高岑。妙法歸何地，清泉流至今。苔花生細細，云葉映沈沈，桂魄皎清夜，分明六和心。』

【卓錫泉水】味甘。主和悦心神，補益藏府，明目能夜視，止渴消暑。

玉井〔五七九〕　在曲江縣西三里芙蓉山之巔。味甚甘冽。井泥可療小兒頭瘡。

【玉井水】味甘。主解丹石毒，清暑氣，消煩除熱，潤肺燥，止咳嗽。

蔚巔泉　在樂昌縣西九十里蔚嶺。其山高入雲漢，泉在其巔〔五八〇〕。世傳六祖自黄梅歸，卓錫而泉出，味極甘冽。

【蔚巔泉水】味甘。主利益五藏，安養六府，填精髓，補虚勞。

八泉　在翁源縣東百五十里翁山之頂。泉有八穴，曰湧、曰甘、曰温、曰香、曰震、曰龍、曰玉、曰乳，皆美泉也〔五八一〕。

【八泉水】味甘。主補精神，治疾病。

【湧泉】吐痰清熱。

【甘泉】補益脾元。

【温泉】寧心定志。

【香泉】逐祟祛邪。

【震泉】扶陽，助生發之氣。

【龍泉】明目，利肝膽之經。

【玉泉】潤肺生津。

【乳泉】填精補髓。

石洞泉　在翁源縣東南七十里白石岩洞中。味極香冽〔五八二〕。

【石洞泉水】味甘。主陰虚，元氣不足，每季夏之月困乏無力。

湯雪泉　在博羅縣北二十里，（象山）〔泉山〕佛跡院中〔五八三〕。湯泉在東，雪泉在西，相去步武。東泉熱甚，不堪觸指，以西泉解之，纔適沐浴。

【湯泉水】不可飲，止堪浴瘡疥。

【雪泉水】甘寒。潤肺除煩熱，解暑氣。

錫杖泉　在博羅縣西北五十里，羅浮山小石樓下〔五八四〕。梁大同中，景泰禪師駐錫於此，其徒以無水難之，師笑不答，因卓錫泉湧而出，味甘殊勝。蘇子瞻云：予飲江淮水，彌年覺水腥，以此知江〔之〕甘於井。來嶺外，自揚子江始飲江水，至南康，水益甘，入清遠峽味亦益勝。今（飲）〔酌〕景泰禪師錫杖泉，則清遠（峽）水又在下矣。

【錫杖泉水】味甘。主補五藏六府，除三焦大熱，止煩渴，生津液，去頭風，消痰結。

金鷄泉　在長樂縣城西二里。相傳邑人於此見金鷄，掘地得泉，可以蠲疾。

【金鷄泉水】味甘。主傷寒温疫時氣，頭風目淚，手足痿痺，骨節酸疼。

曾氏忠孝泉　在程鄉縣城西一里。南漢時縣令曾芳以仁愛爲政，因民苦瘴，給藥愈之，而來者接踵，乃以大囊藥投井中，令民汲水飲之皆愈。宋皇祐間，狄青征儂智高，經此，軍士疾厲，禱井水溢，飲之盡愈，旋師奏凱，首以爲言，仁宗降制，封芳爲忠孝公，又賜飛白書『曾氏忠孝泉』五字，以表揚其美〔五八五〕。

【曾氏忠孝泉水】味甘。治傷寒熱病，疫厲天（大？）行，暑濕中人成病，解消渴，下丹毒。

扣石泉　在潮陽縣西二十五里靈山下。唐僧大顛結庵於此，以杖扣石而出泉〔五八六〕，味甘冽異於他水。

【扣石泉水】味甘。主潤肺經，清心胸，除煩熱燥渴，定喘悸怔忡。

龍盤泉　在封川縣東一里東山之左。水常清溢，味甘殊勝〔五八七〕。

【龍盤泉水】味甘。主五邪驚啼悲傷，瘰螘瘻，利水通淋，明目，止風淚。

鳳泉　在化州治西一里。水從石罅流出，味極甘冽〔五八八〕。

【鳳泉水】味甘。治心中悸惕不安，生智慧不忘。久飲令人多壽。

萊泉　在海康縣西館中〔五八九〕。寇萊公以司户謫官於此，喜飲此泉，故名。

【萊泉水】味甘。主潤肺除熱，止渴寧煩躁，利大小腸，通五淋。

雙泉　在瓊州府治之北〔五九〇〕。東坡謂其泉相去而異味，名之曰洞酌。

【雙泉水】味甘。主益氣調中，消煩止嗽，保肺定心，解利痰熱。解酒毒，降火邪。

和靖泉　在瓊州府東北潭龍嶺下。宋時有名衲和靖卓錫於此，甘泉忽自流出〔五九一〕。蘇子瞻詩云：『稍喜海南州，自古無戰場。飛泉瀉萬仞，無肉亦奚傷。』

【和靖泉水】味甘。主煩滿，心腹結氣，狂邪恍惚，消渴身熱，益胃通淋。

玉龍泉　在瓊州府西南二十里。水自石竇流出，寒冽異常〔五九二〕，其味甘潔，噴湧之勢如飛珠灑玉，大旱不減。

【玉龍泉水】味甘。主熱狂煩悶，肺氣上逆，煩渴不止，利小便。

惠通泉　在瓊州府城東五十里，味極甘冽。蘇子瞻《記》略云〔五九三〕：『三山庵之下出泉，味類惠山泉，僧唯德以水餉且求名，名之曰「惠通」。』以其與惠山泉通也。

【惠通泉水】味甘。主補益藏府，滋潤三焦，除骨節中熱，治虚勞咳嗽。

澹庵泉　在臨高縣〔五九四〕。宋胡銓於紹興十八年謫吉陽軍過此，遇旱，覓得此泉，甘而且冽，故以名之。

【澹庵泉水】味甘。主喘咳下氣，安和五藏六府，除胸中熱。久飲不飢。

乳泉井　在儋州城東南朝天宮中。井水甘洌〔五九五〕。蘇長公飲而喜之，因名。又爲作賦：『吾謫居儋耳，卜築城南，鄰於司命之宫。百井皆鹹，而醪醴湩乳，獨發於宫中，給吾飲食酒茗之用，蓋沛然而無窮。吾嘗中夜而起，挈瓶而東。有落月以相隨，無一人而我同。汲者未動，夜氣方歸。鏘瓊珮之落谷，灩玉池之生肥。吾三咽而遄返，懼守神之呵訊。卻五味以謝六塵，悟一真而失百非。信飛仙之有藥，中無主而何依；渺松喬之安在，猶想像於庶幾。』又詩云：『無事此靜坐，一日似兩日。若活七十年，便是百四十。黄金幾時成，白髮日夜出。開眼三千秋，速如駒過隙。是故東坡老，貴汝一念息。時來登此軒，目送過客席。家山歸未能，題詩寄屋壁。』

【乳泉井水】味甘。主潤肺，補五藏，安精神，生津液，填骨髓。

緑珠井〔五九六〕　在博白縣雙角山下。梁氏女緑珠生長於此，石崇爲采訪使，以珠三斛易之。今井尚清洌，汲飲之者令人顔色秀美，生子女亦有麗容。

【緑珠井水】味甘。主益顔色，澤肌膚，令人美麗俊好。

石盆泉　在桂林府隱山之岡〔五九七〕。盆色如玉，泉味如醴，香甘可愛。

【石盆泉水】味甘。主勞瘵發熱，咳嗽，肌體羸瘦。

新泉　在桂林府門鷄山築岩洞前〔五九八〕。味甚甘洌。

【新泉水】味甘。主泄利口淡，怔忡耳鳴，飲食無味。

滴玉泉　在桂林府龍隱岩〔五九九〕。方信孺古風有『春波飽微緑，斗柄涵空明。乳泉助茗碗，中有冰雪清』

之句。

【滴玉泉水】味甘。主補潤五藏，益氣力，治消渴，心胸煩躁不安。

灕水泉　在桂林府。灕江與湘水同源，繚繞桂城東北，南流至鬥鷄山，東過將軍橋。泉在橋下〔六〇〇〕，甘冽宜茗。

【灕水泉水】味甘。治心胸煩熱，肺氣上逆，消渴。虚勞，夢交精泄。

承裕泉　在靈川縣北二十里唐家鋪。色如碧玉，甘冽異常。昔爲唐承裕宅〔六〇一〕，五季時，承裕自中原避地於此，後入宋仕。

【承裕泉水】味甘。主補勞，潤心肺，止渴，治肺痿心熱。消痰，治吐衄。

玉髓泉〔六〇二〕　在全州西三里磐石廟下。水自石罅流出，味甘而美。

【玉髓泉水】味甘。主滋腎經，益精髓，保肺氣，降火熱，除煩止消渴，解酒毒。

丹砂井　在永寧州東百壽岩下。飲之者多壽〔六〇三〕，昔東郭先生廖扶家一族數百口，飲此井水，皆百餘歲。

【丹砂井水】味甘。主補益心神五藏，止渴潤肺。久飲之，不飢延年。

冰井　在梧州府城東冰井寺内。水澄澈不涸，味甘且冷〔六〇四〕。唐元結刻銘其上。

【冰井水】味甘。主消渴身熱，煩躁滿悶，胸膈痰涎，遍體丹毒。

注玉泉　在藤縣西南。泉色如玉〔六〇五〕，味極甘美。元余觀詩云：『雲南昆山液，月浸藍田英。臨風咽沆瀣，滿腹珠璣鳴。』

【注玉泉水】味甘。主潤五藏，益精神，消煩熱，解燥渴，止遺精溺濁，夢與鬼交。

桂山泉　在藤縣〔東〕二里〔六〇六〕。色瑩潔而味甘寒。元余觀詩云：『寒蟾窺玉甃，老兔遺香酥。化爲銀河水，一沃炎海枯。』

【桂山泉水】味甘。主明目，辟邪氣，益智慧，令人不忘，止渴生津液。

葛仙井　在岑溪縣東〔六〇七〕。味極甘冽。昔勾漏令葛洪修煉於此。後人有詩云：『古洞門深百尺寬，石岩題咏暗苔斑。細尋仙令燒丹去，滿地流泉浸月寒。』

【葛仙井水】味甘。主補五藏六府，通利十二經絡，滋榮益胃，延年神仙。

古漏泉　在賓州西四十里古漏山。甘冽可飲〔六〇八〕。

【古漏泉水】味甘。主潤肺除熱，止渴生津，和胃氣，利小便。

龍泉　在宜州南二里。其水重於他水，黄魯直編管宜州，試之果然〔六〇九〕。

【龍泉水】味甘。主痰積大腸及胃中垢膩，下痢裏急窘痛。

古辣泉　在横州北八十里〔六一〇〕。土人以泉釀酒，既熟不煮，但埋土中，日足取出，色微紅而味甚甘，可以致遠，雖曝烈日中不變。

【古辣泉水】味甘。主散風寒暑濕之邪，辟邪祟，治瘧疾往來寒熱。

冷泉　在昆明縣商山下〔六一一〕。其水飲之，可以已風。

【冷泉水】味甘。主消渴，伐肝氣，滋肺經。治諸風邪中人，手足痿痺，及厲風皮膚臭爛。
甘泉　在曲靖軍民府亦佐縣治西矣層山上。泉水甘冽〔六一二〕，居人利汲。夷語以水爲矣，故名其山。
【甘泉水】味甘。主補五藏不足，治口渴身熱，咽喉煩躁，胃火齒痛。
玉潔井　在臨安府東門外〔六一三〕。味極甘冽宜飲。
【玉潔井水】味甘。主消渴，丹毒，煩熱，風疹。補益和五藏，解酒熱。
白沙井　在臨安府白鶴舖前。水極甘，土人以爲第一泉〔六一四〕。
【白沙井水】味甘。主補益精神，滋養藏府，消渴身熱，生津潤肺。
温玉泉　在元江軍民府西北十五里。泉自石竇迸出，其色清碧可飲〔六一五〕。
【温玉泉水】味甘。主去頭風，利五藏，止渴除熱，療咳唾膿血。
響石泉　在楚雄府城西鳴鳳山巔響石寺中。泉有二穴，味極甘美〔六一六〕。
【響石泉水】味甘。主養腎氣，去内熱，解酒毒。治霍亂，療淋瀝，肛門瘀熱。
龍泉　在廣通縣東北蟠龍山。味甘冽〔六一七〕。
【龍泉水】味甘。主明目，補中不足，止渴除煩熱，安心神，定悸。
醉翁泉　在大姚縣治之東。泉水清冽〔六一八〕，人飲之酣然而醉。
【醉翁泉水】味甘。主心中鬱悶不樂，脾氣結而不舒，止渴消憂。
香泉　在和曲州城南三里。至春則生香氣〔六一九〕，土人每以二三月内具酒殽致祭，然後汲之，和酒而飲，能愈諸疾。

【香泉水】味甘香。主心腹結氣作痛，霍亂吐逆不食，止渴除煩熱。

石馬泉 在大理府治後〔六二〇〕。味甚甘冽，其源來自西天竺。每日午照，井中有石宛如馬形可見。

【石馬泉水】味甘。主潤補肺經，清心制火熱，止渴生津液。

法明寺井 在保山縣法明寺內。味極甘美，烹茶不翳〔六二一〕。

【法明寺井水】味甘。主清心，調勞益胃，明耳目，去內煩，生智不忘。

玄珠井 在蒙化府城東玄珠山玄珠觀內。此水飲之，可以已疾〔六二二〕。

【玄珠井水】味甘。主中風寒濕氣，手足痿痺不仁，痰厥頭痛。

一碗泉 在鶴慶府東南七十里大成坡頂。深僅尺許，大旱不涸，味極甘美〔六二三〕。相傳南詔蒙氏過此，三軍無水渴甚，拔劍插地，泉隨湧出，至今行人資焉。

【一碗泉水】味甘。主潤肺生津，除淋閉，消痰，治喘急上氣。

苦泉 在麗江軍民府東二十里東山下。泉味微苦〔六二四〕，飲之愈疾。

【苦泉水】味甘微苦。主心腹痛，風寒客邪，四肢游風，身熱，鬼疰邪瘧。

赤崖泉 在北勝州西北三里赤石崖之半。泉味如醴〔六二五〕。每春仲居人郊游，爭掬飲之。布谷一鳴，其味即變，俗謂之『吃春水』。

【赤崖泉水】味甘。主升陽，助生發之氣，解恚怒氣鬱，胸腹兩脅脹痛。

百刻泉　在貴州平壩城西五里。水自石罅迸出，匯而爲池〔六二六〕，每晝夜進退盈縮者百次。楊用修詩：『睠茲觱沸流，肇彼渾沌年。盈涸在頃刻，消息同坤乾。塵刹變潮夕，億垓無貿遷。岷觴衍游聖，坳舟喻思玄。迷踪鬼方霧，蘊真羅甸煙。詎逢陸羽品，那遇桑欽傳。』

【百刻泉水】味甘。主調利氣息，升降陰陽，止渴除煩，和脾益胃。

嘉客泉　在平壩衛西南十里〔六二七〕。副使焦希程《記略》云：『平壩之西，有泉涌焉，湛然甘洌，可鑒可酌，冬温而夏清。客至語笑，明珠翠玉，纍纍而沸，風恬日霽，晶瑩射目，客語在左則左應，在右則右應，衆寡亦如之，否則已，殆如酬酢，因名之曰嘉客泉。』

【嘉客泉水】味甘。主五心煩熱，利水通淋，止口渴，解酒力，又能怡神悦性，益智延年。

既濟泉　在鎮寧州治東〔六二八〕，火烘坡在其北〔六二九〕。其地極熱，此水獨寒，味甘美，宜烹茗。

【既濟泉水】味甘。主寒熱邪氣，心腎不交，精流不已，消渴善飢。

尾灑井　在安南衛南闉〔六三〇〕。楊升庵謂其水清甘可烹。

【尾灑井水】味甘。主涼心肺，止燥渴，解内熱，明目去翳膜。

天池　在都勻府平浪長官司西南六十里凱陽山頂。其山險峻，周圍十里，高四十丈，四壁陡絶，獨一徑尺許，僅可側身而陟。池水清泠可茗〔六三一〕。

【天池水】味甘。主補五藏，益精神，止渴生津液，和中助元氣。

馬蹄井　在黄平州東四十里馬鬃嶺之陽。石竅深入，形如馬蹄〔六三二〕。相傳唐（永）〔末〕一將軍追苗賊至此，軍渴，馬足忽陷，清泉湧出，味甘而冽。

【馬蹄井水】味甘。主解渴除熱，清心益腎，利肺消痰，生津止咳。

味泉　在鎮遠府治西〔六三三〕。味極甘冽。

【味泉水】味甘。主腹脹浮腫，心痛，乳難，喉痺，利大小便。

龍泉〔六三四〕

雲舍泉〔六三五〕

甘梗泉　在平頭著可長官司石崖中。一源湧出〔六三六〕，清濁分流，有如涇渭之狀。相傳出於萬山之底。

【甘梗泉水】味甘。主清頭目，利咽嗌，養肺補神，寧心定喘。諸泉中之最有益者也。

〔校證〕

〔一〕在河南内鄉縣西北　據《元和郡縣志》卷二一載：隋開皇三年（五八三），改酈縣置菊潭縣。治今河南内鄉縣北，屬鄧州。『因縣界内菊水爲名』。『菊水出縣東石澗山。其旁多菊，水極甘馨。谷中三十餘家不復穿水，仰飲此水，皆享壽百歲。』大業初，屬南陽郡，後廢。唐開元二十四年（七三六）析新城縣復置，治今内鄉縣西北。五代後周顯德五年（九五八），廢入臨瀨縣。可見在隋唐五代時期，菊潭水就已聲名鵲起，乃至因水而名縣，其水以甘馨而著稱。

〔二〕中有灎澦堆　瞿塘峽，又稱夔峽。爲長江三峽之一，包括風箱峽和錯門峽。西起今重慶市奉節縣白帝城，東至巫山縣大寧河口；爲三峽中最短、最窄又最雄偉之峽谷。宋本《太平寰宇記》卷一四八（中華書局二〇〇〇年影印本頁二七八下）記載：『灩澦堆，周回二十丈，在〔夔〕州西南二百步蜀江中心瞿塘峽口。冬水淺，屹然露百餘尺；夏水漲，没數十丈，其狀如馬，舟人不敢進。』諺曰：『灩澦大如（襆）〔襆〕，瞿塘不可觸；灩澦大如馬，瞿塘不可下；灩澦大如鱉，瞿塘行舟絶；灩澦大如龜，瞿塘不可窺。』姚書所引諺語本此。據范成大《吴船録》卷下（《全宋筆記》編五、册七、頁七六，大象出版社拙校本二〇一二年版）云：『此俗傳「灩澦大如象，瞿唐不可上」，蓋非是也。』范成大同書還記其舟行峽中親歷記云：『峽中兩岸，高巖峻壁，斧鑿之痕皴皴然，而黑石灘最號險惡，兩山束江驟起，水勢不及平，兩邊高而中窪下，狀如茶碾之槽。舟檝易以傾側，謂之「茶槽齊」，萬萬不可行。余來水勢適平，象所謂茶槽者；又水大漲，湴没草木，謂之「青草齊」，則諸灘之上水寬少浪，可以犯之而行。余之來，水未能盡漫草木，但名「草根齊」，法亦不可涉，然犯難以行，不可回首也。』讀之令人驚心動魄。

〔三〕謂之灩澦撒髮　『撒』，原形訛作『撤』，據同右引《吴船録》卷下改。

〔四〕三峽　長江三峽的簡稱，今通常指瞿塘峽、巫峽及西陵峽。

〔五〕拔簽暗船來　詩見《白香山詩集》卷一八《夜入瞿唐峽》，又見《文苑英華》卷二九三。『簽』，原作『簽』，據上引白詩改。又，『簽』，音『念』，《集韻》：『簽，竹索』。

〔六〕唐丁仙芝詩　詩見明·曹學佺《石倉歷代詩選》卷四三、高棅《唐詩品彙》卷六三、《全唐詩》卷一一四等，題作《渡揚子江》。首聯中『兩岸』，上引諸書作『兩畔』；頸聯『海盡邊陰靜』句，『盡』，原作『氣』；

『靜』，音訛作『淨』，并據同上引書改。

〔七〕温庭筠采茶録　方案：《采茶録》已輯入本書，此所引已大幅删節改寫，堪稱面目全非。今僅補、改各一字：『卿』，原脱，據補，應作李季卿無疑；『盉試諸』之『盉』原訛作『蓋』，據改。

〔八〕延年卻病神仙　『病』下，疑脱『似』字，或『神』乃『成』之音訛。否則不成句且文意不通。

〔九〕黄魯直云　此據《山谷集》卷二〇《黔南道中行記》删改，已面目全非。

〔一〇〕歐陽永叔詩云　詩見歐陽修《文忠集》卷一《蝦蟆碚今土人寫作背字，音佩》。

〔一一〕陸務觀詩云　陸游詩見《劍南詩稿》卷二《蝦蟆碚》。

〔一二〕孟浩然詩云　詩見《孟浩然集》卷三《臨洞庭》。《文苑英華》卷二五〇題作《望洞庭湖上張丞相》（題注：集作《岳陽樓》）。

〔一三〕杜子美詩云　杜甫詩見郭知達《九家集注杜詩》卷三五《登岳陽樓》，又見《文苑英華》卷三一二《登岳陽樓望洞庭》。

〔一四〕張説詩云　張詩見洪邁編《萬首唐人絶句》卷三《初至巴陵與李十二裴九同泛洞庭三首》（之三）。三句中，『遠近』，原作『近遠』，《唐詩品彙》卷四八同。

〔一五〕李太白詩　詩見《李太白文集》卷一七《陪族叔刑部侍郎曄及中書賈舍人至遊洞庭五首》（之一）。

〔一六〕王勃滕王閣賦　方案：此句見唐王勃《王子安集》卷一五《滕王閣詩序》，此誤注出處作《賦》。

〔一七〕隋范雲有滉漾疑無際飄飖似度空之句　方案：此乃六朝陳劉删《泛宫亭湖》五古詩中一聯，見《藝文類聚》卷九。核《文苑英華》卷一六三亦作劉删，疑涉上范雲《治西湖》詩而誤署。

〔一八〕唐薛據泊震澤詩　詩見薛據《泊震澤口》五古前數聯，刊唐·殷璠《河嶽英靈集》卷中；亦見《文苑英華》卷二九二。

〔一九〕方九百里　雲夢澤之範圍，據《漢書·地理志》記載，在南郡華容縣（治今湖北潛江市西南），面積不大，但晉以後的經學家將古之雲夢澤範圍無限誇大，一般將洞庭湖包括在内，與漢代記載已不符。又，雲夢縣，西魏大統十六年（五五〇）析安陸縣始置（治今縣），歷代置廢無常，今屬孝感市，在湖北省中部偏東，面積六〇四平方公里，乃湖北省面積最小之縣。本世紀初，轄九鎮、三鄉，人口約五十八萬三千餘人。

〔二〇〕一名後湖　練湖，由西晉陳敏主持開鑿的人工湖。在今江蘇丹陽市西北。唐時幅員四十里，分上、下兩湖。納長山之水以濟漕運，可溉田數百頃。後因圍湖造田，湖面鋭減，今已湮塞。

〔二一〕劉直指觀吴録曰　方案：此文見明·張國維《吴中水利全書》卷二〇所録，文略同。惟『劉直指』，張書作『劉日睿』，是。

〔二二〕蘇公有蕉溪閒試雨前茶之句　方案：此大誤，殆附會名人之詞。今考是句乃蘇軾《東坡全集》卷二五《留題顯聖寺》中詩句，原作『焦坑閒試雨前茶』；《東坡詩集注》卷二三、《施注蘇詩》卷三九皆同。今姚書竟移花接木，將前三字改作『蕉溪閒』。此句應删。顯聖寺在贛州，焦坑則在南安軍大庾縣，茶以地名。

〔二三〕在湖廣蘄水縣西四十里　蘄水縣，南朝劉宋元嘉二十五年（四四八）始置，治今湖北浠水縣東。因南臨蘄水而得名。唐初曾廢入蘄春縣。天寶元年（七四二），復改蘭溪縣置，屬蘄州。一九三三年，改名浠水縣。蘭溪，在今浠水縣城外東北，陸羽品爲天下第三泉。其側有清泉寺，蘇軾嘗遊此。

〔二四〕宋郡守余章三泉記曰　『余』，原脱，據王象之《輿地紀勝》卷四七《蘄州》、《方輿勝覽》卷四九補。又，引文略有删改，今據上述兩書補十餘字，改二字。末句『故常新潔不陳敗』下，王書有『甘美而善，泛清澈而不亂也，茶之所最宜。王陸二水，皆蘭溪一源耳，今在蘄水縣西』等數句。其下，《勝覽》還有：『蘇子瞻云，遊清泉寺洗筆泉水極甘』句，似亦余章記文。《全宋文》併其人而失收，故詳考之。

〔二五〕王元之陸羽泉詩云　方案：此王禹偁謫居黄州時名作，故《萬花谷》續集卷一〇、《記纂淵海》卷一二、《事文類聚》續集卷一二等類書多有收録，文字也頗相異同。核《小畜集》卷七《陸羽泉茶》詩云：『甃石封苔百尺深，試茶餘味少知音。唯留半夜泉中月，嘗得先生一片心。』今僅據改首句『百』，末句『得』二字，（原訛『幾』、『照』二字），餘仍舊不改。

〔二六〕在湖廣江夏縣東南二百里金城山下　《輿地紀勝》卷六六《鄂州上·景物上》載：『雋水，一名陸水，自巴陵入通城界。』今湖北省通城縣中北部有雋水鎮，自宋以來即爲縣治。因雋水穿境而過而於一九八一年改名。唐初置錫山鎮，元和五年（八一〇）改通城鎮。此乃鄂、湘、贛三省六縣通衢要津之地。雋永，味長。詳本書所收《茶經》卷下及拙校〔一二七〕。

〔二七〕白樂天詩　今核白居易是聯詩，見其《白氏長慶集》卷二〇《錢湖州以箬下酒李蘇州以五酘酒相次寄到無因同飲聊詠所懷》首聯。此引已將『箬下』訛倒作『下箬』；又將『江城賣酒』，訛作『江南愛酒』，今據以乙、改。

〔二八〕在湖廣郴州南萬歲山下　《輿地紀勝》卷五七載：『千秋水，在郴縣南三十里。源出萬歲山。』『郴州』，原訛作『彬州』，據改。又，萬歲山，唐『天寶六年（七四七）改爲靈壽山。有圓泉，一邊冷，一邊暖』（同上）。

〔二九〕在湖廣衡陽縣　《紀勝》卷五五云：酃湖，『在衡陽縣東二十里，傍有水，深八尺，闊可二十里，冬夏不竭』。

〔三〇〕接飛觴而酌酃渌是也　首三字，同右引書引《吴都賦》作『飛輕觴』。又，《紀勝》卷五七《郴州·景物下》有《酒官水》一目云：『舊名醽醁水，在郴縣』（治今湖南郴州）。又引《吴録》、《郡國志》稱：『郴〔縣〕程水鄉出美酒。晉太康《地理志》云水味甘美；《南史》任昉嘗云酒有千日醉。劉杳云：桂陽程鄉有千日酒，飲之，至家而醉。』已將程鄉水、酃湖水合而爲一。請參閲明·方以智《通雅》卷三九《飲食》之考。

〔三一〕光照一山　是條又見《湖廣通志》卷八。宋初樂史《太平寰宇記》卷一四六已云，綵水出當陽『紫蓋山下，綵碧甘馨』；又引《荆州記》云：『山有金牛，每雲晦日，輒見金牛出食，光照一山。』當爲史源。參見《勝覽》卷二九。

〔三二〕汲飲者多壽　《勝覽》卷二四《道州》載：洄溪，『乳竇松膏之所漬，泉甘宜稻，飲之者壽』。據補『漬』

字，且明其所自出處。

〔三三〕臣居粱益閒　原作『臣粱益間』，脱一字，遂不成句，據《太平寰宇記》卷八三補。參閲《勝覽》卷六六『范柏年』條注文。

〔三四〕去我慢貢高　此五字，疑有誤。

〔三五〕當蘄春縣界山下　『界』，原音譌作『介』，據《太平寰宇記》卷一二七改。各地類似之水甚夥，今多已開發成温泉浴池。

〔三六〕曰雷轟漈　蔡襄之孫蔡伷有《雷轟漈》（自注：在仙遊縣九鯉湖東）詩云：『水流石激擬雷鳴，洞里乾坤別有臺。玉舄扶風飛復下，瓊花帶雨落還開』。見《宋詩紀事》卷三六引《興化府志》。《徐霞客遊記》卷一下有文記述該地風貌。

〔三七〕太初蜀王征西番　『太初』：西漢武帝年號（前一〇四—前一〇一）；十六國前秦、西秦、南秦年號（約三八六—四〇〇）；南朝宋劉劭年號（公元四五三），此不知何所指，故諸書均稱『昔』，而不著年號。《方輿勝覽》卷五二有載：味江，自青城縣（方案：明初改灌縣）、入永康縣界，注白馬、文井兩江。舊〔圖〕經：『蜀王征西番……飲之皆醉。』即其史源。

〔三八〕在四川邊境黎州治内　《蜀中廣記》卷三五云：『在今治南半舍。』

〔三九〕味甘而香　《太平寰宇記》卷一五七曰：『菖蒲澗，一名甘溪。裴氏《廣州記》：菖蒲生盤石上，水從上過，味甘冷，異於常流。《南越志》：昔交州刺史陸允之所開也。』可補其遺。

〔四〇〕在貴州鎮遠府城東北鐵山下　《貴州通志》：『在城東北三里。會巖壑水南流入鎮陽江中。産蟹及小魚，味佳。』可補其缺。

〔四一〕在北直隸沙河縣　《畿輔通志》卷二三：『温泉，在沙河縣西北七十里，即古湯山也。四時常温，可癒人病。』則湯水又名温泉。又，下文據志補『水』字。

〔四二〕在順天府城西三十里山曰西山　方案：此下文云『泉當山頂』，則云泉在西山之頂。但《明一統志》卷一云：『玉泉山，在府西北三十里，頂有金行宫』。又曰：『玉泉在玉泉山東北，泉出石罅間，因鑿石爲螭頭，泉從螭口噴出』，『味極甘美，瀦而爲池』。泉水『東流入西湖，爲京師八景之一，名玉泉垂虹』。今特考異如上。

〔四三〕在順天府城西三十里覺山之頂　據《明一統志》卷一補一『十』字，原脱。同書『覺山』條稱：『在府西三十里懸崖之上，與盧師、平坡鼎峙。西有三泉，曰清泠，曰清旨，曰薦至。』

〔四四〕在良鄉縣西十五里　《明一統志》卷一載：又名龍谷泉，在良鄉縣西北。金大定間所鑿，泉極甘美。

〔四五〕王宫人從駕題云　方案：此明武宗朱厚照正德（一五〇六—一五二一）年事，又見清高士奇《松亭行紀》卷上云：清初有鮎魚池行宫，『舊有城堡，以山頂石似鮎魚，故名。湯泉在遵化西北四十里福泉山下，寬平約半畝許，有泉沸出。明總兵戚繼光甃石爲池，築堂其上，曰九新』。後引宫人王氏詩，文全同。因其親歷，故所記稍詳。

〔四六〕泉水噴礴　『礴』，原作『薄』，音訛，據《明一統志》卷二酌改。其書云：『在府城西三十里，泉水噴流，狀如鷄距。』

〔四七〕在慶都縣西三里　《畿輔通志》卷二二載：『慶都縣西三里有堅功泉。又西一里，有西堤泉。又縣西南有沈家泉、湧魚泉。俱平地湧出，合爲龍泉。』

〔四八〕毛公井　見《明一統志》卷二。據補四字，末又有『亦名甘井』四字。《畿輔通志》卷二二謂出《唐書·地理志》。

〔四九〕在贊皇縣東五馬山　《畿輔通志》卷一九：『贊皇縣東十里，上有五馬石，因名〔五馬山〕。巖隙出泉，甚甘美，名白馬泉。建炎二年（一一二八），武功大夫、和州防禦使馬擴奔正定五馬山砦聚兵，即此。』又，同書卷二三載：『相傳東晉五馬將軍遊畋，渴甚；馬足忽陷，水湧出，故名。』本條已將兩事混爲一談，捏合傳説與史實。

〔五〇〕在南和縣治南　《明一統志》卷四略同；《畿輔通志》卷二三所載稍異：『在南和縣西八里，兩泉並湧，故名。』

〔五一〕在遷安縣南十五里龍泉山　《明一統志》卷五所載略不同：『龍泉山，在遷安縣東二十五里。山腰有泉，號曰聖泉。』

〔五二〕北築長城嘗駐此　《遼史》卷四〇《地理志》云：『灤州負山帶河，爲朔漠形勝之地，有扶蘇泉，甚甘美。』二字據是書下文補。

〔五三〕在灤州城南　《明一統志》卷五云：『在州城西南。水清味淡，造酒極佳。元時取造玉液酒，因以名泉』。稍詳而略異。

〔五四〕在南京城東青龍山嘉善寺　《江南通志》卷四三有不同記載：『崇化寺，在府古高峰院，與嘉善寺相連。明正統間，重建賜額，崖下有泉沸起，水面若散花，名梅花水』。泉一名水，在崇化寺。

〔五五〕泉水僅容一勺　『勺』，原作『人』。據《景定建康志》卷一七、《至大金陵新志》卷一改。志云：蔣山『北高峰絶頂有一人泉，僅容一勺多，挹之不竭。』（新志『一勺』云云，作注文。）王安石《臨川集》卷一六《和子瞻同王勝之遊蔣山（并序）》有『森疏五願木，蹇淺一人泉』句，即詠此泉。

〔五六〕在句容縣茅山岩石之間　《太平御覽》卷六七〇云：『華陽雷平山有田公泉，是玉沙之流津，以浣水佳。』梁·陶弘景《真誥》卷一三曰：『田公泉水飲之，除腹中三蟲。與隱泉水同味（注云：此水今從地湧出，狀如沸，水味異美）。』《景定建康志》卷一九載：『田公泉，在茅山玉晨觀東南一里，亦呼柳谷泉。』皆可補本條之遺。

〔五七〕柳谷泉　一名柳洴，又即田公泉。《景定建康志》卷一七載：『伏龍山在柳洴之間，柳洴，即柳谷泉，與中茅峰相近。狀如龍，其上產金。』同書卷四五曰：『抱元觀，在茅山柳谷泉〔上〕。』又，宋慶元間，江東路劉運使有詩詠云：『柳服長年駐春色，金精一掬吐寒津。田公羽駕隨飈遠，長史琅函得語真。』此乃二泉即爲一泉之力證。顧况詩，見《全唐詩》卷二六七；注云：『《題柳谷泉》，見《應天府志》。』

〔五八〕在句容縣茅山之陽　《景定建康志》卷一九：『菖蒲潭，在句容縣仙人坊。許長史居此學道，又顧著作〔况〕山房多產菖蒲，一寸九節。』下引王建詩見《王司馬集》卷八《送顧非熊秀才歸丹陽》。

〔五九〕在溧水縣東南蠶山 《太平寰宇記》卷九〇載：『蠶船山，一名感泉山，在〔溧水〕縣南一十二里。山有青絲桐，泉脈泓澄，四時不絶。』當山以泉名。

〔六〇〕成串如珠 《江南通志》卷一一：『珍珠泉，在江浦縣東北二十里定山西南山麓，其地有泉噴出若散珠，遂以爲名，東流入於江。』稍異而較詳。

〔六一〕在江浦縣西南三十五里 《景定建康志》卷一七：『湯山，在城東南六十里。〔西接雲穴山，山不甚高，無大林木，有湯泉出其下，大小凡六處。湯間繞其東南，四時常熱。』湯山温泉，至今仍是遊人趨之若鶩的著名療養沐浴勝地。

〔六二〕在六合縣東十五里招隱山絶頂 『招隱』，原作『昭山』。《江南通志》卷一三云：『招隱山，在府南七里，本名獸窟山，宋處士戴顒隱焉，故名』；『有鹿跑泉』。據改、補各一字。此山或又名靈巖山，同書卷一一曰：『靈巖山，在六合縣東十五里。』《嘉定志》云：『山無鋭鋒，巖巒層聳，四面如一。』又云：有『鹿跑泉』等。

〔六三〕在徽州府城西北黄山第四峰 明·高濂《遵生八牋》卷一一云：『温泉，在在有之；又有共出一壑，半温半冷者，亦在在有之。皆非食品。特新安黄山朱砂湯泉可點茗。春色微紅，此則自然之丹液也。』可補本條之闕。

〔六四〕李白有送人歸黄山詩云 詩見《李太白全集》卷一三《送温處士歸黄山白鵝峰舊居》。

〔六五〕水色如練 《明一統志》卷一六所載略同。

〔六六〕唐李白詩云　方案：李白詩原載《咸淳臨安志》卷八四，所詠乃富陽縣（治浙江杭州今縣）普照寺。志云：淨明寺，『在縣北五里，舊普照寺。天福五年重建，治平二年改今額』。李白佚詩原作：『天台國清寺，天下稱四絕。今到普照游，到來復何別。栟木白雲飛，高僧頂殘雪。門前一條水，幾回流歲月！』此已妄作臆改，又篡改詩文，移花接木，用作詠黃山與唐寺之作，可發一噱。特此正之。參見清·王琦《李太白集注》卷三〇《詩文拾遺·普照寺》注云：『蘇東坡曰：予舊在富陽見國清院太白詩絕凡近，即此篇。』則蘇軾已疑此詩乃嫁名僞作。

〔六七〕在旌德縣西五里正山　《江南通志》卷一六載：『正山，在旌德縣西三十里，峻峭突出。諺云：正山峨峨接星斗，分列岡巒九十九。上有仙人臺、響石亭、玉井。』稍詳而略異。

〔六八〕在青陽縣九華山　陳巖《九華詩集·上下華池》詩注云：『雙峰下曰下華池，雙溪上曰上華池。泉甘土肥，產異茗。』未引後二句詩爲：『二百年來陳跡在，摩挲苔蘚日西時。』陳巖（？—一二九九），宋元之際青陽人。字清隱，號九華山人。宋末屢試不第，元初歸隱九華山，遍歷各處名勝古跡，至則各詠一詩，小序記其形勝、風貌、土產等。足補《九華山志》之闕。本條又可參閱《明一統志》卷一六、《江南通志》卷一六等。

〔六九〕隱真泉　原訛作『真隱集』，據《明一統志》卷一六乙正。又志云：『在青陽縣東六十里招隱山崇真觀後。』

〔七〇〕在青陽縣西十里石竇中　《明一統志》卷一六所載略同。又云：『舊以鮑公、趙公名，宋林之奇改名清泉，真德秀爲紀銘。』

〔七一〕在銅陵縣東葉山大明院内　《江南通志》卷六二曰：『縣東葉山有靈寶泉，溉田百頃，水旱如一。』

〔七二〕王介甫詩云　詩見《臨川文集》卷三三、《王荆公詩注》卷四七等，詩題爲《龍泉寺石井二首》（之一）。首句『石』，原作『水』，據改；　二句『石眼』，兩書作『海眼』，義勝；　三句『望』，同上作『待』。惟《詩林廣記》後集卷四引詩同本條。

〔七三〕鳳飲泉　原訛倒作『飲鳳泉』，據《江南通志》卷一六改。志云：『鳳凰山，在銅陵縣東五十餘里，世傳有鳳凰集其上，石窟有泉，珠璣錯落，名鳳飲泉。宋太宗時，賜道士趙自然。』

〔七四〕在石埭縣陵陽山　《江南通志》卷一六云：『陵陽山，在石埭縣北五里。山有三峰，其東峰屬太平縣。中峰山半有丹臺，竇子明得仙處。旁有丹竈、丹井，山麓有黄鶴池、白鶴墩、黄鶴林，皆子明遺跡。』記載較詳。

〔七五〕前漢時山下舒氏……鯉果應節而躍　《藝文類聚》卷九引《宣城記》云：『昔有舒女，與其父析薪於此泉。女因坐牽挽不動，乃還告家。比還，惟見清泉湛然。女母曰：吾女好音樂。乃作絃歌。泉湧洄流，有朱鯉一雙，令人作樂嬉戲，泉即湧出。』此據原書點校本頁七四迻録。

〔七六〕在石埭縣　清・傅洪澤《行水金鑑》卷八五、卷一三二稱許由泉在山東嶧縣。

〔七七〕在建德縣北印石山下　《江南通志》卷一六稱『在東流縣東三十里』歷山下。差不同。

〔七八〕在太平府東五里白紵山　宋・楊齊賢集注、元・蕭士贇補注《李太白集分類補注》卷二二。《桓公井》

補注云：『桓公井，在當塗東五里白紵山上。』據改二『苧』字作『紵』。又李白詩據《補注》及《李太白文集》卷一九校改五字。又，據《方輿勝覽》卷一五、《明一統志》卷一五，此標目『桓温井』，應改爲『桓公井』。

〔七九〕在灊山縣萬壽宫内　《江南通志》卷四七所載略有異：『真源宫，灊山縣北山谷寺。』『又名真源萬壽宫』，可簡稱萬壽宫。『天祚宫，在真源宫右。宋開寶間建，崇寧中賜名天休觀，宣和改作宫。有九龍井、飛龍泉，瀑布、噴雪二亭，亭久圮。』則似宋時九龍井、飛龍泉皆在天休宫内，或明代已將兩宫合一而改稱萬壽宫歟？

〔八〇〕王荆公六言詩云　王詩見《王荆公詩注》卷一八《題舒州山谷寺石牛洞泉穴》，題注：一作《留題三祖山谷詩石壁》，公自注云：『皇祐三年九月十六日，自州之太湖，過懷寧縣山谷乾元寺宿，與道人文鋭，弟安國擁火遊石牛洞。見李翱習之書，聽泉久之，明日復遊，乃刻習之後。』詩末，李壁注云：『據晁無咎以此篇入續楚詞。』又引《高齋詩話》：『〔黄〕魯直效公題六言：「司命無心播物，祖師有記傳衣。白雲横而不度，高鳥倦而猶飛。」識者云：「語雖奇，不及荆公自然。」』方案：灊山，古名皖縣，以皖山、皖水而名之。東晉改置懷寧縣。宋端平三年（一二三六）廢。元至治三年（一三二三）析懷寧縣地而置灊山縣，乃縣以山名。故明清之灊山縣，即宋代之懷寧縣地。

〔八一〕在太湖縣北七十里之百藥山之絶巘　《江南通志》卷一五云：『百藥山，在太湖縣北七十里，相傳唐李百藥曾居此，後以百藥名山。絶巘有洞，時聞異香，懸溜可愈熱疾。』方案：『李百藥』，原作『白居易』，

「以百藥名」，原作「樂天」，據《明一統志》卷一四改。

〔八二〕虎丘石井泉　大體上據《吴郡志》卷二九及《姑蘇志》卷八綜述。下節引三詩均詠虎丘勝跡，但與石井泉無關。據范成大《吴郡志》卷二九所載，此石井的湮而復浚在南宋初：「歲久堙塞，今寺僧乃以山後寺中土井爲石井，甚可笑。紹興三年（一一三三），主僧如璧始淘古石井，去淤泥五丈許。……味甘冷勝劍池。時郡守沈揆虞卿聞之，往觀大喜，爲作屋覆之。別爲亭於井傍，以爲烹茶宴坐之所。」沈揆有《題石井泉》詩云：「靈源一閟幾經年，石上重流豈偶然。漸喜行春有幽事，人間初見第三泉。」范成大有次韻詩，録其三首之三：「傳聞公作新亭好，先報儂家拄杖知。便擬挈瓶來煮茗，繞闌幹角遍尋詩。」徐誼、尤袤各有次韻詩三首，均見清·陸肇域等《虎阜志》卷二上（古吴軒出版社一九九五年點校本，頁一一一）。惜《全宋詩》多已失收。

〔八三〕憨憨泉　《吴郡志》卷二九云：「在寶華山寺之東山半，極清冽。相傳爲得道僧名憨憨和尚者卓錫所出。」

〔八四〕白雲泉　《吴郡志》卷一五載：「天平山，在吴縣西二十里，此山在吴中最爲崷崒，高聳一峰，端正特立。《續圖經》以爲吴鎮，不誣也。山皆奇石，卓筆峰爲最，山半白雲泉，亦爲吴中第一水。比年有寺僧師壽……又於白雲之上石壁中得一泉如綫，尤清冽云。」則白雲泉之上又有一綫泉。白詩見龔明之《中吴紀聞》卷五所録。乃其爲蘇州刺史時所作。龔氏又曰：「蘇子美（舜欽）嘗至山中，爲賦長篇，范貫之亦有和章。」

〔八五〕泉出巖穴間　《吴郡志》卷二九：『法雨泉在穹隆山。』《姑蘇志》卷一二記：明成化八年（一四八二），吴縣知縣雍泰率民尋水源，於穹隆山腰得法雨泉，『上爲一堰，下分二道』，以溉湖田的故事。周必大《文忠集》卷一七一《南歸録》曾記其遊歷吴山之故事，稱法雨泉在穹隆山福臻禪院方丈後。又云葉夢得嘗爲之銘。皆可參閱。

〔八六〕國朝高啓詩云　詩見明·錢穀《吴都文粹續集》卷二〇，題作《陪臨川公遊天池》。此外，周南老亦有《天池》詩，明·吴寬有《紀遊天池》詩等。

〔八七〕味極甘冽　《吴郡志》卷八云：『吴王井，在靈巖山腰，大石泓也。相傳爲吴王避暑處也。楊備詩云：「石甃遺蹤傍古臺，一泓寒影鑑光開。何人照面金釵落，曾見越溪紅粉來。」』

〔八八〕唐羅鄴有詩二絶云　『羅』，原訛作『吴』，據《姑蘇志》卷三三引詩改。又，二絶之一首句中，『古宫荒井』之『宫荒』，原訛作『官十』；三句中『玉釵鐫劝』，原訛作『金釵擕』，據改。

〔八九〕在蘇州府西北六十里銅坑山　《姑蘇志》卷八曰：『銅坑山，在鄧尉山西南，一名銅井。』又云：『清冽可飲，名曰銅泉。』吴寬詩云：『銅坑山下遍楊梅，曲徑人從樹杪來。共愛石橋涼似水，湖梢未放酒船回。』

〔九〇〕峰名縹緲　《吴郡志》卷三三載：『水中禪院，在洞庭山縹緲峰下。』『山有無礙泉，紹興間始名。』志載紹興二年（一一三二）知平江府李彌大《無礙泉》詩并序，記其泉得名之始末。詩序云：『水月寺東入小青塢，至縹緲峰下，有泉泓澄瑩澈，冬夏不涸，酌之甘冽，異於他泉而未名。紹興二年七月九日，無礙居士李似矩、靜養居士胡茂老飲而樂之，靜養以無礙名泉。主僧願平爲煮泉，烹水月芽。』爲賦詩云：『甌研水月先春焙，鼎煮雲林無礙泉。將謂蘇州能太守，老僧還解覓詩篇。』詩及序不僅生動記載此泉得名佳話，還演繹了南宋初的一段交遊佳話。今考胡松年（一〇八七—一一四六），字茂老，號靜養。海州懷仁（治今江蘇贛榆）人。政和二年（一一一二），上舍釋褐，官至參知政事。以清廉及鄙惡秦檜而享有重名。建炎四年（一一三〇）至紹興二年，他在知平江府任，與其交政（即繼任者）即爲李彌大（一〇八〇—一一四〇），字似矩。吴縣人。崇寧三年（一一〇四）進士，官至工部尚書。紹興二年（一一三二），他與前任胡松年結伴遊西山，留下無礙泉得名之千古佳話。又，水月茶，即今天下聞名之名茶碧螺春，因水月禪院寺僧創制而得名，宋初已著稱，見蘇舜欽《水月禪院記》。

〔九一〕宋元祐中　四字據《明一統志》卷八、《江南通志》卷三三補，大體據是二書述略。又可參見《姑蘇志》卷三三、卷五八。

〔九二〕在吴江縣甘泉橋下　本書以此爲天下第四泉，大誤。無論是陸羽《水品》或張又新《煎茶水記》，皆以峽州扇子峽蝦蟆碚水品爲天下第四泉。詳陸游《入蜀記》卷四，《劍南詩稿》卷二《蝦蟆碚》詩云：『巴東峽里最初峽，天下泉中第四泉。』最爲的證。已見本書拙校〔一一〕。又，《續茶經》卷下之一引《湧幢小品》，以『天下第四泉在上饒縣北茶山寺』，亦誤。此或即《煎茶水記》所謂吴松江水，品爲第十六。

〔九三〕相國舒王詩云　王安石詩見《臨川文集》卷一三《次韻唐彦猷華亭十詠·寒穴》。首句『神泉冽冰霜』，原訛倒作『神震冽霜冰』。集本『泉』又訛作『農』，據《王荆公詩注》卷一九等改。末句『煩酲』，原訛作『煩塵』，據同上二書及《至元嘉禾志》卷二一改。

〔九四〕毛滂銘云　其《寒穴泉銘并序》，見《至元嘉禾志》卷二一，又見《紹熙雲間志》卷下。其序略云：『秀州華亭縣有寒穴泉，邑人知之者鮮；　縣令姚君汲以遺余，余始知之。問此邦人，則多不知也。取嘗甚甘，取惠山泉並嘗，至三四反覆嘗，略不覺有異……此泉雖所寄荒寒，宜因相國詩聞於時，然亦復未聞也。余憾前人之論水者既不及知之，余欲以告今之善論水者，爲作銘云。』

〔九五〕在松江府西湖中　《江南通志》卷三一云：『五色泉，在華亭縣西湖道院内。』《明一統志》卷九曰：『在府城内西南。相傳葛洪煉丹於此，丹成，投水中，至今常湧泉見五色。郡士人見者必擢高第。』

〔九六〕元陸鵬南詩云　詩見四庫本《御選元詩》卷六八。末句『漁船』，一作『漁舟』。

〔九七〕沸泉　《册府元龜》卷二〇二載：『南齊建元元年（四七九）四月，有司奏：　延陵令戴景度稱，所領季子廟舊有湧井二所。廟祝列云：　舊井北忽聞金石聲，即掘三尺，得沸泉。』《太平廣記》卷四〇六略同。

〔九八〕經營於法堂　《記》全文，見於唐·獨孤及《毘陵集》卷一七，又見《文苑英華》卷八二八、《無錫縣志》卷四中。『經營』原作『熒灣』，據上引三書改。

〔九九〕唐張祜詩　方案：　張詩題作《惠山寺》，見《文苑英華》卷二三八。《唐百家詩選》卷一五、趙師秀《衆妙集》、周弼《三體唐詩》卷五、《詩林廣記》卷九等宋代文獻多録此詩，文字略異，校記見《文苑英華》之注。

〔一〇〇〕宋蘇試詩云　方案：　蘇詩見《東坡全集》卷三《焦千之求惠山泉詩》，又見《東坡詩集注》卷二六、《施注蘇詩》卷五等。文字異同，原點校者已出校十一條，今删。又失校三處：『歎賞』，原作『歡賞』；『豈如』，原作『豈知』；『盥灑』，原作『盥洗』。僅取其末條，補蘇詩六句如下：『故人憐我病，蒻籠寄我馥。欠伸北窗下，晝睡美方熟。精品厭凡泉，願子致一斛。』

〔一〇一〕水味甘冽　《無錫縣志》卷二『膠山去州東北四十里……。上有梁蕭侍郎宅。今爲招提〔寺〕，旁有泉出山竇中，味甘色白，名曰竇乳泉。又有滌硯泉。《志》卷四上録有楊稱《竇乳泉》詩，卷四下收有翁挺《膠山竇乳泉記》。

〔一〇二〕泉水瑩白甘美　《江南通志》卷一三：『定山，一名女山，在江陰東二十五里。』『有玉乳泉，一名虎跑泉。』又，《明一統志》卷一一著録另一玉乳泉云：『在丹陽縣治東，唐劉伯蒭論水，以此爲天下第一。』

〔一〇三〕故名貪山　《明一統志》卷一〇載其得名之由，文略同。『後人因名貪〔山〕以示戒。』貪山之泉，故名貪泉。

〔一〇四〕在宜興縣東南四十里湖㳇鎮　『㳇』，原形訛作『没』，據成化十九年《重修毗陵志》卷六改。《續茶經》卷下之一稱是條出《天下名勝志》，又訛『湖㳇』作『湖汶』。

〔一〇五〕郭三益詩云　詩見《咸淳毗陵志》卷二三，題作《南嶽寺》。第二句中『簾泉』，原作『寒泉』；『新芽』，原作『新茶』；據改。又，郭三益（？—一一二八），字慎求。常州人，元祐三年（一〇八八）

進士，官至同知樞密院事。

〔一〇六〕在宜興縣東南茶山　《太平寰宇記》卷九四：『金沙泉，按《郡國志》云，即每歲造茶所也。按：茶產在邑界。』《方輿勝覽》卷四則云：『在長興縣啄木嶺，即每年造茶之所也。湖常二郡接界於此，上有境會亭。』泉在宜興、長興二縣交界之處。下引張祜詩，見《全唐詩》卷五一〇《題陸墉金沙洞居》頷聯。

〔一〇七〕味亦清泠　《江南通志》卷一三略同。又云：『舊傳有金牛入於此，又名伏牛潭。』下引李郢詩題作《洞靈觀流泉》，見洪邁編《萬首唐人絶句》卷三六，又見《全唐詩》卷五九〇。

〔一〇八〕在宜興縣陽羨山　《江南通志》卷一三云：『在荆溪縣張公洞西南三里。』餘略同。下引文記，見《甫田集》卷一九《玉女潭山居記》，記文已頗有删改。

〔一〇九〕唐張祜詩云　詩見《全唐詩》卷五一〇《題李瀆山居玉潭》，又見明・曹學佺《石倉歷代詩選》卷六九。首句『千秋』，二書皆作『千年』。獨孤及詩，見《毘陵集》卷三《題玉潭》，又見《唐文粹》卷一七下等。

〔一一〇〕泉水靈奇　《明一統志》卷一一：『中泠泉，在金山寺内。唐李德裕嘗使人取此水雜以他水，輒能辨之。』餘詳宋・張世南《游宦紀聞》卷一〇等。

〔一一一〕唐張祜詩云　詩見《文苑英華》卷二三八《金山寺》，又見《唐百家詩選》卷一五、《三體唐詩》卷五、《衆妙詩》等，文字頗有異同，尾聯『城市』，諸書多作『朝市』。

〔一一二〕孫魴詩云　孫魴事略見龍袞《江南野史》卷七小傳。其詩亦始見於此，詩題爲《題金山寺》。本書所録，似據《事文類聚》卷三五。又見《類説》卷一八、《萬花谷》卷五、《詩話總龜》卷三五、《唐詩記事》卷七一等，今會校諸書，酌改、乙數處。「日新」，多作「目新」，《萬花谷》作「自新」；「地少」，原作「地小」，必誤，「地少」對「天多」，據改。「過櫓」，原作「櫓過」；「驚濤」，原作「濤驚」；「浴」，原作「濺」；據上引諸書乙、改。

〔一一三〕韓垂詩云　韓詩《題金山》，見明·楊慎《升菴集》卷五七《金山寺》詩，又見《石倉歷代詩選》卷一一九、《全唐詩》卷七五七。據改數字：「靈山」，原作「金山」；「插影」，原作「撑影」；「雷霆」，原作「雷電」。楊慎品此詩爲詠金山寺第一。

〔一一四〕石上看江雲　「石上」，原作「坐石」，據《宛陵集》卷八《金山寺並序》、《瀛奎律髓》卷一、《宋藝圃集》卷六、《宋詩鈔》卷九等改。

〔一一五〕李燾詩云　「李燾，原形訛作「李壽」」，據清人厲鶚《宋詩紀事》卷四五録李詩《登金山》改。又，注云出《金山志略》。

〔一一六〕泉水清冽　《明一統志》卷一一載：在鎮江府「招隱山西，其泉圓，濺若貫珠然。《宋蘇軾詩：「巖頭匹練兼天淨，泉底珍珠濺客忙。」」下引駱詩，見《瀛奎律髓》卷四七、《石倉詩選》卷二〇、《全唐詩》卷七八、《全唐詩録》卷四，題作《陪潤州薛司空丹徒桂明府遊招隱寺》。又，頷聯「雲霞」，原作「煙霞」，據上引諸書改。

〔一一七〕水味清冽　《明一統志》卷一一：『在招隱山西，即梁昭明太子井，唐蔣防有銘。』參閲《江南通志》卷一六。下引張祜詩，見《文苑英華》卷二三八、《衆妙集》、《全唐詩》卷五〇，題作《題招隱寺》。

〔一一八〕泉味甘冽　《明一統志》卷一一：『靈泉，在長山上，與練湖通。』《江南通志》卷一三曰：『長山，在鎮江府西南二十五里。』

〔一一九〕在丹陽縣東北二十里　《清一統志》卷六二：『經山，在丹陽縣東北三十五里。』『一名金牛山，上有金牛洞』，『下有經水泉，宋置經山寨於此』。

〔一二〇〕味甘而冽　《江南通志》卷一二：『繡毬山，在丹陽縣東北三十六里。三山相連，如繡毬，上有白鶴泉。』

〔一二一〕味甘美　《明一統志》卷一四：『浮槎山，在〔廬州〕府城東八十里。俗傳此山自海上浮來。』『山頂有泉，極甘美。』則泉以山名。歐陽修《集古録》卷一〇《浮槎寺八紀詩》云：『古浮槎寺八紀詩者，自云雁門釋僧皎字廣明作。』又曰：『浮槎山，在今廬州慎縣。其上有泉，其味與無錫惠山水相上下，而鴻漸《茶經》及張又新等《水記》皆不載。嘉祐中，李留後端愿守廬州，以其水遺余，因爲之記其事。余甚愛山水而浮槎水特佳，頗怪前世遺而不録。』《浮槎山水記》，刊《文忠集》卷四〇，本書上編已收，此所録，異文及錯訛甚夥，不再一一校正。

〔一二二〕在廬州府三角山　《江南通志》卷一七所載頗異：『三角山，在舒城縣西南百二十里，峰有三角，故名。又名多智山。相傳上有清泉，飲之令人聰慧。』則泉以山名。

〔一二三〕在無爲州景福寺後　《明一統志》卷一四：『在無爲城内，舊景福寺。』

〔一二四〕在無爲州西北五十里　同上書曰：　笑泉，『又名呂泉，舊傳呂洞賓憩此卓劍，泉忽湧出石底』。未審回翁泉得名之由。

〔一二五〕在無爲州西九十里雙井山　《江南通志》卷一七所説有異，曰：『天井山，在無爲州西九十里，有泉二，左曰青龍，右曰白虎，故亦名雙泉。』或山以泉名。

〔一二六〕在巢縣東北十里　《江南通志》卷一七云：『半湯山，在巢縣東北十五里。有二泉，一冷一熱合流。其初，冷熱仍異，數里之外始相混，魚自冷泉觸熱急回。』或其山之熱泉稱半湯泉。下引羅隱詩二句同。明聶芳有《半湯池記》附載。又，考異：《明一統志》卷一七云：『半湯泉，在縣永興院。宋呂愿中詩：「郡境山多沸，陳村泉類湯，人情尚冰炭，地脉亦炎涼。」』此縣指歷陽縣，明初已廢入和州。或泉流經兩地歟？

〔一二七〕王喬山金庭洞口　《方輿勝覽》卷四八：『王喬山，在巢縣西南九十里，昔有王子喬於此山採藥，遂得名。』《江南通志》卷一七云：『唐時又改名王喬山。』即『黄山，在府東百二十里，接巢縣、含山界。其峰三百有六十，有泉不涸，故亦呼龍泉山，亦曰金庭山，又曰紫微山』。『山有金庭洞，可容三百人；又有紫微洞。出泉，居民引以溉田。』方案：下條『紫微泉』參見此校，不另出注。

〔一二八〕阮户部詩云　阮户部，即宋阮閲。字美成。詩見《明一統志》卷一四。同書又云：『金庭山，在巢縣北九十里，舊名紫微山。即道書所謂第十八福地。』『上有金庭洞，下有紫微、玉蘭二洞相連，又有杏花泉。』

〔一二九〕他年誰補茶經闕　『茶』，原訛作『圖』，據王象之《輿地碑記目》卷二《無爲軍》改。又，阮閲二詩均見是書，前詩應題作《紫微洞》，後詩則應題作《紫微泉》。

〔一三〇〕在一穴中　《明一統志》卷一四：『龍穴山，在廬州府城西一百三十里，上有張龍公祠，宋歐陽修《集古録》載《張龍公碑》云：……今龍穴山是也。蓋山之東南隅有穴，土人以山有一池，又呼爲龍池山。』

〔一三一〕頂方四平　《大清一統志》卷九三云：『齊雲山，在〔六安〕州西南九十里，亦名齊頭山。』『頂方四平，有泉出焉。上有雲峰，又有雷公洞，産茶極佳。』可見産名茶處，一般有佳泉。下引唐詩僅見《食物本草》。

〔一三二〕在英山縣廣福山中　《江南通志》卷一八：英山『縣東二十里有廣福山』。山有泉。

〔一三三〕在鳳陽府西武店　《江南通志》卷一七載：『塗山，在〔鳳陽〕府懷遠縣東南八里。』『山半有聚仙臺、卧仙石，又有靈泉。』

〔一三四〕在定遠縣西北七里橫澗山　《大清一統志》卷八七：『橫澗山，在定遠縣西北七十四里，上有澗泉。』則泉以山名。又，原文『七里』或『七十里』之脱誤。

〔一三五〕在定遠縣西五十餘里　《江南通志》卷三五：『楚泉在定遠縣西六十里，漢泉在縣西五十里。源出楚泉，二泉並行，自南而西合流入洛，達於淮。』上條所云『勝漢泉』，或即此漢泉歟？

〔一三六〕在虹縣東北朱買臣祠東　《江南通志》卷一七載：『朱山，在虹縣東北三十五里。上有靈祐祠，祀梁之朱買臣，俗誤以爲漢之買臣。上有聖水泉，甘而冽。』

〔一三七〕在盱眙縣第一山下　《方輿勝覽》卷四七：『玻璃泉，在第一山之下。張文潛（耒字）詩：「玻璃美酒舊知名。」崇寧中，劉晦叔（昱字）名之曰玻璃泉。楊廷秀（萬里字）有詩云：「清如淮水未爲佳，泉迸淮山好煮茶。鎔出玻璃開海眼，更和月露瀹春芽。仰看絶壁一千丈，削下青瓊無點瑕。從事不澆愁肺渴，臨泓帶雪吸冰花。」』。方案：楊詩見《誠齋集》卷二七《題盱眙軍玻璃泉》。張詩見《柯山集》卷一七《大雪中李提舉惠玻璃泉兩榼二首》（之一）；張耒另有一詩云：『塵埃可洗憂可豁，待君一酌玻璃泉。』見同集卷一一《贈張嘉甫》尾聯。又，據光緒《盱眙縣志稿》卷首有《盱眙十景圖》，其中之一，即爲『玻璃泉浸月』。米芾有《都梁十景詩·玻璃泉浸月》：『半山亭下聖苔錢，鑿破玻璃引碧泉。一片玉蟾留不住，夜深飛入鏡中天。』見《六藝之一録》卷三八一。

〔一三八〕泉有七眼噴出　《輿地碑記目》卷二《盱眙軍碑記》載：『磬泉，在〔縣〕右離宫西南杜家山，側上有石刻。』可證。《江南通志》卷一八則云：『都梁山，在盱眙縣東南五十里。』『隋於此建都梁宫』而得名。〔山〕有磬泉、釣魚臺。

〔一三九〕在天長縣南六十里道人山　《太平寰宇記》卷一三〇云：『道人山，在〔縣〕城東南三十五里。』

〔一四〇〕在壽州安豐東北十里　同上《寰宇記》卷一二九曰：『咄泉在〔壽春〕縣東北十里。』又云：『按《壽陽記》云，一名玄女泉也。』《方輿勝覽》卷四八：『在壽春縣東北十里。』其縣名之異，乃宋、明之沿革不同。《江南通志》則云：『泉在壽州北五里』，『又名珍珠泉』。

〔一四一〕劉禹錫詩云　詩見《文苑英華》卷三二七，題作《楚州開元寺北院山枸杞臨井繁茂可觀羣賢賦詩因以繼和》；又見《全芳備祖》後集卷二四、《劉賓客文集》外集卷一等。據改二字：『香泉』，原作『清泉』；『樹有』原作『藥有』。

〔一四二〕在海州羽山　《明一統志》卷一三云：『羽山，在贛榆縣西北八十里。』唐崔國輔詩：『羽山一點青，海岸雜花碎。日暮千里帆，楚色有微靄。』又，《元和郡縣圖志》卷一三曰：『羽山，在〔沂水〕縣東南一百一十里，與海州朐山縣分界』。山有泉。

〔一四三〕古有拆字謎即此　《太平廣記》卷一七四《班蒙》云：『唐太保令狐相綯出鎮淮南日，支使班蒙與從事俱遊大明寺之西廊。忽覩前壁所題云……詢之老僧，曰：「傾年有客獨遊，題之而去，不言姓氏。」』字謎及解，又見於今傳四庫本《桂苑叢談》、《玉泉子》、《類説》卷五二。上四書文字略同，而與本條所録頗相異，可據以校正者甚夥。此正明人篡改古書之證。

〔一四四〕蘇穎濱亦有詩云　上引蘇軾詩分見《東坡全集》卷二〇《到官病倦未嘗會客毛正仲惠茶乃以端午小集石塔戲作一詩爲謝》、卷一五《歸宜興留題竹西寺》，『井水』，原爲『井茶』，據改。轍詩見《欒城集》卷九《蜀井》（題注：『在大明寺』）。引詩爲七律前四句，原點校者已據改補二字。

〔一四五〕味甘如醴　《明一統志》卷一二：『甘泉山，在〔揚州〕府城西北三十五里。高二十餘丈，周圍二里，上有甘泉井。』或又名斗宿泉，因其山有七峰，狀如北斗星而得名。

〔一四六〕駐錫於此　《明一統志》卷一二所載與此略同。

〔一四七〕玉色涓涓　《清一統志》卷七三所載略同。下引王詩一聯中：『常浸』，原訛作『常滿』；據志及清・汪之衍《東皋詩存》卷一《玉涓井》引改。『猶呈』，志作『猶存』，汪書作『呈』。

〔一四八〕地名聖井欄　《清一統志》卷七三作『一名聖井』。又，下述岳飛云云，志稱出《名勝志》。

〔一四九〕在蕭縣東南五十里　《江南通志》卷一四載：『霧豬山，在蕭縣東南五十里，下有霧豬泉。』此或即癸亥泉之異名。

〔一五〇〕在沛縣泗水北岸　《江南通志》卷三三：『在沛縣里許，深不可測，其味甘冽。世傳漢高帝所鑿。』

〔一五一〕王禹偁詩云　方案：此誤署作者。詩見明李蓘編《宋藝圃集》卷二二《白龍池》，稱無名氏之作，是。王禹偁《小畜集》卷五有《八絶詩・白龍泉》。其序有云：『唐大曆中，隴西李幼卿以官相領滁州刺史，始游瑯玡山，立寶應寺。故泉有庶子之號，李陽冰篆其銘，存諸石壁。白龍泉又次焉，由是亭臺溪洞合垂藤，蓋謂之八絶云。皇宋至道元年，予自翰林學士出官滁上，因作古詩八章刻石於寺。寺名開化者，我朝改之也。』述其泉由來甚確，詩不録，可參閲。白龍池各地多有，姚氏將泉、池混爲一談，誤之甚也。

〔一五二〕瑩如美玉　《清一統志》卷九〇：『六一泉在州西南七里醉翁亭側，傍有石泓泉湧。甘如醍醐，瑩如玻璃，又名玻璃泉。』《明一統志》卷一八則云：『章衡記，傍有石泓泉湧而流，甘如醍醐，瑩如玻璃。』則以六一泉爲玻璃泉，略不同。

〔一五三〕舊名豐樂泉　方案：　此説似臆。　歐陽修《文忠集》卷三九有《豐樂亭記》有云：『城南百步之近，其上豐山聳然而特立，下則幽谷窈然而深藏，中有清泉滃然而出。　俯仰左右，顧而樂之。　於是疏泉鑿石，闢地以爲亭，而與滁人往遊於其間。』方案：　下引歐記爲節文，又據以改二字，補删各一字。此記未云泉之何名，故《明一統志》卷一八、《清一統志》卷九〇皆稱舊名幽谷泉，近是。

〔一五四〕復有詩云　歐詩見《文忠集》卷三《四月九日幽谷見緋桃盛開》。　首句中『種花』，原作『種桃』，據改。　又，紹聖年間，任滁州司法參軍的羅畸曾有《滁陽七詠》詩，其中之一即《紫微泉》。

〔一五五〕吕元中記云　記文今見《方輿勝覽》卷四七。　本條已作大幅删改，面目全非，請參閲原文。

〔一五六〕述異記載　方案：　事見《太平廣記》卷四三三，注云：『出《集異記》。』本條文字，與《廣記》所引已大相徑庭。

〔一五七〕在和州北四十里　《太平寰宇記》卷一二四：『平疴湯在州北四十五里，此湯能愈疾。』《元豐九域志》卷五載：　北宋中期，『平疴湯』爲和州歷陽縣六鎮之一，則鎮以泉名。《明一統志》卷一七又云：　湯泉『其色深碧沸白，香氣襲人。　有患瘡疥者浴之輒愈。　宋耿憲、秦觀俱有記』。　宋賀鑄《慶湖遺老詩集》卷三《題香社寺平痾湯泉》詩序云：『在歷陽西北四十里泉石山東麓，周環三十許步，清澈而香。　或以竹木投其中漬之一昔，渥然如丹，蓋靈砂伏其下，故飲之并浴者疾多愈。　因名平痾湯』。　可補本條之闕。

〔一五八〕虞舜耕稼之處　今考《史記》卷一《五帝本紀·舜耕虞山》曰：『《集解》：　鄭玄曰：　在河東。《正義》：《括地志》云：蒲州河東縣雷首山，一名中條山，亦名歷山，亦名首陽山……亦名吴山。此山西起雷首山，東至吴坂，凡十一名，隨州縣分之。歷山南有舜井。』即舜泉。

〔一五九〕在濟南府歷山下　《山東通志》卷三二：『歷城縣商太甲陵，在縣南五十里。《皇覽》云：太甲有冢在歷山上，今冢旁有甘露井。石刻曰：「天生自來泉」。』

〔一六〇〕在濟南府城西　曾鞏《元豐類稿》卷一九《齊州二堂記》以如椽之筆詳其始末云：『泰山之北，與齊之東南諸谷之水，西北匯於黑水之灣，又西北匯於柏崖之灣，而至於渴馬之崖。蓋水之來也衆，其北折而西也，悍疾尤甚，及至於崖下，則泊然而止。而自崖以北，至於歷城之西，蓋五十里而有泉湧出，高或至數尺。其旁之人或名之曰趵突之泉，……趵突之泉冬温，泉旁之蔬甲經冬常榮，故又謂之温泉。』其集卷七又有《趵突泉》詩云：『一派遥從玉水分，暗來都洒歷山塵。滋榮冬茹温常早，潤澤春茶味更真。』

〔一六一〕在都司西北白雲樓前　《明一統志》卷二二：『珍珠泉，有二：南珍珠泉，在府城内鐵佛巷街東，今淤塞；北珍珠泉，在都司西北白雲樓前。泉右有劉氏泉，左有溪亭泉。』濟南自古以來即有泉城之稱。

〔一六二〕每一升僅二十三銖　『二十三』，原脱一『二』字，訛作『十三』，據同上書補。金·元好問《遺山集》卷三四《濟南行紀》載：『杜康泉，今湮没。土人能指其處，泉在舜祠西廡下云。杜康曾以此泉釀酒。有取〔揚子〕江中泠水與之較者，中泠每升重二十四銖，此泉減中泠一銖。以之瀹茗，不減陸羽所第諸水云。』

〔一六三〕曾鞏記云　《明一統志》卷二二：『百脈泉，在章丘縣南三十里，百脈俱發，故名。曾鞏云：歷下諸泉，皆岱陰伏流所發。西則趵突爲魁，東則百脈爲冠。』方案：此爲是條之所據，但曾鞏《齊州二堂記》無此説。今考元・于欽《齊乘》卷二備考衆説後稱：『龍洞山中朗公谷東西伏流，土人云：西發趵突，東發百脈，驗之信然。蓋歷下衆泉皆岱陰伏流所發，西則趵突爲魁，東則百脈爲冠，地勢使然，何關于濟！存中（沈括）得之傳聞，九峰（蔡沈）按圖索駿，容有疑誤。』顯然，《齊乘》編者乃引曾鞏記中『齊多甘泉，冠於天下』；『蓋皆濼水之旁出也』的定論，以駁沈、蔡誤以爲源出濟水之論。明・李賢等未檢原文，誤以爲曾鞏之説；而又沿訛踵謬者甚夥，如《山堂肆考》卷二二《百脈》等皆誤，故特詳考之。

〔一六四〕在章丘縣　《齊乘》卷二：『明水，一名淨明泉，出百脈西北石橋邊，其泉至潔，纖塵不留。土人以洗目退昏翳。』于欽嘗撰《會波樓記》略云：『濟南山水甲齊魯，泉甲天下。』壯哉斯言！

〔一六五〕味甚甘冽　《明一統志》卷二二所載略同，又云：『汲不竭，盈不流。』

〔一六六〕晏嬰井　《淵鑑類函》卷三四：『《郡國志》曰：禹城有晏嬰井，以水和膠入藥，亞於東阿。』

〔一六七〕隋煬帝酌泉詩　方案：明・馮惟訥編《古詩紀》卷一三〇、《石倉歷代詩選》卷一一、張溥編《漢魏六朝百三家集》卷一一四皆收此詩，均題作《謁方山靈巖寺》。末聯『抗跡』，原作『極目』，據三書改。此改題詩名，有移花接木之嫌。又，《齊乘》卷五：『靈巖寺，府南八十里靈巖山中，其山與方山相連……寺及佛圖澄卓錫之地，有立鶴泉、佛日巖、辟支塔。』此即立鶴泉之異名。

〔一六八〕天神泉　馬一龍《泰山賦》（刊《明文海》卷一二）曰：『天神下瀉，簾垂玉龍。』注引《志》：『天神泉在傲來山百丈崖下，懸流下瀉，如垂神水；珠若簾形，如玉龍也。』

〔一六九〕其泉共二十有八　《行水金鑑》卷一七〇：『泰安三十二泉』，其中之一即鐵佛泉。

〔一七〇〕在單縣　宋潘自牧《記纂淵海》卷一八：『吕井，在單父東，俗傳吕仙公到此。』《明一統志》卷二三、《大清一統志》卷一四四，與本條記載略同。

〔一七一〕在濟寧州東門外　《大清一統志》卷一四六所載同而稍略，王琦《李太白集注》卷三六略同而稍詳。明謝肇淛《北河紀餘》卷一録有下收吴擴詩；又有陳夢鶴詩云：『東泉七十二，不及此泉清。昔浣才人筆，因傳學士名。』《山東通志》卷三五之一下則有明楊洵《浣筆泉》詩云：『青蓮浣筆泉，千載尚寒流。堤繞孤城晚，臺荒煙郭秋。』皆詠泉之作。

〔一七二〕其水色玄　《清一統志》卷一四六略同，下有『俗名硯瓦溝』五字。《北河紀餘》卷一有程敏政詩云：『一派泉聲出澗長，千金猶帶墨華香。』

〔一七三〕在濟寧州　《行水金鑑》卷八五：『泉頭二，距州五十里。出土中，長二里，西流入東林間，由龍家橋出水。』

〔一七四〕在東平州五十里　《記纂淵海》卷一八：『鳳山在〔東平〕須城北，騷人墨客，題詠甚多。』

〔一七五〕在東阿縣南　《北河紀餘》卷二：『黑龍潭在〔東阿縣七級鎮〕城北半里許，一名平河泉。故黄河決口也，東流既塞，泉涌地中，匯而爲潭，深不可測。大旱不枯，相傳有龍潛焉。嘉靖初，郎中楊旦飲其地，欲涸而觀之，水決未半，風雷大作，舟皆覆没。楊乃懼而祭之。』遠較本條所云爲詳且確。據改二字：『楊旦』，原形訛作『楊且』；『水決』，形訛作『水汲』。又，同書還録有崔世召《謝水部招集黑龍潭》及謝肇淛《與崔徵仲孝廉飲黑龍潭詩》。

〔一七六〕方圓七十二眼　《北河紀餘》卷二：『龐涓井，在〔七級〕鎮東數里，方圓七十二眼。俱以琉璃甃之，名曰琉璃井。相傳龐涓所開，又其東三里許有孫臏營。明·謝肇淛詩：「沙埋白骨草沉碑，戍壘蕭蕭落日遲。鬥智爭雄渾似夢，西風七十二琉璃。」』則此井又名龐涓井，生動演繹了孫龐鬥智爭雄的歷史故事，此或古跡所在。

〔一七七〕後魏孝昌二年　方案：『孝昌』，原形訛作『武昌』，據《山東通志》卷九改。志云：『弇山泉，在莘縣城北十五里弇山。後魏孝昌二年（五二六），泉湧碎石中。宋縣令趙（蒙）〔巙〕建亭其上。』

〔一七八〕程篁墩詩云　明程敏政詩見《皇墩文集》卷七三《飲王氏園亭》（四首之二），似非詠泉之作。

〔一七九〕水極清甘　《清一統志》卷一三二所載略同。

〔一八〇〕故人以范公目之　宋王闢之《澠水燕談録》卷九：『皇祐中，范文正公鎮青。興龍僧舍西南洋溪中有醴泉湧出。公構一亭泉上，刻石記之。其後青人思公之德，目之曰范公泉。環泉古木蒙密，塵跡不到，去市廛才數百步而如在深山中。自是幽人逋客，往往賦詩鳴琴，烹茗其上。日光玲瓏，珍禽上下，真物外之遊！』趙抃《清獻集》卷五《次韻孔宗翰提刑范公泉》詩云：『陸羽因循不此尋，從知泉品未爲深。甘深汲取無窮已，好似希文昔日心。』不失爲詠泉詩中名作。

〔一八一〕泉自山頂而下　《齊乘》卷二載：『《水經》：〔汶水〕出朱虛縣小泰山。今沂山絶頂穆妃陵側，有瀑布泉懸百丈崖而下，即汶水也。』則百丈泉乃汶水之源頭。《山東通志》卷六云：『汶河，自臨朐縣沂山百丈崖瀑布發源（注曰：縣境内行九十里）。』《李太白文集》卷二二，李白《求崔山人百丈崖瀑布圖》有云：『百丈素崖裂，四山丹壁開。龍潭中噴射，晝夜生風雷。』《山東通志》卷三五之一上以爲即詠此泉。

〔一八二〕金末避兵者　今考《齊乘》卷一：『逢山，臨朐西十里。按《路史》：逢伯陵姜姓，炎帝後……逢澤後改封于齊。猶稱逢公山，因名焉，有逢公祠。』『其山四面斗絶，一徑可登，且有泉。金末避兵于此者多獲免。』『金末』，原作『宋末』，誤，據改。南宋時，臨朐乃金地。

〔一八三〕名之雩泉　《齊乘》卷一：『常山，密州南二十里。東坡《雩泉記》曰：禱雨未嘗不應，蓋有常德者，故謂之常山廟。西南十餘步有泉。古者謂吁嗟而求雨曰雩，名之曰雩泉。〔宋〕宣和間封山神靈濟昭應王。』參見《明一統志》卷二四。《東坡全集》卷三六《雩泉記》詳述其得名由來。同書卷八《留别雩泉》云：『舉酒屬雩泉，白髮日夜新。何時泉中天，復照泉上人。』卷一五《再過超然臺贈太守霍翔》則云：『昔飲雩泉别常山，天寒歲在龍蛇間。山中兒童拍手笑，問我西去何時還？』足見蘇軾情繫密州常山雩泉之一斑。

〔一八四〕亦名葛仙寺　《明一統志》卷二六：『靈池，在長葛縣西，一名葛仙池。世傳吴人葛玄寓居於此。池有石甃，每遇旱，禱雨輒應。』

〔一八五〕水味清洌　《清一統志》卷一四九：『玲瓏山在禹州西六十里，一名輞山。湧泉水出於此山。』

〔一八六〕七女泉　《太平寰宇記》卷七：『七女岡，在縣東北三十里。下有七女泉，流至長葛入洧〔水〕。』

〔一八七〕七穴並湧　《明一統志》卷二八：『七泉，在林縣東南七泉社。地出泉，有七竅。』

〔一八八〕在林縣萬泉山　《清一統志》卷一五六：『萬泉山，在林縣東南五十里。山多泉，山半有石門寺，寺南一泉飛騰。』即萬飛泉，較本條所載略詳。

〔一八九〕味甘如飴　《河南通志》卷七：『在林縣西南三十里，有泉清潔如玉。』當即瑩玉泉。

〔一九〇〕若滴乳然　方案：此云泉『在林縣天平山』；《清一統志》卷一五六所載頗異：『玉泉山，在林縣西南二十里，有玉泉谷，故名。有望仙、朝霞、迎霞三峰，有溪曰甘露溪、滴乳泉。』則云泉在玉泉山。

〔一九一〕泉潔而寒　《河南通志》卷五一：『斷金橋，在林縣西二十六里天平山之層雲壁。西渡大澗，則逗雪泉也。自此入山，路更峻絶。』

〔一九二〕如飲甘露　《河南通志》卷五一：『環翠亭，在林縣西天平山路盡十八盤。』其道左即泉。

〔一九三〕在林縣天平山　《明一統志》卷二八：『天平山，在林縣西南三十里，山勢平坦。』『又有鑑泉，清澈見底。』宋柳開有《遊天平山記》云：是山『泉聲夾道，怪石奇花，不可勝數』。則山泉衆多，以泉石著稱。

〔一九四〕常産九節菖蒲　《清一統志》卷一五六：『紫金山，在武安縣東北三十里，亦名紫山。』『山有泉，名紫泉。泉側有王喬洞，產九節菖蒲暨烏石。』

〔一九五〕在涉縣西一里　《太平寰宇記》卷五六：『滏口泉，在縣西一里半。出鼓山南腳，流至漳河，在縣西南四十里。』

〔一九六〕厥味如醴《山堂肆考》卷二二九《錫盆》：『《十道志》：錫盆水，一名盆泉。源出縣西北三十里，彎屈似盆，其味似醴，因名。』

〔一九七〕在淇縣《明一統志》卷二八：『百門泉，在蘇門山。泉通百道，故名。衛風泉源在左，淇水在右。泉上有威惠王祠，禱雨有應。殿名清輝，金宣宗因改州曰輝元。〔宋〕吴安持詩：「地本居幽僻，天教慰寂寥。池無千畝廣，泉有萬珠跳。」……孫之傑詩：「百丈原泉湧，千尋翠壁寒。武陵城郭靜，盤谷水雲間。」』

〔一九八〕泉湧出《明一統志》卷二八：『湧金亭，在〔輝縣〕百泉亭東。泉從地湧出，日照如金，故名。』《清一統志》卷一五八則云：『在輝縣西百門亭上』；『一名噴玉金，明昌間建亭』。

〔一九九〕在輝縣《河南通志》卷一七：『焦泉渠，在縣西五十里，〔灌〕水田六百餘頃。』《大清一統志》卷一〇五：『焦泉，在寧鄉縣東二十五里焦山。南流至縣西南十里，以入清水河。』

〔二〇〇〕在輝縣西北《行水金鑑》卷一六二：『卓水泉，縣西八里，平地湧泉，東南入衛。三渡縣西四里，百泉之支。』《明一統志》卷二八則云：『在輝縣治西。』元·王惲有《輝縣卓水泉》詩云：『鏡中流水畫中山，酒盡銀瓶興未闌。碧玉沼深人不見，柳花飛渡翠液軒。』見陳焯編《宋元詩會》卷七〇。

〔二〇一〕在濟源縣　《明一統志》卷二八：『五色泉，在濟源縣北，唐温造别墅橋東竇家莊之南。泉下有五色沙石。』

〔二〇二〕水味甘美　《清一統志》卷一六二：『秦山，在洛陽縣西南二十五里洛水南。俗傳此山爲秦頭魏尾，故名。亦名三山。』

〔二〇三〕水如碧玉　《清一統志》卷一六二：『玉泉水，在洛陽縣東南三十里。上有白龍祠，祠前有白龍潭，禱雨多應。』

〔二〇四〕水味清洌　《明一統志》卷二九：『白龜泉，在嵩山。泉有石蟹，客曰：蟹旁行，天性乎？』《河南通志》卷七云：『在登封縣南二十里。』

〔二〇五〕唐李德裕有靈泉詩　《明一統志》卷二九：『女郎山，在靈寶縣南五十里，上有靈泉。』又，李德裕《會昌一品集》别集卷九有《靈泉賦（并序）》而無詩，『詩』當爲『賦』之訛。

〔二〇六〕水味甘冽　《明一統志》卷三〇：『豐山，在〔南陽〕府城東北三十里。《山海經》：「山有九鍾，霜降則鳴。」下有泉，曰清泠泉。神耕父處之，神來時，水赤有光耀。』又，李白有《遊南陽清泠泉》詩，見《李太白文集》卷一六：『惜彼落日暮，愛此寒泉清。西輝逐流水，蕩漾遊子情。空歌望云月，曲盡長松聲。』詩末，宋·楊齊賢曰：『薛綜注：清泠，水名；在南陽西鄂山上。』見《李太白集分類補注》卷二〇。與本條云在豐山稍異。

〔二〇七〕灌溉甚廣　《明一統志》卷三〇：『青龍泉，在鎮平縣竹園，保灌溉田畝。』則其一名青龍泉。

〔二〇八〕水味甘美　《清一統志》卷一六五：『柳泉，在鎮平縣東遮山北。廣五丈餘，溉田甚溥。』

〔二〇九〕下流如素練　《明一統志》卷三〇：『泉白山，在裕州北四十里，與七峰山對峙，山頂有泉，下流如布。』即此流素泉。

〔二一〇〕在裕州境内　同上《明一統志》卷三〇：『聖井，在裕州東。其地四面皆下，井居其中，獨高仞餘，泉常仰溢。旱禱輒應，鄉人異之。』

〔二一一〕在舞陽縣東南　方案：舞泉，一名舞水泉。《明一統志》卷三〇載：『舞水泉，在舞陽縣東南三里河南岸，泉踴躍若舞。舞陽之名取此。』

〔二一二〕蓮華泉　方案：本條疑編者在抄輯時誤將兩條捏合爲一。今考《大清一統志》卷一六八有載：『蓮華池，在西平縣城東八里，有蓮花數畝。昔爲遊觀勝地。』又云：『北泉，在確山縣西北十里樂秀二山之間，泉水湧作蓮花狀。』《河南通志》卷七略同，僅條末多『可供遊賞』四字。似編者姚氏在抄輯明代方志時，誤脱一二行字，導致條目名用前條，而内容則用後條。今特正之。可參閲《河南通志》卷五〇《汝寧府・北泉寺》。

〔二一三〕在光州城南岸　《河南通志》卷八：『金線泉，在光州南七里流通沙溝，達於潢河。』

〔二一四〕宋曾鞏詩　方案：原誤作趙抃詩，今據《元豐類稿》卷七《金絲泉》改。『不定』，原誤作『不滴』，據改。宋・陳思編《兩宋名賢小集》卷六五亦收作曾鞏詩，且云出其《齊州吟稿》，極是。齊州，治今山東濟南。曾鞏熙寧中曾知齊州。他和趙抃均未在光州任官的宦歷，故不可能有此詩作。作者、詩題皆誤無疑，或爲曾鞏有《金絲泉》詩而誤移於光州之作歟？但《明一統志》卷三一、《清一統志》卷一七六、《河南通志》卷八（已録全詩）皆誤收入，則編者姚氏乃沿訛踵謬而已。

〔二一五〕不可飲　《清一統志》卷一七六：『温泉，在商城縣西南三十里，冬夏沸熱。昔人以石甃爲池，凡四：第一池甚熱，不可浴；至三四池方〔可〕和濯之，愈瘡瘍疾。』《明一統志》卷三一云：『温泉，在固始縣西南山中，其熱如湯，其色緑。』差不同而又簡略。

〔二一六〕在汝州城西南　玉龍泉，一作龍泉。《明一統志》卷三一云：『龍泉，在州城西南。』餘略同，末又曰：『内鄉縣西亦有龍泉，泉中見白壁赤柱。』

〔二一七〕在汝州龍泉之側　《清一統志》卷一七四：『龍泉，在州西南。其側有石龍渦，四壁千仞，散泉如雨。』與本條略同。

〔二一八〕唐孟郊有詩記之　詩見《孟東野詩集》卷五《遊石龍渦》：『石龍不見形，石雨如散星。山下晴皎皎，山中陰泠泠。』

〔二一九〕水味甘冽　《明一統志》卷一九：『芹泉，在壽陽縣東二十里。源有二：出南山谷，曰南芹泉；出北山谷，曰北芹泉。合流東入平定州界，亦名琴泉。』

〔二二〇〕石甕泉　方案：或即《清一統志》卷九六所載之懸甕山泉。今引其文作考異：『懸甕山，在太原縣西南十里。山腹巨石如甕，水出其中，亦曰汲甕山，又名結絀山。』或即其山之泉。

〔二二一〕妬女泉　《太平御覽》卷六四載：『隋《圖經》曰：（滭）〔澤〕發水，今俗亦名妬女泉。大如車輪，水色青。百姓祀之，婦人不得艷粧衣新綵臨之，必興雨雹，故云。妬女，即介之推妹也。』參見《元和郡縣圖志》卷一六、《太平寰宇記》卷五〇。又，《明一統志》卷一九云：『澤發水，在平定州東九十里。一名阜漿，又名畢發。平地突起，下赴絶澗懸流千尺，即井陘、冶河之源也。』

〔二二二〕在代州西　《記纂淵海》卷二三：『龍躍泉，在〔代〕州西北二十五里，平地湧出，舊傳潛通燕京之天池。』《唐文粹》卷一〇有唐·盧懷慎《享龍池樂章十首·第四章》云：『代邸東南龍躍泉，清漪碧浪遠浮天。樓臺影就波中出，日月光疑鏡里懸。』參閱郭茂倩輯《樂府詩集》卷七《唐享龍池樂章》序。

〔二二三〕在雁門城北四十里　《記纂淵海》卷二三：『豹突泉，在雁門關西北，流出塞。』《山西通志》卷二六又云：『雁門山，在州北三十五里，一名雁門塞，兩山對峙。』『關西有豹突泉，一名横城隘。』

〔二二四〕此山常有紫氣　《太平御覽》卷四五《五臺山》：『中臺之山山頂方三里，西北隅有一泉，水不流，謂之太華泉，蓋五臺之層秀。《仙經》云：此山名爲紫府，仙人居之。其九臺之山，冬夏常冰雪，不可居。即文殊師利常鎮毒龍之所，今多佛寺。』

〔二二五〕唐柳宗元曰　柳文見《柳河東集》卷二五《送文暢上人登五臺遂遊河朔序》，據改、補各一字，所引僅二句。

〔二二六〕異於他水　《山西通志》卷二六：『三珠泉在〔五臺山〕東南麓玉花寺旁。其沸如珠。距百武有七寶株樹。』見明·喬宇《五臺山記》：『三珠泉馨冽異常，其沸正如珠狀。』（記刊《山西通志》卷二〇六）

〔二二七〕冬温夏涼　《山西通志》卷一七：『長城山，在〔岢嵐〕州東三里，下有白龍泉，流合嵐漪水，其味甘。』

〔二二八〕其聲如鼓　又名打鼓泉，原名靈泉。《清一統志》卷一一六：『靈泉，在〔霍〕州東三十里霍山，今名打鼓泉。《水經注》：霍太山岳廟有靈泉，以供祭事。鼓動則泉流，聲絶則泉竭。』

〔二二九〕可汲而飲　淡泉，在安邑縣西南十六里鹽池北岸，池水皆咸，此獨淡，故名。世傳池鹽得此水方成。

〔二三〇〕一名天池　清·吴任臣《山海經廣注》卷五：『帝臺之漿也』句下，郭注：『今河東解縣檀首山上有水潛出，停不留，俗名爲盎漿〔泉〕。』任臣按：『《名勝志》：天池山有水甚寒而冽，比於帝臺之漿。又，《鹽池録》曰：檀道山謂之百梯山，東嶺出水，噴流如雪，澄渟爲池，呼曰天池，俗名止渴泉。故老傳有玉女得道於此，又名玉女溪。』

〔二三一〕在解州　方案：參閲上條校證。同書又云：『吴淑《事類賦》云：天地之泉，帝臺之漿』；『徐氏《賽修賦》云：漱帝臺之𩚍漿。劉會孟云：帝臺之漿，所謂神瀵也，亦泰山醴泉，虞淵甜水之屬。』以上二條宜合而爲一，似不應分析。

〔二三二〕狀如玉鈎　《山西通志》卷二七：『玉鈎泉，在玉鈎山下，一名玉女泉。水光澄澈，禱雨多應。南入姚暹渠，後涸。』

〔二三三〕光瑩如月　《明一統志》卷二〇：『明月泉，在隰州北八里蒼崖之下，崖上白石如月影落泉中，因名。』《清一統志》卷一一四記另一同名之泉云：『明月泉，在五臺縣東北五臺山中，相傳陰雲之夕候之，月在水中。』

〔二三四〕其味甚甘　《山西通志》卷二一〇：『神泉，在縣北四十里。泉二眼，水甚清甘。』

〔二三五〕兼能瘉疾　《山西通志》卷二一：『太恒山，巓名天峰嶺，下建北嶽觀。』『觀東南五十里有潛龍泉（注云：在煙霞亭東。泉二，一甘一苦。禱雨則應，能愈疾）。』

〔二三六〕僅斗大　《清一統志》卷一〇九：『一斗泉，在廣靈縣西北二十五里。《名勝志》：九層山有泉，水僅斗許，可供百餘家。』

〔二三七〕聲如唾玉　《山西通志》卷二一：『瑞泉，在縣西五十里白羊山，泉瀑奔騰如唾玉。』

〔二三八〕一玄一白　《山西通志》卷一九：『百穀泉，在百穀山神農廟前。砥石湧泉，寺僧引爲伏流，注爲塘。由螭口飛下大壑，味甘，雖旱不涸，一名神農井。《上黨記》：炎帝廟西五十步，石泉二所，一清一白，味甘美，呼爲神農井。』

〔二三九〕深僅五尺　《太平寰宇記》卷四五：『玉女泉，在縣西北五里。深五尺，未嘗盈竭。泉内時白氣騰出，蒙其上有雨，時人謂之「玉女披衣」，恒以爲侯。』

〔二四〇〕噴如潄玉　《明一統志》卷二一：『玉泉山，在孝義縣西七十里。下有泉，如潄玉。』

〔二四一〕四圍皆山　《山西通志》卷二〇：『東𢓊谷，在〔介休〕縣東南四十里。四面如圍，幽深無際。巖北向有介子推妹祠，巖下有黑龍池，名曰牛泓。巖高數仞，周三里，雨雪不侵。巓有懸泉，倒流岩中似瀑布。』

〔二四二〕百聚泉　此泉原名百眼泉。見《太平寰宇記》卷四四：『百眼泉，在縣東二十里，其泉鼎沸，百流爭騰。』《明一統志》卷二一：『泉在陽城縣東三十里。』《清一統志》卷一〇七：『《縣志》：在縣東三十里，一名百聚泉，下流入沁水。』《山西通志》卷二　三則曰：『百眼泉，在縣東三十里沁水濱，有泉百眼，匯流於沁。』

〔二四三〕在陵川縣南山下　方案：《清一統志》卷一〇七所載不同：『濯纓泉，在沁水縣南二里，源出石樓山，下流入杏谷水。』泉和杏谷水，均在沁水縣。

〔二四四〕水甘冷　《清一統志》卷一九二：『瀑布泉，在鎮安縣西四十里雲蓋嶺，飛流數十丈，形如匹練。』下引唐太宗詩未見，香爐峰、瀑布水，皆廬山景觀。疑誤引。

〔二四五〕形如天柱　《清一統志》卷一九二：『天柱山，在山陽縣東南八十里。』《縣志》：『壁立萬仞，形如天柱，頂有平泉。』下引邵雍詩，見《擊壤集》卷二《謝商守宋郎中寄到天柱山户帖仍依原韻》（五首之四），唯集本第三句作『從今便作西歸記』，此未審何據。

〔二四六〕山頂又有池　《清一統志》卷一八九：『太華山，在華陰縣南十里，即西嶽也。』『南歷夾嶺，廣裁三尺餘，兩廂崖，數萬仞，窺不見底。』『山頂上方七里，靈泉二所：　一名蒲池，西流注於澗；　一名太上泉，東注澗下。』『《華嶽志》：　岳頂中峰曰蓮華峰，有上宫。　宫前有池爲玉井，生千葉白蓮花，服之令人羽化，亦謂之玉女洗頭盆。』即此太華泉。

〔二四七〕泉在谷口　同上《一統志》卷一八九：『宋吕真君隱居之所曰霧谷，在毛女峰東北。　後漢張楷居此，楷字公超，亦名張超谷，又名霧市谷，以公超能爲五里霧也。宋陳摶命弟子於張超谷鑿石室，即此。谷中有算場、蘆花池。』似霧谷泉又名蘆花池。

〔二四八〕苦泉羊洛水漿　《元和郡縣圖志》卷二：『苦泉，在〔朝邑〕縣西北三十里許原下。其水鹹苦，羊飲之肥而美。今于泉側置羊牧，故諺云：「苦泉羊，洛水漿。」』又《太平寰宇記》卷二八略同，僅多『因相傳爲沙苑細脇羊』九字。

〔二四九〕堪造酒　《清一統志》卷一八九：『甘泉水，在澄城縣西。《寰宇記》注：《水經》云，甘泉水出匱谷中，其水尤美。《縣志》：甘泉水在縣西北四十里，俗名縣西河。會縣西諸泉入於洛。』

〔二五〇〕在澄城縣西　同上《一統志》卷一八九：『洗腸泉水，在澄城縣西三里。《名山記》：相傳晉佛圖澄洗腸於此。』又，末二字作『兼洒』，疑誤，或『洒』下奪『脱』字。

〔二五一〕在耀州西北七十里　宋敏求《長安志》卷一九：『姚萇殿，在〔華原〕縣西北七十五里鳳遊鄉。上有御池泉水，基址尚存。』

〔二五二〕在淳化縣西三十里　《太平寰宇記》卷三一：『金泉，《雲陽宫記》：泉有數穴，清澈無底。按《雍州記》云：有人飲此泉水，見有金色從山照水，往取得金，故有此名。』又，據歐陽忞《輿地廣記》卷一四：淳化四年（九九三）升耀州雲陽縣之梨園鎮，始置淳化縣。以年號爲名，實古雲陽縣地。

〔二五三〕在洋縣境内　《明一統志》卷三四：『醴泉，在洋縣南一十里醴泉院，舊有檜柏。和凝詩：「古柏八株堆翠色，靈泉一派逗寒聲。」』

〔二五四〕在西鄉縣南三十里　《清一統志》卷一八五：『龍泉，在洋縣東北十五里，其泉清潔，冬夏不涸，可資灌溉。又有東西二龍泉，俱在西鄉縣南皂軍山。東泉流入木馬河，西泉流入東龍溪，皆引以溉田。』

〔二五五〕一石懸如龍首　《清一統志》卷一八五：『聖水崖，在寧羌州南三十里。岸畔懸石如龍，石滴水甘冽，人仰而飲之。』

〔二五六〕故名三泉　《清一統志》卷一八五：『三泉在沔縣西。《寰宇記》：三泉故城北三十里，山下有三泉，縣以此名。《輿地紀勝·三泉記》云：在大安軍東門外瀕江石上，有泉三泓，大如車輪，品列鼎峙，泉流涓涓下注，水旱無盈縮。《通志》：三泉水在沔縣西八十里。東南流入寧羌州界，曰瀕倉河，亦曰東流河，流四十里入漢。』此備引衆説，略述三泉自宋至清之沿革。

〔二五七〕唐蘇頲詩云　詩見《全唐詩》卷七三、《全唐詩録》卷八、《石倉歷代詩選》卷二八等，題作《經三泉路作》。頸聯中『飛梁』，原訛作『飛泉』，據改。

〔二五八〕在沔縣北平地　方案：『地』下原誤衍『方』字，據下引史料删。『方』，原應下讀，編者誤屬上讀，致衍。《清一統志》卷一八五：『温泉水，在沔縣東南。《水經注》：温泉水發山北平地，方數十步。泉流沸湧，冬夏湯湯，望之白氣浩然，言能瘥百病云。洗浴者皆有硫黄氣。池水通注漢水。《輿地紀勝》：温泉在西，縣東北三十五里鳳凰山之南。』則此温泉即熱泉無疑。

〔二五九〕故以爲名　《明一統志》卷三四：『盤龍山，在略陽縣西五里。下有泉水，彎環如盤龍狀，有磚浮圖。』則泉以山名。

〔二六〇〕玉潤泉　或一名玉泉。《明一統志》卷三四：『玉泉，在府治西北五里，引以溉田。』

〔二六一〕水味甘冽　《清一統志》卷一八三：『靈泉，在鳳翔縣東北十里普門寺前。又，虎跑泉在縣東北十五里大像寺前，一名金沙泉。』

〔二六二〕蘇東坡詩云　方案：今考諸本蘇集、蘇詩注本，皆不見此詩。僅清查慎行《蘇詩補注》卷一〇據明·曹學佺《名勝志》收入逸詩卷中，但實乃誤收，既非蘇軾之作，更非詠鳳翔府金沙泉（即虎跑泉）之作。屬誤中有誤。此引『蘇詩』，實爲宋釋來復所作，見明吴之鯨《武林梵志》卷二、田汝成《西湖遊覽志》卷五，僅頷聯『倒浸』，此作『解妬』。頸聯二句更是僧釋自白。此非蘇軾之作無疑。查氏僅據蘇轍次韻和作二首而遽定，未免失之於武斷。蘇軾原唱題作《病中遊祖塔院》，見《東坡全集》卷五、《施注蘇詩》卷七、邵浩《坡門酬唱集》卷五（宋本）等皆僅一首。高士奇《江村銷夏録》卷二著録此爲蘇軾《遊虎跑泉》真跡一首（後識者定爲贋品）。但此詩爲詠杭州虎跑泉無疑。釋來復和詩之金沙泉，乃指湖常二州境會亭處唐造貢茶之金沙泉，以喻虎跑泉之獨步天下。曹學佺誤以爲乃鳳翔府之虎跑泉（一名金沙泉），姚可成、查慎行等不過沿訛踵謬而已。

〔二六三〕世亂則涸　《明一統志》卷三四所載略同。下又云：『宋雍熙間賜名，有碑記。蘇軾詩：「吾今那復夢周公，尚喜秋來過故宫。翠鳳舊依山硉兀，清泉長與世窮通。」』方案：全詩見《東坡全集》卷二《周公廟廟在岐山西北七八里廟後百許步有泉依山湧冽異常國史所謂潤德泉世亂則竭者也》。

〔二六四〕清流如玉　《陝西通志》卷一〇：『流玉澗水，在縣西南二里，源出陵原之下，南流五里入渭。』

〔二六五〕味特殊勝　《陝西通志》卷一〇：『九眼泉，在縣南六里，泉出九穴，其水清冽。』

〔二六六〕飛鳳泉　一名鳳泉。《清一統志》卷一八三：『在扶風縣北明月山西。又，龍泉在縣西北三十里，其泉有九。二泉俱禱雨處。』下條蟄龍泉，或一名龍泉。不贅。

〔二六七〕上有人馬足跡　《清一統志》卷一八三：『馬跡泉，在汧陽縣東南。《寰宇記》：秦王鑄劍爐在縣東南二十里，石上有人馬蹤跡。又有秦王馬跡泉，在節義鄉。』

〔二六八〕泉涌如珠　方案：涌珠泉，一名珍珠泉。《明一統志》卷三四：『珍珠泉，在汧陽縣南三泉鄉，泉涌如珠。』

〔二六九〕泉味甘冽　《明一統志》卷三五：『西巖泉，在〔平涼府〕崆峒山。泉甚甘美。游師雄詩：「西巖水泓澄，沮洳緣罅隙。攜爐就煮茗，爽徹滌肝膈。」』此詩及下詩佚句，《全宋詩》卷八四三失收。

〔二七〇〕琉璃泉　《明一統志》卷三五：『琉璃泉，在崆峒山。游師雄詩：「陽麓湧泉飛，淲淲逗甘液。」』

〔二七一〕泉眼噴出　《明一統志》卷三五：『百泉，在涇州西三十五里，泉眼極多，四時不涸。』《清一統志》卷二〇九稍詳：『泉源溢竇而出者數十，四時不涸。民資灌〔溉〕，亦名泉溝。』

〔二七二〕由來乏水　《甘肅通志》卷二二：『玉漿泉，在〔隴西〕縣西四十里。有山，俗呼爲高武隴。其山絕壁千尋，由來乏水。後周武帝時，豆盧勣爲渭州刺史，有惠政。馬跡所踐，忽飛泉湧出。』參見《太平御覽》卷七〇。

〔二七三〕九珠泉　似即九龍泉。《明一統志》卷三五：『在西和縣長道廢縣西三里。四時湛然，雖水旱未嘗損，夏涼冬溫。』

〔二七四〕四山環合　《明一統志》卷三五：『通靈山，在西和縣東南三百餘里。四山環合，二水縈流，有清泉自巖竇飛落如玉繩然。』則泉以山名。

〔二七五〕在西河縣南三十里　《清一統志》卷二〇〇：『鹽井有二：一在漳縣西南，一在西和縣東北。《元和志》……長道縣鹽井在縣東三十里，水與岸齊，鹽極甘美。《元一統志》：井在西河縣東六十里；《西和縣志》：在縣東北九十里。』其所述地理方位，諸書不一。

〔二七六〕泉如湖水　《輿地廣記》卷一五：『〔成州〕有仇池山，其上方百頃，四面壁立峭絶，險固自然，有樓櫓卻敵之狀，高七里餘，蟠道三十六回。上有豐水泉，煮土成鹽。漢末爲氐楊茂搜所據。』北魏·酈道元《水經注》卷二〇亦云：仇池山，『上有平田百頃，煮土爲鹽，因以百頃爲號。山上豐水泉，所謂清泉湧沸，潤氣上流者也』。參閲《太平御覽》卷五六。下引杜詩見宋郭知達等《九家集注杜詩》卷二〇《秦州雜詩二十首》（之十四）。頷聯『真傳』，原作『空傳』；頸聯『十九泉』，原訛倒作『九十泉』。宋·黄希、黄鶴《補注杜詩》卷二〇等同九家注本，據以改、乙。又，《明一統志》卷三五：『十九泉，在成縣。』

〔二七七〕在成縣東南七里　《明一統志》卷三五：『在飛龍峽之下，萬丈潭之旁。』喻詩後二句爲『王繩自我題巖石，留作人間美事傳』。

〔二七八〕味甘而冽　《明一統志》卷三五：鳳凰山『在成縣東南一十里。漢世曾有鳳凰棲其上。山有瀑布，名迸璣泉。唐哥舒翰有題：「宛然半巖間」。』《記纂淵海》卷二五又録其上句曰：『彩鳳舒雙翼。』

〔二七九〕飲軍泉　一名馬跑泉。見《明一統志》卷三五所載，與本條略同。

〔二八〇〕在合水縣西南一里　《明一統志》卷二〇三略不同，云：『清水泉，在安化縣西，泉水澄澈，冬溢夏涼。』

〔二八一〕戛玉泉　一名玉泉。《清一統志》卷二〇三：『在合水縣西南七十里石崖上。』

〔二八二〕石崖上刻有唐句云　詩見佚名《合水縣玉泉石崖刻》，刊《全唐詩》卷七八六。又，下引蘇東坡詩句，不見於今傳蘇詩；且東坡足跡未履合水，似不可能有此詩句流傳。

〔二八三〕在寧州城南一里　《清一統志》卷二〇三略同：『沙色如金，有泉懸崖而下，入九龍川。』

〔二八四〕水味清冽　《清一統志》卷一八二：『天澤山，在安塞縣東五十步。上有天澤泉，不溢不竭。』則泉以山名。

〔二八五〕御甘泉　即甘泉。《清一統志》：『在甘泉縣西南。《寰宇記》云：在甘泉縣南巖谷上。其泉去地一丈，飛流激下，其味甘美。隋煬帝遊此飲之，取入内。』則縣以泉名。

〔二八六〕在安定縣東里許　《太平寰宇記》卷三六：『五龍泉，在〔延水〕縣東一里。平石縫中湧出，有雄吼之聲，其水甘美，可濟一方。上有五龍堂，故名。』其來已久。《明一統志》卷三六引《水經》云：『五龍池泉，在左山上，有牧龍川，多産駿馬。』

〔二八七〕泉出如練　《明一統志》卷三六：『漱玉巖，在延長縣治東。其中可容百人，泉出如練。』則泉以山巖名。

〔二八八〕如垂一綫　《明一統志》卷三六：『一綫泉，在中部縣治西南。酌之可以療疾。』

〔二八九〕滴珠泉　《陝西通志》卷一三：『在〔中部〕縣西南一里黄花峪口。巖下滴水如珠，舊名黄花泉。』

〔二九〇〕嗚咽泉　《明一統志》卷三六所載略同。參閲同卷《陵墓·扶蘇墓》及孔武仲詩。下引胡詩，見唐·胡曾《詠史詩》卷下《殺子谷》。『戍』，原作『樹』。又詩末有注引《史記·李斯傳》文。

〔二九一〕金積山之麓　《清一統志》二〇四：『金積山，在靈州南一百里。《明統志》：在寧夏衛南二百里。山多赭土，日照其色如金。山北山崖石板下有水亂滴如雨，旱禱有應。又有滚泉，在東麓，自地湧出，高一二尺，如沸湯之狀，清潔可飲。』則泉以山名。

〔二九二〕一名金泉　《清一統志》卷二一二：酒泉『在州東北。應劭《地理風俗記》：酒泉郡，其水若酒，故曰酒泉也。顔師古《漢書注》：舊俗傳云，城下有金泉，泉味如酒。《肅鎮志》：有崔家泉，在城東北一里崔家莊側湧出，清泉碧澄北流，人疑以爲酒泉』。則郡以泉名，其來已久。

〔二九三〕在凉州衛　《明一統志》卷三七：『紅泉，在凉州衛城東五十里，水色微紅。』

〔二九四〕在藍田縣北十七里　《陝西通志》卷七三：『在藍田縣西北一十五里（《長安志》）。李荃得《陰符經》，讀數千遍，不曉其義。入秦至驪山下，逢一聖母，與説《陰符》之義。袖中出一匏，令荃谷中取水，瓠忽沉；及還，已失所在。』

〔二九五〕石門温泉　一作石門湯泉。《明一統志》卷三二所載略同。《清一統志》卷一七八又云：唐『明皇時，賜名「大興湯院」。《縣志》：石門，俗名神女泉，又湯泉不一地；故别曰石門湯泉」。

〔二九六〕冰井　《清一統志》卷一七八：『冰井，在咸寧縣西一里許。水寒如冰，故名。又有冰井縣南太乙山，其水經暑不消。』特此考異。

〔二九七〕澤多泉　宋敏求《長安志》卷一九：『澤多泉，在〔富平〕縣西一十三里永閏鄉温泉村。東入薄臺川三十里，東南入漆沮河，溉民田。』與此頗異。

〔二九八〕桃花尖山下桃花寺中　《湖廣通志》卷七：『桃花尖山，州南五十里，上有泉水，甚甘潔。里人以造茶，味勝他方，名其茶曰桃花絶品。』『山』字原脱，據補。又，『五十里』，原作『十五里』，疑訛倒。

〔二九九〕宋王琪詩云　方案：今核此乃宋周紫芝古詩的前四句，見其《太倉稊米集》卷三五《蘇内相在黄岡嘗從桃花寺僧覓茶移種雪堂下，余始至此，會歲且暮。明年春，得新芽試之，色香味俱絶，不減湖越二疊，宜其見賞於此老人也。人言雪堂今已鞠爲館驛，茶蓋可知也》。據詩題可知，此作品乃詠黄州桃花茶，而非桃花泉。作者、主題皆誤，但其誤當始於曹學佺《天下名勝志》，參閱查慎行《蘇詩補注》卷二一《問大冶長老乞桃花茶栽東坡》。又，大冶縣宋屬興國軍，即明清之興國州。或桃花尖、桃花泉、桃花茶，皆宋代之遺存。因蘇詩而聲名鵲起。

〔三〇〇〕水味甘冽　《清一統志》卷二六一：『九真山，在漢陽縣西南。《輿地紀勝》：縣有五藏山，在縣西南。唐咸通八年改名仙潛山，俗呼爲九真山』。《府志》：『山在縣西南九十里，高數百丈。九峰相向，因名九真。下有九泉，皆清澈。』則泉以山名。

〔三〇一〕茶泉　一名烹茶泉。《湖廣通志》卷八：『鳳棲西，〔在〕縣東二里。世傳張道陵煉丹者三，鷄食其一，化爲鳳，棲此，因名。〔其〕東有陸羽烹茶泉。同書卷一二〇又載：『竟陵西塔寺，有陸羽茶泉。裴迪詩云：「竟陵西塔寺，蹤跡尚空虛。不獨支公住，曾經陸羽居。草堂荒産蛤，茶井冷生魚。一汲清泠水，高風味有餘。」』

〔三〇二〕在羅田縣東二里　《湖廣通志》卷八：『玉虹泉，縣東五十里。常有虹氣覆其上，因名。宋紹興間（王）〔何〕錫汝勒詩於石。』方案：詩見同書卷七九録《玉虹泉》云：『百尺雲巖佛閣前，晚鐘疏葉思悠然。岩邊酌酒和清露，石上題詩染翠煙。半嶺泉鳴通古澗，數峰秋盡隔寒川。西風似欲吹人起，去逐騎鯨汗漫仙。』本條所録既將作者誤作『錫爾』，又將頸聯之下句訛收。今據改。又，明·顧璘《浮湘稿》卷二有《玉虹泉》詩，録如下：『一條寒泉色，迤邐穿石下。秋雨何處尋，猶餘白虹掛。』

〔三〇三〕雪嵒之頂　《湖廣通志》卷七：『雪巖山、赤溪山，俱州南百里。』泉以山名。

〔三〇四〕異於他水　《湖廣通志》卷八：『楚賢井，縣東一里，亦名宋玉井，在府學泮池側。』《清一統志》卷二六五所載略詳：『宋玉井，在鍾祥縣東，一名楚賢井，俗名琉璃井。《輿地紀勝》：在舊州學前，樠木山下。《明統志》：楚賢井，亦名宋玉井。郡守張孝曾建亭。』

〔三〇五〕泉有五穴　《明一統志》卷六〇：『五泉，在京山縣西五十里。泉有五穴，湧如鼎沸，灌田甚博。』

〔三〇六〕新羅泉　《清一統志》卷二六五：『新羅泉，在京山縣北六十里芭蕉山。《輿地紀勝》：相傳有新羅僧居此，一日，思鄉中水，神指其地，泉即湧出。』

〔三〇七〕水味甘冽　《清一統志》卷二六五：『寶香山，在京山縣西南九十里。《名勝志》：舊傳慈忍尊者過此，手焚異香，因名。舊志：一名石人山，有白玉泉流入滏水。』

〔三〇八〕在京山縣子陵洞中　《清一統志》卷二六五：『珍珠泉，在京山縣西南大蹟山東。沸出如珠，流入滏水。』

〔三〇九〕八角井　同上《清一統志》：『八角井，在京山縣西南八十里。井口八角，徑三尺，内廣丈餘。』

〔三一〇〕蒙惠泉　蒙、惠兩泉的合稱。同上《清一統志》曰：『蒙泉，在荆門州西蒙山下。《輿地紀勝》：在軍城西硤石之麓。南曰蒙泉，西北曰惠泉，每晝夜兩潮，水溢數寸。《明統志》：蒙泉水，嘗寒；惠泉水，嘗温。宋知州彭乘爲三沼，延其流至竹陂河入漢江。』

〔三一一〕玉泉　《明一統志》卷六〇：『在當陽縣南三十里。舊志：玉泉有碑。』

〔三一二〕京山之巔　《清一統志》卷二六七：『湯池港，在應城縣西。古名温水，亦名温泉，亦名玉女泉。《隋書·地理志》：應陽有温水。《寰宇記》：温泉，在應城縣西南。人靜則清，人鬧則泉沸。《縣志》：温泉，俗稱湯池，周圍二十餘丈。狀如釜，水有硫氣，翻沸不息。』

〔三一三〕李白詩云　詩見《李太白文集》卷一九《安州應城玉女湯作》。據改三字：『躍』，原形訛爲『濯』；『蘭芳』，原作『草』；『朝宗水』，原作『願』。詩此有删節。又，《湖廣通志》卷八四竟誤録爲蘇轍詩。

〔三一四〕驢泉　《太平寰宇記》卷一四四：『驢泉山，在〔隨〕縣北九十里。上有池，旱不涸。昔出神驢，故以爲名。《荆州記》云：石驢泉，山溜潤，牛馬經過，貪其甘，不能去。土人云：牛馬解〔逸〕，即此山尋之。』『逸』，原脱，據《明一統志》卷六一等補，則泉以山名。

〔三一五〕在宜城縣二里　《清一統志》卷二七〇：『金沙泉，在宜城縣東一里。《輿地紀勝》：金沙泉造酒極美，世謂之宜城春，又謂之竹葉春。』下引梁元帝詩見《湖廣通志》卷一〇。『醞酒』，原訛『温酒』；『繫馬』，原訛作『擊馬』。據改。又温詩見宋·郭茂倩輯《樂府詩集》卷四九《常林歡》首二句。

〔三一六〕在南漳縣西三百里　《明一統志》卷六〇：『在縣西三百里歇馬廟旁。石上有坎，僅容水一碗，取之不竭。』『南漳』，原訛作『南漳』，據改。又，『三百里』，《清一統志》卷二七〇作二百里。

〔三一七〕甘泉　《明一統志》卷六〇：『甘泉有二：一在府城西南七里，一在太和山後。』此均與本條所述地理方位不符。又，考異：《清一統志》卷二七〇：『甘泉山，在棗陽縣東北六十里。《輿地紀勝》：甘泉山，地肥水甘。』或泉以山名。

〔三一八〕靈泉　方案：或即古靈泉。《清一統志》卷二七〇：『在穀城縣南五十里。』同書卷二七一又云：『靈泉寺，在南漳縣東南五十里，一名靜林寺。』地里與本條不相符。

〔三一九〕在松滋縣南　《明一統志》卷六二：『在縣南九十里苦竹寺傍。』餘略同。詩見《山谷集》卷七《鄒松滋寄苦竹泉橙麴蓮子湯三首》（之一）。『謾』，原訛作『漫』；『茶』，原作『芽』。據改。或此泉又名苦竹泉。

〔三二〇〕地産雲母　岳州華容縣雲母泉，唐李華《雲母泉詩序》備述其詳：『洞庭湖西玄石山，俗謂之墨山。山南有佛寺，寺倚松嶺，松嶺下有雲母泉。泉出石中，引流分渠，周遍庭宇。發源如乳湩，末派如淳漿。烹茶淅蒸，灌園漱齒，皆用之。大浸不盈，大旱不耗。自墨山西北至石門東南，去東陵廣輪二十里，盡生雲母。牆階道路，炯炯如列星；井泉溪澗，色皆純白。鄉人多壽考，無癖痼疥搔之疾。華深樂之。』據《李遐叔文集》卷一録文，參校《文苑英華》卷七一六、《唐文粹》卷九六。姚氏録文，錯訛已甚，不可卒讀。南宋李綱《梁溪集》卷二三有《次韻唐李華序雲母泉》，亦不失爲名作。

〔三二一〕水味甘冽　《明一統志》卷六二：『梅仙山，在平江縣北三十里。梅子真隱處，有丹井，梅水出焉。』或俗稱子真井。

〔三二二〕色皆蒼翠　《方輿勝覽》卷二三：『碧泉，在湘潭西南七十里。澄碧如染，溉田五千畝，南入湘。胡安國、朱晦庵曾遊，有詩。五峰胡宏創亭，曰「有本」。』《明一統志》卷六三所云與本條略同。

〔三二三〕其味極甘　《明一統志》卷六三：『醴泉，在醴陵縣北五里。味極甘美，可以愈疾。溉田千頃，水旱禱之有應。』

〔三二四〕湍流中濺　《清一統志》卷二七六：『小潙山，在醴陵縣東三十里，小潙泉出此。』

〔三二五〕在湘鄉縣城中　《明一統志》卷六三：『泉井在湘鄉縣郭内。水香氣如椒蘭，釀酒殊勝；若合以他水則變。南齊時，有水貢，民以爲病，罷之。立浮屠於上，後江水崩潰，失井所在。宋乾道間，邑宰黄良輔改鑿此井於崑崙橋右，蓋不泯其跡云。』

〔三二六〕泉不常見 《明一統志》卷四六：『洣泉，在濡縣東。其水合雲秋水北流入長沙府茶陵縣境。《水經注》：泉不常見，遇邑政清明，年穀豐稔，則淅然如米泔瀑湧。耆舊云：病者飲此多愈。宋時岸摧，泉亦罕見。』

〔三二七〕水味甘冽 《清一統志》卷二八二：福田山『在零陵縣東北五十里，與黄溪相近。山下有石眼出泉，名如意泉。舊置福田砦於此。』

〔三二八〕在道州東郭 其詳見唐·元結《次山集》卷六《五如石銘(并序)》：『涍泉之陽得怪石焉。左右前後及登石顛均有如似，故命之曰五如石。石皆有竇，竇中湧泉。泉詭異於七泉，故命爲七勝泉。石有雙目：一目命爲洞井，井與洞通；一目命爲洞樽，樽可貯酒。石尾有穴，且如礲者，又如瀧者；泉可渟澄，匝石而流入於礲中，出而爲瀧。』其瑰奇怪異若此。又，參閲元結同書同卷之《七泉銘(并序)》。

〔三二九〕在郴州城中 《明一統志》卷六六：『愈泉，在州城南。東流入郴江，舊名甘泉。人患疾，飲之立愈。唐天寶中，改今名。』宋阮閲《郴江百詠·愈泉》詩云：『未載人間肘後書，此名直恐是相誣。古人詩病知多少，試問從來療得無？』

〔三三〇〕劍泉 《明一統志》卷六六所載略同。同上阮閲《百詠·劍泉》詩曰：『太阿氣在斗牛邊，報惠論讐世有仙。驍賊東來擕敗鐵，地靈安肯爲生泉？』

〔三三一〕圓泉 同上《明一統志》云：圓泉『在永興縣南一十五里。泉半暖半冷，冷處極清，暖處極濁。世傳陸羽著《茶經》，定水品； 張又新益水品爲二十，而圓泉第十八焉。』同上阮閱《圓泉》詩曰：『清洌淵淵一竇圓，每來嘗爲試茶煎，又新水鑒全然誤，第作人間十八泉。』

〔三三二〕崔婆井 《明一統志》卷六四所載頗不同： 崔婆井『在府城西三十里崔婆宅。宋張虛白舉進士不利，辟穀。南遊至此，崔婆嘗飲以醇酒，後虛白仙去，郡人余安遇虛白於揚州。』因寄崔婆詩曰：『武陵溪畔崔婆酒，天上應無地下有。南來道士飲一斗，醉卧白雲深洞口。』井明時尚存。《清一統志》卷二八〇則與本書是條略同。

〔三三三〕萊公泉 《方輿勝覽》卷三〇載其本事尤詳：『泉在武陵縣北六十里。《皇朝類苑》云： 鼎州甘泉寺，介官道之側。始，寇萊公南遷日，題於東楹曰：「平仲酌泉經此，回望北闕黯然而去。」未幾，丁晉公又過之，題於西楹曰：「謂之酌泉，禮佛而去。」後范諷留詩於寺曰：「平仲酌泉回北望，謂之禮佛向南行。煙嵐翠鎖門前路，轉使高僧厭寵榮。」崔嶧詩云：「二相南行至道初，記名留詠在精廬。甘泉不洗天涯恨，留與行人鑒覆車。」淳熙中，南軒張敬夫榜曰「萊公泉」。』方案： 平仲，寇準（九六二—一〇二三），封萊公。謂之，丁謂（九六六—一〇三七）字，一字公言，封晉公。兩人爲政敵，相繼貶竄南遷。

〔三三四〕洪崖井 明章潢纂〔萬曆〕《新修南昌府志》卷二曰：『洪崖，在〔南昌〕西山紫清觀，去縣四十里左右。石壁相向，〔泉〕斗起懸絶，飛湍奔注其中，下爲洪井。』又云：『〔隋〕開皇九年（五八九），易郡爲州，以州之西有洪崖，因以名州。』可見自隋至宋，南昌郡以洪州爲名，因洪崖而得名。關於崖井，周必大《文忠集》卷一六九《泛舟遊山録》有詳盡記載：『洪崖井深不可測，舊有橋跨其上，今廢。寺引崖水以給其用，又匯其流，激大輪爲磨院。』又云：『晚，再同堅老及西堂三人過洪崖。俯視深潭，草木蒙蔽，岩谷峭絶，不容側窺，而水聲洪洪，疑其有異。乃並澗十餘步披草而入，始見硤中石，數十丈飛流而激浪數節傾射，而左岸懸瀑數道，相去三丈，妙絶不減棲賢之三峽。又，其右多盤石可坐。』可見其景絶美，堪與廬山棲賢飛瀑媲美。下引宋·釋善權詩，亦見周必大此遊記始録，據以校改六字。

〔三三五〕其母喜茗飲 《江西通志》卷七：孝感泉『在豐城縣道人山聖乘院内。紹興元年（一一三一），少卿曹戩寓此。其母喜茗飲，初無井，戩齋戒虔祝，斸地尺餘，泉忽湧出。人以孝感目之。』《明一統志》卷四九略同。

〔三三六〕在進賢縣南廿里 《明一統志》卷四九：『在縣舊麻姑觀東，其水冬夏不竭。』餘略同。

〔三三七〕其水一温一沸 上『一』字，原脱，據《清一統志》卷二三八補。《志》云：『九仙山，在奉新縣西一百里。北有温泉池，其湯一温一沸。』

〔三三八〕分水泉 《江西通志》卷七：『分水泉，在武寧縣東北七十里梅崖山。西流七十里至湖廣興國州入楊新河。』

〔三三九〕在寧州三十里外 《明一統志》卷四九：『雙井，在寧州西二十里，黄庭堅所居之南，溪心有二井，土人汲以造茶，絶勝他處。』下引黄詩，見《山谷集》卷三《雙井茶送子瞻》。『公』，原作『君』，據改。黄庭堅酷嗜雙井茶，稱之爲『家山小草』。多以詩分送友人，留有佳作多篇，且在詩文中常自署雙井云。

〔三四〇〕而泉噴出　《明一統志》卷五七：『噴雪泉，在〔瑞州〕府城西六十里。相傳仙人吕洞賓遊憩於此，以劍卓地，泉水噴湧如雪。』

〔三四一〕水泉湧出　《江西通志》卷八載：『蒼岡，在上高縣南二十五里法忍寺北。相傳許旌陽煉丹於此山。』寺前有丹井，大旱不竭，上有行祠。』或即所謂『真君井』。

〔三四二〕五色鮮瑩　《清一統志》卷二五二『在新昌縣西十里，土人謂之乳泉。酌之，五色鮮瑩。』

〔三四三〕味甘冽　《明一統志》卷五七：『吉祥山，在新昌縣北五十里，一名瑞雪山。唐務本禪師居此。中有泉，曰聰明，下有吉祥院。』則聰穎泉，又名聰明泉。

〔三四四〕西峰井　《江西通志》卷一〇四：『西峰〔禪師〕好吹鐵笛。鄱陽妙果寺塔高十七丈，峰吹笛於塔尖，風雨驟至。行必與一烏犬俱，一日，至白湖山，以錫杖插地俟犬，遂成井，號西峰井。』

〔三四五〕色白味甘如乳　《太平寰宇記》卷一〇七：『乳泉山，在縣北六十六里。内有石如硯，山西出乳泉，舊〔名〕石硯山。天寶六載（七四七），敕改爲乳泉山。』則山以泉名。

〔三四六〕馬祖泉　又名瀑布泉。《明一統志》卷五〇：『瀑布泉，在安仁縣東馬祖巖，其泉從山腰下飛瀉百餘丈。』

〔三四七〕瀑廣如簾　《清一統志》卷二四三：『谷簾泉，在廬山康王谷中。其水如簾，布巖而下，凡三十餘派。

陸羽品其水爲天下第一。』陸游《入蜀記》卷二載：『史志道餉谷簾水數器，真絶品也。甘腴清冷，具備衆美。』『然谷簾卓然非惠山所及，則亦不可誣也。水在廬山景德觀。』蘇軾《東坡全集》卷二九《元翰少卿寵惠谷簾水一器龍團二枚仍以新詩爲貺歎味不已次韻奉和》詩云：『巖垂匹練千絲落，雷起雙龍萬物春。此水此茶俱第一，共成三絶景中人。』

〔三四八〕瀑布泉　《江西通志》卷一二：『瀑布泉，在開先寺者有二：其在東北者，瀉出鶴鳴龜背之間，曰馬尾水，水勢奔注而崖口隘束，噴散數十百縷如馬尾然。其在西南者，則自坡頂下注雙劍峰背邃壑中，匯爲大龍潭，繞出雙劍之東，下注大壑，懸掛數百丈曰瀑布水。』

〔三四九〕其水四時常暖　《明一統志》卷五二：『温泉，在建昌縣西八十里。四時温暖，患瘡疾者洗之多愈。』下引白詩，見《白氏長慶集》卷一六《題廬山山下湯泉》。『無功』，原訛作『無窮』，據改。

〔三五〇〕味甚甘冽　張淏《雲谷雜記》卷三：『皇甫履紹興中賜隱于江州廬山。高宗名其所居曰「清虚庵」，光宗在東宫日，嘗問履山中所乏，履曰：「山中無所闕，但去水差遠，汲取頗勞。」光宗因大書「神泉」二字遺之云：「持歸，隨意鑿一泉。」履歸，乃於庵之側穿一小井，方施畚鍤而泉已湧至，遂畢工。至今深纔二三尺，味甘冽，尤宜瀹茗。』南宋中期人張淏自述此乃遊廬山時親聞履之門人『道其詳』。此曰道士皇甫坦，疑誤。録以備考。又，參閲《輿地紀勝》卷三〇《江州》。

〔三五一〕行者利之　《清一統志》卷二四四：『烏石山，在德安縣北十里。旁有石，名獅子巖。』『兩崖相對如門，一名烏石門。其中平疇曠野，有泉水潆匯，從石門流出。』則泉以山名。

〔三五二〕黄漿山之頂　《清一統志》卷二四四：『黄漿山，在彭澤縣東南四十里。疊石如甃，有上下二洞，深邃莫極。有白泉傾注如玉。』下引黄詩，見《明一統志》卷五二、《江西通志》卷一二。

〔三五三〕下有玉壺洞　《江西通志》卷一二：『石壁山，在彭澤縣南四十里。山有玉壺洞，高七丈，深三十丈，泉流不竭。一名仙人巖。宋時縣僚祈雨，有客題一絶句。』即下引之詩。

〔三五四〕生生泉　《江西通志》卷一一：『泉在府城察院公署内。明嘉靖丙午，餘姚翁大立任江西卹刑，掘泉以解疫事，詳羅洪先碑記。』審下録記文，或乃翁氏自撰，或羅氏書立碑者歟？

〔三五五〕一滴泉　《江西通志》卷一一：『南巖，在府城西南十里，一名盧家岩。巖旁巨石北嚮，其下寬平可坐。上有一滴泉，五級峰。』下引朱詩，未見《晦庵集》及《四庫全書》。

〔三五六〕井廣丈餘　《清一統志》卷二四二：『銅山，在上饒縣西二十里，脉自鐵山來。《寰宇記》：下有天井，廣一丈餘；石有倒懸，可四五尺，如蓮花覆蓋。其水碧色，莫測淺深，春夏不增減。』

〔三五七〕冰壺泉　《江西通志》卷一一：『鉛山縣南六十里教場山，有玉壺泉。邑尉吴紹古所名，亦類瓢狀。』方案：與本條泉名『冰壺』，『縣南六十步』云云，差不同，或有一誤。

〔三五八〕資聖院之後　《明一統志》卷五一：『石井，在鉛山縣北四里。井上石紋隱起，錯縷垂下，如蓮花倒生，其水清泠甘美，溉田數百畝。始名玉洞泉，又名碧玉泉。宋洪芻有記。』所述較詳。

〔三五九〕謝竹友　今考謝邁（一〇七四—一一一六），字幼槃，號竹友居士。臨川（治今江西撫州人）。謝逸從弟，累舉未第，終身不仕。乃『江西詩派』著名詩人之一。有《竹友集》十卷傳世，今存宋本。其詩句，見其《竹友集》卷四《約諸人遊羅坊觀》。

〔三六〇〕水清冽　龍會山，在府城西四十里。雙峰聳立，上有曾真君仙壇，中有四穴，如馬蹄。其泉清冽，人呼爲馬蹄泉。

〔三六一〕崇仁山絶頂　《江西通志》卷一〇：『崇仁山，在縣西四十里，跨南昌、吉、撫三郡之境，本名羅山。晉羅文通學道於此，唐改今名。絶頂有石仙祠，半山有田數頃，泉注爲池，冬夏不涸。蓋崇邑之鎮山也。』泉因山名。

〔三六二〕吴曾詩云　詩見《江西通志》卷一四八，題曰《羅山》；又見《宋詩紀事》卷五二（注云出《撫州府志》）。『何自』，原訛作『曰日』，據改。本條僅摘引四句而已。

〔三六三〕味甘而冽　《江西通志》卷一〇：『縣東二里伯清泉，泉出石罅，清澈味美。又有泉出石中，名石眼泉，寒暑如一。宋嘉定間，邑令樓鐩創二亭，取荆公詩扁以待霖，其一未扁。鐩字伯清，邑人即以名泉。永嘉毛鉅有記。』下條『石眼泉』，並見本校，不贅。

〔三六四〕泉出其中　《江西通志》卷一〇：『翠雲山，在金溪縣南四里，岡巒環合，旁有瀑布。宋治平中，儒士胡采發榛莽而出之，有躍馬、試茗、鳴玉三泉。王安石《躍馬泉》詩：「奔騰赴不測，一蹈常萬匹。」陸九韶《鳴玉泉》詩：「清越聲盈耳，羣工啄良玉。」陸九齡《試茗泉》詩：「有泉生渥洼，紺冽可試茗。」』山又有月竇泉，或一名月石泉。下引陸九韶（號梭山）詩，題作《月石》，見元陳世隆《宋詩拾遺》卷一九；又見清厲鶚《宋詩紀事》卷五三（據《撫州府志》）。其詩有題注云：『金溪縣南翠雲山有巖竇，正圓如月，曰月石。』其泉正從竇中而出。又據改四字：『愛佳』，原作『爰作』；『暫』，原作『輪』；『星』，原作『經』。

〔三六五〕曾艇齋詩云　曾季貍，字裘父，號艇齋。曾鞏弟宰之孫，臨川人。再試不第。師事韓駒、吕本中，又從朱熹、張栻遊。有《艇齋雜著》、《詩話》一卷。《兩宋名賢小集》卷一二五收其詩一卷，編爲《艇齋小集》。引詩原題《躍馬泉》，『竦』，原作『疏』，音訛；《江西通志》卷一四八作『聳』，據改。

〔三六六〕王安石詩云　詩見《臨川文集》卷一二、《王荆公詩注》卷一八。『曾未』，原訛倒作『未曾』；『啜』，原形訛作『掇』；據乙、改。又，上二條可參拙校〔三六四〕。

〔三六七〕玉釜泉　本條述泉成因，頗富傳奇色彩。《江西通志》卷四〇云出曹學佺《名勝志》，文略同，僅『滿寸』，《志》作『八寸』，據補。又志云在『宜黄縣南』。鄒極，字適中。宜黄人，治平進士。元祐初，官江西提刑，時置司撫州。事見《江西通志》卷一五一。

〔三六八〕涓流不窮　《清一統志》卷二四六：『鰲頭山，在樂安縣治前，亦名武家嶺山。有兩峰，一峰特秀。山麓皆石骨，下瞰溪流，如靈鰲赴海。山半有泉，甚甘冽。』則泉以山名。

〔三六九〕泉出石隙中　神功泉，見《明一統志》卷五三，與本則略同。又《江西通志》卷一三〇載明·秦夔《觀瀑亭記》有云：『當麻姑絶頂，有泉自丹霞觀西北來，蛇行斗折，伏流篁竹間，數十里經仙壇下，與神功泉會。其流淲淲，不疾不徐，至三峽橋崖谷忽破裂；其下亂石森立，泉自上墮坑谷中，下與石鬪不勝，怒則洶湧，作秋濤出峽聲，奔放衝突。不數百步至石梁，忽作兩白龍，下垂飛雪，灑灑濺人，其聲清越。』略見其鬼斧神功之一斑。

〔三七〇〕在廣昌縣西北七十里聖栖巖　《江西通志》卷一〇：『聖棲巖，在廣昌縣西北七里，後易名靜棲巖。』明羅倫《一峰文集》卷一四有《靜棲巖歌并序》，其序云：『靜棲巖舊名聖栖巖，蓋佛子之居也，去廣昌十五里，在吉祥里北。石山壁立如翠玉屏風，下中洞穴，深廣圓瑩，可容百數十人。奇山秀水，環繞左右。』此『秀水』，或即乳泉。其《歌》有『饑餐紫芝，渴飲玉泉』句，爲其證。又，上引作去縣七里或十五里，而本條作『七十里』，疑爲『十七』之訛倒，或誤衍一『十』字。

〔三七一〕國朝冢宰何文淵詩云　詩見《江西通志》卷一四九《寶陀巖》。詩云『清泉繞石澗』，或即此靈泉。

〔三七二〕佛面泉　明·徐應秋《玉芝堂談薈》卷二四《佛面泉》云：『南城縣德興里有石壁出泉如乳，泡沫皆成佛面，因名佛面泉。』

〔三七三〕在金谿縣翠雲山　是條參閲以上拙校〔三六三〕。下引謝詩，見《江西通志》卷一五〇《鳴玉泉》。

〔三七四〕黄蜂泉　《清一統志》卷二四六：『在金谿縣西三十里。井寬不盈畝而泉脉多於蜂房。灌田約百頃。』

〔三七五〕府治泉　清施閏章《學餘堂文集》卷一三《金牛泉取亭記》曾詳考其淵源，略云：『金井，今之廬陵古石陽也。城中無金井，而此泉在城外，清甚，無所謂半黄者。』『金志稱其泉源來自安成，潛經府治城壁，甘洌爲郡中第一。元監郡納速兒丁增培府治〔基址〕，泉遂湮。明初，郡守莫已知，衷平之，泉湧如故。』則泉又名金井。

〔三七六〕在廬陵縣米巷　《明一統志》卷七九：『東坡井，在府治南。宋蘇軾自儋耳還，過此，遊清都觀，行至米巷曰：　此地好開井。市人如其言，果得甘泉。因名。』

〔三七七〕在泰和縣觀山　《明一統志》卷五六：『在泰和縣西一十五里，下有觀山寺，石壁上有飛泉。』黄詩見《山谷集》外集卷四《送吕知常赴太和丞》七律，其後四句爲：『觀山千尺夜泉落，快閣六月江風寒。往尋佳境不知處，掃壁覓我題詩看。』

〔三七八〕玉溪泉　《江西通志》卷九：『傳擔山，在泰和縣西五十里。山極高峻，非攀援不可度。西南有石笋峰，尤峭拔。下有九龍潭，又有玉溪泉，凡四十八竅，至岩前合爲一，因名六八泉。産茶味極香美。』

〔三七九〕深闊丈餘　《明一統志》卷五六：『聖嶺，在永豐縣南三十里，上有井，深廣數丈。前有峰，曰仙人臺。相傳五代時，嘗夜有神人震動其上；及旦視之，忽有土城周數里。宋紹興中，鄉人修其城以避寇。』泉又名石井。

〔三八〇〕醴泉　一名仙井。《明一統志》卷五六：『在永豐縣南醴泉院。宋楊仙師以杖柱之，水湧出如醴，市〔人〕汲不竭』。則寺以泉名。

〔三八一〕味極甘冽　《明一統志》卷五六：『蓬萊嶺，在龍泉縣北五十里，上有石岩、石筍、仙鵝池。人謂如海上蓬萊。』仙鵝池，或即龍泉洞。

〔三八二〕水出石中　《明一統志》卷五六：『義山，在永新縣東南二十里。峰巒相顧，若有長幼之序，故名。一名龍頭。唐天寶初，嘗改名永新山。有雙巽、文筆二峰，下有聰明泉。』又，《太平寰宇記》卷一〇九曰：『聰明泉，在縣北二十里。下自山湧出，古今學者飲之多成事，土人謂之聰明泉。』宋永新人劉沆（字沖之）有詩詠泉。見《方輿勝覽》卷二〇。此『沆』訛作『沅』；首句『山下』，又作『之下』，據改。

〔三八三〕味甚甘冽　《清一統志》卷二四九：漿山，在永寧縣西三十里，周四十里，峰巒峻峭，松林蓊蔚。有泉味甘如漿。則泉以山名。

〔三八四〕在永寧縣南鄭溪　《清一統志》卷二四九：『在永寧縣城南。亦曰鄭溪井，溢流入鵝嶺水。』或俗名仙井。

〔三八五〕醴乳泉　《江西通志》卷九所載略同，末多『以泉釀酒，醇美殊常』八字。

〔三八六〕白乳泉　《明一統志》卷五五：『泉在玉笥山。舊傳梅真人修煉於此，其泉出石竇，潔白如乳。』

〔三八七〕在宜春縣側　《清一統志》卷二五二：『宜春泉，在宜春縣。《唐書·地理志》：宜春縣有宜春泉，釀酒入貢。《寰宇記》：宜春水，出宜春縣西四里。其水甘美，堪作酒。』『舊志：宜春泉，故跡已堙，今有靈泉，亦在縣西四里，疑即是。』可見其久享盛名之一斑。

〔三八八〕在宜春縣江心　《江西通志》卷八：『温泉，在府城西南三十里修仁鄉定光院前。氣温如湯，冬可浴，以鷄卵投之即熟，水中有魚。泉凡三出：一在東岸上，僧人甃爲池；一湧出江心巨石中，石類釜，上寬五六尺許，平坦可坐，遊者多於此宴飲；一在西岸下。』温泉涌出江心者，即名磐石泉，以其象形而名之。下引黃叔萬詩，見正德《袁州府志》卷一。今考黃人傑，字叔萬。江西南城人。

乾道二年（一一六六）進士，從吕祖謙遊，有《可軒曲林》一卷，已佚。事見雍正《江西通志》卷五〇。

〔三八九〕泉水可以愈疾　《明一統志》卷五七：『鈐岡，在分宜縣南三里。山勢突出，登之則一邑皆在目前。上有仰山行祠，祠側有泉，民有病者求飲即愈。』又，《清一統志》卷二五二云：『鈐岡，在縣南二里，袁江南岸，正與縣對。《縣志》：岡延袤數十里而至城南，新澤水出其右，長壽水出於左，夾於山末，故名曰鈐。』『鈐岡』，原形訛作『鈴岡』；下引張詩『蟠』，原音訛作『槃』。據改。

〔三九〇〕在贛縣東南隅光孝寺　《方輿勝覽》卷二〇：『廉泉，在報恩寺，本張氏居。宋元嘉中，一夕霹靂，忽有湧泉。時郡守以廉名，故曰廉泉。』下引蘇詩見《東坡全集》卷二二《廉泉》。『我以』，原作『何以』，據改。又，後詩見同上《全集》卷二五《虔守霍大夫監郡許朝奉見和此詩復次前韻》。『已漲』，原作『已湧』；『水流』，原訛『未流』，據改。

〔三九一〕在雩都縣東紫陽觀内　《江西通志》卷一一三：『知味井，在雩都縣紫陽觀内。舊傳泉味甘酸。異日宋洪邁有詩，明詹孟舉扁其亭曰「知味」。』則此井原名甘酸，明改知味。又，『雩都』，原訛『雲都』，據改。洪詩僅見於此。

〔三九二〕井深三十餘尺　《清一統志》卷二五四：『治平觀，在興國縣西門外，晉建。内有葛洪洗藥池及丹井。』《江西通志》卷一一三亦云：『觀前有井，號葛洪井。』

〔三九三〕玉珠泉　《清一統志》卷二五三：『寶山，在興國縣東十五里，有五峰。』『下有玉珠泉，近有金斗山……上有洗心泉。』

〔三九四〕飲之可以愈疾　《江西通志》卷一三：『仁峰，在會昌縣西一百里。舊傳有石室、石臺，祀張、賴二神。』『石竅中泉水不竭，飲之可愈疾。』即仁峰泉，泉以地名。

〔三九五〕陸公泉　《江西通志》卷一三：『泉在瑞金縣西南東明觀前。宋大觀中，太常少卿陸藴坐議原廟不合，謫瑞金令，與弟藻同遊此烹茶，瀹茗。有「軒前山色依然翠，溜下泉聲漱下寒」之句。後召還，邑人遂以陸公名泉。』此誤以其弟陸藻爲唐人，今據以改、補、乙原書文字，庶幾無誤。陸藻詩句，見《輿地紀勝》卷三二，題作《陸公泉》。陸藴，見《宋史》卷三五四本傳，『藴』，此又誤作『藴』，據改。

〔三九六〕泉如雲湧　《明一統志》卷五八：『靈應山，在龍南縣北三十里。相傳山嘗建寺，艱於水，有禪師飛錫來此，泉即湧出，因名。』則山以泉得名。

〔三九七〕初掘井及泉　《江西通志》卷一三：『龜泉井，在府城西寶界寺内。掘井及泉，下有石龜，泉從龜雙目中出。宋張九成寓寺中，品泉味，亟稱之。』

〔三九八〕甚甘冽　《清一統志》卷二五五：『東山，在大庾縣東南二里。隔江山勢突起，俯瞰兩城。上有仙泉，下有小沙河，横山下來會大河。』此仙泉，似即『上徙泉』。

〔三九九〕在南安府庾嶺上　《清一統志》卷二五五：『大庾嶺，在大庾縣南，與廣東南雄府分界。一名臺嶺，又名梅嶺，爲五嶺之一。』嶺上『梅關側爲靈封寺，俗名掛角寺，今爲張曲江祠。祠左有霹靂泉，一名卓錫泉』。似即此點石泉。

〔四〇〇〕味甚甘美　《江西通志》卷一三：『玉字井，在南康縣東南隅，其水清澈。玉字街，以此爲一點。蓋取象形之義。』泉以街名。

〔四〇一〕方大如斗　明曹學佺《蜀中廣記》卷五所載略同。宋李石《方舟集》卷一《題三昧泉》，以形象思維的方式生動演繹了下引《水懺》所述之傳奇故事。其題序曰：『世傳悟達國師訪第三尊者於此泉上，即袁盎後身人面創晁錯仇也。』詩云：『乳崖霜雪根，金地白蓮蕊。泉上碧眼師，秋月照清泚。玉簽開明鏡，肝膽兩冤鬼。若爲人面創，如以佛手洗。遂解七國仇，化類三昧水。』

〔四〇二〕泉水味甘　《清一統志》卷三一二：『麗甘山，在仁壽縣東二十里。《寰宇記》、《圖經》云：昔有十二玉女於此川汲泉煎鹽，以玉女美麗，其鹽味甘爲名，今竈跡猶存。』《蜀中廣記》卷八略同，又云：『古鹽井，號聶甘井，井傍有神洞，號曰聶社。』

〔四〇三〕一名譚子池　《蜀中廣記》卷八：『《碑目》云：後唐同光三年，靈泉院碑在本院山上。按即潭子池也，亦名天池。』下引郭詩亦見是書。『夐若』，原作『覔若』，形訛；『休期』，原訛『休斯』。據改。

〔四〇四〕浴丹於此　《蜀中廣記》卷九：『（德陽）縣，一名旌陽。晉太康初，許遜爲旌陽令，屬歲大疫，死者十七八，遜以神方拯治之，符咒所及，登時而愈，蜀民爲之謠曰：「人和盗竊，吏無奸欺。我君活人，病無能爲。」』下引《本志》文，與本條略同。

〔四〇五〕泉有十四穴　《四川通志》卷二五：『神泉在縣南五十里。《元和志》：在神泉縣西，平地湧泉，冬温夏涼，能愈人疾。《寰宇記》：神泉，縣西三十里。有泉十四穴，甘香異常，痼疾飲之即瘥。』

〔四〇六〕靈液池　『池』，原脱，據下引史料補。《太平寰宇記》卷八四：『天池山，在州南一百三十里。高九十二丈，上有池，周回二十三步。其水常滿，號曰天池，一名石山。唐天寶六年，敕改爲靈液山。』則池以山名。

〔四〇七〕在石泉縣北二里　《清一統志》卷三〇四：『甘泉，在石泉縣南二里，有泉甘冽。巖石上刻「甘泉古跡」四字，縣因以名。』

〔四〇八〕泉水湧出　《蜀中廣記》卷二四：『北嵓，在城北，有繖蓋山。高僧宣什住持，乃城中開元寺衲也，謂之東寺。即元稹題樂天詩於壁及文同寄詠澤師竹軒處矣。什公博通經典，魯王出鎮，表而異之。後居繖子山，山上無水，以杖叩岩，浩然泉涌，今爲卓錫泉。』同書下引宋喻汝礪《漱玉巖記》述其事甚詳，文繁不佐引。

〔四〇九〕味甚清冽　鱉靈泉，一名靈池。見《清一統志》卷二九七：　靈山，在閬中縣内。《寰宇記》：　仙穴山，在閬中縣東北十里。周地圖云：『靈山多雜樹，昔蜀王鱉靈帝登此，因名靈山。山東南峰有玉女擣練石，山頂有池常清。有洞穴懸絶，有一小徑相通。唐天寶六年，敕改爲仙穴山。』則此泉亦名天穴池。

〔四一〇〕在巴州東四十里　《蜀中廣記》卷二五：『君子泉，宋黄彝則銘云：「有冽者泉，達於泉南。浩然天中，其流無窮。於暑而涼，於冬而温。豈其矯耶？　有變者存！」《州志》云：　未詳所在，惟治東四十里，廢曾口縣西朝陽巖有之，其泉自巖石流出，清冽無比。上鐫有君子泉三字。宋人來官，多遊於此，石刻具存。』又，《明一統志》卷六八云『泉在巴州北一百六十里』，差不同。

〔四一一〕在劍州劍閣之側　《蜀中廣記》卷二六：『《碑目》云：　唐韋表微《劍閣銘》：　在報國寺靈泉側。昔唐僖宗巡幸至此，有微恙，飲其泉頓愈，因名爲報國靈泉。　今有石刻存焉。』陸游《劍南詩稿》卷三《過武連縣北柳池安國院煮泉試日鑄顧渚茶，院有二泉，皆甘寒。　傳云：　唐僖宗幸蜀，在道不豫，至此飲泉而愈，賜名報國靈泉云》：『其詩題述此泉本事甚詳，詩三首中，前二首亦詠此泉，不佐引，可參閲。　本則引陸詩三首之一首聯，次句『遭時』，原作『昔年』，據改。

〔四一二〕普惠寺中　《方輿勝覽》卷六二：『東山寺，名普惠寺，在城東涪江之外，去城三里。　寺有蘇公泉，臨川門下瞰涪江。』

〔四一三〕水色清泠　《蜀中廣記》卷三〇：『負戴山，一名高山，〔在〕廢高渠郡城也。　其山龍蟠虎踞，由劍門入當縣，起伏四百餘里，至此而蹲。　山有飛龍泉噴下，南流入梓潼江，水色清冷，其味甘美，時以爲瓊漿水也。』又，『泠』，原訛作『冷』，據改。

〔四一四〕在安岳縣西　《方輿勝覽》卷六三：『破石井，在城西。　其水清洌，乃一巨石鑿開而得水。〔傳〕云陳搏此地所開。』

〔四一五〕金釵泉　遍檢未見。　但《清一統志》卷二九五有云：『孝婦泉，在綦江縣南。《輿地紀勝》：　在南平軍南一里，俗稱有孝婦感此泉，極甘而冷。』事略同而地相異。　亦見今本《紀勝》卷一八〇。

〔四一六〕味甘洌而不窮　《蜀中廣記》卷一八：『《紀勝》云，縣南十五里有巴岳山。』『有玉版泉在山上，味甘洌不竭，相傳昔人斲井得玉版，叩之清越，如磬聲然。』

〔四一七〕迴異他水《水經注》卷三四：「〔巫山〕縣之東北三百步，有聖泉，謂之孔子泉。其水飛清潔石，穴並高泉。下注溪水，溪水又南入於大江。」宋王十朋《梅溪集》後集卷一一《巴東之西近江有夫子洞，亦曰聖洞；巫山縣有孔子泉。説者謂：旱而祈則應，泉旁之民雖童子皆能書。夫子胡爲洞於此，且有泉耶，詩以辨之》。下引王詩四句，「亦有」，本條原作「孔子」；「都」原作「人」。據改。

〔四一八〕泉出其旁《方輿勝覽》卷六〇：「蟠龍山，在〔梁山軍〕城東二十里。孤峙秀傑，突出衆山之上。下有二洞，洞中有石龍，狀首尾相蟠，故名。旁曰噴霧崖，洞中之泉下注垂崖約二百餘丈，噴薄如霧。」

〔四一九〕古詩有云　方案：下引四句詩，前二句，疑據《蜀中廣記》卷二三，後二句則曹氏引作「一飲令君消内熱」。今核此詩實宋·魏了翁作，見其《鶴山集》卷三《飛雪亭》，原爲古詩。其所引前二句應是「人言此地無六月，火雲射地人不渴」；後二句應爲尾聯：「呼取大斗約甘潔，一飲令君消内熱。」曹氏已誤脱第二句；姚氏更是臆增第三句。可見明人治學魯莽滅裂之一斑。

〔四二〇〕味甘而冽　《蜀中廣紀》卷二三：「《勝覽》云：「寒泉洞在軍之西龍鎮十里許，有洞曰寒泉。」」

〔四二一〕盛山蓮臺之旁《四川通志》卷二四：「盛山，在縣北三里，突兀高聳。唐韋處厚知開州，有盛山十二景詩，韓愈爲之序。謂其入谿谷，出岩石，追逐雲月。杜甫詩「拄笏看山尋盛字」，蓋以山如盛字也。上有宿雲亭、隱月岫、流杯池、琵琶臺、盤石磴、葫蘆沼、繡衣石、瓶泉井、梅溪、桃塢、茶嶺、竹崖，爲十二景。」流杯池，或又名甘和泉。宋魏仲舉《五百家注昌黎文集》卷二一收《開州韋侍講盛山十二詩序》; 又附録韋氏《盛山十二詩》,所録詩次序與上《通志》所述略不同。且詩題作《竹巖》、《繡衣石榻》、《上士瓶泉》,與上述十二景稍異。

〔四二二〕安樂泉 原名金魚井,黄庭堅改稱安樂泉。《蜀中廣記》卷一五:『本志云: 舊戎州南門外里許金魚井,山谷品其水爲第一。』下引《安樂泉頌并序》見《山谷集》卷一五。本條原引自上引《廣記》,今據補十四字。《明一統志》卷六九則云:『安樂泉,在涪溪側。味甘美,盛夏冰洌,冬月則温。黄庭堅號爲安樂泉,謂飲之令人安樂也。』又,《四川通志》卷二六又著録另一同名安樂泉,在劍州,有曰:『泉在州西南。唐明皇幸蜀,飲此水甘之,因賜名。有張光隸書「安樂泉」三大字。』唐宋各一安樂泉分别在四川劍、戎兩州。

〔四二三〕味甚甘 《方輿勝覽》卷六二所載略同。

〔四二四〕其集中亦云 引文《見山谷集》卷一八《瀘州大雲寺滴乳泉記》。

〔四二五〕在瀘州寶山 《明一統志》卷七二:『三泉,在寶山。嵌巖間。昔王大過鑿山濬泉,榜曰: 西山三泉。』

〔四二六〕釀泉 一名東巖泉 見《清一統志》卷三〇七,所載略同。《蜀中廣記》卷一一:『《方輿記》云: 東巖在城東佛峽,即聖岡山。』『巖半有洞出泉宜釀。』下引蘇詩見《東坡全集》卷一八《送張嘉州》:『笑談萬事真何有,一時付與東巖酒(原注: 佛峽人家白酒舊有名)。』

〔四二七〕甘香如醴 《明一統志》卷七一:『醴泉山,在州城八里。環繞州城山半有八角井,清甘如醴,故名。』

蘇軾詩：「正似醴泉山下路。」』全詩見《東坡全集》卷四《自昌化雙溪館下步尋溪源至治平寺二首（之二）》。此爲末聯上句，下句曰：『桑枝刺眼麥齊腰。』

〔四二八〕老翁泉　本則所云與《蜀中廣記》卷一二全同，似即據此轉録。但文字與蘇洵《嘉祐集》卷一五《老翁井銘》頗相異。或已經曹氏改寫。今將老蘇銘序原文相關文字録於下：『往歲十年，山空月明，天地開霽，則常有老人蒼頭白髮，偃息於泉上；就之，則隱而入於泉，莫可見。蓋相傳以爲如此者久矣。因爲作亭於其上，又甃石以禦水潦之暴。……今乃始遇我而後得傳於無窮。遂爲銘曰。』銘文則據原集補八字，改二字。

〔四二九〕梅聖俞寄蘇明允詩　梅詩見《宛陵集》卷五九《題老人泉寄蘇明允》。『羽翼』句下，已删三句，又補末句『無滯彼泉旁』，『無』，原作『不』，據改。又《東坡全集》卷一六《送賈訥倅眉二首（之二）》首聯曰：『老翁山下玉淵回，手植青松三萬栽。』詩末自注云：『先君葬於蟆頤山之東二十餘里，地名老翁泉。』《廣記》卷一二有更詳盡記載，可參閲。

〔四三〇〕浸可千頃　《清一統志》卷三〇三：『天池，在奉節縣西北十五里。出磨臺山，泉水湧出，浸可千頃。』下引杜詩，見《九家集注杜詩》卷三二《天池》。『聞道』與『飄零』二聯錯簡；『斷續』二字，原訛倒；據互乙。又，『欲問』一聯原脱，據補。

〔四三一〕在青神縣中巖　《蜀中廣記》卷一二：『縣之名勝，在乎三巖。三巖者，上巖、中巖、下巖也。』『過潭循山三里，始至寺，爲中巖。……此地懸崖峭壁上刻千佛石，覆如屋中有卧仙之跡。有玉泉坎，黄山谷銘云。』黄銘見《山谷集》卷一三《玉泉銘》：『玉泉坎坎，本自重險。發源無漸，龍窟琬琰。我行峽中，初酌蛙頷。迨嘗百泉，無與比甘。』則曹氏所録，已大相徑庭。本條引八字，已誤三字。明人引宋人文字，往往如此。據山谷《玉泉銘》，則此泉應名玉泉，將銘文首句中訛倒作『玉坎泉』，今遽删『坎』字。方案：此書原作『坎泉』，已訛倒，點校者未查出處，補一『玉』字，亦沿訛踵謬，今改正爲『玉泉』。

〔四三二〕異於他水　《蜀中廣記》卷一三：『《通志》云：鳳凰山，在大邑西八十里。《勝覽》云：鳳凰山有虎劈泉。唐契覺道人結庵於此，有虎爲之擘地出泉。』

〔四三三〕在雅州蒙山　《蜀中廣記》卷一四：『（蒙）山有五頂，最高者名上清峰。有甘露井，水極清冽，四時不涸。相傳漢僧理真所鑿。』『《圖經》云：蒙頂茶，受陽氣全，故芳香獨烈。』

〔四三四〕亦名文武水　《四川通志》卷二七：『永泉亭，在〔松潘〕衛金蓬山下。正統初，都督李安以劍鑿石，二水迸出，號文武水。大書「永泉」二字鐫石崖，築臺於此。』

〔四三五〕泉出其旁　《蜀中廣記》卷三一：『侍郎羅綺《漳臘新記》云：距松衛治之北百里，曰漳臘，即古潘州也。城之故址尚在。其下有巖穴，空洞幽邃，廣可容列騎，深亦不知幾許。旁有玻璃泉，冬夏淵然不涸，其土地膏腴，山川秀麗。』

〔四三六〕青衣洞口　《浙江通志》卷九引成化《杭州府志》與本條略同，似即所本。《咸淳臨安志》卷三八僅有『泉在太廟後三茅觀内』寥寥數字。明田汝成《西湖遊覽志》卷一二則有青衣泉沿革之始末，可參閱。

〔四三七〕大旱不涸　《咸淳臨安志》卷三七：『在吴山之北。錢氏時，有韶國師者始開此井，品其水味，爲錢塘第一。蓋山脉融液獨源所鍾，不雜江湖之味，故泓深瑩潔，異於衆泉。』

〔四三八〕方思道題名　清梁詩正等《西湖志纂》卷七：『沁雪泉，在大佛寺石壁下，宋棠陵方思道題〔名〕。』

〔四三九〕以僕夫藝竹　《咸淳臨安志》卷二三：『僕夫泉，在〔孤山〕瑪瑙坡側，〔智〕圓法師鑿池得泉，有詩云：「新泉號僕夫」。』

〔四四〇〕在杭州府孤山之巔　同上《咸淳志》：『閑泉，在瑪瑙坡。圓法師詩「閑泉澄極頂」，自注云：「閑泉在瑪瑙院。」』

〔四四一〕甚白而甘　《方輿勝覽》卷一：『六一泉，在報恩院孤山之址。歐陽永叔雖不到，惠勤思之。蘇子瞻因以名此泉。』《東坡全集》卷二二《次韻聰上人見寄》有『不似歐陽子，空留六一泉』。《全集》卷九六《六一泉銘并敍》又云：『歐陽文忠公將老，自號六一居士。』又詳述命名之由。

〔四四二〕流入西湖　《咸淳臨安志》卷二三：　冷泉在飛來峰下。『冷泉亭，唐刺史河南元萸建，刺史白居易記。刻石亭上。政和中，僧慧雲又於前作小亭，郡守毛友命去之。』

〔四四三〕味特甘香　《咸淳志》卷三八：『茯苓泉，在靈隱無垢院半山。古松婆娑，下有甘泉。《博物志》云：松脂入地千年，化爲茯苓，因以名。』

〔四四四〕懸乳如脂　《西湖志纂》卷八：『乳竇峰，在上天竺寺南。《西湖遊覽志》：下有空巖，懸乳如脂，甘香可食。又峰下有泉，色白如乳，名乳竇泉。』可補本條之闕。

〔四四五〕水味甘冽　《西湖遊覽志》卷一一：『大悲泉，在〔上天竺〕講堂下，流繞殿前，經如意池，池以青石爲之。』

〔四四六〕蘇子瞻記略云　方案：此姚氏據東坡《參寥泉銘并敘》改寫而略述之。今據《東坡全集》卷九六録其《敘》文云：『余謫居黄，參寥子不遠數千里從余於東城，留期年，嘗與同遊武昌之西山。夢相與賦詩有「寒食清明，石泉槐火」之句，語甚美而不知其所謂。其後七年，余出守錢塘，參寥子在焉。明年，卜智果精舍居之；又明年，新居成而余以寒食去郡，實來告行。舍下舊有泉出石間，是月，又鑿石得泉，加冽。參寥子擷新茶，鑽火煮泉而瀹之。笑曰：「是見於夢九年，衛公之爲靈也久矣！」坐人皆悵然太息，有知命無求之意，乃名之參寥泉。』又，《全集》卷一八《參寥上人初得智果院會者十六人分韻賦詩軾得心字》有『雲崖有淺井，玉醴常半尋。遂名參寥泉，可濯幽人襟』二聯。

〔四四七〕大旱不竭　明吴之鯨《武林梵志》卷三：『淨慈寺，在南〔屏〕山。周顯德元年建，名慧日永明院。〔宋〕太宗改建，賜名壽寧院。屬歲旱，湖涸，寺西甘泉出焉。因鑿爲井，名曰圓照。』

〔四四八〕味甘冽　《咸淳臨安志》卷三八：『穎川泉，在高南峰。』又，《西湖遊覽志》卷三：『南屏山之西爲九曜山』，『曜山與赤山聯屬』。

〔四四九〕味甘宜茶　《西湖遊覽志》：『筲箕泉，出赤山之陰，合於惠因澗。元時有黄子久公望者，號大癡，卜居泉上。子久善畫，有《山水訣》傳於世。』

〔四五〇〕清流迸出 《咸淳臨安志》卷三八：『定光泉，在西山長耳相法相院定光庵側。山腰有泉盤曲，飛流濺沫可愛，水極清甘。淳祐丁未亢旱不竭，寺僧用筧引泉以供庖。』與本條所述大相徑庭。

〔四五一〕虎跑泉 《咸淳臨安志》卷二三：『大慈山，在龍山之西。有廣福院、虎跑泉。』同書卷三八：『虎跑泉，舊傳性空禪師嘗居大慈山，無水。忽有神人告之曰：「明日當有水矣！」是夜，二虎跑地作穴，泉湧出，因名。』下引蘇詩，見《東坡全集》卷五《虎跑泉》。』『盥濯』，集本作『灌濯』；『環珮』，作『環玦』；『信知』，作『故知』。皆兩通之，或版本之異。又，下引宋濂《銘序》，亦見《西湖遊覽志》卷五等。文已由姚氏大幅刪節改寫，不再出校。

〔四五二〕在杭州府武林山 《西湖志纂》卷一〇：『梅花泉，在九沙柏家園左。萬曆《錢塘縣志》：泉自地湧起，作梅花瓣。深不能咫，灌十許頃田。』

〔四五三〕在海寧縣東六十里 《咸淳臨安志》。卷三七：『靈泉井，在〔鹽官〕縣東七十里真如禪院菩提山上。昔有道士操夜爲鬼神講佛（？）書，一日，井涸，神告之曰：「當有泉發於山。」俄寺前之西有竇迸出，故名。』

〔四五四〕冬夏不竭 《咸淳臨安志》卷三七：『烏龍井，在縣東七十里福濟廟。廣四尺，深七尺，冬夏不竭，旱歲賴以給。相傳昔皋蘇將軍之烏馬跑於地得泉，遂以烏龍名之。』宋李洪《雲庵類稿》卷一《迎送神辭（有序）》即其僑居海鹽時所作，乃記南宋初邑令余衍禱烏龍井得雨的故事。文繁不録。

〔四五五〕在餘杭縣天柱山 宋末鄧牧《洞霄圖志》卷二《丹泉》（原注：一名天柱泉）云：『是泉發源最高，

歷天柱山半。初但聞有聲殷殷，若雷至。大滌洞西百餘步始出地上，既清而甘，大旱不竭，有方池瀦焉。天宇清明，則有赤光；四旁苔蘚，時作紫暈。東坡居士詩云：「一庵閒寄洞霄宮，井有丹砂水常赤。」故扁丹泉池上亭曰「清音」。取左太沖「山水有清音」之句。除引供廚堂及十八齋之外，一境田疇咸仰灌溉云。』下引詩，見張昱《可閑老人集》卷二《丹泉》，末二字訛倒作『埃塵』，今乙正爲『塵埃』。張昱，字光弼，號一笑居士。元明之際廬陵人。有集四卷，今存。

〔四五六〕在於潛縣雙溪之側　《咸淳臨安志》卷八六：『薦菊亭，循雙溪而上數百步，溪側有窪，其泉甘潔。東坡常以試茶。後人號爲東坡泉。開禧二年，令章伯奮作小亭其左，曰「薦菊」。蓋取坡詩「一盞寒泉薦秋菊」之句。』蘇詩見《東坡全集》卷一五《書林逋詩後》。則窪泉又名東坡泉。

〔四五七〕古詩云　詩見宋洪咨夔《平齋集》卷二三《丁東泉》。『鐵鳳』，原作『鐵騎』，據改。則丁東洞一名丁東泉。

〔四五八〕在於潛縣西石柱山　《咸淳臨安志》卷二六：『在縣東五里，上有石，天然成柱。高二丈，圍一丈，古篆十數字。』則泉以山名。疑本條『縣西』乃『縣東』之訛。

〔四五九〕清泓無滓　《明一統志》卷三九：『泉在嘉善縣東二里景德寺，舊名景德泉。煮茶無滓，世以爲惠山之次。本朝顧孟時詩：「秀水東流入魏塘，泓渟誰鑿近禪房。煮來茗碗清無滓，分出花渠信有香。」』顧詩題作《幽瀾泉》，此爲前四句，見明沈季友編《檇李詩繫》卷三九。又，顧氏明初爲嘉興府學教授。

〔四六〇〕在歸安縣道場山　《清一統志》卷二二二：『道場山，在烏程縣南少西十二里，舊名雲峰，後建僧舍，因改名。山頂有塔，下有伏虎巖、一掬泉、虎跑泉、瑶席池。』或虎躍泉一名虎跑泉。方案：歸安從烏程析出。明末同爲湖州治所（郭縣）。引詩見《東坡全集》卷四《遊道場山何山》。『屋底清池』，原訛作『屋低清流』，據改。

〔四六一〕洞頂出泉　清李光地等《月令輯要》卷一〇：『《名勝志》：歸安縣弁山有黄龍洞，舊名金井洞。洞頂出泉，名金井泉。竇穴深邃，莫窺其際。五代梁貞明初，黄龍見於洞，故更今名。』方案：弁山，一名卞山，在湖州。

〔四六二〕味甘宜茗　《浙江通志》卷一二：『弘治《湖州府志》：在長興縣西南六十五里，深廣皆二尺。色紺碧，味甘。唐處士鄭遨與道士李道殷、羅隱築屋泉口，號三隱。』

〔四六三〕金沙泉　請參閲本書拙輯《茶譜》第四十條及拙校〔六五〕至〔七〇〕。不贅。

〔四六四〕石壺泉　《清一統志》卷二二二：『元峰觀，在德清縣南吴羌山之陽，宋淳熙間建，内有石壺泉。』《明一統志》卷四〇則云：『在縣南二里，宋紹興中建。』差不同。又，乾元山即吴羌山。

〔四六五〕因名半月泉　《浙江通志》卷一二以上略同，此五字作：『名曰靈泉，後名半月泉。』下引吕《疏》，見宋魏齊賢、葉棻輯《五百家播放大全文粹》卷八〇，題作《修德清慈相寺〔半〕月池疏》。下引蘇詩，諸本不載，唯見查慎行《蘇詩補注》卷四八《半月泉》。

〔四六六〕清潔甘美　宋華鎮《雲溪居士集》卷一三《會稽覽古詩·城山》題序有云：『其山中卑四高，宛然城堞。吴伐越，次查浦，勾踐保此拒吴，又名越王城。有佛眼泉、洗馬池，泉中産嘉魚。越拒吴時，吴意越之乏水，以鹽魚爲饋，越取雙魚答之，遂解圍去。』可見此泉歲月悠久，可追溯至春秋吴越爭霸時的歷史故事。

〔四六七〕清泠不涸　《浙江通志》卷一五：『《名勝志》：石巖山，在縣西南十二里。巉岏纍危，狀如獅子。巔有香泉，方四尺，深尺許。』此山又名獅子山。

〔四六八〕味甘冽宜茗　《浙江通志》卷一五：《名勝志》：冠山，蕭山縣西十七里，山形如冠，有泉甘冽。』泉以山名。

〔四六九〕味甘宜飲　《嘉泰會稽志》卷一一：『龍泉，在靈緒山龍泉寺上。王荆公絶句所謂「天下蒼生望霖雨，不知龍向此中蟠」也。』有大字刻泉旁，蓋後人倣公書，非真筆。此聯亦見《王荆公詩注》卷四七《龍泉寺石井二首之一》。『望』，集本及《詩注》皆作『待』，是。又李壁題注云：『建康志無龍泉寺，而《臨汝志》長安鄉有龍泉院，豈即此寺邪？或在南康也。信州亦有龍泉院，在玉山縣。』方案：宋時以龍泉名寺院者甚多，今似已無可確指。

〔四七〇〕客星山之半　《嘉泰會稽志》卷一一：『華清泉，在縣北陳山。元豐中，楊景模、顧臨來遊，酌泉賦詩於此。』又，《明一統志》卷四五：『客星山，在餘姚縣東北，舊名陳山，漢嚴子陵居此。』

〔四七一〕味甘潔　《嘉泰會稽志》卷一一：『姜女泉，在姜山。泉流清冽，常有木葉蔽其上，或去葉，泉濁。』又，同書卷九云：『姜山，在縣西北五十里，袤十里。山有五峰。』『山下有姜女泉，精舍。』

〔四七二〕姜女泉之旁　宋張淏《寶慶會稽續志》卷四：『〔姜山〕山中有一小池，廣不及丈。俗呼爲姜女寺。姜女不知何時人，山之得名亦以女也。池之旁即淨凝教忠寺。其水雖大旱不竭，積雨不盈，寺之飲濯皆取給焉。池中草嘗蕪没，寺僧稍芟治，即泉竭。禱祈久之，始如故，此頗爲異。』據此，似姜女泉，又稱姜女池，以寺名，則爲淨凝池，實一池之異稱。上引《前志》已云：『山下有姜女泉，精舍。』則爲同一泉（池）之證。不過上覆木葉、池草之不同而已，然已跡近神異，不可據信。似姚氏失察已誤分爲二。

〔四七三〕南岩山滴水岩　《會稽續志》卷三：『祖印院，在縣西南二十里。』『上有瀑布泉，下數百尺，驚雷濺雪，動人耳目，巖下清泉一滴，烈日涷雨皆無盈縮，清甘甲於衆水。紹興十一年（一一四一），張浚嘗爲《院記》。』參閲《會稽志》卷九《新昌縣・南岩》。

〔四七四〕窪樽泉　《清一統志》卷二二四：『新嶺山，在奉化縣東二十里，有七十二曲……』餘所載與本條略同。

〔四七五〕象山之半　《寶慶四明志》卷二一：『象山縣北半里，山形如象，因以名焉。山腰有水，名象潭。』此或即俗名『白鹿泉』者。

〔四七六〕味甘可飲　《清一統志》卷二二四：　象山、『鳳躍山，俱環峙城郭』。同卷又云：『圓嶠亭，在象山縣東三里東谷，桃花溪之南。四山盤旋，前揖松蘿，下俯石澗。』『又有方壺亭，在鳳躍泉之南。』則泉以山名。

〔四七七〕宜茗　《嘉定赤城志》卷二四：『滴滴泉，在縣西北四十里瑞巖。舊傳有如意道人者居之。嘗絶糧，神氣不減，庵前有泉，泓潔可愛。令王然作《頌》，有「庵前滴滴泓泉水，流出心源嗣祖風」之句，遂取以名。』

〔四七八〕味極甘美　《明一統志》卷四七：『錫杖泉，在國清寺。昔寺取水甚遠，明禪師以錫杖叩之，泉水湧出。』國清寺，詳《嘉定赤城志》卷二八。又，宋趙抃《清獻集》卷五《錫杖泉》有云：『叢林枯槁井難穿，珍重禪師道力堅。一旦出庵攜一錫，卓山隨手湧甘泉。』

〔四七九〕飛流千丈　《赤城志》卷三〇：『福聖觀，在縣西北一十五里，桐柏山西南瀑布岩下。吴赤烏二年，爲葛玄建，舊名天台。西北枕翠屏，上有三井，號三絶之一，洩爲瀑布蔽崖而下，狀垂蜺數百丈。有濺珠亭。』又，《明一統志》卷四八云：『天台山府城北一百五十里。』『有十三峰環列先後，有傳岩及瀑布泉。』下引虞洪見丹丘子故事，請參本書所收《茶經・七之事》引《神異記》及拙校〔一七一〕至〔一七六〕。不贅。

〔四八〇〕甘而且冷　《明一統志》卷四八：『華蓋山，在府城東，一名東山。』『老松泉，在華蓋山。』

〔四八一〕味甚甘冽　《浙江通志》卷二〇：『吹臺山，《名勝志》：在府城南二十里。上有王子晉吹笙臺，下有飲鶴泉，山之陰屬永嘉，山之陽屬瑞安。』

〔四八二〕水出石坎中　《浙江通志》卷二〇：『西山，《温州府志》：在城西五里，連峰疊巘，如列畫屏。』『又有愛泉、鑒泉、玉乳泉、飲鶴泉、虎跑泉。』似西山又稱甌浦山。

〔四八三〕清泠甘潔　《清一統志》卷二三五：『大羅山，在永嘉縣東南，一名泉山。』《永嘉記》云：　山北有衆泉，天旱此泉不乾，故以名山。』則似大羅泉，原名衆泉；　或泉以山名。

〔四八四〕水出石中　《浙江通志》卷二〇：『簫臺山，《名勝志》：　一名玉簫峰。　相傳王子晉吹簫之所，其麓有沐簫泉。』明皇甫汸《皇甫司勳集》卷七《樂清登簫臺訪沐簫泉》詩云：『仙蹤詎可攀？　荒臺尚堪訪。　簫弄清泉中，舄振紫巖上。』

〔四八五〕在樂清縣白石山　《清一統志》卷二三五：『白石山，在樂清縣西三十里，一名白石巖，高千丈，周二百三十里。　純石無土，唐天寶中，嘗改名五色山。　洞壑出泉，東西流五六里，合而爲湖。』眉玉泉之名，乃得自宋周邠（字開祖）。王十朋《梅溪集》後集卷六《眉玉泉》詩云：『白石岩腰眉玉泉，佳名初自長官傳。　渾疑齒頰冰霜論，終日霏霏落半天。』（原注：　周開祖名是泉名眉玉，東坡有贈周詩云：『詩成錦繡開腸胃，論及冰霜繞齒牙。』）

〔四八六〕甘潔可飲　《清一統志》卷二三五：『盤谷山，以山谷盤旋而名。　東面海，俗稱鹽盤山。』『在樂清縣西十三里。』

〔四八七〕一名龍湫　雁蕩山及龍湫，以沈括所述最爲詳悉。　其《夢溪筆談》卷二四有云：『温州雁蕩山，天下奇秀，然自古圖牒未嘗有言者。　祥符中，因造玉清宮，伐山取材，方有人見之，此時尚未有名。』『山頂有大池，相傳以爲雁蕩；　下有二潭水，以爲龍湫。　又有經行峽、宴坐峰，皆後人以貫休詩名之也。』『予觀雁蕩諸峰皆峭拔險怪，上聳於天，穹崖巨谷；　不類他山，皆包在諸谷中，自嶺外望之，都無所見，至谷中則森然干霄。原其理，當是爲谷中大水衝激，沙土盡去，唯巨石巋然挺立耳！如大小龍湫、水簾、初月谷之類，皆是水鑿之。冗自下望之，則高嵓峭壁；從上觀之，適與地平。』讀之，有身臨其境之感。

〔四八八〕古詩有云　『云』，原脱，據上下文義補。又，引詩上句見宋曾幾《茶山集》卷三《同鄭禹功登巾子山》，下句則爲『豈不欲往官縛之』。疑姚氏引時已臆改或據誤本。下引貫休詩見《禪月集》卷二六《補遺·佚句》。

〔四八九〕龍鼻水　《徐霞客遊記》卷一上《遊雁宕日記》有云：屏霞嶂『之右腋介於天柱〔峰〕者，先爲龍鼻水。龍鼻之穴，從石罅直上，略似靈峰洞。而小穴内石色俱黄紫，獨罅口石紋一縷，青紺潤澤，頗有鱗爪狀，自頂貫入洞底。垂下一端如鼻，鼻端孔可容指水，自内滴下注石盆。此嶂右第一奇也。』親身體驗，可謂細緻入微。

〔四九〇〕水出石中　《浙江通志》卷二〇：『蓋竹山，在〔平陽〕縣西南五十里。《名勝志》：上有華蓋峰，下有漱玉泉。』

〔四九一〕在松陽縣東横山　《浙江通志》卷二一引崇禎《處州府志》略有異：『南巖山，在縣南十里。《名勝志》：幽勝甲一邑，東有石筍，高四五丈，泉出石坎，名馬蹄泉。』下引戴詩，亦見《全唐詩》卷二七三等，題作《題横山寺》。『湖山』，原作『溪流』，據改。

〔四九二〕泉出岩中　《浙江通志》卷二一：『上方山，《松陽縣志》在縣西五里。唐進士毛雲龍煉丹於此。泉出巖中，大旱不竭。傳曰煉丹井。』下引詩，見沈晦《松陽上方山居五首（之五）》，刊《兩宋名賢小集》卷一四一。

〔四九三〕中有鳴泉淙淙　《清一統志》卷二三六：『靈泉洞，在遂昌縣東十里，形如船屋。可坐數十人，泉出其間，爲邑人遊宴之所。』

〔四九四〕上有雙巒　《浙江通志》卷一七引萬曆《金華府志》：　金華山，『在府城北二十里，一名長山』。『山巔雙巒對矗，曰玉壺，曰金盆。壺中有湖名徐公湖，水分兩派而下。』

〔四九五〕清鑒毫髮　《浙江通志》卷一七：『洞巖山，《名勝志》：　在縣東二十里。東北一峰，怪石屹立，人稱小飛來峰。峰下有泉，曰天池泉。』下引于詩見其《紫巖詩選》卷三《半山亭》。『層崖』，原訛作『層岩』，據改。又引二絶，見同書同卷《小三洞》（三首之一、三）。之一次句『屈盤』，原作『曲盤』，據改。

〔四九六〕在東陽縣甑山　甑山，一名崑山。《浙江通志》卷一七：『其形似甑。《名勝志》：　在縣西南十里，高三百二十丈，周二十里。』『下有白雲洞，深五丈，廣如之。』《清一統志》卷二三一云：『山上有鮑令岩，下有白雲洞，有水，曰下崑溪。　則泉以洞名。』

〔四九七〕在東陽縣東南夏山　《浙江通志》卷一七：『夏山，《名勝志》：　在縣東南四十五里，高七百丈，周二十里。　山巔有池，廣二丈，深四尺，冬夏不涸。』又，《清一統志》卷二三一：『〔山〕四面峭絶，山頂有池，曰上湖。』『東有垂瀑懸崖而下二十丈，下有泉不竭。』則冷然泉似一名上湖池或懸瀑泉。

〔四九八〕有石如盆　《浙江通志》卷一七：『大盆山，萬曆《金華府志》：　在縣東南一百三十里，周一百三十里。形如覆盆，故名。稍下爲小盆山，在永康地。二山實諸山之祖。』

〔四九九〕在浦江縣寶掌山飛來峰下　《浙江通志》卷一七：『寶掌山，萬曆《金華府志》：　在縣北八里，與仙華山近。唐寶掌大師栖禪處。前有高巖，號飛來峰。』則泉以峰名。

〔五〇〇〕在浦江縣東明山　《明一統志》卷四二：『梅花泉，在東明山精舍中，有水一泓，曰靈淵。淵之東百步許，有泉泠然，老梅如龍，横蹲其上，曰梅花泉。』

〔五〇一〕在湯溪縣九峰山　《清一統志》卷二三一：『九峰山，在湯溪縣南十里。』《明一統志》：　高數百丈，峰巒秀拔，岩洞玲瓏。』『縣志：　一名風子山，土人以爲龍邱山。』山有泉，泉以山名。朱詩闕字，似為『宛』或『猶』。

〔五〇二〕水味甘冽而寒　《明一統志》：　卷四三：『江郎山，在江山縣南五十里。俗傳嘗有江氏兄弟三人登山巔化爲石，故名。山頂有池，産碧蓮金鯽。』明徐㶿《徐氏筆精》卷五《江郎石》引宋王禹偁詩云：『三茅遺躅在金陵，又見江家有弟兄。謝眺門前春色好，一時分付與岩扃。』王詩已不見於今傳本《小畜集》。則池以山名。

〔五〇三〕水味甘冷　《清一統志》卷二三三：『西山，在江山〔縣西〕一里，峰巒秀聳，下有澒泉，一名梅花泉，邑人多擇勝爲亭榭。』此泉又名澒〔女〕泉。又，《浙江通志》卷一八引天啓《江山縣志》：『澒女泉，在縣北三里，發源西山之麓，深不及丈，甘冽宜茗。』『泉』下原注：『一名梅花泉。』則似本條『梅芬』，當爲『梅花』之訛。又，本條『縣里』二字間，原脱二字，應據《清一統志》補『西一』，或據明《江山縣志》補『北三』兩字。

〔五〇四〕水味極甘冷　《清一統志》卷二三四：『烏龍山，在建德縣北三里。高六百丈，周一百六十里，郡之鎮山也。宋宣和中……嘗改名仁安山。旁有烏龍嶺。』『此嶺有二池，下有水東注爲玉泉，流爲余浦。』下引趙抃詩見其《清獻集》卷五《烏龍山》。本條『玉泉水』，原文已佚。

〔五〇五〕俗呼龍腰水　《清一統志》卷三二五：『苔泉，在侯官縣北龍腰山，一名龍腰井。府境第一泉也。《通志》：宋蔡襄守福州日，試茗必於龍腰取水。手書「苔泉」二字立泉側。』

〔五〇六〕泉即洶湧而出　《淳熙三山志》卷三三：『東山聖泉院，〔在〕瑞聖里。景龍元年，僧懷一始卜居於愛同寺之西，苦乏水。忽一日，二禽鬬噪於地，心異之，杖錫往視，因卓其所。有泉如縷，俄而湧溢，人乃甃石環其口，分爲兩道，注東者漻所用之，南流者爲池。』蔡襄《端明集》卷二《聖泉》詩題注云：『竭十餘年，今者復溢。俗傳：熯則民安。』詩曰：『源流出何山，湧涸固有異。湛然盈不泓，餘波下金地。清甘本無滓，渴飲得真味。端能發茶色，博亦資農利。矧茲民俗安，溢溢尤可憙。滿酌復攜歸，良追曲肱意。』

〔五〇七〕泉忽移於其側　《淳熙三山志》卷三三：『開元中，僧守正以居高汲遠，心念之。一夕，泉迸於居側。旦視其井，則已涸矣，若神移然。』下引宋釋惟嶽詩始見於《三山志》，又見於《宋詩紀事》卷九三，題作《神移泉》，題注云：『在福州東山。』本條原作『明僧』，誤，今改『宋僧』。又次句『井底』，原作

『舟底』;『周法界』,原作『同法泉』,據改。釋帷嶽,當爲宋孝宗前之人,《志》還録其《涵虚沼》詩一首。

〔五〇八〕泉從湧出 《淳熙三山志》卷三三著録,在鼓山小頂峰石門之右。注云:『先是不通人跡,咸平中丁謂與諸公翊始披榛以登。』宋初浴鳳池、湧泉竇等鼓山諸景始顯。但早在唐建中四年(七八三)就有鼓山湧泉院,時稱華嚴臺。乾化五年(九一五)改爲鼓山白雲峰涌泉院。宋宣和年間有僧體淳訪經臺遺址,創華嚴院。可見其由來已久,晦而復顯。泉則宋初始成景觀。《方輿勝覽》卷一〇:『湧泉,在鼓山。有一竇,自平地湧出。』又,下引詩句乃明·王偁作,而非『禹偁』,見其《虚舟集》卷二《登岁崱峰宿湧泉寺得仍字》,又見《石倉歷代詩選》卷三一八等。

〔五〇九〕羅漢泉 《福建通志》卷三:『鼓山,去城二十里,郡鎮山也。』『宋嘉祐間,郡守元絳建有鳳尾亭、羅漢泉、龍頭泉』等。本條稱在石門岩下,《淳熙三山志》卷三三: 石門,在鼓山大峰頂下,注云:『〔浴鳳〕池之南,有石砑立,若門。』即泉之所在。

〔五一〇〕泉傍多生藍草 《福建通志》卷三:『古靈山,一名大帽,一名席帽。千峰奇峻,前有文筆峰。』『山腰石室曰太乙巖,一名小方廣。西南隅有甘泉,多生藍草。有月山崖,崖如半月。有安德泉懸崖,甘冽,如匡廬瀑布。有碧玉潭,水流清駛,潭底五色石子,燦若機錦。』則本條『天乙岩』爲『太乙』之訛,據改。又,下條安德泉亦見此。此甘泉,即所謂『藍泉』。

〔五一一〕在侯官縣羣鹿山 《福建通志》卷三:『梅亭山,在一都。紆迴爲佛國山,爲火烽山,爲保福山,爲羣鹿山。有泉曰鹿乳泉。又北爲文山，宋處士鄭育所居。』

〔五一二〕應潮泉　《淳熙三山志》卷三三云：『雪峰有崇聖禪寺』；又有『應潮泉』。（注曰：廣二三尺，水纔數寸。進退、淺深與潮候無差。四旁皆頑石，中有數沙眼。潮上則涓涓而出，退則復竭。古老相傳以爲海眼。

〔五一三〕在福州府雪山鰲峰嶺下　《清一統志》卷三二五：『温泉，府境有五：一在閩縣東南城隅湯井巷，二在縣東崇賢里及易俗里，一在連江縣西北光臨里，一在閩清縣東北資恩里。』無一與本條所云「鰲峰嶺下」之温泉相合。

〔五一四〕宋李綱詩云　詩見《梁谿集》卷二八《温泉二絶》。第一首末句『汩汩』，原訛作『日日』；第二首三句中『疾病』，又訛作『病瘦』。據改。又上引宋釋可遵詩，見宋釋惠洪《冷齋夜話》卷六。本條既脱作者『遵』字，又將其題江西廬山湯泉壁詩附會作福州温泉。頗有移花接木之嫌。其上二句爲『禪庭誰立石龍頭，龍口湯泉沸不休』。蘇軾遊廬山偶見而和之，詩見《東坡全集》卷一三《余過温泉壁上有題詩……遵已退據圓通亦作一絶》。據《東坡詩集注》卷二六云：『元豐七年五月十三日也。』時蘇軾途經廬山之作。

〔五一五〕玄妙寺中　《淳熙三山志》卷三六：『靈峰院，〔在〕安香里，景福元年（八九二）置。〔有〕不溢泉、平步亭、海月庵。』又，同書卷三八飛來山崖南有靜遊亭，亭之西有熙春臺，臺東十步有不溢泉。則似宋靈峰院，明已改稱玄妙寺。

〔五一六〕在侯官縣鳳池山　《福建通志》卷三：　鳳池山，在昇山之西。山坳有池四五畝，常有五色鳥浴於此，故名。五代閩王審知時，『山猶屬閩縣。宋太平興國中，始析入侯官。元絳爲郡守，始披荆榛而大之。山之西石壁峭立，有水簾泉』。方案：　今考元絳知福州約在嘉祐、治平之際（一〇六二—一〇六五）。

〔五一七〕泉味如蜜　本條似據《明一統志》卷七四著録。志云：『四明山，在長樂縣西，其山屹然如削，高列四峰。中有古壇，生釣竹；　有井，甘如蜜。』方案：　志已誤，姚氏沿訛，詳下拙校〔五二五〕之考。

〔五一八〕味甘而冽　清杜臻《粵閩巡視紀略》卷五：『七岩，《山疏》名七里岩，在縣南五都之羅田。其傍溪湄山，有奇勝境，曰寶山雲，曰石澗泉，曰龍津釣山。山巔有湖。相傳湖中有巨蚌含珠，曰珠湖。自此而東有社溪。』下條『珠湖』，並見於此。

〔五一九〕壺井　本條之文原佚。據同上《紀略》卷五有載可補：　壺井，在長樂縣壺井山。杜氏又曰：『山有一井，在山麓如壺。鹹潮至則没；　潮退，其水復淡。自壟下城歷江田、漳阪、東山、三戎而至其地，凡三十五里。〔山〕下有壺井村，有水曰壺井江。其出海處有二石對峙，曰王母礁。宋末楊妃負益王、福王航海經此。』

〔五二〇〕瑞峰井　據同上《紀略》載，閩地名瑞峰井者有二，其一在福寧州（即福安、寧德二縣同治州城）三都海中。杜氏書卷五記云：　山『距邑三十里，秀拔萬仞，昔有韓董二仙修煉於此，丹井碁盤尚存。又有黄灣峰、嵩山皆與並高，嵩山之崖瀑布千尺，如白練懸空。青山海島周七十里，有田土，無官兵居民。』其二在福清城東北。杜氏同卷又曰：『龍山，一名瑞峰。寺在山顛，浮屠七層，可觀日出。』『自海口南行二里曰瑞岩，高數百仞。有天臺、玉虛、香山諸洞，一滴泉、鑑池、紫霄亭、休休廬諸勝。絶頂石泉大如箕，應潮汐，號通海井。』則瑞峰井二者必居其一，此似指福清之井。

〔五二一〕靈泉　福建有靈泉處甚夥，今已無法確指，姑仍舊闕文以存疑。

〔五二二〕灑耳泉　並下條『無盡泉』，在福建，方志無考。

〔五二三〕色澄味甘　《清一統志》卷三二五：『玉泉山，在連江縣西一里許，有玉泉巖、仙桃巖、靈羊洞、擁秀堂、清澗閣。』

〔五二四〕深尺餘　《清一統志》卷三二五：『香爐山，在連江縣北四十里，雲居之北，道書以爲第七十一福地。有峰曰章仙峰；又有童井，深僅尺許，不溢不涸。』則其一名童井，因其在章仙峰，故又名章仙泉。

〔五二五〕水甘如蜜　《太平寰宇記》卷一〇〇：『四明山，在〔永貞〕縣西五里。其山如削，高列四峰，中有古壇。生藥、緑竹交蔭其上，有石井，泉甘如蜜。撓之不渾，雨之不溢，靈異之所也。』則泉以山名。此與拙校〔五一七〕引《明一統志》卷七四以證長樂縣四明泉文有重複之嫌。今考上引《寰宇記》樂史已有考證云：『永貞縣，東北二百十里，三鄉。唐大中元年割連江縣一鄉至羅源場。至長興四年改爲永貞縣。』可見五代、宋初的永貞縣四明山，正在明清的羅源縣。《寰宇記》所述之四明山『石井』，因以山名，亦稱四明泉。巧合的是長樂境亦有四明山。李賢和姚可成遂將同一石井（異名四明泉）分屬於二縣而分列爲二條。實應删前而存此，即羅源縣石井。《清一統志》卷三二五引府志補充説： 四明山，『一名毒火山，中有窪泉，即石井泉也』。又考證云：『按： 長樂縣西北亦有山名四明，非《寰宇記》所載之四明山也。《明一統志》以《寰宇記》語誤注長樂縣山，今改。』其説極是，似應删長樂縣四明泉條而僅存本條。

〔五二六〕在永福縣方廣岩下 《淳熙三山志》卷三七：『方廣巖，〔在〕保安里。建隆二年（九六一）置，巖高千仞。慶曆間，邑人高非熊養高其中訪得奇所，作十詩留於石（注云： 玉泉洞、瑞松塢、鐘磬石、聽泉崖、瀑布崖、龍樹巖、靈羊谷、龍尾泉、望仙臺、清音洞）。清徐景熹等纂乾隆《福州府志》卷六收録以上十詩，僅《靈羊窟》、《瀑布泉》二題與《三山志》稍異，餘全同。據《玉泉洞》詩，似本條脱一『泉』字，應補。據録黄詩如下：『百尺寒泉漱玉鳴，洞門斜入石廊横。煙霞不改古今色，山水無閒朝暮聲。窺洞野猿懸樹立，驚人呦鹿上巖行。有時寫盡琴中趣，風定千林月正明。』《清一統志》卷三二五：『方廣岩，在永福縣東北四十里。舊志： 峭拔千仞，上有石室，周圍二千丈，可容千人。石乳參差，下垂瀑布千丈。』

〔五二七〕宋韓伯修詩云 詩亦見《福建通志》卷七七。『知是』，原作『知道』，據改；『層嶺』原作『層巔』。

〔五二八〕在福寧州東百里太姥山 《月令輯要》卷一四：『《名勝志》： 太姥山去福寧州東百里而遥，高十餘里，周遭四十里。舊名才山。《力牧録》云： 黄帝時，容成先生嘗棲其下。石枰、石鼎、石臼尚存。堯時有老母居之，業種藍，家於路傍，往來者周給不吝。嘗有道士求漿，母飲以醪； 道士因授九轉丹砂之法，服之，七月七日乘九色龍馬上昇。里人神之，名其山爲太母。漢武帝命東方朔授天下名山文，改母爲姥。』方案：或滴水洞，丹井皆在此山，但跡近神異。故方志、總志皆語焉不詳。

〔五二九〕在寧德縣西白鶴山　《粵閩巡視紀略》卷五：『白鶴山，在邑之西門一都地也，南連白鶴嶺。予行自此取道焉。山俗呼西山，秀拔千仞。南接飛鸞，北接蓮花峰，懸崖峭壁，空洞幽深，泉水清冽，是爲龍湫。其右爲靈溪書院，又有泉曰定泉，旱潦不增減。白鶴嶺百折盤空，海上諸山皆入延。眺嶺之南，飛泉百丈，遥望如銀河倒瀉，曰南山漈嶺，半有黯井，味極甘美。』下條『定泉』亦見此，不贅。

〔五三〇〕宋高頤詩云　詩亦見明閔文振等纂嘉靖《寧德縣志》卷一。本條援引有删節，即『名之以定』句下，删『嘗試以手測其涯，雨不泛濫旱不虧』一聯，今補完。又，『一泓清澄』，『一』原缺，據補。『澄』，原作『澈』；『勳』，原形譌作『動』，據改。『蜿蜒姿尚乏』，《縣志》作『此乏蜿蜒姿』；『皆所知』，《志》作『皆可疑』，差不同。高頤，字元齡，號拙齋。寧德人。慶元五年（一一九九）進士。嘗知永州東安縣。上述《縣志》卷四有其小傳。

〔五三一〕又名曹公泉　《粵閩巡視紀略》卷五：『南山漈嶺，〔山〕半有黯井，味極甘美。宋樞密曹輔所鑿也。輔時爲縣尉，偶憇此嶺，渴甚；心自念，安得引一泉以惠行者乎？方舉念而泉忽湧，因甃爲井。初名應泉，又名曹公泉。』

〔五三二〕色白味佳　《太平寰宇記》卷一〇〇：『霍童山，在縣西二百五十里，高七里，岡甚遠。山頂一峰如香爐，半山一峰，名曰霍童。上有壇，壇上有石甕盛水。雨則不溢，旱亦不竭。《閩中記》云：鄧元伯、王元甫於此山吞白霞丹得上昇之法，内見五臟。山下湧泉，味甘如蜜，云是列仙霍童遊處。天寶五年，敕改爲霍童山，亦曰游仙山。』

〔五三三〕池水甘冽　《淳熙三山志》卷三七：『支提山東有童峰雙峙，壁立無際。次則蓮華石、甘露池，西有神僧石窟、葛公仙巖。南有蘇溪帶繞，鶴嶺襟聯。北有菩薩、紫帽二峰相望。』此童峰，或即霍童山。

〔五三四〕在福安縣東北銅冠山下　《福建通志》卷四：『銅冠山，在縣北。縣之主山也。四時雲氣蒸郁，林木葱蔚。下有流泉，甚清冽。飲之可以療疫。』則泉以山名。

〔五三五〕其水甘冽　《明一統志》：『梅井，在府城西。《莆陽風物賦》所謂飲梅山之井者無廢疾，蓋指此也。』或梅峰井，又一名梅井。

〔五三六〕在莆田縣大象山彌陀岩後　《清一統志》卷三二七：『智泉，在莆田縣西石室巖後，流出三溪口，散入溝塍，舊名梅花漈。』

〔五三七〕在莆田縣大象山之頂　《福建通志》卷三：『〔石室山〕西爲大象峰，有天泉、精舍。自大象峰分支有鷄足峰，唐時爲玉澗、北巖。』

〔五三八〕清泉湧出　《福建通志》卷六二：『瑞泉庵，在廣化寺内。僧無際持《妙法蓮華經》，石爲湧泉，因以名庵。』寺以泉名。

〔五三九〕在莆田縣九華山　《福建通志》卷三『九華山』下注説：『在府城外北五里。九峰攢簇如蓮，故名。昔有陳仙隱此，亦名陳巖山。有石洞、石竈、黏蠔石、仙篆石、淘金井、琉璃院、桃花塢、燕子洞諸勝。』又，同書卷六〇：陳仙『不知何許人……山有石，面平如削，字跡縱横，若篆籀。又有井深二尺，泉甘而清。舊傳陳仙於此淘金，號淘金井』。

〔五四〇〕泉極清冽　《清一統志》卷三二七：『靈峰，在莆田縣東北四十五里，五峰環立，形勢特異。相對者曰香山巖，一名凫山。有天然井，在石盤中。泉極清冽，亦名香泉，下有鑑池。』

〔五四一〕獨甘冽　《粤閩巡視紀略》卷五：『寧海橋，在連江里。』『舊有堤，俗名白水塘。其側有靈惠井，環境皆斥鹵，此獨甘冽。江口橋在待賢里。』『靈慧井，即此靈惠井，在兩橋之間。』

〔五四二〕以錫杖扣石而泉出　《福建通志》卷三：『九座山，在縣城外西北七十里。重巒疊嶂，巍然高聳，八峰環拱一峰，故名。唐咸通中，僧智廣居此上。有盤髻峰、伏蟒巖、棲真巖、錫杖泉、徹雲澗、透龍石、龍潭諸勝。』

〔五四三〕在仙游縣何嶺之旁　《福建通志》卷三：『何嶺，在舊縣西來蘇里。以何氏九仙名，宋·陳讜大書「何嶺」二大字，縣令陳喜勒石。嶺有泉，出石罅間，林正夫刻「仙泉井」三大字以表之。』

〔五四四〕宋人有詩云　此蔡襄詩，不見於《端明集》等，僅見《兩宋名賢小集》卷七二。首句『插天』，《小集》作『接天』；次句，集本作『回頭人與白雲連』。題作《遊九鯉湖》，與詩不符，疑誤引。

〔五四五〕初有泉源　《清一統志》卷二三七：『尋陽山，在仙游縣東北六十五里。有大山自西北來，峙爲三峰，中曰大雪，北曰仙臺，西曰香爐，各分支而發有香爐峰。』泉出此山。又，下引鄭詩《全宋詩》卷一九四九失收。

〔五四六〕大旱不竭　《清一統志》卷三二八：『泉山，在晉江縣北。』『鄭樵《通志》：在晉江縣東北八里，一名清源山，一名齊雲山。高數千仞，上多岩洞，其得名者凡三十六。《縣志》：上起三峰，中峰有上下二洞，上洞名純陽，下洞紫澤；上下洞之澗即清源泉也。又有藜杖泉、乳泉。左峰有百丈石、泰嘉岩、天柱峰、梅岩、漱玉泉，右峰有南臺岩、巢雲岩、飛瀑泉、木龍岩。』泉之衆多，乃名實相符之泉山。下二條之乳泉、清源泉、漱玉泉並見於此。

〔五四七〕泉僅尺許　《粵閩巡視紀略》卷四：『大帽山，在縣東北八十里。高聳圓秀，林木蓊郁。頂有黃茅，若戴帽然，又名戴帽山。上有玉川瀑布、新村石鼓、龍漈潭、寶珠石諸勝』。或黃精泉一名黃茅泉歟？

〔五四八〕在德化縣西五華山　《月令輯要》卷一〇：『《名勝志》：五華山，在德化縣西。唐咸通間，無晦禪師結庵於此，鑿石爲室，與虎同居。又有端午泉，亦禪師所鑿。每五月之朔，泉水溢至欄，凡五日爲度。』

〔五四九〕其味甘寒　《福建通志》卷四：德化縣『九仙山，戴雲山發脉於此。山勢高廣，甲於諸峰。昔有隱士九人居此，後皆仙去。有仙洞、龍池、丹竈、丹爐之勝。』九仙石井，或即一名龍池。

〔五五〇〕馳往汲之　《明一統志》卷七八：『天慶觀井，在〔漳州〕府城中。世傳漳南水土薄惡，初至者飲其水即病。惟此井泉極甘美，可辟瘴癘。故仕宦者將至此，先汲此泉數罌，馳往汲之。』此外，府城尚有惠民泉、天宫井，亦『極甘美』，『甚清洌』。同上。

〔五五一〕泉如玄玉　《清一統志》卷三二九：『南巖山，在龍溪縣南七里。延袤數里，峰巒奇秀，怪石錯列，有石獅、寶月南泉、玉泉，諸巖以石獅爲最勝，下有清泉，曰白鹿泉。』玉泉，或即玄玉泉。

〔五五二〕可供一人之飲　《福建通志》卷三：『岐山，與鶴鳴山聯峙，三峰聳秀，延袤十里許。五代時，僧楚熙居此，有石禪床。題詩：「石桃源口誦經壇。」〔有〕一人泉、千人洞、石室巖、青雲洞諸勝。右側爲鳳凰山。』方案：本條『一勺泉』，或爲『一人泉』之訛。不僅《通志》稱之，且又本則末句有『一人之飲』云云；《明一統志》卷七八亦作『一人泉』可證，應據改。

〔五五三〕泉出石壁　《清一統志》卷三二九：『岐山，在龍溪縣東二十餘里。宋郭功甫嘗有《岐山仙亭十詠》。《府志》：由文山逾溪以北，曰鶴鳴山，亦名石壁山，其下爲雲洞。』則泉以洞名。

〔五五四〕泉如瀑布　《清一統志》卷三二九：『梁山，在漳浦縣南。』《府志》：在縣南稍西三十里，盤亘百里。高千仞，有九十九峰。其蓮花、獅子、金剛、力士、雙髻、長劍、七星、八柱、觀日、臨海、晉亭、青閣十二峰爲最著，上有瀑布泉。東南盤石上有穴如井，水泉湧出，大旱不竭，謂之靈泉。南北麓各有湯泉。又，長源溪、錦溪、萬頃溪、仙溪、盛溪、錦石溪、垂玉溪、龍潭溪皆出焉，入於漳水。上有水晶坪，產水晶。其北有蔡陂山，蔡陂水出焉。』是山水利資源十分豐茂。水晶泉，由水晶坪而得名。

〔五五五〕泉出其中　《清一統志》卷三二九：『漸山，在詔安縣少南五十里。高峭千仞，預分二峰。中有潭，深不可測。西南巨室，若屋廬然。內有泉清冽，遠近汲之，山下有石屏書院，爲宋陳景肅講學處。』

〔五五六〕此水獨甘　《清一統志》卷三二九：『大帽山，在詔安縣東海濱。勢極高聳。宋末丞相陸秀夫扶帝昺泊舟於此。又有甘山，在縣東海中。遠望山嶺，若小髻然。天將颶風，變幻不一。四面皆海，中有一井，水獨甘淡。故名。』

〔五五七〕即有雷鳴　《清一統志》卷三三三：『龍西山，在歸化縣東北五十里。奇峭壁立，約千餘丈，中有聖水岩，有小石泉。深尺許，旋汲旋出，沉之則雷鳴。』

〔五五八〕味甘而洌　《方輿勝覽》卷一一：『白鶴山，在郡城東二里。』『山之麓有靈泉，有病者飲之立愈。』此泉或即甘泉，又以山名。

〔五五九〕一名龍焙泉　《清一統志》卷三三一：『鳳凰泉，在建安縣東鳳凰山上。一名龍焙泉，又名御茶泉。宋時上供茶，取此水濯之。水深僅二尺許，下有暗渠，與山下水合。』

〔五六〇〕寒而味洌　《太平寰宇記》卷一〇〇：『天階山，在縣南二十里。《建安記》云：山下寶華洞，即赤松子採藥之所。洞中有泉，有石燕、石蝙蝠、石柱、石室并石臼、石井，俗云其井南通沙縣溪。後有乳泉自上而滴，人取服之，登嶺若昇碧霄，故有天階之號。』則泉以洞名。

〔五六一〕水清而美　《清一統志》卷三三〇：『天階山，在將樂縣東南十五里。』『有玉華洞，石門低隘，窺之窈黑，秉燭以入。泉自石罅流出，潺潺有聲。洞高處滲液，凝結冰雪。』泉以洞名。

〔五六二〕在沙縣吕峰山頂　《清一統志》卷三三〇：『吕峰山，在沙縣西南五十里。高出雲漢，冬常積雪。山頂舊有泉七泓，俗呼吕七塘潭。』《福建通志》卷四：『山在二十一都。山頂有泉，極清洌，四時不竭，俗呼吕七塘。』下泉水條，原校注者以爲所缺五字依次應爲『損，壯』；『利小便。』今仍舊。

〔五六三〕清泠可愛　《明一統志》卷七七：『龍門山，在尤溪縣南九十里，有泉出其顛，歲旱不涸。』又，《清一統志》卷三三〇：『又有龍門洞，口廣才四尺，而其深莫測。中有石竇，滴水如雨，名滴水洞，其流水入石穴，不知所至。』

〔五六四〕水色紺碧《清一統志》卷三三〇：『沅湖，在尤溪縣東北六十里。兩岸巉巖怪石，緑波停泓，可二三里。又，縣西北天湖，在蓮花峰頂，水色紺碧，歲旱不竭。』

〔五六五〕泉脈即斷《清一統志》卷三三〇：『甘乳巖，在永安縣西南六十里。有洞廣袤，約五十餘丈，洞口怪石森列。有泉自石中迸出，旁有風穴，極深。洞後又一洞，名透天。』則泉以巖名。

〔五六六〕泉出石罅間《清一統志》卷三三六：『靈惠巖，在大田縣東北一百餘里。《方輿勝覽》：在尤溪縣西一百四十里。中有巖竇可入，若廳事者二所，可環坐千人。《舊志》：山陰即沙縣界，舊名佛窟巖，又名師姑巖。巖壁峭拔，去地千尺。有泉出石罅間，隨飲者多寡爲盈縮，號曰聖泉。土泥極腴，每三大斗可糞田百畝，農民經百里來市之。』則泉又俗稱聖泉。

〔五六七〕清泉湧出《清一統志》卷三二二：『靈泉，在邵武縣西登高山。一名大潙泉，又名秀水，味甚甘。舊由東北入城，出城北合大溪。今流泛濫於濠池，不循故道。』又《記纂淵海》卷一〇：『大潙泉，在〔邵武軍〕光孝寺後。』

〔五六八〕水出清泠《明一統志》卷七八：『在府城東南一百里，連跨汀、延、邵三郡境，上有七臺。』『臺有庵，祀真濟劉大師。庵前有百花洞乃劉蛻化處。洞畔有石穴，常乾；每歲旱、疾疾禱之有水，汲之灑田則雨，病者飲之亦愈。』又，《清一統志》卷三三二云：『在邵武縣南一百五十里。《方輿勝覽》： 在縣東百里，上有七級峰巒相比，故名。《舊志》： 七臺前有洞，曰百花洞，泉石皆奇勝，有水下入桃溪。』

〔五六九〕在泰寧縣東寶蓋巖　方案： 泰寧，原訛倒作『寧泰』，據下引史料乙正。又，本條『碎玉泉』，應是『漱玉泉』之譌，當據下引蔣之奇詩題改。又，蔣詩題正作《漱玉泉》，尾注云： 出《邵武府志》，今見其《春卿遺稿》，本條乃摘引數聯而已。《明一統志》卷七八： 『寶蓋巖院，在泰寧縣東。殿堂廊廡並處巖下，中有漱玉泉。宋黃履詩：「曲徑山隈入重扉，木末平巖垂半空。」蓋泉滴四時聲。』可見此泉自宋至明均稱『漱玉』，據改。

〔五七〇〕滴泉如甘露　《清一統志》卷三三二： 『甘露巖，在泰寧縣西南二十五里。石門天成，一徑如綫；飛瀑垂巖而下，稱爲絶勝。』《明一統志》卷七八略同，則泉以巖名。又《方輿勝覽》卷一〇： 『俯瞰溪流澄碧數十頃，尋幽者以不到爲恨。』

〔五七一〕泉出其中　《明一統志》卷七八： 『會仙巖，在光澤縣東巖口，有穴，名石斗。內深而方，清泉常滿。『泉』上所缺兩字，似即『內深』。宋嘉定間，有醉者褻瀆其地，火從斗中烈焰四起。崖上有桃，實丹色，熟時即墜，人莫能得。』泉以穴名。《清一統志》卷三三二則云： 『在光澤縣北四十里，高二千餘丈。』『巖後澗泉出自穴中，高數丈，名曰水漈。』

〔五七二〕深百餘尺　《廣東通志》卷一〇： 『越秀山，在城內正北。聳拔二十餘丈，上有越王臺故址。』『山之陽有越臺井，鑿自尉佗時。深百丈，泉味甘冷，號玉龍泉，又名九眼井。』

〔五七三〕又名九龍泉 《明一統志》卷七九：『安期井，在廣州府城北一十五里碧虛觀前。《番禺記》：數十年不汲，其味常甘，烹茶、浸果有金石氣，井欄上刻八卦。』同卷又云：『九龍泉，在白雲山絶高處，鄭安期隱於此。初無泉，有九童子見，須臾泉湧。因名。』則此一井一泉顯非同泉甚明。似本條已混爲一談。今考《廣東通志》卷五四：『碧虛觀，在蒲澗滴泉巖上，上有安期飛昇臺，煉丹井，今圮。』又，《明一統志》卷七九：『白雲山，在府城北二里，常有白雲覆其上，相傳爲安期生飛昇之地。』或兩地皆有鄭安期異跡而附會成同泉異名歟？

〔五七四〕貪泉 《太平寰宇記》卷一五七：『石門水，一名貪泉，源出南海縣西三十里平地。《晉中興書》云：吴隱之往州，飲貪泉爲廉潔之性。《南越志》：石門之水，俗云：經大庾則清穢之氣分，飲石門則緇素之質變，即吴隱之酌飲之所也。』下引詩及吴隱之生平，並見《晉書》卷九〇《吴隱之傳》。唯二句中『一鍤』原作『一酌』，據改。《通志》卷一七〇、《寰宇記》卷一四、《藝文類聚》卷五〇等皆作『鍤』，極是。其字意爲用嘴汲取，與『酌』不同。

〔五七五〕在增城縣南鳳臺山下 《明一統志》卷七九：『雲母嶺，在增城縣西二十里。上產雲母石。唐武後時，縣有何氏女，服雲母粉得道。』井以嶺名。

〔五七六〕味極甘冽 《廣東通志》卷一〇：『崑山，在〔新會〕城西北六十五里；崙山，與崑山並峙。人合呼之爲崑崙山。頂有白龍池，雲生其中即雨。』或白龍池一名天井。

〔五七七〕味極甘冽 《廣東通志》卷一三：『賢令山，在〔陽山〕城北二里。昔韓愈爲令，讀書於此，故名。中有遊息洞，即東石巖，巖背有朝陽洞。』或泉以山名。

〔五七八〕味甚甘冽　《明一統志》卷五八：『卓錫泉，在大庾嶺。相傳唐僧盧能自黄梅縣傳衣鉢之曹溪，五百僧追奪之。至大庾嶺渴甚，能以錫卓石，泉湧清泠甘美，衆駭而退。泉之右有放鉢石。』又，同上卷八〇：『霹靂泉，在大庾嶺下雲封寺東，其泉湧出石穴，甘冽可愛。相傳昔大鑒禪師得法南歸，卓錫於此，又名卓錫泉。』下引張詩，全同。本條所録，顯同後者。

〔五七九〕玉井　一名玉泉井。《清一統志》卷三四一：『在曲江縣西芙蓉山上，泓澄如玉。』又，同卷云：『芙蓉山，在曲江縣西五里。』

〔五八〇〕泉在其巔　《廣東通志》卷一〇：『在城北九十里，高出雲漢，周圍蜿蜒約三十里，上有甘泉。』即蔚巔泉。

〔五八一〕皆美泉也　《廣東通志》卷一〇：『翁山，一名靈池山。在城東一百二十里。壁立千仞，周圍四十里，接連舊池銀梅地方。山頂有靈池，池有八泉……乃翁溪之源。唐張文獻碑所謂「八泉會而爲池」，即此。舊傳有二仙翁游息此處，因以名縣。下爲翁溪，西南入正江。』

〔五八二〕味極香冽　《清一統志》卷三四一：『白石巖，在翁源東南七十里，一名白面石。山勢高峻，爲諸山冠，周七十里許。石室光朗處，可容千人。秉燭窮入，深逾數里。石上流泉，味極香冽。』

〔五八三〕在博羅縣北二十里象山佛跡院中　《東坡志林》卷一〇：『紹聖元年十月十二日，與幼子過遊白水佛跡院。浴於湯池，熱甚，其源殆可熟物。循山而東少北，有懸水百仞山八九折，折處輒爲深潭，深者磓石五丈，不得其所止。雪濺雷怒，可喜可畏。山崖有巨人蹟，數十所，謂佛跡也。』蘇軾大手筆，將其景描繪得栩栩如生。又，《清一統志》卷三四三：『白水山，在博羅縣東北三十里，一名白水岩，北連象山。《輿地紀勝》：山有瀑布泉，百二十丈，下有石壇佛跡，甚異。舊志：佛跡岩下有湯泉，東熱而西寒。』則本條有二誤，一爲『博羅縣』誤作『博泉』；二爲佛跡岩不在『象山』，而在毗鄰之『白水山』。據改。

〔五八四〕羅浮山小石樓下　《明一統志》卷八〇：『羅浮山，在博羅縣西北三十里，即道書十大洞天之一』。『又有跳魚石、伏虎石、阿耨池、夜樂池、卓錫泉，皆兹山之奇勝。』下引蘇文，原文見《東坡志林·錫杖泉》，刊其《全集》卷一〇〇。此乃摘引其意，删略殊甚。今據補、改、删各一字。

〔五八五〕以表揚其美　《廣東通志》卷三八：『曾芳，不傳籍貫，南漢時，爲程鄉令。民病瘴，以藥濟之，求者踵接。乃囊藥置井中，令民汲水，飲之病良。已後，人名其井曰曾井，立祠井旁。宋仁宗詔封芳爲忠孝公，井爲曾氏忠孝泉，飛白御書〔賜之〕。

〔五八六〕以杖扣石而出泉　扣石泉，又名卓錫泉，在潮陽縣。《明一統志》卷八〇：『鬬牛巖，在縣東五里，即白牛巖。』『卓錫泉，在鬬牛岩内。唐僧大顛以錫杖卓之得泉。』可補本條之未詳。

〔五八七〕味甘殊勝　盤龍泉，一名蟠龍井。《明一統志》卷八一：『蟠龍井，在封川縣治東，相傳昔有潛龍。』

〔五八八〕味極甘洌　鳳泉，又名鳳井。《清一統志》卷三四七：『在化州西一里，闊三尺，深一丈。泉從石出，久旱不竭。』

〔五八九〕在海康縣西館中　《明一統志》卷八二：『萊泉，在西館内，宋寇萊公嘗飲此。元延祐間重浚，憲幕王佐扁曰「萊泉」。又萊公嘗遊英靈村，酌井泉，稱其甘冽，郡人號爲萊公井。』方案：　此皆宋初名相寇準貶海南時過往之跡，寇曾封萊國公而得名。

〔五九〇〕在瓊州府治之北　《明一統志》卷八二：『雙泉，在府城北。宋蘇軾於此鑿井，得二泉，相去咫尺而異味。後李光謫瓊，居雙泉(九)〔六〕年，再移昌化〔軍〕，有詩云：「曾是雙泉舊主人。」』李光詩見其《莊簡集》卷七《雙泉亭》。詩序云：『予自甲子春，再貶瓊山，寓居雙泉，首尾六載，稍葺治之，結亭泉上，甃以青石，可百年。南遊昌化，留小詩亭中。』方案：《志》原云『九年』，據改。其詩前三句爲：『甃石流溝汲愈新，秋無落葉旱無塵。他年莫忘癡頑老。』

〔五九一〕甘泉忽自流出　和靖泉，又名卓錫泉。《明一統志》卷八二：『卓錫泉，在府城東北二十里，有山巍然聳拔，分兩臂並趨。西南一泉中湧，乃景泰禪師卓錫之地。』師名和靖。詩見《東坡全集》卷三二《和擬古九首(之四)》，乃摘引四句。

〔五九二〕寒冽異常　《清一統志》卷三五〇：『東湖，在瓊山縣東十五里。又，西湖，一名頓崖潭，在縣西十五里。有玉龍泉，出自石竇，寒冽甘潔，匯而爲湖，溉田千頃。』《清一統志》卷三五〇云：『縣西南十五里，有玉龍泉，大旱不竭，郡中禱雨輒應。』

〔五九三〕蘇子瞻記略云　《廣東通志》卷一三：『惠通泉，在城東五十里三山庵下。宋蘇軾經此，飲之味類惠山，因名曰惠通，今又名東坡井。』蘇軾元符三年(一一〇〇)六月十七日作《瓊州惠通井記》曰：

『唐相李文饒好飲惠山泉，置驛以取水。有僧言：「長安昊天觀井水與惠山泉通，雜以他水十餘缶試之，僧獨指其一，曰：『此惠山泉也。』」文饒爲罷水驛。瓊州之東五十里曰三山庵，庵下有泉，味類惠山。東坡居士過瓊，庵僧惟德以水餉焉，而求之爲名，名之曰「惠通」。』刊《全集》卷三八。本條引蘇文刪改已甚，今引原文，不再一一校正。

〔五九四〕在臨高縣　《明一統志》卷八二：『澹庵泉，在臨高縣西四十里，宋胡銓南謫時曾飲於此。後人取其號，書「澹庵泉」三字於石。』

〔五九五〕井水甘冽　《方輿勝覽》卷四三：『乳泉，蘇子瞻居儋耳天慶觀，得泉甚甘，作《乳泉賦》。』則其井一名乳泉。下引賦文，原文見《東坡全集》卷三三《天慶觀乳泉賦》。刪略已甚，今略作校訂：『謫居』，引作『謫官』；『卜築』，作『卜居』；『未動』，作『不動』；『三咽』作『一咽』；『以謝』，作『而謝』；『信』作『雖』；『無主』，作『無王』；『松喬』，訛倒作『喬松』；據以改、乙。下引詩，僅見於查慎行《蘇詩補注》，題作《司命宫楊道士息軒》。蘇集諸本不載。『三十』，注本作『三千』，據改。又，宋之『天慶觀』，明已改名『朝天宫』。

〔五九六〕緑珠井　《太平廣記》卷三九九《緑珠井》：『井在白州雙角山下。昔梁氏之女有容貌，石季倫爲交趾採訪使，以圓珠三斛買之。梁氏之居舊井存焉，耆老傳云：「汲飲此水者，誕女必多美麗。」里閭有識者以美色無益於時，遂以巨石填之。』同書又注引《嶺表録異》曰：『州界有一流水出自雙角山，合容州畔爲緑珠江。亦猶歸州有昭君村，村蓋取美人生，當名焉。』又，其事參見《太平御覽》卷一七

二、一八九所載。

〔五九七〕在桂林府隱山之岡　『隱』字原脱，據唐·吴武陵《新開隱山記》補。記文始見於明張鳴鳳《桂勝》卷三，其中有關於石盆泉之記載，録如下：『自〔隱山東〕巖西南上陟飛梯四十級，碧、石盆二乳竇滴下，可以酌飲。又梯九級，得白石盆，盆色如玉，盆間有水無源，香甘自然，可以飲十人不竭。』其源則在碧泉、石盆泉之乳竇。

〔五九八〕在桂林府鬥鷄山築岩洞前　《廣西通志》卷一三：『鬥鷄山，在雉山（一名穿山）之東，兩山在（灕）江左右岸，騰昂如欲鬥狀。』《徐霞客遊記》卷三上以爲：兩山『夾灕怒冠』，『當合名鬥鷄』，方名實相符。

〔五九九〕在桂林府龍隱岩　《桂勝》卷二《龍隱山》：『騰岩又有滴玉泉，泉從山椒點點墮石穴，琤然作清響。宋人來遊，酌石溜試新茗即此中。故有釋迦寺環翠、驂鸞兩閣，又有兩華堂。』下引方信孺《題龍隱巖》古詩二聯，見《宋元詩會》卷四四等。

〔六〇〇〕泉在橋下　《桂勝》卷四：『灕（江）南流至鬥鷄山，南溪之水自西南來，出山陰入灕，從水口上泝白龍，劉仙登岸徑便。白龍洞前將軍橋下，水中有泉，甘洌宜茗。』

〔六〇一〕昔爲唐承裕宅　《清一統志》卷三五六：唐宅『在興安縣北二十里。五代時承裕避地於此，後仕宋，有璽書亭，藏藝祖所賜書，淳熙間張栻爲記』。又，據《明史》卷四六《地理六·廣西》，唐家鋪置巡檢司，其地在興安縣。本條稱靈川縣，似誤。

〔六〇二〕玉髓泉　范成大《驂鸞録》：『出〔湘〕山，遵湘水崖壁行石磴上，清流如箭。境清而麗，佳處名磐石山。有泉自洞罅中噴出當道，名玉髓泉。』（據拙校《全宋筆記》第五編第七册頁四七録文）宋人林岊有《玉髓泉記》（刊《廣西通志》卷一一〇九）云：『磐石之石，湘之奇石也；磐石之泉，湘之奇泉也』。其泉在全州清湘縣。

〔六〇三〕飲之者多壽　《廣西通志》卷四四：百壽巖石刻『相傳廖扶家有丹砂井，族飲此水者，壽皆百歲。宋紹定間，史渭因鎸百壽字於石崖。』此外湖南常德府治北亦有丹砂井，《明一統志》卷六四云：井『泉赤如絳。武陵廖氏譜云：廖平以丹砂三十斛寘所居井中，飲是水以祈延齡』。又，永寧州，明隆慶五年（一五七一），升古田縣置，治今廣西永福縣西北壽城，屬桂林府，清因之。民國初廢州，改爲永寧縣。

〔六〇四〕味甘且冷　《方輿勝覽》卷四〇：冰井『在〔梧〕州東北一里，味甘且冷。元結過郡，目曰冰井。又爲銘，刻石泉上。有「火山無火，冰井無冰」之句。皇朝宣和間，郡守蕭磐訪求得之，詩云：『井名無磨滅，自我發沉晦。』

〔六〇五〕泉色如玉　《明一統志》卷八四：注玉泉『在藤縣西南。取秦觀《泉賦》：「晨夜有聲，涵雲注玉」之句』。《廣西通志》卷一二四有元余觀《注玉泉》詩。本條引詩首句『雲蒸』，訛作『雲南』，據改。

〔六〇六〕在藤縣東二里　《明一統志》卷八四：桂山泉『在藤縣東二里。自石竇中流出，色白味甘，釀酒異於他水。』《粤西詩載》有元余觀《桂山泉》詩云：『寒蟾窺玉甃，老兔遺香酥。化爲銀河水，一沃炎海枯。』本則原引作『古詩』，今改作『元余觀詩』；首句『寒蟾』，原訛『明』；末句補一『沃』字。據上引詩改、補。

〔六〇七〕在岑溪縣東　《明一統志》卷八四：葛洪井『在勾漏山。相傳葛洪於此洗藥。久廢，惟石磐，石柱存。』則葛仙井，又名葛洪井。

〔六〇八〕甘洌可飲　《清一統志》三五九：古漏山『在賓州西南三十里。有泉如滴漏，四時不竭。宋咸平中，州守王舉鑿崖嶢石，開闢闗路，以通行旅。』則泉以山名。

〔六〇九〕試之果然　《明一統志》卷八四：龍泉『在府城南二里。泉湧出如勺合然，而潤澤丘畝甚博。其水重於諸水，宋黄庭堅嘗以斗量之，果然。』

〔六一〇〕在横州北八十里　范成大《桂海虞衡志·志酒》（同上《全宋筆記》）拙校本頁一〇七）：古辣泉『古辣，本賓、横間墟名。以墟中泉釀酒，既熟不煮，埋之地中，日足取出。』

〔六一一〕在昆明縣商山下　《明一統志》卷八六：商山『在螺山北，連峰疊巘，丹霞翠壁，若鸞停鵠立。下有冷泉，土人云：浴之可去風疾。』

〔六一二〕泉水甘洌　《明一統志》卷八七：矣曾山『在亦佐縣治西。山有清泉，居人汲飲之。夷語水爲矣，因名。』《雲南通志》卷三略同。

〔六一三〕在臨安府東門外　《云南通志》卷三：『玉潔井，在城東南城下，味甘洌，色如玉。』又，《清一統志》卷三七一云：『在建水縣東，味苦冽，色如玉潔。居民〔汲〕以造紙。』

〔六一四〕土人以爲第一泉　《清一統志》卷三七一：　白沙井『在白鶴鋪前。其味爲第一。』

〔六一五〕其色清碧可飲　《雲南通志》卷三：『在城東北八里，石罅迸出。其色清碧，熱如沸湯。』《清一統志》卷三八五稱：『在州城西北十五里。』引《名勝志》略同。

〔六一六〕味極甘美　《雲南通志》卷一五：　雲泉寺『在城西一里鳴鳳山巔。丹崖翠壁，古木蒼藤，蔚然深秀，寺以井泉得名。又以山産響石，俗名響石寺。』則此泉原名雲泉井，俗稱響石泉。

〔六一七〕味甘冽　《清一統志》卷三七九：　蟠龍山『在廣通縣北十里。』曹學佺《名勝志》：『山勢蟠曲，下有龍泉。』

〔六一八〕泉水清冽　《清一統志》卷三七九：　醉翁井，在大姚縣東，相傳有人醉没於此。後出泉，清冽不竭。則泉一名醉翁井。

〔六一九〕至春則生香氣　《明一統志》卷八七：　香水泉『在府城南二里，其泉春時則香，土人於二三月具酒肴祭之，然後汲焉。』則香水泉一名香泉。

〔六二〇〕在大理府治後　《清一統志》卷三七八：　石馬泉『在太和縣西，水味甘冽，相傳其源出自天竺。』

〔六二一〕烹茶不翳　《明一統志》卷八七：『在大保山，内有井水清冽，烹茶甚香。其東有觀音寺。』

〔六二二〕可以已疾　《明一統志》卷八六：　玄珠觀『在府城東，前有蓮池，構亭其上，以爲遊賞之所。』井在觀内，井、觀皆以山名。

〔六二三〕味極甘美　明謝肇淛《滇略》卷二：『鶴慶東南七十里山名大成坡，頂有泉。圓徑尺許，深如之。終歲不溢，盛夏不涸，相傳南詔蒙氏過此，三軍無水，渴甚。遂拔劍插地，泉隨湧出。至今行人資焉，謂之一碗水。』即爲本條史源。又名一碗泉。

〔六二四〕泉味微苦　《雲南通志》卷三：『苦泉有二：一出〔麗江〕城東吴烈山澗；一出城南刺沙村。味皆微苦，飲之除疾。』

〔六二五〕泉味如醴　《滇略》卷二：赤石崖『在北勝州西北三里許。相傳禹乘赤龍治水至此，以斧劈之，故山石皆赤殷色。崖半有泉，其味如醴。仲春居民郊遊，爭掬飲之。布穀一鳴，其味即變。』

〔六二六〕匯而爲池　《清一統志》卷三九二：百刻泉『在安平縣四五里。一名靈泉，一名聖泉。《名勝志》：自西郭沿溪流躡石磴可五里許，疊嶂中一泓自石罅迸出，匯爲方池。每日潮汐無停，置石鼓其内，潮溢咫餘，下至鼓半而止。晝夜凡百次，因名。』《貴州通志》卷四。收録劉汝楫《聖泉記》尤詳，可參閲。其云：『翕州録名百刻泉。』又下引數聯古詩，見明·楊慎《升菴集》卷二二《聖泉篇贈韓石溪》。

〔六二七〕在平壩衛西南十里　《清一統志》卷三九二：珍珠泉『在安平縣西南十里沙作鋪前。《名勝志》：鼓吹喧鬧，則水珠噴涌，遂名之曰嘉客泉。《通志》：又名噴珠泉，流入車頭河。』則其泉又名噴珠泉。又，焦希程，象山人。嘉靖進士，官至貴州兵備副使。撰有《平夷功次録》一卷、嘉靖《汝陽縣志》、《維關志》四卷等。事見《續文獻通考》卷一六三、《千頃堂書目》卷七、卷九等。《紀略》或在文集中。

〔六二八〕在鎮寧州治東　《貴州通志》卷五：『既濟泉，在城東北二里許，其地極熱而此水獨涼。』

〔六二九〕火烘坡在其北　『火』，原脱，據《貴州通志》卷五補。其云：火烘坡『在城東南五十里，一名和宏，舊州治也。地多瘴癘，故徙於今治。』

〔六三〇〕在安南衛南闉　《清一統志》卷四〇二：　尾灑井『在安南縣城北門内，水清而甘。』

〔六三一〕池水清泠可茗　《清一統志》卷三九四：　凱陽山『在府城西平浪廢司西南六十里。《明一統志》：山甚險峻，有寨在其上。《名勝志》：　即凱口囤也，周圍十餘里，高四十丈，四壁陡絶，僅尺許，盤旋而登，上有天池，雖旱不竭。』

〔六三二〕形如馬蹄　《清一統志》卷五二九：『馬鬃嶺，在黄平州東四十里。《黔記》：　左枕上塘小江，右襟地松大江。《名勝志》：　嶺之陽有馬蹄井，大不盈尺，深入石竅丈餘。相傳唐末一將追苗兵至此，軍渴，馬蹄忽陷，清泉湧出，馬墜鬃於此。』

〔六三三〕在鎮遠府治西　《清一統志》卷三九五：　味井『在府城西。一名味泉，水極甘。《通志》：　水自竇中出，其味清冽。』味泉，一名味井。

〔六三四〕龍泉　本則原文已佚。貴州省内名龍泉者甚多，今選擇頗具代表性的一條擬補。元曾置龍泉坪長官司，明萬曆二十九年（一六〇一）改爲龍泉縣，治今貴州省鳳岡縣。明清屬石阡府。一九一四年，因與浙、贛兩省龍泉縣同名，改爲鳳泉縣。《貴州通志》卷五云：　龍泉『在縣城内鳳凰山下。泉自洞中流出，大旱不竭。一邑資其灌溉，縣之得名以此。城外又有小龍泉，水甘冽，取以烹茶，味甚佳。』此外，《貴州通志》卷二至卷四五著録的各地龍泉有數十處之多，難以盡載。

〔六三五〕雲舍泉　《清一統志》卷三九九：『在〔銅仁〕府城西省溪司北七里。《名勝志》：歲旱，雩禱即雨。其泉注於逌邏江，或曰即省溪，水産金。』本則原文佚脱，據補。

〔六三六〕一源湧出　《清一統志》卷三九九：甘梗泉『在〔銅仁〕府城北平頭司南。何鏜《名山勝概記》：石巖中一源湧出，清濁分流。《通志》：取其清者釀酒，其味甚美』。

附録　食物本草·茶

〔明〕姚可成輯

茶　早采爲茶，晚采爲茗，一名荈，蜀人謂之苦茶。《詩》云『誰謂荼苦，其甘如薺』是也〔一〕。生益州及山陵道旁，凌冬不死。今閩浙、蜀荆、江湖、淮南山中皆有之，通謂之茶。春中始生嫩葉，蒸焙去苦水，末之乃可飲。與古所食，殊不同也〔二〕。陸羽《茶經》云：　茶者，南方嘉木，自一尺、二尺至數十尺，其巴川峽山有兩人合抱者，伐而掇之。木如瓜蘆，葉如巵子，花如白薔薇，實如栟櫚，蒂如丁香，根如胡桃〔三〕。其上者生爛石，中者生礫壤，下者生黄土。藝法如種瓜，三歲可采。陽崖陰林：　紫者上，緑者次；　筍者上，芽者次；　葉卷者上，舒者次〔四〕。〔凡採茶〕，在二月、三月、四月之間。茶之筍者，生於爛石之間，長四五寸，若蕨之始抽，凌露采之。茶之芽者，發於叢薄之上，有三枝、四枝、五枝，於枝顛采之。采得蒸焙封乾，〔茶〕有千類萬狀也。略而言之：　如胡人靴者蹙縮然，如犎牛臆者廉襜然，浮雲出山者輪囷然，輕颷拂水者涵澹然，皆茶之精好者也。

如竹籜，如霜荷，皆茶之瘠老者也〔五〕。其別者，有石南芽、枸杞芽、枇杷芽，皆治風疾。又有皂莢芽、槐芽、柳芽，乃上春摘其芽和茶作之。故今南人輸官茶，往往雜以衆葉。惟茅蘆、竹箬之類，不可入，自餘山中草木芽葉皆可和合，椿、柿尤奇。真茶性冷，惟雅州蒙山出者，温而主疾〔六〕。毛文錫《茶譜》云：蒙山有五頂，上有茶園，其中頂曰上清峰，昔有僧人病冷且久，遇一老父謂曰：蒙之中頂茶，當以春分之先後多構人力，俟雷發聲，併手採擇，三日而止，若穫一兩，以本處水煎服，即能祛宿疾，二兩當眼前無疾，三兩能固肌骨，四兩即爲地仙矣。其僧如說，穫一兩餘，服之未盡，而疾瘳。其四頂茶園，采摘不廢。惟中峰草木繁密，雲霧蔽虧，鷙獸時出，故人跡不到矣。近歲稍貴其品，製作亦精於他處〔七〕。陳承曰：近世蔡襄述閩茶頗備。惟建州北苑數處産者，性味與諸方略不同。今亦獨名蠟茶，上供御用。碾治作餅，日曬得火愈良。其他者或爲芽，或爲末收貯，若微見火便硬，不可久收，色味俱敗。惟鼎州一種芽茶，性味略類建茶，今汴中及河北、京西等處，磨爲末，亦冒蠟茶者，是也〔八〕。寇宗奭曰：苦茶，即今茶也。陸羽有《茶經》，丁謂有《北苑茶録》，毛文錫有《茶譜》，蔡宗顔有《茶對》，皆甚詳。然古人謂茶爲雀舌、麥顆，言其至嫩也。又有新芽一發，便長寸餘，其粗如針，最爲上品。其根幹、水土力皆有餘故也。〔知〕雀舌、麥顆又在下品，前人未知爾〔九〕。李時珍曰：茶有野生、種生。種者用子，其子大如指頭，正圓黑色。其仁入口，初甘後苦，最戟人喉，而閩人以榨油食用。二月下種，一坎須百顆乃生一株，蓋空殼者多故也。畏水與日，最宜坡地蔭處。清明前采者爲上，穀雨前者次之，此後皆老茗爾。采、蒸、揉、焙，修造皆有法，詳見《茶譜》。茶之税始於唐德宗，盛於宋元。及於我朝，乃與西番互市易馬〔一〇〕。夫茶一木爾，下爲民生日用之資，上爲朝廷賦税之助，其利博哉。昔賢所稱，大約謂唐人尚茶，茶品益衆。有雅州之蒙頂、石花、露芽、穀芽爲第一，建寧之北苑龍鳳團爲上供〔一一〕。蜀之茶，則有東川之神泉、獸目，峽州之碧澗、明月〔一二〕，夔州之真香，邛州之火井，思安黔陽之都濡，嘉定之蛾眉〔一三〕，瀘州之納溪，玉壘之沙坪。楚之茶，則有荆州之仙人掌，湖南之白露，長沙之鐵色，蘄州蘄門之團黄〔一四〕，壽州霍山之黄芽，廬州之六安英山，武昌之樊山，岳州之巴陵，辰州之溆浦，湖南之寶慶、茶陵〔一五〕。吴越之茶，則有湖州顧渚之紫筍，福州方山之生芽，洪州之白露，雙井之白毛，廬山之雲霧，常州之陽羨，池州之九華，丫山之陽坡，袁州之界橋，睦州之鳩坑，宣州之陽坑，金華之舉岩，會稽之日鑄。皆産茶有名者〔一六〕。今又有蘇州之虎丘茶，清香風韻，自得天然妙趣，啜之骨爽神怡，真堪爲盧仝七碗之鑒。其名已冠天下，其價幾與銀等，向爲山僧獲利，果屬吴中佳産也。其次曰天池茶，味雖稍差，雨前采摘者亦甚珍貴〔一七〕。其他猶多，而猥雜更甚。按陶隱居注苦菜云：西陽、武昌、廬江、晉陵，皆有好茗，飲之宜人。凡所飲物，有茗及木葉、天門冬苗、菝葜葉，皆益人。餘物皆冷利。又巴東縣有真茶，火煏作卷結，爲飲亦令人不眠。俗中多煮檀葉及大皂李葉作茶飲，並冷利。南方有瓜蘆木，亦似茗也〔一八〕。今人采櫧、櫟、山礬、南燭、烏藥諸葉，皆可爲飲，以亂茶云〔一九〕。

【茶葉】味苦、甘，微寒，無毒。治瘻瘡，利小便，去痰熱，止渴，令人少睡，有力悦志。下氣消食。作飲，加茱萸、葱、薑，良。破熱氣，除瘴氣，利大小腸。清頭目，治中風昏憒，多睡不醒。治傷暑。合醋，治泄痢，甚效〔二〇〕。炒煎飲，治熱毒赤白痢。同芎藭、葱白剪飲，止頭痛〔二一〕。濃煎，吐風熱痰涎〔二二〕。

【陽羨茶】味甘、苦。主清頭目，爽精神，消食下氣，利水道。爲衆茶之主，百花之先。故諺有『天子未嘗陽羨茶，百草不敢先開花』之句。

【虎丘茶】味甘，香美。主清肌骨，養真元，得地土之淳和，稟山川之秀麗。飲之彌多彌善也。

【六安茶】主消食調中，祛風邪，升陽氣。

【天池茶】〔一三〕主生津液，沁齒頰，升陽補脾。

陳藏器曰：大抵茶性苦寒，久服令人瘦，去人脂，使人不睡。飲之宜熱，冷則聚痰。胡治曰：與榧同食，令人身重。李鵬飛曰：大渴及酒後飲茶，水入腎經，令人腰、腳、膀胱冷痛，兼患水腫、攣痺諸疾〔一四〕。張機曰〔一五〕：頭目不清，熱熏上也。以苦泄其熱，則上清矣。且茶體輕浮，采摘之時，芽蘗初萌，正得春升之氣，味雖苦而氣則薄，乃陰中之陽，可升可降。利頭目，蓋本諸此。

汪穎曰〔一六〕：一人好燒鵝炙煿，日常不缺。人咸防其生癰疽，後卒不病。訪其人每夜必啜涼茶一碗，乃知茶能解炙煿之毒也。

楊士瀛曰〔一七〕：薑茶治痢。薑助陽，茶助陰，並能消暑，解酒食毒。且一寒一熱，調平陰陽，不問赤白冷痢，用之皆良。生薑細切，與真茶等分，新水濃煎服之。蘇東坡以此治文潞公有效。

李時珍曰：茶苦而寒，陰中之陰，沉也降也，最能降火。火爲百病，火降則上清矣。然火有五，火有虛實。若少壯胃健之人，心肺脾胃之火多盛，故與茶相宜。温飲則火因寒氣而下降，熱飲則茶借火氣而升散，又兼解酒食之毒，使人神思闓爽，不昏不睡，此茶之功也。若虛寒及血弱之人，飲之既久，則脾胃惡寒，元氣暗損，土不制水，精血潛虛；成痰飲，成痞脹，成痿痺，成黄瘦，成嘔逆，成洞瀉，成腹痛，成疝瘕，種種内傷，此茶之害也。民生日用，蹈其弊者，往往皆是。而害婦嫗更多，習俗移人，自不覺耳。況真茶既少，雜茶更多，其爲患也，又可勝言哉？人有嗜茶成癖者，時時咀啜不已，久而傷營傷精，血不華色，黄瘁痿弱，抱病不悔，尤可歎惋。晉干寶《搜神記》載〔二八〕：武官因時病後，啜茗一斛二升乃止。纔減升合，便爲不足。有客令更進五升，忽吐一物，狀如牛脾而有口。澆之以茗，盡一斛二升。再澆五升，即溢出矣。人遂謂之斛茗瘕。嗜茶者觀此，可以戒矣。陶隱居《雜録》言：丹丘子、黄山君服茶輕身换骨。壺公《食忌》言：苦茶久食羽化者，皆方士謬言誤世者也。按唐右補闕母炅《代茶飲序》云：釋滯消壅，一日之利暫佳；瘠氣侵精，終身之累斯大。獲益則功歸茶力，貽患則不謂茶災。豈非福近易知，禍遠難見乎？又宋學士蘇軾《茶説》云：除煩去膩，世故不可無茶，然暗中損人不少〔二九〕。空心飲茶入鹽，直入腎經，且冷脾胃，乃引賊入室也。惟飲食後濃茶嗽口，既去煩膩，而脾胃不知，且苦能堅齒消蠹，深得飲茶之妙。古人呼茗爲酪奴，亦賤之也。當予早年氣盛，每飲新茶，必至數碗，輕發汗而肌骨清，頗覺痛快。中年胃氣稍損，飲之即覺爲害，不痞悶嘔惡，即腹冷洞泄。故備述諸説，以警同好焉。又濃茶能令人吐，乃酸苦湧泄，爲陰之義，非其性能升也〔三〇〕。

總録諸名茶

草茶　以下幾種，雖總括入前題内。兹復另列，兼采往代名公記述，以備今人稽考。草茶生江西建昌縣西南三十里雲居山，茶中最稱絶品〔三一〕。是處爲黄庭堅所居之地，旁有雙井，土人汲以造茶，爲第一，又稱雙井茶。黄山谷《魄蘇東坡詩》云〔三二〕：『人間風日不到處，天上玉堂森寶書。想見東坡舊居士，揮毫百斛瀉明珠。我家江南摘雲腴，落磑霏霏雪不如。爲公唤起黄州夢，獨載扁舟向五湖。』

【草茶】味甘、苦，微寒，無毒。主利胸膈，潤腸胃，順氣寬胃，解渴消煩。

龍井茶　産杭州府赤山西北風篁嶺龍井旁。茶味清馥雋永，逈出風塵，冠絶他品。

【龍井茶】味苦、甘，涼，無毒。主清利頭目，疏暢胸脘，退膀胱熱鬱。

苦茶　生浙江遂昌縣匡山之頂，其山四面峭壁，上多北風，植物之味皆苦，其茶更苦於常茶。

【苦茶】味甘、苦，寒、無毒。治諸熱，解傷寒邪熱，利小便，除煩止渴，生津液。

天柱茶　生直隸潛山縣天柱山。唐李德裕有親知授舒州牧，即今潛山縣也，李謂之曰：到彼郡日，天柱茶可惠數角。其人獻之數斤，德裕不受。明年精意求數角投之，德裕曰：是矣。此茶可以消酒肉毒。乃命烹一甌沃於肉食而覆之。詰旦開視，其肉已化爲水〔三三〕。

【天柱茶】味甘、苦，平，無毒。主消一切鷄、豬、魚肉毒，寬胸膈下氣，消痰。

陽羨茶　産直隸宜興縣陽羨山。唐李栖筠守常州時〔三四〕，有僧獻此茶。陸羽以爲冠絶他境，可供尚方。以此一言，後遂入貢。陽羨山之巔，有珍珠泉，水味奇勝。唐開元間桐廬錫禪師築菴隱迹，偶嘗此泉，甚甘之，曰：以此泉烹桐廬茶不亦稱乎？未幾，有白蛇銜茶子置菴側。自是種之滋蔓，味亦倍佳〔三五〕。皇甫曾《送陸鴻漸南山采茶詩》〔三六〕：『千峰待逋客，香茗復叢生。采摘知深處，煙霞羨獨行。』郭三益《題陽羨南岳寺壁詩》〔三七〕：『古木陰森梵帝家，寒泉一勺試新茶。官符星火催春焙，卻使山僧怨白蛇。』李郢《茶山貢焙歌》〔三八〕：『使君愛客情無已，客在金臺價無比。春風三月貢茶時，盡逐紅旌到山裏。焙中清曉朱門開，筐箱盡見新茶來。凌烟觸露不停采，官家赤印連帖催。喧闐競納不盈掬，一時一餉還成堆，蒸之馥之香勝梅，研膏駕動轟如雷。茶成拜表貢天子，萬人爭噉春山摧。驛騎鞭聲憂流電，半夜驅夫誰復見。十日王程路四千，到時須及清明宴。』

【陽羨茶】味苦、甘，平，無毒。主消食下氣，利水道，升陽氣，解外邪。

紫筍茶　產浙江湖州府西北四十里明月峽。故事：以清明日進御，先薦宗廟，後分賜近臣。唐時吴興、昆陵賈、崔二郡守造茶宴會〔三九〕，白樂天詩〔四〇〕：『遥聞境會茶山夜，珠翠歌鐘俱繞身。盤下中分兩州界，燈前合作一家春。青娥遞舞應爭妙，紫筍齊嘗各鬭新。自嘆花時北牕下，蒲黄酒對病眠人。』

【紫筍茶】味苦、甘，平，無毒。主益精神，和脾胃，利六府。

灣甸茶　產西南夷灣甸州〔四一〕，去雲南三千餘里，孟通山境内。色如碧玉，價等黄金，其味比之中原殊勝。楊升菴有《灣甸茶歌》云：『柘東丹極春滿邊，灣甸有茶名家傳。惜不逢炎皇與岐伯，復不遇鴻漸及玉川，英華阻貢日月筐，芳菲只結烟霞緑。灣甸山蟠赤虺路，滇陰迤西蒼莽互。羊韋羌兒背負籠，籠箬重重香滿風。』

【灣甸茶】味苦、甘，温，無毒。主補脾健胃，生津液，利血脈，治久瘧，辟邪氣，殺鬼物。昔一人患瘧，年餘不痊，尫羸已極，醫治無功，虔禱於神，久而不懈。一夕夢神召曰：汝病將瘳矣。明日當有餽汝灣甸茶者，可即濃煎一碗服之。夢醒俟旦，果有親知從滇中歸，惠得斤許。如教煎服，戰慄幾絶，大汗而甦，永不再發。時有『只愁灣甸茶難得，何慮經年瘧未瘳』之語。

附方

治心痛不可忍，十年五年者。煎湖州茶，以醋和服之，良。

治噤口痢。用細茶一兩，炒爲末，濃煎一二盞服之，即瘥。

治七星蟲尿人，初如粟，漸如火烙。用細茶爲末，油調敷之，良。

〔校證〕

〔一〕早采爲茶……其甘如薺是也　此數句，摘引自李時珍《本草綱目》卷三二。本條至末『以亂茶云』，亦基本上全據李書卷三二《茗·集解》。李氏大體上録《茶經》、《茶譜》、《政和本草》之文，並間有自己的闡述。

〔二〕今閩浙……殊不同也　此數句，轉引自《政和本草》引蘇頌《圖經本草》，文略同。

〔三〕茶者……根如胡桃　此數句，轉引自同上《政和本草》引陸羽《茶經》。

〔四〕其上者生爛石……舒者次　此數句，轉引自《茶經》卷上《一之源》，已非原文，李時珍書已摘引或改寫，請參閲本書所收拙校《茶經》相關内容及校記。下同。

〔五〕凡採茶……皆茶之瘠老者也　此轉引自《茶經》卷上《三之造》，李時珍已有删削改寫。『凡採茶』及『有千類萬狀』上之『茶』字，均筆者所補，否則文意不完，下擬補或改字不再一一説明，皆據始出之書。

〔六〕其別者……温而主疾　方案：此九十餘字，據李時珍書轉引自《政和圖經本草》卷一三《茗·苦搽》。

究其史源，當出毛文錫《茶譜》，疑蘇頌《圖經本草》引毛譜時已錯簡，《政和本草》、《本草綱目》及本書皆沿襲之。詳本書新收《政和本草》校記〔二〕及《茶譜》校記〔四〇〕。『石南』，爲『石楠』之譌；《政和本草》及毛譜均作『枳殼』，應據改。

〔七〕毛文錫……製作亦精於他處　此數句，李書轉引自《政和本草》，除最後二句外，均據毛氏《茶譜》節録改寫。又，『三兩能固肌骨』，《政和本草》作『三兩固以換骨』，《普濟方》引毛譜作『三兩因以換骨』，極是。參見拙輯《茶譜》校記〔五二〕。

〔八〕陳承曰……是也　此數句，轉引自《政和本草》録陳承《别説》中文，已有删削、改寫。如『若微見火便硬，不可久收』，《政和本草》引《别説》作『微若見火，便更不可久收』，差不同而文意頗異。

〔九〕寇宗奭曰……前人未知爾　此數句，轉引自《政和本草》録寇氏《衍義》之文，亦非原文，既有删節，又有改寫。明人撰書，常不引原文而以己意恣意删改，最爲無識。

〔一〇〕及於我朝乃與西番互市易馬　方案：作爲一代典制，茶馬貿易始於宋代神宗時，不始於明。詳拙文《茶馬貿易之始考》，刊《農業考古》一九九七年第四期。

〔一一〕建寧之北苑龍鳳團爲上供　『團』，原作『園』，據《本草綱目》卷三二改。又，蒙上文有『唐人尚茶』之説，今考建州北苑龍鳳團茶乃宋太宗始令造以充貢，見楊億《楊文公談苑·建州蠟茶》（李裕民點校本頁一四二，輯自《類苑》卷六〇）。又，建寧府，南宋紹興三十二年（一一六二）孝宗即位後始升建州爲府。北苑貢茶始於北宋初，當改爲建州。

〔一二〕峽州之碧澗明月　『峽』，原作『硤』，據《茶譜》、《紺珠集》卷三、《海録碎事》卷六、《萬花谷》卷三五、《全芳》後集卷二八等改。是條史源出唐·李肇《國史補》卷下《風俗貴茶》，正作『峽州』，是其證。又，唐代『峽州』一作『硤州』，見《太平御覽》卷八六七、《太平廣記》卷四一二。

〔一三〕嘉定之峨眉　南宋慶元二年（一一九六），以寧宗潛邸，升嘉州置府，轄縣有峨眉，茶以地名。明初爲府，洪武九年（一三七六）降爲州。此或即宋·范鎮《東齋記事》卷四所謂『嘉州之中峰』，北宋蜀産八大名茶之一。如是，則爲南宋至明代之名茶。

〔一四〕蘄州蘄門之團黄　『黄』，原作『面』。據拙輯《茶譜》第三二條改。李時珍《本草綱目》已誤。

〔一五〕湖南之寶慶茶陵　『茶陵』，西漢初置縣，屬長沙國。因其地有茶山而得名，當爲西漢時起即産茶之證。後置廢無常，唐時屬衡州，五代屬潭州，北宋改屬衡州；南宋紹興九年（一一三九），升爲茶陵軍，後仍爲縣，迄今皆爲我國名茶産地之一。『寶慶』，南宋寶慶元年（一二二五），以理宗潛邸升邵州置府，改以年號爲名。約當今湖南安化、邵陽市間的資水流域之地。安化茶，聲名鵲起於宋，明代成爲著名的邊銷茶、博馬茶品之一。此李時珍指宋、明間湖南代表性名茶。

〔一六〕茶品益衆……皆産茶有名者　方案：此李時珍概述唐宋歷史名茶及明代新出之名茶及其産地。

〔一七〕今又有蘇州之虎丘茶……亦甚珍貴　此數句，不見於李氏之《本草綱目》，似爲《食物本草》編者新增。所述蘇州虎丘、天池茶，爲明茶之極品而稱最。今則以洞庭東西山所産碧螺春最爲名貴，而其則已濫觴於北宋時的寺院茶『水月茶』。

〔一八〕按陶隱居注苦菜云……亦似茗也　方案：此全録自李時珍書卷三二。究其史源，李乃據《政和本草》卷二七《苦菜》條删改；就文本而言，與陸羽《茶經》卷下《七之事》引《桐君録》差異較大，請參閲本書《茶經》拙校〔二七二〕至〔二八二〕各條。『酉陽』，李書已譌作『西陽』，今據《茶經》拙校〔二七二〕之考改。又，陶弘景已誤以『苦菜』爲茶茗，非是。説詳拙文《芻議茶的起源》、《戰國以前無茶説》，分刊《中國農史》一九九一年第三期、一九九八年第二期。《桐君録》，始見於陶弘景《本草經集注》引録。

〔一九〕今人采……以亂茶云　此二十一字，引李時珍書卷三二《茗·集解》之釋，文全同。

〔二〇〕味苦甘……治泄痢甚效　本條全録自《本草綱目》（下簡稱李書）卷三二。以上又大體上轉引《政和本草》卷一三，且每小條原分注出處。

〔二一〕炒煎飲……止頭痛　此十九字，李書引吴瑞《日用本草》中語。李書卷一上《歷代序例上·諸家本草》（即引用書目）中有此書。核清·黄虞稷《千頃堂書目》卷九、卷一四皆著録吴瑞《日用本草》八卷；又稱其字瑞卿，海寧醫士，元文宗（一三二八—一三三一在位）時人。

〔二二〕濃煎吐風熱痰涎　此李時珍之發明，見李書卷三二。

〔二三〕陽羡茶至天池茶　凡四則，皆《食物本草》中語。爲明代最享盛名的四類名茶。

〔二四〕陳藏器曰……攣痺諸疾　此引李書卷三二《茗·集解》之文，文略同。惟『李鵬飛』，李書作『李廷飛』。雖李書卷一上引用書目列有李廷飛《三元延壽書》，但必爲『鵬飛』之誤無疑。今考李鵬飛，自號九華澄心老人。元初至元間池州人。年十九學醫。撰《三元參贊延壽書》五卷，大抵言道家養生之事。宋·何景福《鐵牛翁遺稿》有與其交遊詩二首。事見《元史》卷一九七《孝友傳一》、《千頃堂書目》卷一四、清朱彝尊《曝書亭集》卷五五《跋濟生拔萃方》、《四庫總目提要》卷一四七等。

〔二五〕張機曰　張機，字仲景。東漢長沙太守。撰有《傷寒論》十卷，凡一一二方，乃治傷寒病之名著。又有《金匱要略》三卷，由晉代王叔和編集、宋代林億等校正；是書乃王洙於館閣蠹簡中得之。上卷論傷寒，中卷論雜病，下卷載其方，凡二十五篇、二六二方。《神農本草》二十卷，初僅師學口耳相傳，至張仲景、華佗始爲文字編述。見陳振孫《解題》卷一三、趙希弁《讀書後志》卷二著録。又，本節文字，見李書卷三二《茗·發明》轉引。

〔二六〕汪穎曰　汪穎，江陵人。明正德年間官九江知府。有《食物本草》二卷，乃本東陽盧和所著而成書。見《千頃堂書目》卷九、一四著録。《本草綱目》卷一上引用書目列有是書。本節引文應爲其《食物本草》中之論。

〔二七〕楊士瀛曰　楊士瀛，字登父，號仁齋。南宋末福州人。撰有《仁齋直指（附遺方）》二十六卷、《活人總括》（傷寒類醫書）十卷、《醫學真詮》二十卷，事見《千頃堂書目》卷一四、《四庫總目》卷一〇三、四庫本《福建通志》卷六一、卷六八等。

〔二八〕晉干寶搜神記載　方案《食物本草》頁一〇〇原注稱：據《本草綱目》劉衡如注：『今檢《搜神記》未見此文，文見《搜神後記》卷三。』其説是。

〔二九〕茶説云……然暗中損人不少　東坡此説，見宋趙德麟《侯鯖録》卷四。其下則李時珍評論撮述之語。

〔三〇〕非其性能升也　方案：自『陳藏器曰』至此數百言，皆轉引李時珍《本草綱目》卷三二《茗·發明》，今略作校證如上。

〔三一〕草茶生江西……茶中最稱絶品　方案：草茶，爲我國古代茶類之一，其名起於唐宋。草茶即散茶，與宋時的片茶（即團餅茶）相對而言。其顯著特點爲草茶焙製時無須研膏，在加工製作過程中簡便，另一特徵爲計量時草茶論斤，而片茶稱角、團、餅、片、銙等，其價格兩類茶也相差極大。此外，烹飲方式上亦有天壤之别。如果説宋代尚爲兩類茶並行時代，明代則爲草茶即散茶獨步天下的時代。這是明初朱元璋廢貢團餅茶而倡導草茶的結果，品飲方式也有劃時代的改革。關於兩類茶的區分請參閲拙編《中國茶事大典》（華夏出版社二〇〇〇年版頁九〇—九一）。本書編者生活在明代草茶風行天下的時代，已不明草茶的確切含義，竟將草茶名品之一的雙井茶作爲草茶的代指。又將唐代享有盛名的天柱茶（論角即顯爲片茶）誤稱爲唐代名品草茶。

〔三二〕黄山谷餽蘇東坡詩云　核《山谷集》卷三，題作《雙井茶送子瞻》。詩中『瀉』，原作『雙』；『摘』，原作『飽』；『公』，原作『君』；據改三字。

〔三三〕唐李德裕……其肉已化爲水　事見南唐·尉遲偓《中朝故事》卷上，又見《太平廣記》卷四一二《消食茶》。文已有删改。

〔三四〕唐李栖筠守常州時　『栖筠』，原謌作『灑』，據宋·趙明誠《金石録》卷二九《唐義興縣重修茶舍記》改。

〔三五〕唐開元間……味亦倍佳　據《廣羣芳譜》卷一八，其事出《義興舊志》，文已改寫。

〔三六〕送陸鴻漸南山采茶詩　詩見《二皇甫集》卷八，又見《文苑英華》卷二三一；皆題作《送陸鴻漸山人採茶回》。又，首句中『待』，原作『時』；末句『羡獨行』，原作『磬一聲』；據改。皇甫曾此詩爲五律，此僅引前四句。

〔三七〕郭三益題陽羡南岳寺壁詩　郭三益（？—一一二八），字慎求。常州宜興人。元祐三年（一〇八八）進士，釋褐常熟縣尉。元符元年（一〇九八），知仙居縣。宣和三年（一一二一）以給事中同知貢舉；後出知洪州。靖康元年（一一二六）徙知潭州兼湖南帥。建炎元年（一一二七）四月，率十萬兵入援勤王。同年六月，除試刑部尚書；十一月，以中大夫拜同知樞密院事。二年九月卒於任。事見《繫年要録》卷四、六、一〇、一七，《靖康要録》卷六，《嘉定赤城志》卷一一，《咸淳毗陵志》卷一一，《宋會要輯稿》選舉一之一五、職官六九之二，《姑蘇志》卷四一等。其詩見史能之《毗陵志》卷二三。其詩次句中，『寒泉』，原作『廉泉』。

〔三八〕李郢茶山貢焙歌　此茶詩中名作。見《唐百家詩選》卷一八、《全唐詩録》卷九〇、《全唐詩》卷五九〇等。據改三字：『紅旌』，原作『紅旂』；『馥之』，原作『馥馥』；『驅夫』原形訛作『驅天』。又，『官家赤印連帖催』句下，後二書還有『朝饑暮匐誰興哀』句，疑其上已脱另一句。僅録是詩前半，已盡見茶農的艱辛與貢茶的擾民。

〔三九〕唐時吴興毘陵賈崔二郡守造茶宴會　『毘陵』，原形譌作『昆陵』，據白居易詩《夜聞賈常州崔湖州茶山境會想羡歡宴因寄此詩》改。毘陵，常州之古稱，晉唐時置毘陵郡，治今江蘇常州。

〔四〇〕白樂天詩　白詩，見《白氏長慶集》卷二四、《白香山詩集》卷二七等。據改數字：『盤下』，原作『盤上』；『合作』，原作『今作』，『遞舞』，原作『對舞』；『自嘆』，原作『自笑』；『北窗』，原作『客窗』；『酒對』原譌倒作『對酒』。

〔四一〕産西南夷灣甸州　灣甸州，明永樂五年（一四〇七），升灣甸長官司置。治今雲南昌寧縣灣甸鎮。轄地當今雲南昌寧、鳳慶、永德、施甸等縣各一部分，直屬雲南省。清順治十六年（一六五九），改屬永昌府。民國元年（一九一二）廢入鎮康縣。又，《廣羣芳譜》卷一八亦載：『孟通山在灣甸州境，産細茶，味最勝。』可見其為明清時期聲譽鵲起的雲南名茶。